Hugo Schröer
Thomas Stalke

Die Netzwerkarchitektur SNA

Hugo Schröer
Thomas Stalke

Die Netzwerkarchitektur SNA

Eine praxisorientierte Einführung
in die Systems Network Architecture der IBM

Das in diesem Buch enthaltene Programm-Material ist mit keiner Verpflichtung oder Garantie irgendeiner Art verbunden. Die Autoren und der Verlag übernehmen infolgedessen keine Verantwortung und werden keine daraus folgende oder sonstige Haftung übernehmen, die auf irgendeine Art aus der Benutzung dieses Programm-Materials oder Teilen davon entsteht.

Gedruckt auf säurefreiem Papier

ISBN 978-3-322-91564-1   ISBN 978-3-322-91563-4 (eBook)
DOI 10.1007/978-3-322-91563-4

Inhaltsverzeichnis

1   SNA: Einleitung und Überblick 1

   1.1   SNA-Netzwerkstruktur 2

   1.2   SNA-Endbenutzer 3

2   Physisches SNA-Netzwerk 5

   2.1   Host Node 5

   2.2   Communication Controller Node 6

   2.3   Peripheral Node 6

   2.4   Subarea Nodes und Boundary Function 8

   2.5   SNA Network Link 9

      2.5.1   Lokale Verbindungen 10

      2.5.2   Remote Verbindungen 11

   2.6   Hard- und Software-Struktur der SNA-Nodes 13

      2.6.1   IBM Mainframe-Systeme 13

      2.6.2   Host-Betriebssysteme 14

      2.6.3   TP Access Method VTAM 15

      2.6.4   Teleprocessing Monitor und Application Subsystem 17

      2.6.5   IBM Communication Controller Nodes 18

      2.6.6   Network Control Program (NCP) 19

   2.7   SNA-Subarea und SNA-Domäne 20

   2.8   IBM 3270 Dialogstation als Peripheral Node 22

3   Logisches SNA-Netzwerk 25

   3.1   Network Addressable Units (NAU) 28

      3.1.1   SNA-Session 29

      3.1.2   Typen von Network Addressable Units 29

   3.2   Logical Unit (LU) 31

      3.2.1   LU-LU Session-Typ 32

   3.3   Physical Unit (PU) 35

   3.4   System Services Control Point (SSCP) 37

3.5   Netzwerknamen und Netzwerkadressen 39
   3.5.1   SNA-Netzwerkadresse (SNA-Network Address) 39
   3.5.2   Lokale Adresse (Local Address) 41
   3.5.3   SNA-Netzwerkname (SNA-Network Name) 42

3.6   Typen von SNA-Sessions 43
   3.6.1   SSCP-Sessions 44
   3.6.2   LU-LU Sessions 45
   3.6.3   Half Session 49

4   Netzwerkarchitektur und Funktionsschichten 51

4.1   SNA-Funktionsschichten 53
   4.1.2   SNA-Profiles 56

4.2   SNA-Datenstrukturen 57
   4.2.1   Beispiel: Druck-Output 61

4.3   Funktionsschicht 7: Transaction Services Layer 62
   4.3.1   Distributed Data Management 63
   4.3.2   SNA Distribution Services 63
   4.3.3   SNA File Services 64
   4.3.4   Document Interchange Architecture 65

4.4   Funktionsschicht 6: Function Management Data Services (FMDS) 65
   4.4.1   Function Management Data Presentation Services 66
   4.4.2   Function Management Data Network Services 73

4.5   Funktionsschicht 5: Data Flow Control Layer 79
   4.5.1   Kommunikation 81
   4.5.2   Response-Anforderung 84
   4.5.3   Request/Response Correlation 86
   4.5.4   Chaining-Protokoll 87
   4.5.5   Bracketing-Protokoll 89
   4.5.6   Request/Response Mode-Protokoll 90
   4.5.7   Send/Receive Mode-Protokoll 91
   4.5.8   Quiesce- und Shutdown-Protokoll 93

4.6   Funktionsschicht 4: Transmission Control Layer 95
   4.6.1   Kommunikation 98
   4.6.2   Connection Point Manager 99
   4.6.3   Session Control 110
   4.6.4   Network Control 133

4.7   Funktionsschicht 3: Path Control Layer 133

4.7.1   SNA-Netzwerkadressen und Transmission Header 137
4.7.2   Der Transmission Header vom FID-Typ 2 139
4.7.3   Transmission Groups (TG) 142
4.7.4   Virtuelle und explizite Routen 144

4.8   Funktionsschicht 2: Data Link Control Layer 149
4.8.1   SDLC-Übertragung im SNA Netzwerk 152
4.8.2   SDLC Frame-Format 155
4.8.3   SDLC Quittungsmechanismen 160
4.8.4   SDLC Commands und SDLC Responses 161
4.8.5   Modi einer Secondary Link Station 164
4.8.6   Aktivieren von PU und LUs einer Sekundärstation 166
4.8.7   Beispiele für halbduplex SDLC-Verbindungen 167
4.8.8   Routing in SNA-Netzwerken 172

4.9   Funktionsschicht 1: Physical Link Control Layer 176

5   SNA-Protokolle 179

5.1   Segmenting-Protokoll 181

5.2   Blocking-Protokoll 184

5.3   Sequencing-Protokoll 185
5.3.1   Sequenznumerierung der Request/Response Units
         im normalen Datenfluß 185
5.3.2   Identifikationen der Request/Response Units
         im vorrangigen Datenfluß 189

5.4   Pacing-Protokoll 190
5.4.1   Fixed Session-Level Pacing 191
5.4.2   Adaptive Session-Level Pacing 195

5.5   Enciphering-Protokoll 196

5.6   Chaining-Protokoll 198

5.7   Segmenting-, Sequencing-, Pacing-
      und Chaining-Protokoll in der Praxis 203

5.8   Request/Response Mode-Protokoll 206

5.9   Bracketing-Protokoll 210

5.10 Send/Receive Mode-Protokoll 219
5.10.1 Full Duplex (FDX) 219
5.10.2 Half Duplex (HDX) 220

5.11 Quiesce-Protokoll 224

5.12 Shutdown-Protokoll 227

5.13 Compression-Protokoll 230
    5.13.1 FMH-1 SCB Compression 230
    5.13.2 Length-Checked Compression 234

5.14 Compaction-Protokoll 238

6 SNA-Profiles und Logical Unit Session-Typen 243

  6.1 Transmission Subsystem Profiles 245
    6.1.1 Transmission Subsystem Profile 1 246
    6.1.2 Transmission Subsystem Profile 2 247
    6.1.3 Transmission Subsystem Profile 3 248
    6.1.4 Transmission Subsystem Profile 4 248
    6.1.5 Transmission Subsystem Profile 5 249
    6.1.6 Transmission Subsystem Profile 7 250
    6.1.7 Transmission Subsystem Profile 17 251

  6.2 Function Management Profiles 252
    6.2.1 Function Management Profile 0 253
    6.2.2 Function Management Profile 2 254
    6.2.3 Function Management Profile 3 255
    6.2.4 Function Management Profile 4 257
    6.2.5 Function Management Profile 5 259
    6.2.6 Function Management Profile 6 260
    6.2.7 Function Management Profile 7 261
    6.2.8 Function Management Profile 17 262
    6.2.9 Function Management Profile 18 263
    6.2.10 Function Management Profile 19 265

  6.3 Logical Unit Session-Typen 266
    6.3.1 LU-Typ 0 267
    6.3.2 LU-Typ 1 268
    6.3.3 LU-Typ 2 270
    6.3.4 LU-Typ 3 273
    6.3.5 LU-Typ 4 275
    6.3.6 LU-Typ 6.1 277
    6.3.7 LU-Typ 6.2 279
    6.3.8 LU-Typ 7 283

6.4.1   Dekodierung des SNA-Befehls BIND SESSION
        am Beispiel einer 3770-Datenstation 284

7   NCP- und VTAM-Generierung 289

7.1   NCP-Generierung 289
      7.1.1   Einleitende Makros 290
      7.1.2   Konfigurationsmakros 295
      7.1.3   Endemakro 302

7.2   VTAM-Generierung 302
      7.2.1   VTAM-Major und VTAM-Minor Nodes 302
      7.2.2   VTAM-Start- und -Konfigurationslisten 305
      7.2.3   VTAM-Start 306

8   System- und Netzwerkmanagement 313

8.1   Advanced Systems Management-Konzept 315

8.2   SNA-Netzwerkmanagement-Architekturmodell 319

8.3   NET/MASTER 321

8.4   SYS/MASTER 324

8.5   INFO/MASTER 327

8.6   Zugangs- und Sicherheitsmanagement 329

8.7   Datenübertragungsmanagement 331

9   APPC und Logical Unit 6.2 335

9.1   Knoten vom Typ 2.1 und Logical Unit vom Typ 6.2 336

9.2   APPC und LU 6.2 337

9.3   Transaktionsprogramme und SNA-Sessions 346

9.4   Mapped Conversation Verbs 357
      9.4.1   MC_ALLOCATE 357
      9.4.2   MC_CONFIRM 360
      9.4.3   MC_CONFIRMED 362
      9.4.4   MC_DEALLOCATE 363
      9.4.5   MC_RECEIVE-AND-WAIT 365
      9.4.6   MC_REQUEST-TO-SEND 368
      9.4.7   MC_SEND-DATA 369
      9.4.8   MC_SEND-ERROR 370

9.5   Conversation-Beispiele 371

    9.5.1   Kommunikation auf Conversation-Level 372

    9.5.2   Kommunikation auf SNA-Session-Level 375

9.6   Low Entry Networking (LEN) und APPN 381

Literaturverzeichnis 387

Schlagwortregister 389

1 SNA: Einleitung und Überblick

Systems Network Architecture (SNA) ist IBMs Konzept für die Kommunikation zwischen Datenstationen wie Computer-Systeme, Workstations, Bürokommunikationssysteme, Gerätesteuereinheiten und Terminals.

Im Laufe der Entwicklung hat sich SNA von einem streng hierarchischen und am zentralen Rechner orientierten Netzwerkkonzept immer mehr in Richtung auf ein Konzept gleichberechtigter Systeme entwickelt.

Noch heute sind die meisten großen und über Weitverkehrsnetze realisierten Computer-Netzwerke hierarchisch aufgebaut und von zentralen Rechnern (auch Mainframe oder Host-System genannt) abhängig. Der Mainframe stellt Anwendungen für entfernt aufgestellte Systeme zur Verfügung, übernimmt die Netzwerksteuerung und ist für das Netzwerkmanagement verantwortlich. Der Großteil des Mainframe-Marktes wird von IBM beherrscht, und SNA hat sich seit seiner Vorstellung im Jahr 1974 zum de facto Standard für die Datenkommunikation in Netzwerken mit zentralen Rechnern entwickelt. Aus diesem Grund wollen wir hier zunächst das klassische, am Host orientierte SNA-Netzwerk betrachten. Später werden wir die SNA-Architekturerweiterungen für die gleichberechtigte Kommunikation der am Netzwerkverbund beteiligten Systeme diskutieren.

IBM hatte schon vor SNA (also vor 1974) mehrere hundert Hard- und Software-Produkte angeboten, die Anwendungen in Netzwerken ermöglichten. Diese Produkte waren jedoch vom Design her vollkommen verschieden und verwendeten die unterschiedlichsten Kommunikationsprotokolle, Formate, Datenströme und Übertragungsprotokolle. Die Folgen waren:

- nur eingeschränkte Möglichkeit der Mehrfachnutzung einer Datenleitung,

- daraus resultierend hohe Leitungskosten und großer Verwaltungsaufwand,

- unflexible, da auf das jeweilige Gerät speziell abgestimmte Anwendungsprogrammierung,

- hohe Belastung des zentralen Systems, da die gesamte Steuerung der Kommunikation in seiner Verantwortung liegt und den entfernt (remote) gelegenen Datenstationen jegliche „Intelligenz" fehlt.

IBMs Anspruch bei der Entwicklung von SNA war es, die Unordnung und Inkompatibilität zu beseitigen, die sich im Laufe der Zeit bei den Produkten zur Datenkommunikation verbreitet hatte. Zukünftige Systeme und Anwendungen für die vernetzte Umgebung sollten nach einheitlichen Regeln entwickelt werden können.

Um diesem Anspruch gerecht zu werden, beschreibt die Netzwerkarchitektur SNA die logische Struktur eines Netzwerkes und definiert Formate, Protokolle sowie Operationsfolgen, die für den Austausch von Informationseinheiten zwischen den Instanzen des Netzwerkes notwendig sind.

Ein Ziel von SNA ist, für die Kommunikation benötigte Funktionen und Dienste in die entfernten Systeme zu verlagern und damit das Host-System bei der Steuerung entfernter Netzwerkkomponenten zu entlasten. Zu den Funktionen, die zwischen zentralem und remote gelegenem System aufgeteilt werden, gehören z.B. das Generieren bzw. Interpretieren von Datenströmen und das Transportieren von Informationen durch das Netz.

Durch die Verteilung der Kommunikationsaufgaben auf den zentralen Rechner und die entfernten Datenstationen können zentrale Anwendungsprogramme unabhängig von den Eigenschaften der remote gelegenen Stationen und der daran angeschlossenen Peripherie entwickelt werden.

1.1   SNA-Netzwerkstruktur

Ein SNA-Netzwerk besteht physisch aus Netzwerkknoten (Nodes), die über Network Links miteinander verbunden sind. Die Verbindung zwischen SNA-Netzwerkknoten kann ganz unterschiedlich realisiert werden:

- direkte Datenleitung (direkte Leitungsverbindung),

- private oder öffentliche Weitverkehrsnetze (WAN; Wide Area Network),

- lokale Netzwerke (LAN; Local Area Network).

Bei den Weitverkehrsnetzen stehen weitere Alternativen zur Verfügung, die sich in Verfügbarkeit, Übertragungssicherheit und Gebühren- bzw. Kostenstruktur unterscheiden:

- private Standleitungen,

- Standleitungen in öffentlichen Netzen (z.B. Daten Direktruf Netz der DBP Telekom),

- Wählleitungen in öffentlichen Netzen (z.B. Fernsprechnetz, ISDN, DATEX-L),

- paketorientierte Verbindungen in öffentlichen oder privaten Netzen nach dem X.25 Standard (z.B. DATEX-P Netz der DBP Telekom).

Bei den lokalen Netzwerken (LAN, Local Area Network) stehen heute drei Standards im Vordergrund:

♦ IBM Token Ring (Token Passing-Verfahren),

♦ Ethernet (CSMA/CD-Verfahren),

♦ FDDI (Fiber Distributed Data Interface).

Die durch den Network Link und die entsprechenden Hard- und Software-Komponenten realisierte Verbindung zwischen zwei Netzwerkknoten wird Übertragungsabschnitt genannt.

Damit Anwendungen, die in Netzwerkknoten residieren, untereinander Informationen austauschen können, werden logische SNA-Instanzen definiert, die quasi als Interface der Anwendungsebene zum SNA-Netz fungieren und eine Kommunikation nach einheitlichen Regeln und mit definierten Datenströmen ermöglichen.

1.2   SNA-Endbenutzer

Quelle und Ziel von Informationen werden in einem SNA-Netzwerk als SNA-Endbenutzer (End User) bezeichnet und können sowohl Anwendungsprogramme sein, die z.B. auf dem zentralen Rechner oder auf intelligenten Datenstationen ablaufen, als auch Geräte (Devices) wie Bildschirmarbeitsplätze, Diskettenstationen oder Drucker. Ein Operator an seinem Bildschirmarbeitsplatz ist genauso SNA-Endbenutzer wie das Anwendungsprogramm auf der Host-Seite, mit dem der Dialog geführt wird.

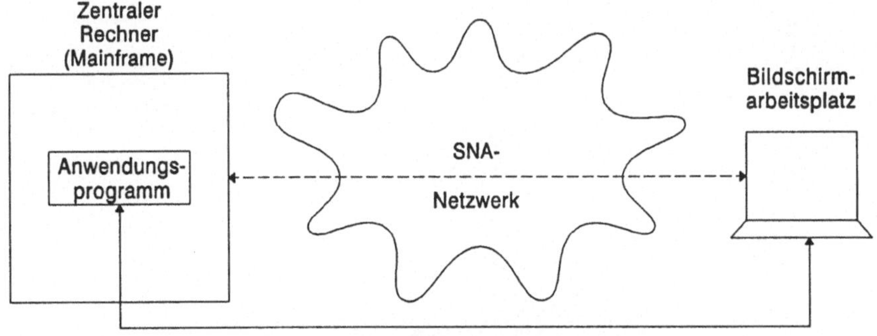

Bild 1.1   SNA-Endbenutzer

2 Physisches SNA-Netzwerk

SNA enthält Spezifikationen für Netzwerkknoten und für die Verbindungen zwischen diesen SNA-Knoten. Netzwerkknoten und Netzwerkverbindungen sind (in Mainframe-orientierten Netzen) hierarchisch organisiert, um unter zentraler Steuerung die Verteilung von Funktionen im Netz zu erleichtern und die flexible und redundante Auslegung des Netzes zu ermöglichen. Je nach SNA-Mächtigkeit, Position in der SNA-Hierarchie und Aufgabenbereich werden drei Typen von SNA-Netzwerkknoten unterschieden:

- **Host Node** (Mainframe-System) als zentraler Rechner, der Anwendungen für periphere SNA-Knoten zur Verfügung stellt. In der SNA-Terminologie wird der Host Node als Knoten vom Typ 5 bezeichnet.

- **Communication Controller Node** (Datenfernverarbeitungs-Steuereinheit) als verantwortliche Instanz für das Routing und die Steuerung des physischen Datenflusses im SNA-Netzwerk. Dieser Knoten wird als Knoten vom Typ 4 bezeichnet.

- **Peripheral Node** (remote gelegene Datenstation), deren SNA-Endbenutzer mit den entsprechenden Partnern in Host Nodes kommunizieren. Zu den peripheren SNA-Knoten gehören die folgenden Knotentypen:

  - Knoten vom Typ 2.0 (Cluster Controller Nodes),

  - Knoten vom Typ 2.1 (T 2.1 Node),

  - Knoten vom Typ 1 (Terminal Nodes).

2.1 Host Node

Der Host Node (HN) ist der zentrale Knoten in einem SNA-Netzwerk, von dem alle anderen SNA-Knoten abhängig sind. Er stellt die Anwendungen für periphere Knoten zur Verfügung und steuert die gesamte Kommunikation zwischen den Instanzen des physischen und logischen Netzwerkes. Alle Aktivitäten in einem hierarchischen SNA-Netzwerk gehen vom Host Node aus; so liegen z.B. Netzwerksteuerung und -überwachung in seinem Aufgabenbereich.

2.2   Communication Controller Node

Ein Communication Controller Node (CUCN) entlastet den Host Node von der physischen Netzwerksteuerung und übernimmt Funktionen wie den Aufbau der physikalischen Verbindung zu einem Partnerknoten (z.B. durch den Wählvorgang im Fernsprechnetz), die Fehlersicherung bei der Datenübertragung und das Routing von Nachrichten durch ein komplexes SNA-Netzwerk. Auf einem Communication Controller Node laufen keine endbenutzerbezogenen Anwendungsprogramme, er ist eine reine Steuereinheit. Communication Controller Nodes stehen entweder als Front-End-Prozessoren (FEP) direkt vor dem Host Node oder werden über Weitverkehrsnetze entfernt angeschlossen. In diesem Zusammenhang spricht man von Local oder Remote Communication Controller Nodes.

2.3   Peripheral Node

Periphere Knoten sind Datenstationen, die direkt an den Host oder entfernt an Communication Controller Nodes angeschlossen werden. Typischerweise sind dies auch heute noch Gerätesteuereinheiten (Cluster Controller Nodes) wie z.B. die IBM 3174 Steuereinheit. Über Cluster Controller Nodes (Knoten vom Typ 2.0) können mehrere Geräte (Devices) wie Bildschirme, Diskettenstationen oder Drucker über eine Datenleitung an das SNA-Netzwerk angebunden werden. Der Cluster Controller Node steuert die angeschlossenen Devices und ist für das Verwalten, Multiplexen und Demultiplexen der unterschiedlichen gerätebezogenen Datenströme verantwortlich.

Aber auch programmierbare Datenstationen wie Workstations, Minicomputer oder Personal Computer, deren Anwendungen mit Programmen auf der Host-Seite kommunizieren, fallen unter diesen Knoten-Typ. Diese programmierbaren Cluster Controller Nodes verdrängen die reinen Gerätesteuereinheiten immer mehr, indem deren Eigenschaften durch entsprechende Programme nachgebildet (emuliert) werden.

Ein weiterer Vertreter der peripheren Knoten ist der Terminal Node (Knoten vom Typ 1). Ein Terminal Node ist ein SNA-Endgerät, das die Möglichkeit hat, mit Anwendungen auf dem Host Node zu kommunizieren. Dieser Knoten-Typ wurde definiert, um Datenstationen, die keine SNA-Fähigkeit hatten, mit geringen Modifikationen in die neue Architektur einbinden zu können. Terminal Nodes können direkt an den Host Node oder remote an Communication Controller Nodes angeschlossen werden. Dieser SNA-Knoten verfügt über nur spärliche SNA-Eigenschaften und ist eigentlich vom Markt verschwunden.

SNA-Endbenutzer peripherer Knoten vom Typ 1 und 2.0 können ausschließlich mit SNA-Endbenutzern eines Host Nodes kommunizieren. Dieses hierarchische

Konzept wird heute von den Anwendern nicht mehr akzeptiert. Es wird die gleichberechtigte Kommunikation zwischen allen Netzwerkkomponenten gefordert. Der neueste periphere SNA-Knoten vom Typ 2.1 kann von sich aus die Verbindung zu anderen peripheren Knoten vom Typ 2.1 aufnehmen und ist nicht von einem zentralen Host Node abhängig. Damit wird das hierarchische SNA-Netzwerkkonzept zu einer Architektur gleichberechtigter Systeme erweitert. Die Kommunikation unter SNA-Bedingungen ist jetzt auch ohne überwachenden und steuernden Host Node möglich. In diesem Zusammenhang sind die SNA-Architekturerweiterungen Advanced Program-To-Program Communication (APPC) und Advanced Peer-To-Peer Networking (APPN) zu nennen. Als SNA-Knoten vom Typ 2.1 können sich (mit der entsprechenden Software) z.B. der DOS-PC, ein PC mit dem Betriebssystem OS/2 oder das System IBM AS/400 verhalten.

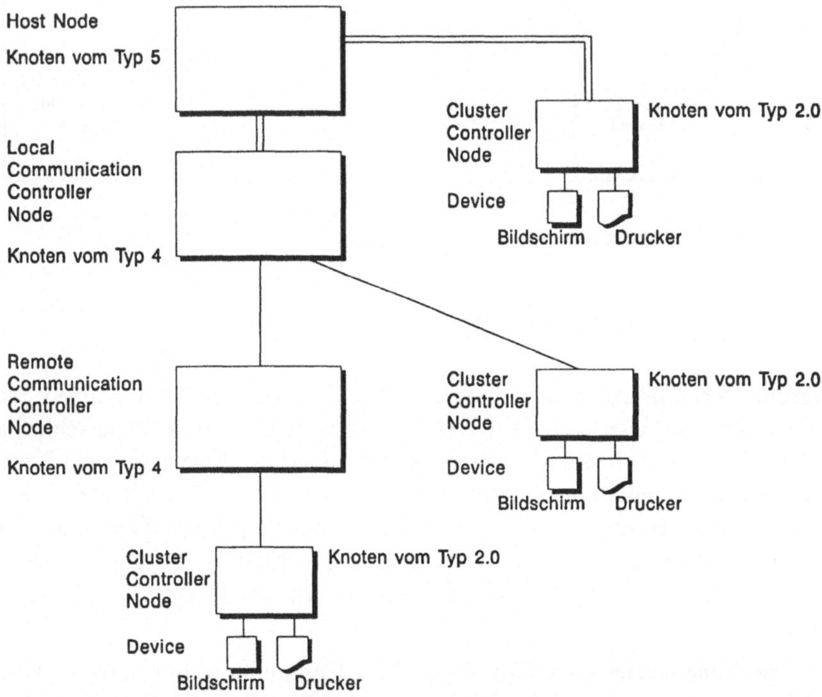

Bild 2.1   SNA-Knotentypen des hierarchischen Netzwerkes

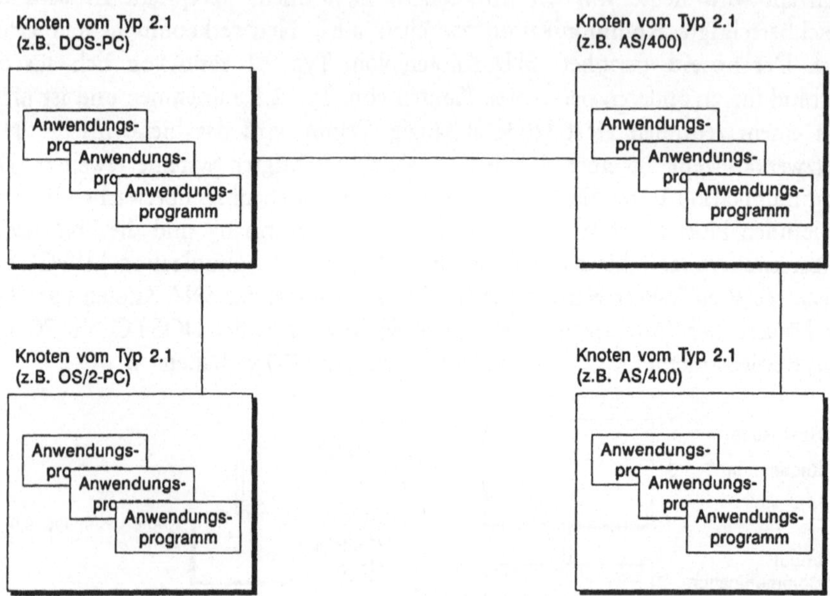

Bild 2.2   SNA-Knoten vom Typ 2.1

2.4   Subarea Nodes und Boundary Function

Aufgrund der zunächst einmal hierarchischen Struktur von SNA können SNA-Endbenutzer (End User) auf peripheren Knoten vom Typ 1 und 2.0 ausschließlich mit SNA-Endbenutzern auf Host Nodes kommunizieren. Diese peripheren Knoten werden entweder remote an Communication Controller Nodes oder lokal direkt an den Host Node angeschlossen. Host beziehungsweise Communication Controller Nodes sind für die Verwaltung und Steuerung der angeschlossenen peripheren Knoten verantwortlich und müssen entsprechende Dienstleistungen erbringen.

Der Verwaltungsbereich eines Host Nodes bzw. Communication Controller Nodes wird Subarea genannt. Deshalb werden diese SNA-Knoten auch als Subarea Nodes bezeichnet.

Jeder Subarea Node verfügt über die sogenannte Boundary Function, die Funktionen und Dienste für die Steuerung der direkt angeschlossenen peripheren Knoten enthält.

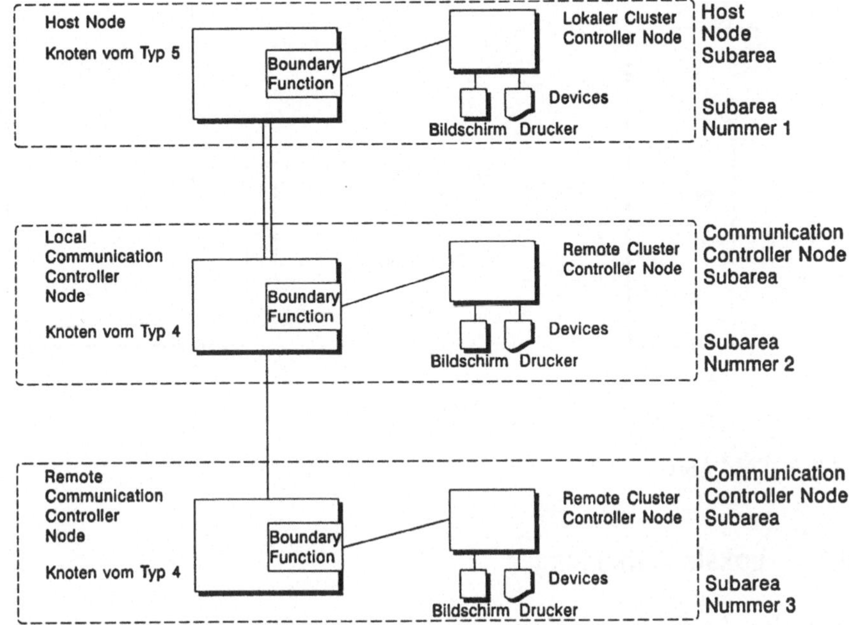

Bild 2.3   Boundary Function und Subarea

2.5   SNA Network Link

Damit Instanzen auf Peripheral und Subarea Nodes Informationseinheiten austauschen können, müssen benachbarte Netzwerkknoten miteinander physikalisch verbunden sein. Diese Netzwerkverbindungen werden als SNA Network Links oder kurz Links bezeichnet. Ein Link besteht aus zwei Link Stations, die über eine Link Connection miteinander verbunden sind. Eine Link Connection umfaßt alle physischen Betriebsmittel, die das eigentliche Übertragungsmedium ausmachen. Bei Verbindungen über das öffentliche Fernsprechnetz sind dies z.B. das Fernsprechnetz selbst, ein Anschluß an das Fernsprechnetz und ein entsprechender Modem auf jeder Seite der Verbindung. Alle Hard- und Softwarekomponenten eines Netzwerkknotens, die für den Anschluß an eine Link Connection benötigt werden, bezeichnet man als Link Station (z.B. V.24-Schnittstelle und Übertragungsprotokoll). SNA unterscheidet lokale und remote Verbindungen.

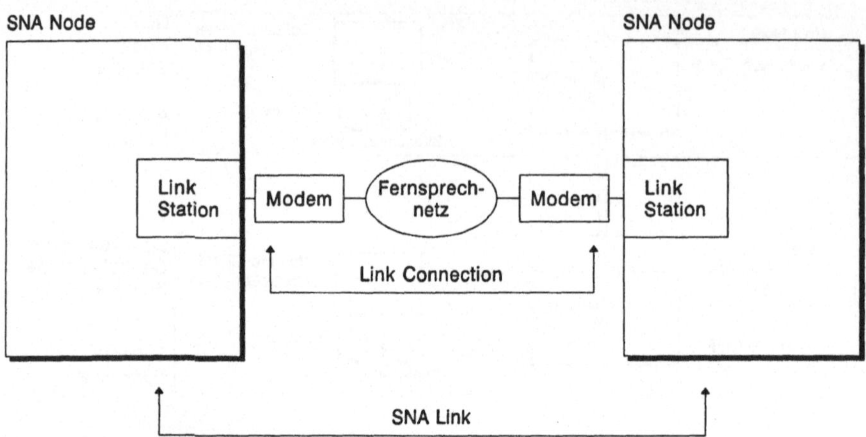

Bild 2.4   SNA Link

2.5.1   Lokale Verbindungen

Der direkte Anschluß von Communication Controller Nodes und peripheren Knoten an den Host Node wird lokal über den IBM I/O-Kanal, den System/370 Data Channel, realisiert.

Auf diesem Hochgeschwindigkeitskanal werden die Daten bitparallel übertragen. Um trotz des Bitversatzes die parallele Übertragung synchron zu halten, müssen die benachbarten SNA-Knoten sehr dicht beieinanderstehen. Übertragungsgeschwindigkeiten bis 4,5 MByte/s sind möglich. Die maximale Entfernung zwischen den SNA-Knoten liegt je nach Konfiguration bei etwa 120 Metern.

Mit der IBM-Systemarchitektur ESA (Enterprise Systems Architecture) wurde auch ein neuer, auf Glasfasertechnologie und bitserieller Übertragung basierender Kanalanschluß vorgestellt. Die ESCON-Kanäle (Enterprise Systems Connection) haben je nach Anschlußsystematik und Konfiguration eine Reichweite von mehreren Kilometern und eine Übertragungsgeschwindigkeit von über 10 MBit/s. Werden z.B. ESCON-Directors eingesetzt, so können Entfernungen bis 43 Kilometer überbrückt werden. Die neue ESCON-Technologie bietet somit gegenüber dem herkömmlichen Kanalanschluß nicht nur größere Distanzen, sondern auch höhere Übertragungsgeschwindigkeiten und mehr Sicherheit bei der Datenübertragung.

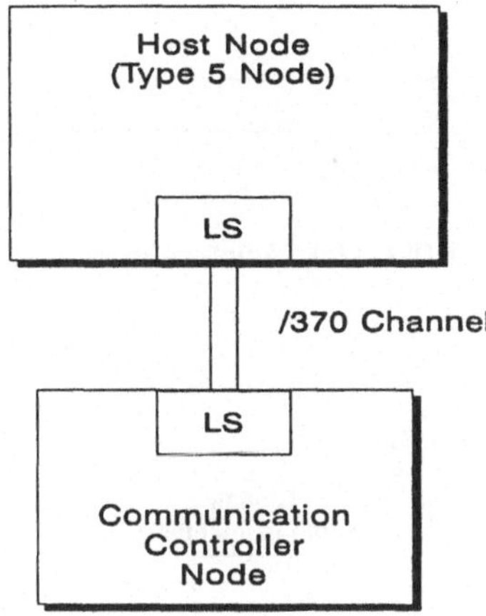

Bild 2.5   Lokaler Anschluß

2.5.2   Remote Verbindungen

Der remote Anschluß von peripheren Knoten an Communication Controller Nodes kann über öffentliche und private Weitverkehrsnetze (WAN; Wide Area Network) aber auch über lokale Netze (LAN; Local Area Network) realisiert werden.

Communication Controller Nodes werden untereinander in der Regel über öffentliche oder private Standleitungen verbunden. Aus Performance-Gründen sind Communication Controller Nodes untereinander nicht nur über eine, sondern über mehrere, parallele Links verbunden. Diese Parallel-Links werden als Transmission Group (TG) bezeichnet.

Bei der Vorstellung von SNA (1974) standen ausschließlich Stand- und Wählleitungen für den Anschluß remote gelegener Netzwerkknoten zur Verfügung. Verantwortlich für die eigentliche Datenübertragung auf diesen Übertragungsabschnitten ist seit Beginn von SNA das Übertragungsprotokoll SDLC (Synchronous Data Link Control). Daten werden auf der Leitung bitseriell übertragen. Dabei kann es z.B. aufgrund induktiver Einflüsse zu Bitverfälschungen kommen. Über das SDLC-Protokoll wird die bitserielle Übertragung zwischen zwei direkt benachbarten Netzwerkknoten gesteuert und gesichert. Die Übertragung ist in SDLC-Frames (SDLC-Übertragungsblöcken) organisiert. Punkt-zu-Punkt- als auch Mehrpunktverbindungen über private oder öffentliche Weitverkehrsnetze (Fernsprechnetz, DATEX-L, Direktruf-Netz) werden vom SDLC-Protokoll unterstützt.

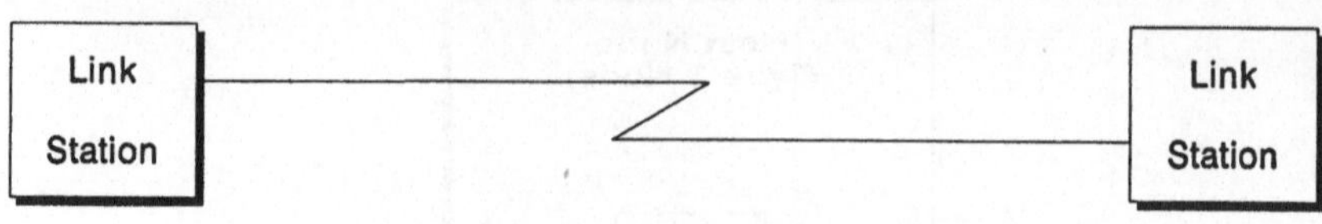

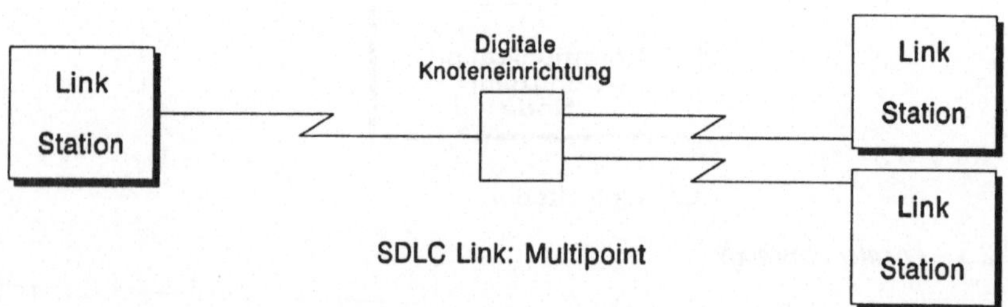

Bild 2.6   Point-to-Point und Multipoint-Verbindungen

Heute unterstützt die SNA-Architektur Protokolle für folgende Network Links:

♦ IBM System/370 Data Channel,

♦ ESCON Data Channel,

♦ SDLC-Standleitungen,

♦ SDLC-Wählleitungen,

♦ X.25 Links in paketorientierten Netzen
  (feste und gewählte virtuelle Verbindungen),

♦ IBM Token Ring (IEEE 802.5),

♦ Ethernet (IEEE 802.3, Ethernet V.2).

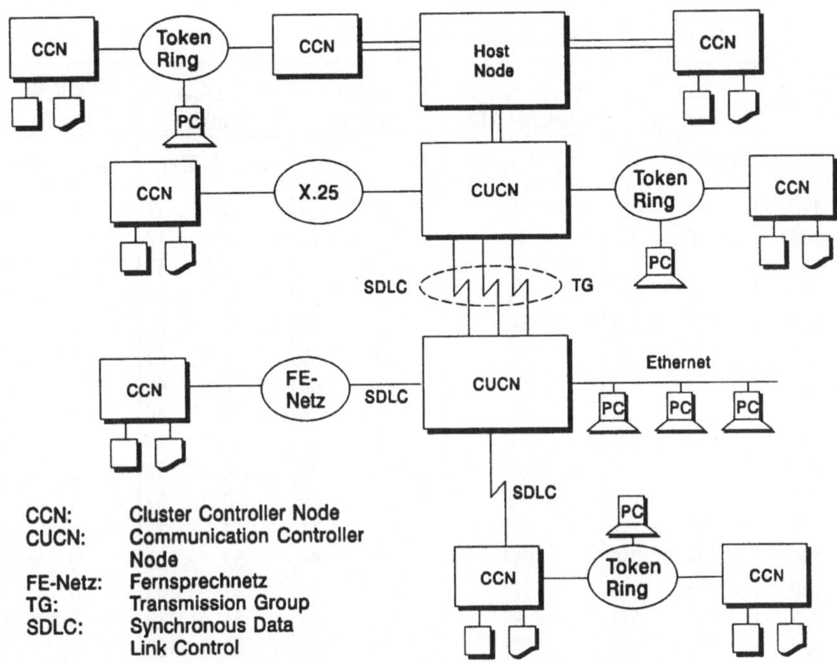

Bild 2.7   Verbindungsmöglichkeiten für SNA-Knoten

2.6   Hard- und Software-Struktur der SNA-Nodes

Unterschiedliche SNA-Knoten stellen gemäß ihrer Aufgabe im Netz unterschiedliche SNA-Funktionen zur Verfügung. Die SNA-Fähigkeit eines Netzwerkknotens wird durch seine Hardware- und Software-Komponenten bestimmt.

2.6.1   IBM Mainframe-Systeme

Der Host Node in einem SNA-Netzwerk ist in der Regel ein IBM Mainframe-System, also ein zentraler Prozessor der S/370 oder S/390 System-Architektur. Die S/370 Prozessorfamilie beginnt bei dem System IBM 370 und erstreckt sich über die Systeme der Serie 43xx bis hin zu den Prozessoren der 3090-Familie. Die neue S/390 Familie besteht aus Prozessoren der Serie ES/9000 (ES/9000-9021 und ES/9000-9121). Wie SNA auch, so unterliegen die IBM Host-Prozessoren einer permanenten Weiterentwicklung von Leistung und Funktionen. Das zur Zeit größte kommerzielle S/390 System ist das Modell 982 mit 8-fach Prozessoren und bis zu 1 GB Zentralspeicher pro Seite.

Beispiele für Modelle der Systemfamilie ES/9000:

Modell	Zentral-speicher		Erweiterungs-speicher (MB)	Kanäle gesamt		Parallele Kanäle		ESCON-Kanäle	
	Min.	Max.	Max.	Min.	Max.	Min.	Max.	Min.	Max.
120	16	256	240	0	12	0	12	0	12
130	16	256	240	0	12	0	12	0	12
150	16	256	240	0	12	0	12	0	12
170	16	256	240	0	24	0	24	0	24
190	32	128	480	8	32	8	24	0	20
210	32	256	992	8	48	8	48	0	36
260	32	256	992	12	48	12	48	0	36
320	32	256	992	12	48	12	48	0	36
440	32	256	992	12	48	12	48	0	36
480	32	256	992	12	48	12	48	0	36
330	32	128	512	16	64	16	32	0	32
340	32	128	1024	16	64	16	32	0	32
500	64	256	2048	32	64	32	64	0	32
580	64	256	2048	32	64	32	64	0	32
620	128	512	4096	64	128	64	128	0	64
720	128	512	4096	64	128	64	128	0	64
820	256	1024	8192	128	256	0	96	32	256
860	384	1024	8192	128	256	0	96	32	256
900	512	1024	8192	128	256	0	96	32	256

Quelle: IBM (GF12-1710-1712)

Für alle /370 und /390 Systeme stehen alternativ drei Betriebssysteme zur Verfügung.

2.6.2   Host-Betriebssysteme

Alle Programme auf dem Host Node laufen unter Kontrolle des Host-Betriebssystems. Drei Betriebssysteme, die alle SNA-fähig sind und SNA-Software unterstützen, können alternativ auf Host Nodes der /370 und /390 Prozessorfamilie eingesetzt werden:

DOS/VSE

Disk Operating System/Virtual Storage Extended wird in der Regel auf kleineren und mittleren Systemen eingesetzt. Das derzeitige Release trägt entsprechend der aktuellen Systemarchitektur „Enterprise Systems Architecture (ESA)" die Bezeichnung VSE/ESA.

MVS

Das Betriebssystem Multiple Virtual Storage wird auf großen Host Nodes eingesetzt. Zur Zeit eingesetzte Versionen sind MVS for Extended Architecture
(MVS/XA), das 31-Bit Speicheradressierung erlaubt, und MVS/ESA.

VM

Das Betriebssystem Virtual Machine wird sowohl auf kleinen als auch auf großen
Host Nodes eingesetzt. Unter VM können auf einem Rechner mehrere Kopien der
Betriebssysteme MVS und VSE gleichzeitig aktiv sein. Die aktuelle Version trägt die
Bezeichnung VM/ESA.

Das Betriebssystem ist hauptsächlich für die Verwaltung der Systemressourcen
verantwortlich, weniger jedoch für die Steuerung von SNA-Kommunikations-
vorgängen. Diese Aufgabe übernimmt die sogenannte SNA-Zugriffsmethode
(Teleprocessing Access Method).

2.6.3 TP Access Method VTAM

Die SNA-Zugriffsmethode (Teleprocessing Access Method) residiert im Host Node
und ist Dreh- und Angelpunkt eines hierarchischen SNA-Netzwerkes. Sie fungiert
einerseits als Interface zwischen den SNA-Endbenutzern (Anwendungsprogrammen) des Host Nodes und den SNA-Endbenutzern anderer Netzwerkknoten (z.B. Geräten). Andererseits ist sie für das gesamte Netzwerkmanagement
eines SNA-Netzwerkes verantwortlich. Die Teleprocessing (TP-) Access Method
steuert und überwacht alle Netzwerkressourcen (z.B. Anwendungen und
Anwendungs-Subsysteme des Host Nodes, die Communication Controller Nodes
und alle Network Control Programs (NCP), Steuereinheiten und Network Links).

Im Laufe der Entwicklung gab es die unterschiedlichsten Teleprocessing Access
Methods wie z.B. QTAM, RTAM oder BTAM. Aber nur zwei Zugriffsmethoden
unterstützen die Netzwerkarchitektur SNA, nämlich die Telecommunications Access Method (TCAM) und die Virtual Telecommunications Access Method
(VTAM). Heute wird nur noch VTAM als Zugriffsmethode in SNA-Netzwerken
eingesetzt. VTAM ist für die logische Steuerung eines SNA-Netzwerkes verantwortlich und muß zu diesem Zweck über eine „VTAM-Generierung" die logische
Struktur des Netzes kennenlernen.

Anwendungsprogramme auf dem zentralen Host-System kommunizieren über die
TP-Access Method mit den remote SNA-Endbenutzern im Netzwerk. Die Aufgabe
der TP-Access Method ist es, die zentralen Anwendungsprogramme von den
physischen Eigenschaften und Gegebenheiten des Netzwerkes und der remote
Devices (z.B. Bildschirm oder Drucker) zu entkoppeln. Diese Aufgabe ist mit dem
Zugriff eines Anwendungsprogrammes über den File Manager auf die

magnetischen Externspeicher vergleichbar. Das Anwendungsprogramm setzt Read-
und Write-Aufträge (über die Angabe eines Dateinamen) auf logische Geräte ab,
der physikalische Zugriff auf das Speichermedium wird in Abhängigkeit der Ge-
räteeigenschaften vom File Manager des Systems realisiert. Der File Manager trennt
das Anwendungsprogramm von den physikalischen Gegebenheiten des Daten-
trägers (z.B. Anzahl Zylinder, Spuren und Sektoren).

Netzwerkressourcen wie Geräte (Devices) haben in einem SNA-Netzwerk einen
eindeutigen SNA-Netzwerknamen, der auch als logischer Terminal-Name bezeichnet wird. Online-Programme auf Host Systemen setzen ihre Aufträge (z.B.
Read- und Write-Aufträge) an logische Geräte ab. Als Zugriffsname wird der SNA-
Netzwerkname verwendet, der dem Programm, dem Application Subsystem und
der Zugriffsmethode bekannt ist. Der eigentliche physische Zugriff auf das Gerät
wird entsprechend den Geräte- und Netzwerkeigenschaften von der Zugriffsmethode (VTAM) durchgeführt. Um diese Aufgabe erfolgreich erfüllen zu
können, muß die Zugriffsmethode die Eigenschaften aller Netzwerkkomponenten
und die Konfiguration des physischen Netzwerkes, der peripheren Knoten und der
SNA-Endbenutzer kennen.

Anwendungen auf Host Nodes können direkt auf der Schnittstelle zu VTAM aufsetzen, werden aber in der Regel die Dienste eines Teleprocessing (TP-) Monitors
(z.B. CICS) oder eines Application Subsystems (z.B. JES) in Anspruch nehmen.

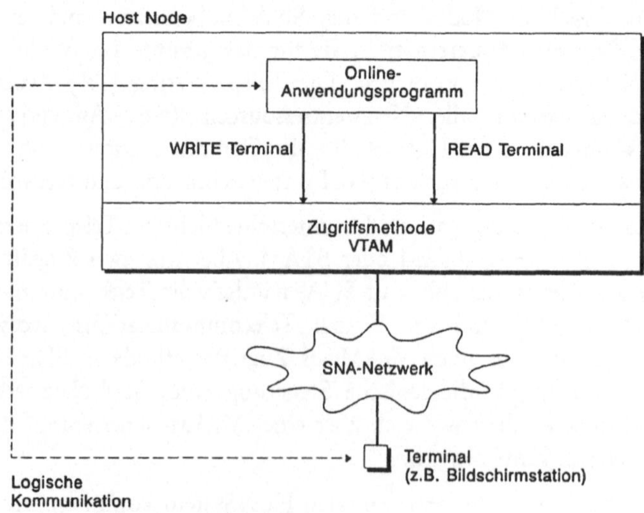

Bild 2.8   Applikationen und VTAM

2.6.4 Teleprocessing Monitor und Application Subsystem

Applikationen in der Mainframe-Umgebung setzen im allgemeinen auf der Schnittstelle eines TP-Monitors auf. Ein Teleprocessing Monitor verwaltet die Anwendungsprogramme, stellt also Funktionen für das Laden und Starten von Programmen und die Speicherverwaltung zur Verfügung. Ein TP-Monitor bietet darüber hinaus auch Dienste für Applikationen wie Maskengeneratoren, Schnittstellen zu Datenbanken oder Systeme für das Datenmanagement an.

Softwarekomponenten, die zwischen den eigentlichen Anwendungsprogrammen und der Zugriffsmethode VTAM liegen, heißen Application Subsystems oder kurz Subsysteme. Zu den wichtigsten dialogorientierten Application Subsystems gehören TSO (Time Sharing Option) und die TP-Monitore Customers Information Control System (CICS) und Information Management System (IMS). Zu den batchorientierten Subsystemen, die auch Remote Job Entry (RJE) Systeme genannt werden, gehören JES 2, JES 3 und POWER. Dabei steht die Abkürzung JES für Job Entry Subsystem und POWER für Priority Output Writers, Execution Processors, and Input Readers.

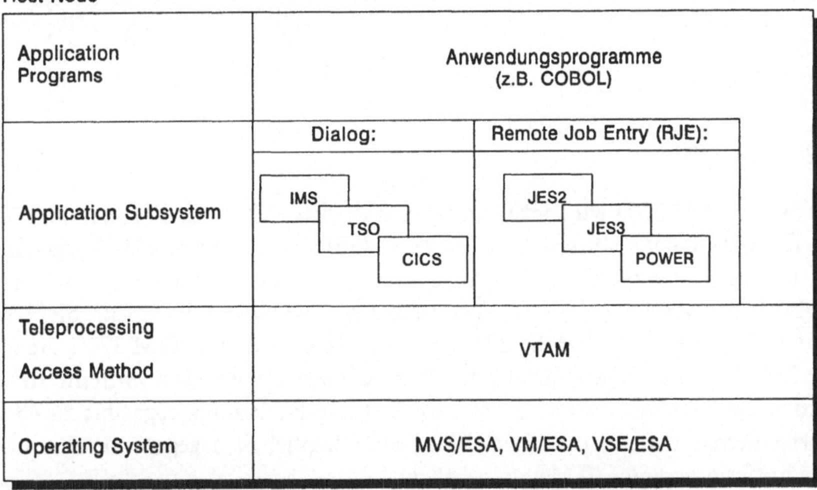

Bild 2.9 Software-Hierarchie in Host-Umgebung

2.6.5   IBM Communication Controller Nodes

Schon vor 1974 gab es von IBM die DFV-Steuereinheiten der Serie 27xx, die jedoch nicht SNA-fähig waren. Communication Controller Nodes, die SNA unterstützen, sind die programmierbaren Steuereinheiten der Serie IBM 37xx. Die älteren Systeme 3705, 3725 und 3720 sind heute durch die unterschiedlichen Modelle des aktuellen Systems IBM 3745 ersetzt. Um die maximale Ausbaustufe einer 3745 zu erhalten, ist bei einigen Modellen der IBM 3745 der Einsatz der Erweiterungseinheit IBM 3746 Expansion Unit Model 900 notwendig.

Modelle der Steuereinheit IBM 3745:

Modell	3745 130	3745 150	3745 170	3745 210	3745 310	3745 410	3745 610
Kommunikationsprozessor: (CCU; Central Control Unit)	1	1	1	1	1	2	2
Cache Speicher (KB)	32	32	32	16	64	2x16	2x64
Hauptspeicher (MB)	8	8	8	8	8	2x8	2x8
Kanalanschlüsse	4	0	4	16	16	16	16
Low/Medium Speed Leitungen	0	32	112	896	896	896	896
Integrierte Modems	0	16	32	416	416	416	416
High Speed Leitungen	4	2	4	16	16	16	16
Token Ring LANs	4	2	2	8	8	8	8
Ethernet LANs	4	2	4	16	16	16	16

Quelle: IBM 9/92

Das System IBM 3745 wird lokal entweder über den /370 Data Channel oder über den ESCON-Kanal als Front End Processor (FEP) an den Host Node angeschlossen. Der Einsatz von ESCON-Kanälen bringt gegenüber dem herkömmlichen parallelen Kanalanschluß höhere Übertragungsgeschwindigkeiten, mehr Sicherheit bei der Übertragung und größere Distanzen. So kann z.B. eine IBM 3745, die über den ESCON-Kanal angeschlossen ist, drei Kilometer vom Host entfernt stehen. Werden ESCON-Directors eingesetzt, so kann die Entfernung sogar bis zu 43 Kilometer betragen. Beim parallelen /370 Data Channel ist dagegen nur eine maximale Entfernung von 120 Metern möglich.

Ein über öffentliche oder private Weitverkehrsnetze entfernt (remote) aufgestellter Communication Controller Node wird in der Regel über Standleitungen (SDLC-Links) an einen lokalen Communication Controller Node angeschlossen, also nie direkt an den Host Node. Die maximale Geschwindigkeit auf Standleitungen in öffentlichen Datennetzen beträgt 2 Mbit/s. Um Engpässe zu vermeiden, werden benachbarte Communication Controller Nodes nicht nur über eine SDLC-Standleitung miteinander verbunden, sondern auch über eine Gruppe von parallelen Leitungen. Diese Parallel-Links werden gleichberechtigt benutzt und als Transmission Group (TG) bezeichnet. Jede Transmission Group zwischen zwei benachbarten Communication Controller Nodes wird eindeutig über eine Transmission Group Number identifiziert.

Werden SNA-Nachrichten von einem Communication Controller Node in eine benachbarte Subarea (also zu einem anderen Communication Controller Node) weitergesendet, so wird diese Aufgabe von der sogenannten Intermediate Routing Function (IRF) der Communication Controller Nodes wahrgenommen.

Der Anschluß von Peripheral Nodes (z.B. Cluster Controller Nodes) an Communication Controller Nodes kann über öffentliche und private Weitverkehrsnetze und über lokale Netze erfolgen. Als Subarea Node ist der Communication Controller Node (wie der Host Node auch) für die Steuerung und Kontrolle der an ihm angeschlossenen peripheren Knoten verantwortlich. Die dafür notwendigen Funktionen werden von der sogenannten Boundary Function realisiert.

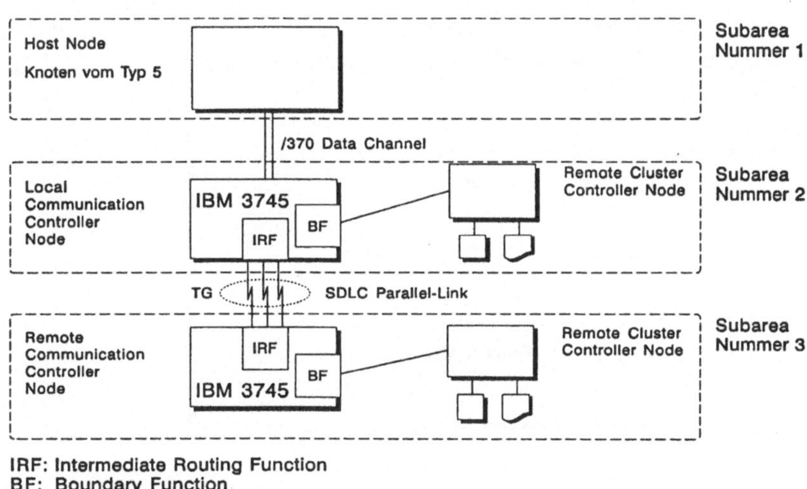

Bild 2.10 Lokale und remote Communication Controller Nodes

2.6.6 Network Control Program (NCP)

Mit SNA sind die Netzwerksteuerfunktionen aus dem Host Node in die Communication Controller Nodes ausgelagert worden. Als SNA-Software läuft in den Communication Controller Nodes das Network Control Program (NCP). Das NCP ist unter der Kontrolle von VTAM für die physische Steuerung der angeschlossenen SNA-Netzwerkkomponenten verantwortlich. Boundary Function und Intermediate Routing Function werden von NCP-Routinen zur Verfügung gestellt. Zu den Aufgaben des NCP gehören:

- Steuerung der angeschlossenen Geräte,

- logischer und physikalischer Verbindungsaufbau und -abbau,

- Leitungsmanagement,

- Adressierung von SNA-Knoten und Leitungen,

- Management der transportorientierten Datenübertragungsprotokolle,

- Datensicherung auf einem Übertragungsabschnitt,

- Wegewahl und Adressierung im Netzwerk (Routing),

- maximale Länge der Übertragungsblöcke einhalten,

- Mehrfachnutzung der Anschlußleitung (Multiplexing),

- Sequenzkontrolle der Datenübertragungsblöcke,

- Aufteilung der Nachrichten auf die physikalischen Datenübertragungsblöcke (Segmentieren oder Blocken).

Um diesen Aufgaben gerecht zu werden, muß das NCP die physische Struktur des Netzwerkes und die Eigenschaften seiner Netzwerkressourcen per NCP-Generierung kennen.

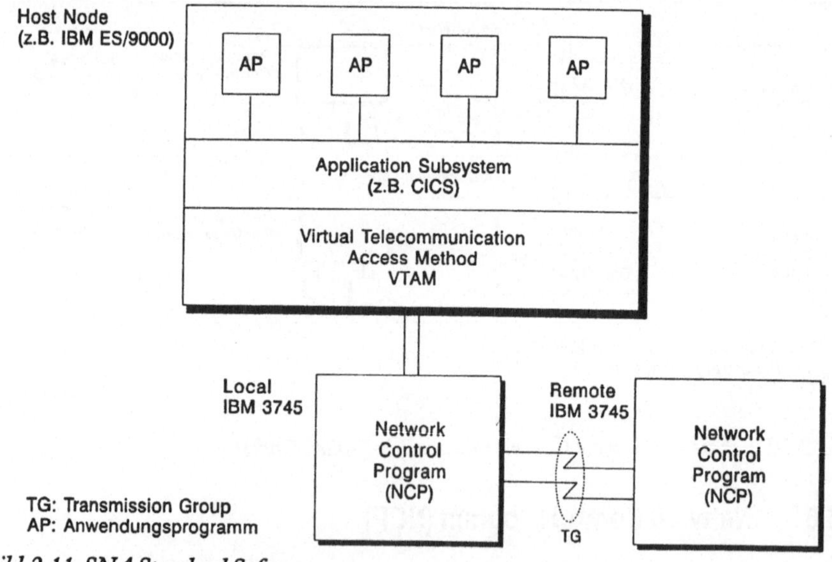

Bild 2.11 SNA-Standard-Software

2.7   SNA-Subarea und SNA-Domäne

Ein SNA-Netzwerk wird organisatorisch in Subareas und Domänen aufgeteilt. Eine Subarea ist der Verwaltungsbereich eines Host bzw. eines Communication

Controller Nodes. Eine SNA-Domäne besteht aus genau einem Host Node mit der Zugriffsmethode VTAM, lokalen und remote gelegenen Communication Controller Nodes mit ihren NCPs, den angeschlossenen peripheren Knoten und Links, die diese unterschiedlichen SNA-Knoten verbinden. Solch ein Single Domain Network besteht damit aus einer Host Subarea und einer oder mehreren Communication Controller Node Subareas. Das zentrale VTAM und die NCPs sind gemeinsam für die SNA-Netzwerksteuerung innerhalb einer Domäne zuständig, wobei die logische Verantwortung für die gesamte Domäne bei VTAM liegt, die physische Umsetzung bei den einzelnen NCPs.

Enthält ein Netzwerk mehr als einen Host Node mit steuerndem VTAM, so spricht man von einem Multi Domain Network. In einem Multi Domain Network können Netzwerkressourcen eindeutig einem VTAM zugewiesen sein, sie können aber auch unter der gemeinsamen Verantwortung mehrerer Host Nodes und damit mehrerer VTAMs stehen.

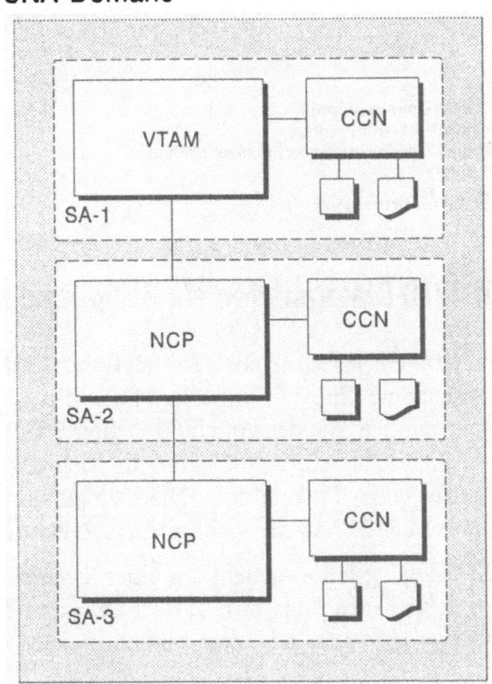

Bild 2.12 Single Domain Network

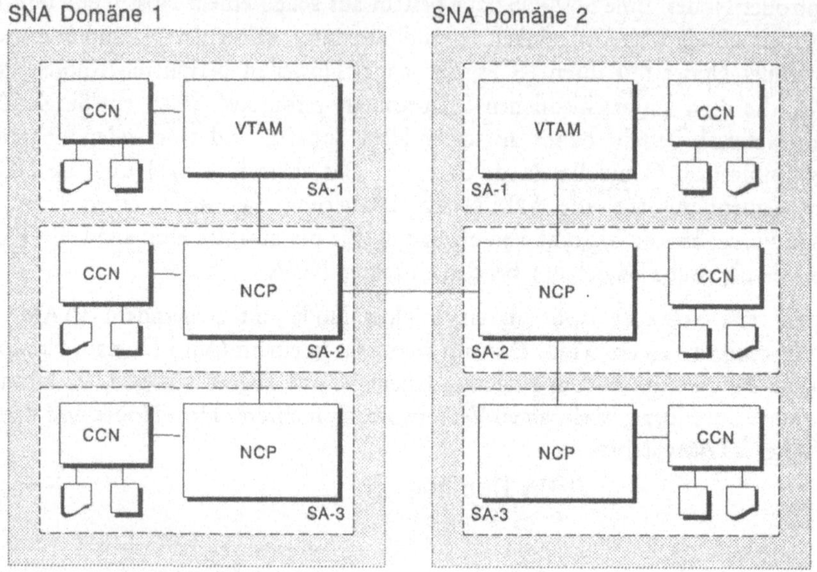

CCN: Cluster Controller Node
NCP: Network Control Program
VTAM: Virtual Telecommunication Access Method
SA: Subarea

Bild 2.13 Multi Domain Network.

2.8   IBM 3270 Dialogstation als Peripheral Node

Der in SNA-Netzwerken immer noch am häufigsten installierte periphere Knoten-
typ ist der sogenannte Cluster Controller Node. Ein Cluster Controller Node ist
eine Gerätesteuereinheit, die den Anschluß mehrerer Devices wie Bildschirme oder
Drucker ermöglicht. Die Kommunikation in Richtung Host Node wird in der
Regel über genau einen Link geführt. Die dialogorientierten Steuereinheiten der
Systemfamilie IBM 3270 sind die wichtigsten Vertreter dieser Knotentypen.

Eine IBM 3270 Dialogstation besteht aus einer Steuereinheit (Control Unit) IBM
3174 und angeschlossenen Bildschirmen oder Druckern der 3270 Familie, z.B. dem
Abteilungsdrucker IBM 3812 oder dem Bildschirm IBM InfoWindow 3471.

Die IBM 3174 Steuereinheit enthält ein internes Steuerprogramm, das Configuration Support Licensed Internal Code (IBM CS LIC) genannt wird, und für die
Steuerung der angeschlossenen Geräte verantwortlich ist. Aufgaben der Steuereinheit:

♦ Interpretation und Verarbeitung aller Signale und Datenströme einschließlich der Verwaltung des Intelligent Printer Data Stream (IPDS) für spezielle Drucker.

♦ Steuerung der angeschlossenen Devices im sogenannten Control Unit Terminal (CUT-) Mode oder im Distributed Function Terminal (DFT-) Mode. Beim CUT-Mode laufen alle für SNA wichtigen Funktionen in der Steuereinheit ab. Das angeschlossene Device ist eigentlich nur ein anzeigendes oder druckendes Gerät. Im Gegensatz dazu werden im DFT-Mode wesentliche SNA-Funktionen in die angeschlossene Einheit (oft intelligente Bildschirmstationen oder PCs mit entsprechender Emulations-Software) verlegt und damit die IBM 3174 Steuereinheit entlastet.

♦ Bereitstellung von Informationen für das zentrale Netzwerkmanagement (z.B. Statistik der Antwortzeiten oder der Übertragunsfehler).

Der Anschluß der IBM 3174 Steuereinheit in Richtung des zentralen Mainframes kann je nach Modell über unterschiedliche Links realisiert werden:

♦ Lokalanschluß über den /370 Data Channel,

♦ Remote Anschluß über öffentliche oder private Weitverkehrsnetze,

♦ Remote Anschluß über ein IBM Token Ring Netzwerk.

Für den Anschluß der Bildschirme und Drucker an die Steuereinheit existieren (in Abhängigkeit vom jeweiligen Gerät) folgende Möglichkeiten:

♦ Koaxkabel,

♦ Universelles IBM Verkabelungssystem (Kabel Typ 1),

♦ Telefon-Kabel (RPQ).

Je nach Modell der IBM 3174 Steuereinheiten, die neuerdings Establishment Controller genannt werden, sind unterschiedliche Konfigurationen möglich.

Nachdem wir nun SNA-Endbenutzer, SNA-Knoten und SNA-Softwarekomponenten vorgestellt haben, stellt sich die Frage, wie diese Komponenten miteinander kommunizieren. Das nächste Kapitel betrachtet die logische Struktur eines SNA-Netzwerkes und soll eine Antwort auf diese Frage geben.

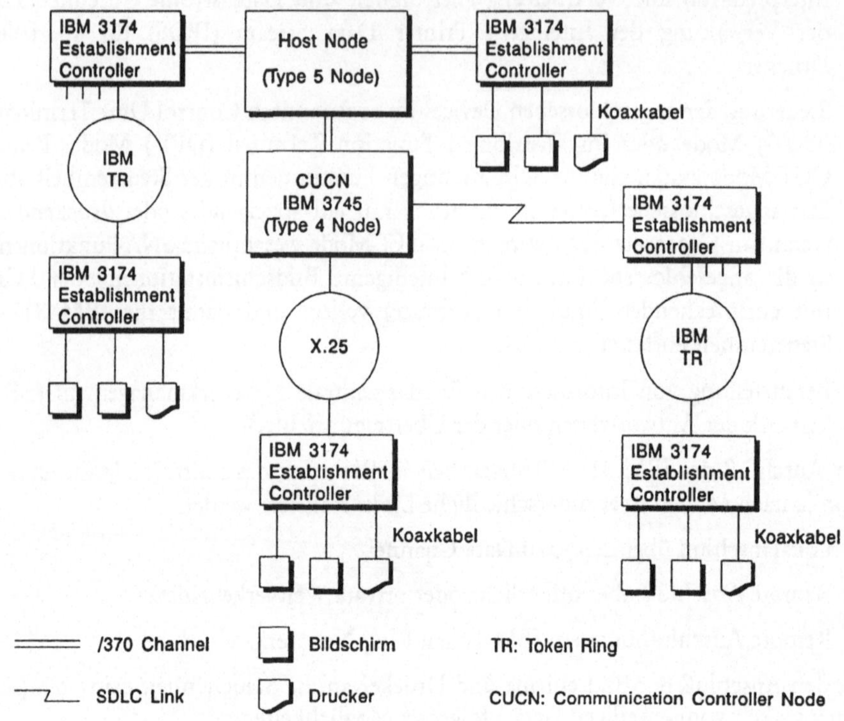

Bild 2.14 Anschlußmöglichkeiten der IBM 3174

3 Logisches SNA-Netzwerk

Im Jahr 1974 wurde mit SNA auch eine komplett neue logische Netzwerkstruktur vorgestellt. Bei Host-Systemen, die ein „Vor-SNA-Netzwerk" steuerten, mußten die Anwendungsprogramme unter Umständen die Aufgabe der Datenaufbereitung und sogar der Leitungs- und Terminalsteuerung übernehmen.

SNA wurde entwickelt, um durch eine einheitliche Systemarchitektur gegenwärtigen und zukünftigen Anforderungen an ein Netzwerk gerecht zu werden. Durch eine klare Trennung der Netzwerkfunktionen und -verantwortlichkeiten in drei wesentliche funktionale Bereiche schafft SNA eine hohe Flexibilität innerhalb eines Netzwerks. In jedem Netzknoten sind je nach der Aufgabe, die dieser Knoten im SNA-Netzwerk zu erfüllen hat, bestimmte Funktionsbereiche implementiert. Dadurch wird eine Verteilung der Kommunikationsaufgaben im Netz erreicht.

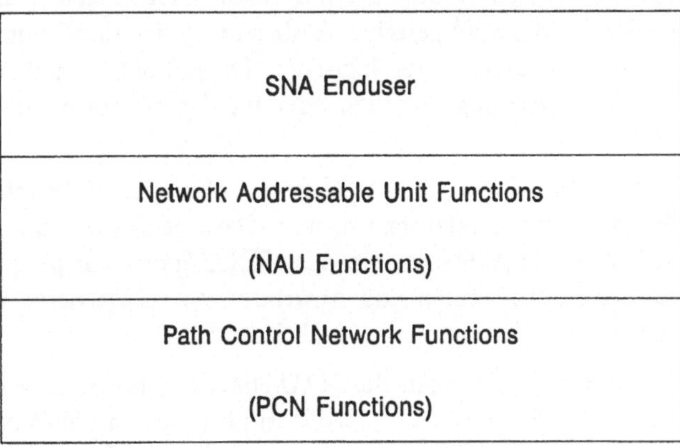

Bild 3.1   SNA-Funktionsbereiche

SNA Enduser

Der SNA-Endbenutzer ist für die Erzeugung und Verarbeitung von Nachrichteninhalten verantwortlich. Diese Aufgabe wird in keiner Weise von SNA-Regeln beeinflußt, sondern ist nur von der Art der Applikation abhängig. Der SNA-Endbenutzer nimmt die Dienstleistungen eines SNA-Systems in Anspruch, um mit anderen SNA-Endbenutzern Nachrichten austauschen zu können. SNA-Endbenutzer sind:

- Anwendungsprogramme in Host Nodes,

- Anwendungsprogramme in Peripheral Nodes,

- Devices mit Operator (z.B. Bildschirmstationen),

- Devices ohne Operator (z.B. Drucker oder Diskettenstationen).

Der SNA-Endbenutzer setzt zwar auf den Diensten des nächsten Funktionsbereiches auf, die Arbeitsweise der folgenden zwei Funktionsbereiche ist für den SNA-Endbenutzer aber vollkommen verborgen (transparent). So muß z.B. ein Operator an einer IBM 3270-Bildschirmstation keinerlei Kenntnis von SNA-Mechanismen haben, um den Dialog mit einer Host-Anwendung erfolgreich zu führen.

Network Addressable Unit Functions (NAU Functions)

Die hier definierten Dienste sind einerseits anwendungsbezogen und stellen ein Interface des SNA-Endbenutzers zu den transportorientierten Diensten dar, andererseits sind hier auch Dienste definiert, die zum Teil losgelöst vom SNA Enduser für die Netzwerksteuerung und -überwachung verantwortlich sind.

Die endbenutzerorientierten Routinen der Network Addressable Unit Functions sind beispielsweise für die SNA-gerechte Aufbereitung der Endbenutzerdaten verantwortlich, für die Steuerung des logischen Datenflusses zwischen SNA-Endbenutzern, für das Quittierungsverhalten oder für das Komprimieren von Daten (Compression).

Ebenso werden viele Aktivitäten, die das Netzwerk-Management betreffen, von den Network Addressable Unit Functions realisiert. Dazu gehört u.a. die Möglichkeit, vom zentralen System die Antwortzeiten oder SDLC-Statistiken peripherer Datenstationen abzufragen, SNA-Knoten und Anwendungen zu aktivieren sowie Fehlersituationen bzw. Statusänderungen im Netz bekanntzugeben.

Die Netzwerkressourcen, von denen die NAU-Functions realisiert werden, heißen Network Addressable Units (NAU). NAUs sind in einem SNA-Netzwerk die Quelle und das Ziel von Nachrichten und innerhalb des Netzwerkes durch eine eindeutige Adresse identifizierbar. Im nächsten Kapitel werden die Network Addressable Units näher betrachtet.

Path Control Network Functions

Der Funktionsbereich des Path Control Networks befreit die anwendungsorientierten Bereiche (Network Addressable Unit Functions und SNA Enduser) von der reinen Transportproblematik. Das Path Control Network ist z.B. für die richtige Wahl einer Route durch das Netz (von der Quelle bis zum Ziel der Nachricht) zuständig, für die Gewährleistung einer fehlerfreien und vollständigen Übertragung, für die Pufferverwaltung in den einzelnen Netzwerkknoten und für den physikalischen Auf- und Abbau von Network Links.

Logische Kommunikation

Um die für einen Funktionsbereich definierten Aufgaben wahrzunehmen und entsprechende Dienste zur Verfügung zu stellen, kommuniziert jeder Funktionsbereich logisch mit dem entsprechenden Bereich eines anderen SNA-Knotens. SNA-Protokolle beschreiben die Art und Weise, in der die paarigen Funktionsbereiche miteinander kommunizieren. Somit werden in einem SNA-Netzwerk nicht nur Anwenderdaten ausgetauscht, die nach SNA-Regeln aufbereitet und formatiert sind, sondern auch Steuerinformationen, sogenannte SNA-Header und SNA-Befehle.

Physische Kommunikation

Innerhalb eines SNA-Knotens kommunizieren direkt benachbarte Funktionsbereiche über interne Schnittstellen physisch miteinander. So wird die Nachricht eines SNA-Endbenutzers zur SNA-gerechten Aufbereitung den Network Addressable Unit Functions übergeben und dann für den eigentlichen Transport an die Path Control Network Functions weitergereicht.

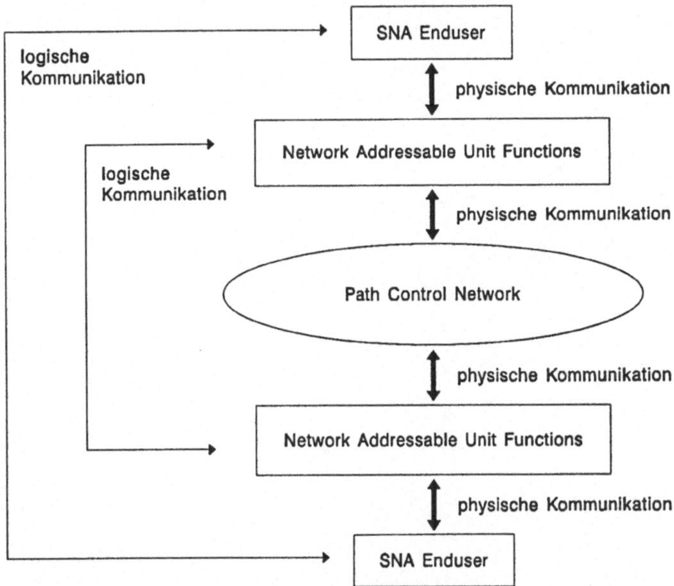

Bild 3.2   Kommunikation zwischen SNA-Funktionsebenen

3.1   Network Addressable Units (NAU)

Überall dort, wo Informationen ausgetauscht werden, müssen die Quelle und das Ziel der Information eindeutig identifiziert werden können. In einem SNA-Netzwerk heißen die Netzwerkressourcen, die SNA-Nachrichten erzeugen, absenden, empfangen und verarbeiten können, Network Addressable Units (NAU).

Network Addressable Units realisieren die Dienste des SNA-Funktionsbereiches NAU-Functions. Je nach Aufgabe werden unterschiedliche Typen von NAUs definiert. So greift etwa der SNA-Endbenutzer über bestimmte Network Addressable Units auf SNA-Dienste zu, die die logische Kommunikation mit dem Partner überhaupt erst ermöglichen. Aus diesem Grund werden Network Addressable Units auch als Interface des SNA-Endbenutzers zum SNA-Netzwerk bezeichnet. Andere Network Addressable Units sind z.B. für das Netzwerkmanagement oder die Steuerung anderer NAUs und Netzwerkressourcen verantwortlich.

Allen Network Addressable Units gemeinsam ist, daß sie in SNA-Nodes residieren und miteinander über das Path Control Network kommunizieren.

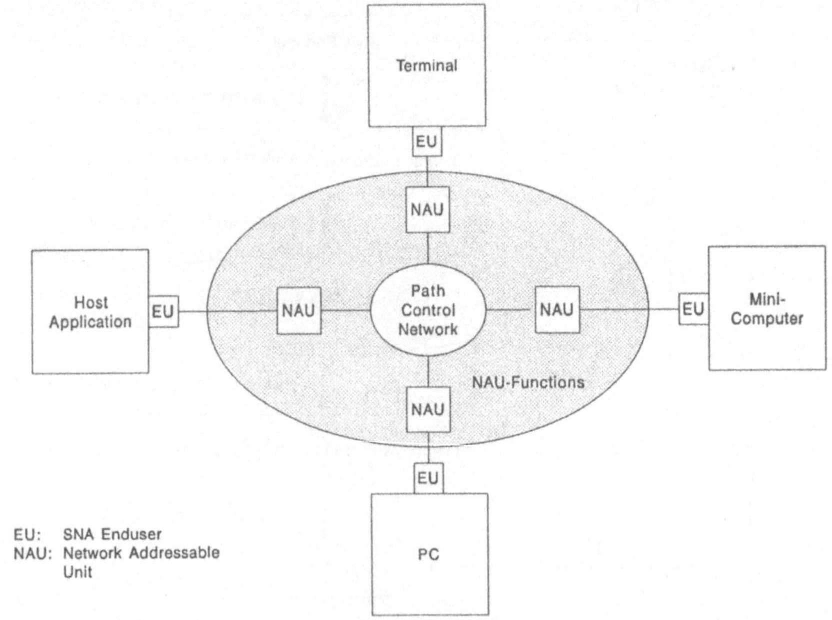

Bild 3.3   SNA-Endbenutzer, NAUs und das Path Control Network

3.1.1 SNA-Session

Die Kommunikation zwischen Network Addressable Units wird innerhalb einer SNA-Session geführt. Eine SNA-Session ist eine temporäre logische Verbindung zwischen genau zwei Network Addressable Units. Physisch wird eine Session über das Path Control Network realisiert. Bevor zwei NAUs über eine Session miteinander kommunizieren können, muß die Session logisch aufgebaut werden. Bei diesem Session-Aufbau werden die Regeln vereinbart, nach denen die Session geführt werden soll. Weiterhin werden Absprachen getroffen, die sicherstellen, daß sich die beiden Network Addressable Units auch verstehen.

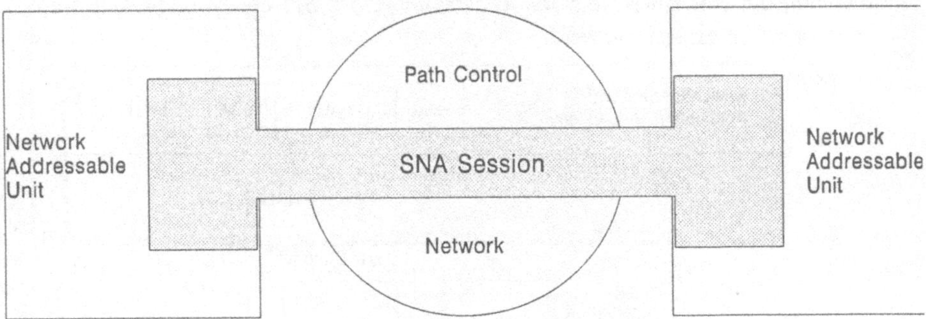

Bild 3.4   SNA-Session

3.1.2 Typen von Network Addressable Units

In einem SNA-Netzwerk gibt es eine Vielzahl unterschiedlichster Komponenten, die scheinbar alle miteinander kommunizieren:

Netzwerkknoten

- Host Node (Knoten vom Typ 5),
- Communication Controller Node (Knoten vom Typ 4),
- Peripheral Node (Knoten vom Typ 1, 2.0 und 2.1).

SNA-Software

- Teleprocessing Access Method (VTAM),
- Application Subsystem (IMS, CICS, TSO, JES etc.),
- Network Control Program (NCP).

SNA-Endbenutzer

◆ Terminals,

◆ Drucker,

◆ Anwendungsprogramme in Host Nodes,

◆ Anwendungsprogramme in Peripheral Nodes.

Die einzig zulässige Kommunikationsform in einem SNA-Netzwerk ist jedoch die SNA-Session, die ausschließlich zwischen zwei Network Addressable Units geführt wird. Es können also nur solche Netzwerkkomponenten mit einem Partner kommunizieren, die von einer Network Addressable Unit und den von ihr angebotenen Diensten unterstützt werden.

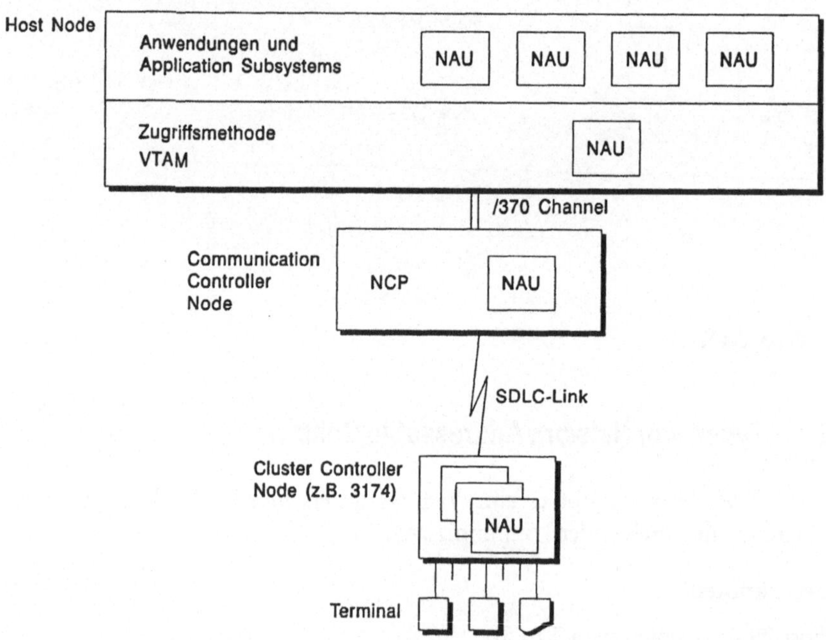

Bild 3.5　　Das physische Netzwerk und NAUs

Die Netzwerkarchitektur SNA unterscheidet je nach Aufgabe und Funktion drei Typen von Network Addressable Units:

◆ Logical Unit (LU),

◆ Physical Unit (PU),

◆ System Services Control Point (SSCP).

3.2   Logical Unit (LU)

Über die Logical Unit (LU) greifen SNA-Endbenutzer auf die SNA-Dienstleistungen der Network Addressable Unit Functions zu. Die LU regelt und überwacht die Kommunikation zwischen den SNA-Endbenutzern, reagiert stellvertretend für den SNA-Endbenutzer im Fehlerfall und ist für das Senden und Empfangen der Endbenutzerdaten verantwortlich. Die Logical Unit nimmt die Daten des SNA-Endbenutzers entgegen, bereitet sie SNA-gerecht auf und gibt sie zum Transport an das SNA-Netzwerk weiter. Auf der Empfangsseite ist die LU verantwortlich dafür, die SNA-gerechten Daten vom Netzwerk dem SNA-Endbenutzer in der von ihm gewünschten Form zu präsentieren. Über die Logical Unit ist der SNA-Endbenutzer vollkommen von der Handhabung aller SNA-Mechanismen befreit. Damit zwei SNA-Endbenutzer miteinander kommunizieren können, muß zwischen den beiden LUs, über die die SNA-Endbenutzer auf das SNA-Netzwerk zugreifen, zuerst eine Session aufgebaut werden oder schon als Dienst zur Verfügung stehen.

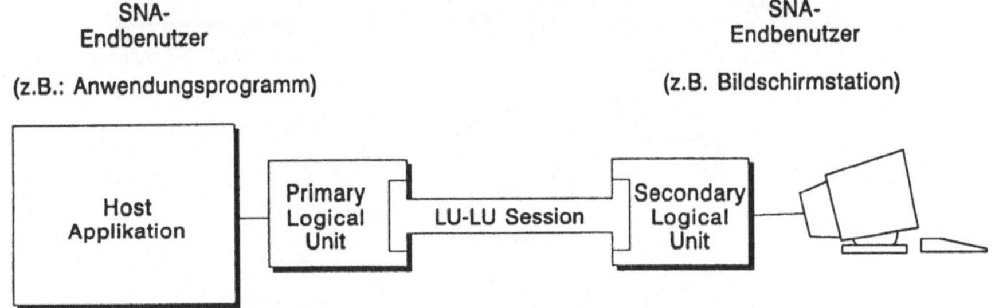

Bild 3.6   Session zwischen Logical Units

Logical Units (LU) residieren in Host Nodes und in peripheren Knoten. Sie bieten den entsprechenden SNA-Endbenutzern ihre Dienstleistungen an. Je nach Knotentyp werden die LU-Funktionen entweder durch den Microcode des Gerätes oder durch Software realisiert.

So steckt z.B. die Funktion der Logical Unit bei einer IBM 3270-Bildschirmstation, die im CUT-Mode (Control Unit Terminal) angeschlossen ist, im Microcode der 3174-Steuereinheit. Für jede an die Steuereinheit angeschlossene Bildschirmstation und für jeden Drucker muß eine eigene LU vorhanden sein. Eine IBM 3174, an die 32 Geräte angeschlossen sind, muß demzufolge über 32 Logical Units verfügen.

In einem Host Node sind Anwendungsprogramme die SNA-Endbenutzer. Die entsprechenden LU-Funktionen liegen in den TP-Monitoren wie CICS und IMS oder in den Subsystemen wie TSO oder JES. Da Host-Anwendungen auch direkt auf VTAM aufsetzen können, muß auch in VTAM eine Logical Unit verfügbar sein. Logical Units, die in Host Nodes residieren, werden Primary Logical Units (PLU) genannt, die LUs in peripheren Knoten bezeichnet man als Secondary Logical Units (SLU).

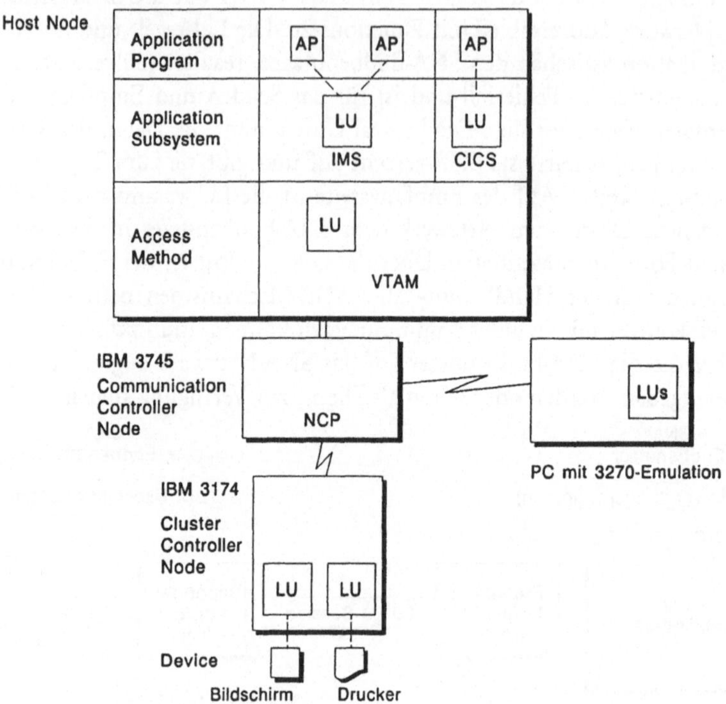

Bild 3.7   SNA-Produkte und Logical Units

3.2.1   LU-LU Session-Typ

Abhängig von der Art der Anwendung werden unterschiedliche Typen von Logical Units definiert (man könnte auch LU-Leistungsklassen sagen). Jeder LU-Typ repräsentiert eine bestimmte Art von Anwendung, z.B. dialogorientiertes Arbeiten mit einer 3270-Datenstation, batch-orientiertes Arbeiten mit einer RJE-Datenstation oder Programm-zu-Programm-Kommunikation. Für jede LU werden ein spezieller Satz von SNA-Kommunikationsregeln und ein SNA-gerechter Datenstrom definiert. SNA-Datenströme definieren Formate, Steuerzeichen und Header-Informationen, mit denen die Daten des SNA-Endbenutzers von der LU aufbereitet werden. Die zur Zeit wichtigsten LU-Typen sind die Logical Units vom Typ 0, 1, 2, 3 und 6.2.

LU-Typ 0

Diese LU bietet nur die wichtigsten SNA-Funktionen, um die Kommunikation
zwischen zwei SNA-Endbenutzern zu ermöglichen. Sie bereitet jedoch die Daten
des SNA-Endbenutzers nicht nach SNA-Regeln auf, sondern transportiert die Endbenutzerdaten vollkommen transparent durch das Netzwerk. Somit ist der empfangende SNA-Endbenutzer selbst für die Interpretation und Präsentation der
Daten verantwortlich und kann dafür nicht die Dienste der Logical Unit in Anspruch nehmen. Der von der LU 0 verwendete Datenstrom ist also nicht durch die
Architektur SNA definiert, sondern von der Implementierung und den Definitionen des SNA-Endbenutzers abhängig.

Beispiel: Kommunikation zwischen einem IMS-Programm und einem Banken-
system IBM 4700.

LU-Typ 1

Die Logical Unit vom Typ 1 repräsentiert batch-orientierte Geräte und Anwendungen. Der hier verwendete Datenstrom ist durch SNA definiert und wird als SNA
Character String (SCS-Modus) bezeichnet. Der SCS-Datenstrom wird für die
Kommunikation zwischen einem Anwendungsprogramm und einer batchorientierten Datenstation verwendet. Der SCS-Datenstrom definiert Sequenzen von Steuerzeichen, die das Formatieren und die Aufbereitung von Ausgaben ermöglichen. So
können z.B. bei einer Druckausgabe Textpassagen unterstrichen, die Zeichendichte
verändert und neue Textformate und Tabulatoren gesetzt werden.

Beispiel: RJE-Applikation (Remote Job Entry) zwischen JES3 und einem Drucker
oder Kartenleser einer IBM 3770-Datenstation.

LU-Typ 2

Die Logical Unit vom Typ 2 repräsentiert dialogorientierte Geräte und Anwendungen. Der hier verwendete Datenstrom ist der 3270-Datenstrom (auch: DSC-
Mode; Data Stream Compatibility) und durch die Architektur SNA definiert. Er
steuert die Kommunikation zwischen einem Anwendungsprogramm und einer
Bildschirmstation. Der 3270-Datenstrom definiert Sequenzen von Steuerzeichen,
die alle notwendigen Informationen für eine 3270-Bildschirmmaske enthalten. Dazu gehören z.B. Farbattribute, Felddefinitionen (geschützt, ungeschützt, intensiv
dargestellt etc.) und die Cursorposition.

Beispiel: Kommunikation zwischen einem CICS-Programm und einem 3270-Bild-
schirmarbeitsplatz.

LU-Typ 3

Die Logical Unit vom Typ 3 repräsentiert batch-orientierte Geräte und Anwendungen. Der hier verwendete Datenstrom ist der 3270-Datenstrom für druckende Gerä-

te. Er wird für die Kommunikation zwischen einem Anwendungsprogramm und einem Drucker der 3270-Systemfamilie benutzt. Es ist ein recht primitiver Datenstrom, der eigentlich nur die zum Drucken wichtigsten Steuerzeichen (Carriage Return, Form Feed, New Line, etc.) enthält und keine Funktionen zum Aufbereiten des Druck-Outputs bereitstellt. Die meisten Drucker der 3270-Systemfamilie unterstützen aus diesem Grund heute nicht nur den 3270-Datenstrom unter LU-Typ 3, sondern auch den SCS-Datenstrom unter LU-Typ 1.

Beispiel: Kommunikation zwischen einem CICS-Programm und einem 3278-Drukker, der an einer IBM 3174-Steuereinheit angeschlossen ist.

LU-Typ 6.2

Die Logical Units vom Typ 0, 1, 2 und 3 unterstützen die Kommunikation zwischen Anwendungsprogrammen auf der Seite des Host Nodes und Geräten (Devices) auf der Seite der peripheren Knoten. Der Datenstrom ist eindeutig gerätebezogen, d.h. die „Intelligenz" sitzt im Host Node, und remote stehen „dumme" Geräte. Um der Nachfrage nach gleichberechtigter Kommunikation zwischen Anwendungsprogrammen nachzukommen, also echter Programm-zu-Programm Kommunikation, wurde von IBM die Logical Unit vom Typ 6.2 entwickelt. Integraler Bestandteil der LU 6.2 ist eine Programmschnittstelle (API: Application Program Interface), über die Anwendungsprogramme auf die Dienste der LU 6.2 zugreifen können. Die LU 6.2 unterstützt ausschließlich die Kommunikation zwischen Anwendungsprogrammen und definiert demzufolge keinen gerätebezogenen Datenstrom, sondern verwendet den General Data Stream (GDS). Anwendungsprogramme, die auf der LU 6.2 aufsetzen, nennt man Transaktionsprogramme (TP; Transaction Program), und die von der LU 6.2 unterstützte Kommunikation wird als Advanced Program to Program Communication (APPC) bezeichnet. Auf Host Nodes sind die LU 6.2 Funktionen über VTAM und CICS verfügbar, für mittlere Systeme, Minicomputer und PCs gibt es von IBM und anderen Herstellern entsprechende Software.

Beispiel: Kommunikation zwischen DISOSS/370 (einer CICS-Applikation) und einem Displaywriter-System.

3.3 Physical Unit (PU)

Eine Physical Unit (PU) existiert in jedem SNA-Knoten des SNA-Netzwerkes genau einmal. Sie repräsentiert den SNA-Knoten innerhalb des SNA-Netzwerkes und ist für das Netzwerkmanagement sowie für die Verwaltung und Steuerung der physischen Ressourcen des SNA-Knotens verantwortlich. Die PU steuert auch die Vorgänge innerhalb des SNA-Knotens und ist somit für die Steuerung und das Management der ihr zugewiesenen LUs zuständig. Anders als die LU hat die Physical Unit keine direkte Schnittstelle zum SNA-Endbenutzer. Obwohl die PU eigentlich eine Programmroutine innerhalb eines SNA-Knotens ist, also nicht sichtbar ist und auch nicht angefaßt werden kann, wird der Begriff oft als Synonym für den SNA-Knoten an sich (also für die Hardware) benutzt.

Funktionen, die eine Physical Unit wahrnimmt, sind z.B.:

◆ Initial Program Load (IPL),

◆ Memory Dump,

◆ Aktivieren bzw. Deaktivieren des SNA-Knotens und der daran angeschlossenen Leitungen,

◆ Adreßumsetzung (globale SNA-Netzwerkadresse in die lokale Adresse),

◆ Fehlerprotokollierung und -behebung,

◆ Durchführen von Tests und Übermittlung der Testergebnisse,

◆ Statistiken über den Netzwerkbetrieb.

Je nach Typ des SNA-Knotens hat die jeweilige Physical Unit ganz unterschiedliche Aufgaben wahrzunehmen. Die PU in einem Cluster Controller Node 3174 ist z.B. für die Steuerung der LUs innerhalb der Steuereinheit und die Repräsentation des SNA-Knotens gegenüber dem Host Node verantwortlich. Die PU-Funktionalität ist bei einem Cluster Controller Node IBM 3174 im Microcode implementiert. Bei anderen peripheren Knoten, z.B. einem PC mit 3270-Emulation, wird die PU-Funktionalität durch entsprechende Software zur Verfügung gestellt.

Die PU eines Communication Controller Nodes übernimmt die physische Netzwerksteuerung einer Subarea. Sie ist für das interne Management des Knotens, die Steuerung der angeschlossenen Leitungen und peripheren Knoten sowie für das Routing von Nachrichten in benachbarte Subareas zuständig. Die Funktionalität der PU liegt bei einem Communication Controller in Routinen des Network Control Programs (NCP).

Die PU eines Host Nodes ist die mächtigste innerhalb eines SNA-Netzwerkes. Sie übernimmt das Management aller SNA-Ressourcen innerhalb des Host Nodes (z.B. Programme, Zugriffsmethode) und die Steuerung der lokal an den Host angeschlossenen Ressourcen (z.B. über den /370 Channel angeschlossene 3270-Datenstationen). Die PU-Funktionalität in Host Nodes wird durch Programmroutinen innerhalb der Zugriffsmethode VTAM realisiert.

Jeder SNA-Knoten ist durch die Angabe des Types der Physical Unit (PU-Typ) eindeutig klassifiziert:

Host Node	PU-Typ 5
Communication Controller Node	PU-Typ 4
Cluster Controller Node	PU-Typ 2.0
Terminal Node	PU-Typ 1
Peripheral Node Type 2.1	PU-Typ 2.1

Die relativ neuen peripheren Knoten vom Typ 2.1, die die Funktionalität der LU 6.2 (APPC) bieten, werden oft als PU vom Typ 2.1 bezeichnet. Dies ist eigentlich nicht richtig, da in diesen SNA-Knoten keine Physical Unit residiert, sondern die entsprechenden Funktionen vom sogenannten Control Point (CP) wahrgenommen werden. Doch darüber werden wir in diesem Buch an anderer Stelle (Kapitel 9) mehr erfahren. Es bleibt noch die Frage offen, wo die PU vom Typ 3 bleibt. Ganz einfach, nirgends. Es gibt sie nicht, und es wird sie mit großer Sicherheit auch niemals geben.

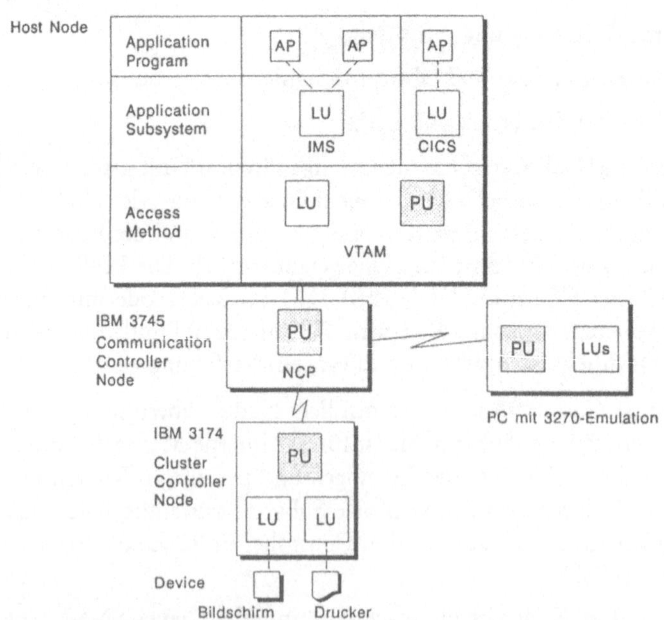

Bild 3.8   PUs im SNA-Netzwerk

3.4 System Services Control Point (SSCP)

Der System Services Control Point (SSCP) existiert ausschließlich in Host Nodes und stellt die „Allmacht" in einem SNA-Netzwerk dar, von der alle anderen Network Addressable Units abhängig sind. Der SSCP ist für die gesamte logische Steuerung und das Management einer SNA-Domäne verantwortlich. Nichts passiert in einem SNA-Netzwerk ohne Zustimmung und Kenntnis des SSCP, jede Zustandsänderung von Netzwerkressourcen muß dem SSCP mitgeteilt werden. Der SSCP kennt zu jedem Zeitpunkt den genauen Status des Netzwerkes (oder meint zumindest, ihn zu kennen). Die Funktionalität des System Services Control Point wird, wie auch bei der PU vom Typ 5, durch Routinen innerhalb der Zugriffsmethode VTAM wahrgenommen. Der Begriff VTAM wird oft als ein Synonym für den System Services Control Point verwendet.

Zu den Aufgaben des SSCP gehören:

- ◆ Anfahren des Netzwerkes,

- ◆ Aktivieren und Deaktivieren von SNA-Netzwerkressourcen,

- ◆ Steuerung der LOGON-Mechanismen,

- ◆ Auf- und Abbau von Sessions,

- ◆ Wiederherstellung (Recovery) von Sessions,

- ◆ Netzwerkmanagement (NetView Aktivitäten),

- ◆ Ausführen von Kommandos des Netzwerk-Operators.

Um diesen Aufgaben gerecht zu werden, kommuniziert der SSCP mit allen anderen Network Addressable Units innerhalb des SNA-Netzwerkes.

Innerhalb einer SNA-Domäne gibt es genau ein steuerndes VTAM mit der SSCP-Funktionalität. Der SSCP kontrolliert alle Host TP-Monitors und Application Subsystems, alle Network Links, Communication Controller, Peripheral Nodes und alle anderen Network Addressable Units innerhalb seiner Domäne. In einem Multi Domain Network können Netzwerkressourcen (z.B. Communication Controller Nodes oder Standleitungen in öffentlichen Netzen) aber auch im Besitz mehrerer verantwortlicher SSCPs sein. In diesem Fall spricht man von Multiple Ownership.

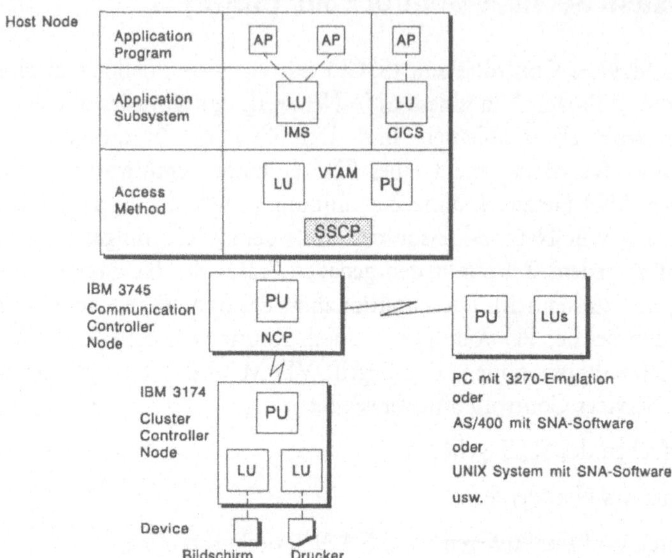

Bild 3.9   Typen von Network Addressable Units

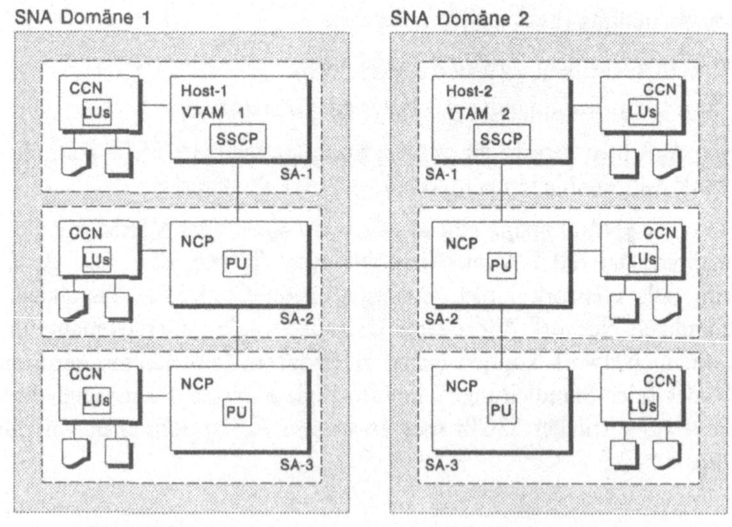

CCN: Cluster Controller Node
NCP: Network Control Program
VTAM: Virtual Telecommunication Access Method
SA: Subarea

SSCP: System Services Control Point
PU: Physical Unit
LU: Logical Unit

Bild 3.10 Cross Domain Networking

Nehmen wir an, daß ein IBM 3174 Cluster Controller Node (und damit auch jede LU dieser 3174) eindeutig unter der Verantwortung des SSCPs von VTAM-1 in Bild 3.10 steht. Bei entsprechender Definition des Netzwerkes kann ein Benutzer einer Bildschirmstation dieses Cluster Controller Nodes nicht nur mit Anwendungen des Host-1, sondern auch mit Anwendungen von Host-2 einen Dialog führen. In diesem Fall spricht man von Cross Domain Networking und von SNA Network Interconnection (SNI).

3.5 Netzwerknamen und Netzwerkadressen

Jede Network Addressable Unit wird innerhalb eines Netzwerkes über einen eindeutigen logischen Namen (SNA-Network Name) und eine physische SNA-Adresse identifiziert.

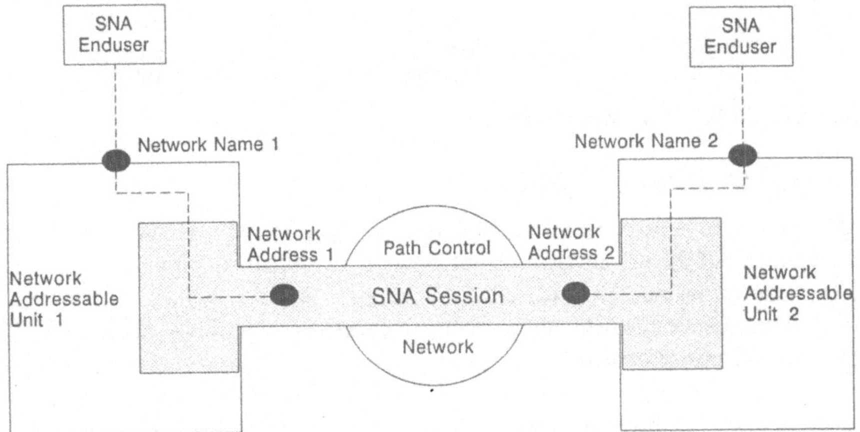

Bild 3.11 SNA-Netzwerknamen und Adressen

Um die Lage einer Network Addressable Unit innerhalb des Netzwerkes zu definieren und das Routing von SNA-Nachrichten zu ermöglichen, wird jeder NAU eine SNA-Adresse zugeordnet. Es werden zwei Arten von Adressen unterschieden:

♦ SNA-Netzwerkadresse (SNA-Network Address),

♦ Lokale Adresse (Local Address).

3.5.1 SNA-Netzwerkadresse (SNA-Network Address)

Innerhalb einer SNA-Domäne wird die Lokalisation einer Network Addressable Unit im Netzwerk eindeutig durch die SNA-Netzwerkadresse beschrieben. Diese

Adresse ist zweigeteilt und besteht aus einer Subarea- und einer Element-Adresse. Innerhalb einer Subarea haben alle Elemente die gleiche Subarea Adresse.

Im Laufe der Entwicklung wurden drei Formate verwendet:

Nonextended SNA-Network Address

Zu Beginn von SNA war die SNA-Netzwerkadresse 16 Bits lang. Der sogenannte SNA-Network Address Split definierte, wieviele Bits zur Subarea Adresse und wieviele zur Element Adresse gehören. Bei der Nonextended SNA-Network Address kann die Subarea Adresse ein bis acht Bits groß sein. Innerhalb einer Subarea limitiert die Anzahl der Bits, die für die Element Adresse verbleiben, die maximale Anzahl der adressierbaren Network Addressable Units.

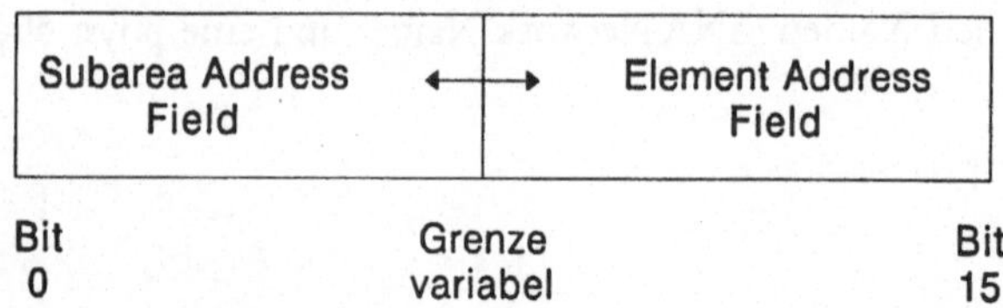

Bild 3.12 16-Bit SNA-Netzwerkadresse

Extended SNA-Network Address

Mit der VTAM-Version 3 und der NCP-Version 4 wurden die SNA-Netzwerkadressen von 16 auf 23 Bit erweitert. Dabei besteht die Subarea Adresse fest aus acht Bits, wodurch bis zu 255 Subarea-Knoten adressiert werden können. Über die aus 15 Bits bestehende Element Adresse können innerhalb einer Subarea bis zu 32.768 Elemente adressiert werden.

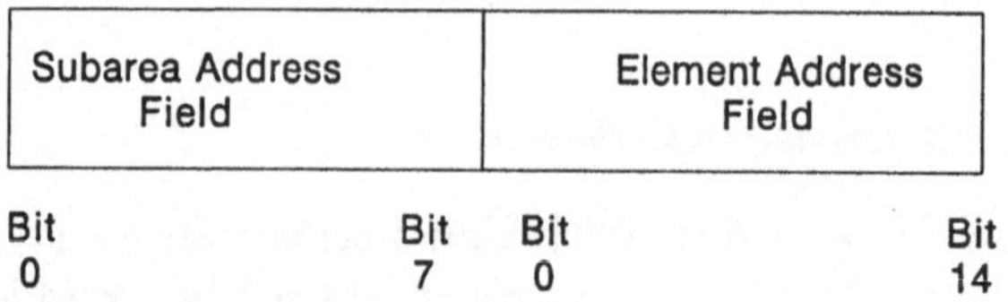

Bild 3.13 23-Bit SNA-Netzwerkadresse

Extended Subarea Address

Mit der Einführung von VTAM V3R2 und NCP V4R3.1 wurden die SNA-Netzwerkadressen auf 46 Bits erweitert. Die Subarea Adresse besteht fest aus 31 Bits, von denen zur Zeit 16 Bits unterstützt werden, und die Element Adresse aus den verbleibenden 15 Bits.

<table>
<tr><td colspan="2" align="center">Subarea Address
Field</td><td colspan="2" align="center">Element Address
Field</td></tr>
</table>

| Bit
0 | Bit
30 | Bit
0 | Bit
14 |

Bild 3.14 46-Bit SNA-Netzwerkadresse

Die SNA-Netzwerkadresse ist innerhalb einer SNA-Domäne eindeutig. Diese Art der Adressierung wird oft auch als globale Adressierung bezeichnet und die SNA-Netzwerkadresse als globale Adresse.

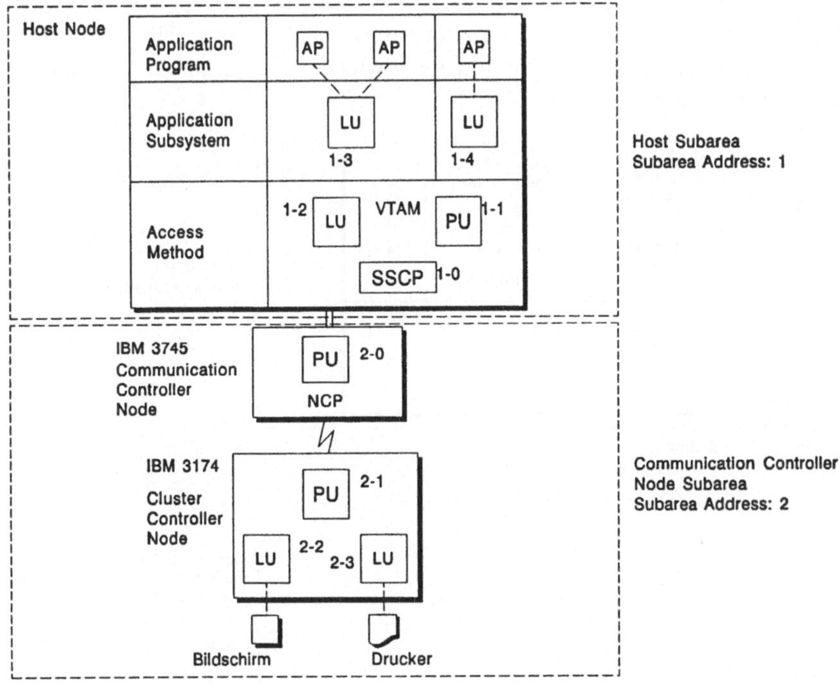

Bild 3.15 Globale SNA-Netzwerkadressen

3.5.2 Lokale Adresse (Local Address)

Während SNA-Netzwerkadressen eindeutig alle Ressourcen innerhalb eines SNA-Netzwerkes identifizieren, werden die lokalen SNA-Adressen ausschließlich von Subarea Nodes (Host und CUCN) benutzt, um Network Addressable Units in peripheren Knoten (Cluster Controller Node vom Typ 2.0) zu adressieren. Die lokale Adresse ist nur innerhalb eines peripheren Knotens und nicht netzweit eindeutig, und sie entspricht auch nicht der Element Adresse der SNA-Netzwerkadresse. Lokale Adressen werden bei der Netzwerkdefinition über die VTAM/NCP-Generierung festgelegt.

Wird von einem Host Node eine SNA-Nachricht über einen Communication Controller Node hinweg an einen peripheren Knoten gesendet, so wird zwischen dem Host und dem Communication Controller Node das globale Adreßformat (SNA-Network Address) verwendet. Bei der Kommunikation zwischen einem Communication Controller und einem Peripheral Node wird das lokale Adreßformat verwendet. Die Boundary Function des Communication Controller Nodes ist für die Umsetzung des Adreßformats verantwortlich. Dabei muß der globalen SNA-Netzwerkadresse nicht nur eine lokale Adresse zugewiesen werden, sondern zusätzlich noch eine Leitungs- und Stationsadresse (PU-Address). Das lokale Adreßformat wird auch bei der Kommunikation zwischen Host und lokal angeschlossenem Peripheral Node benutzt.

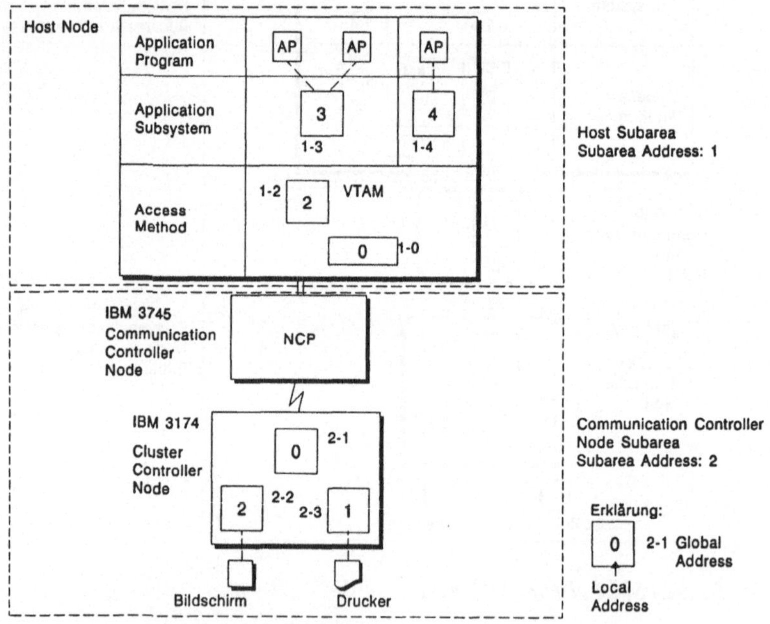

Bild 3.16 Globales und lokales Adreßformat

3.5.3   SNA-Netzwerkname (SNA-Network Name)

Der logische SNA-Netzwerkname wird von SNA-Endbenutzern (z.B. Anwendungsprogrammen oder dem Netzwerk-Operator an seinem Terminal) benutzt, um auf

Netzwerk-Ressourcen zuzugreifen. Die SNA-Netzwerknamen müssen demzufolge den Application Subsystems der Host Nodes (IMS, CICS usw.) bekannt sein. Über die Generierung der Zugriffsmethode VTAM und des Network Control Programs (NCP) ist jedem Netzwerknamen eine SNA-Netzwerkadresse zugeordnet. Somit ist der SNA-Endbenutzer vollkommen von den physischen Netzwerksteuermechanismen entkoppelt, die Lage der Network Addressable Units im Netzwerk muß der Endbenutzerebene nicht bekannt sein. So kommunizieren z.B. IMS-Anwendungsprogramme mit remote Terminals nur über sogenannte logische Terminal-Namen (LTERM), die physische Anbindung an die Netzwerkressource realisiert die Zugriffsmethode VTAM in Zusammenarbeit mit dem NCP des Communication Controller Nodes.

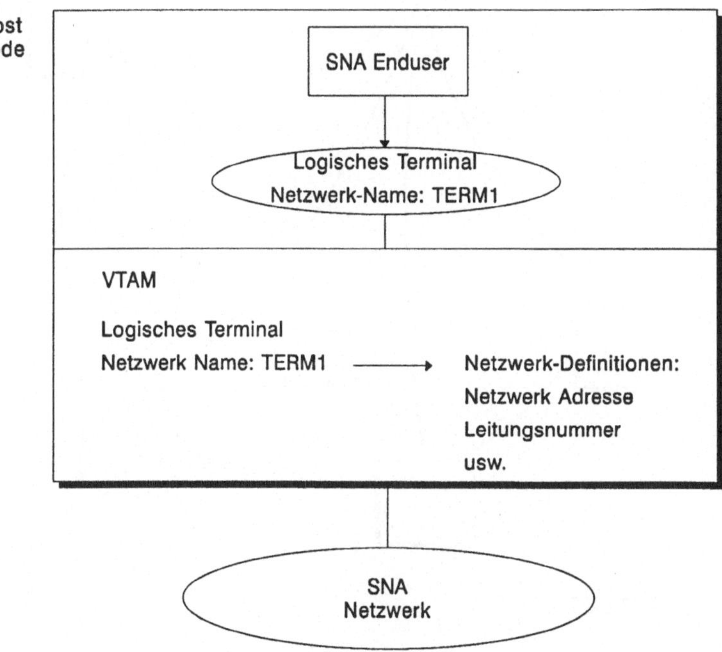

Bild 3.17 Logische SNA-Netzwerknamen

3.6 Typen von SNA-Sessions

Wie schon früher festgestellt wurde, kommunizieren Network Addressable Units logisch miteinander über SNA-Sessions. SNA-Sessions werden nach den Typen von NAUs klassifiziert, die miteinander kommunizieren. Es existieren vier unterschiedliche Session-Typen.

Control Sessions des System Services Control Point:

- SSCP-SSCP Session,
- SSCP-PU Session,
- SSCP-LU Session.

Anwendungs-Session zwischen Logical Units:

- LU-LU Session

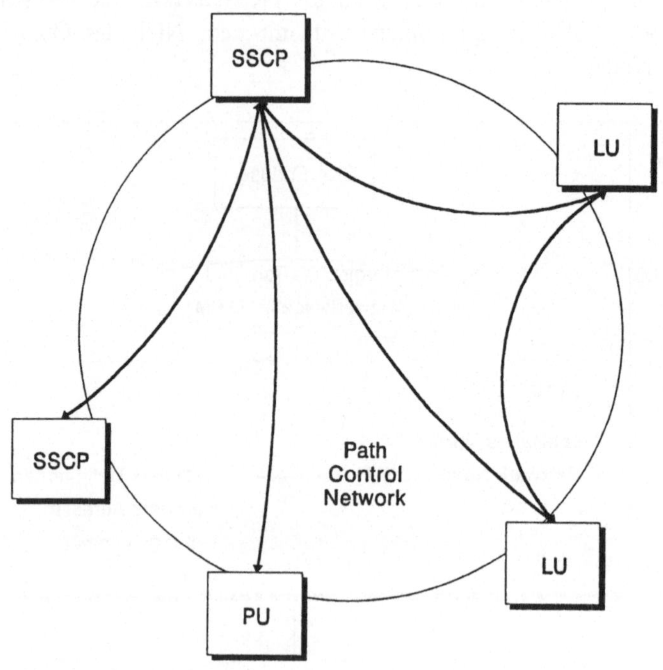

Bild 3.18 Session-Typen

3.6.1   SSCP-Sessions

Sessions zwischen einem System Services Control Point und anderen Network Addressable Units werden Control oder SSCP-Sessions genannt und dienen dem
Netzwerkmanagement. Control Sessions werden immer vom System Services Control Point aufgebaut. Der SSCP sendet dazu ein SNA-Kommando an die Partner-
NAU und fordert sie auf, eine Session mit dem SSCP einzugehen. Wird diese Aufforderung angenommen und positiv quittiert, so ist die Session aufgebaut, und es
können Informationen in beide Richtungen gesendet werden. Die Session ist so-

lange existent, bis der SSCP die Session abbaut oder die Session durch einen Fehler beendet wird (z.B. durch Abschalten eines Netzknotens oder Modems). In Control Sessions werden ausschließlich Netzwerksteuer- und Statusinformationen ausgetauscht, wodurch der SSCP und somit auch die Zugriffsmethode VTAM zu jedem Zeitpunkt den genauen Status des Netzwerkes kennen. Jede PU und LU innerhalb der Domäne muß eine Änderung ihres Status dem SSCP in einer Control Session melden.

SSCP-PU Control Session

Eine Session zwischen dem SSCP und der Physical Unit eines Netzwerkknotens erlaubt es dem SSCP, Statusinformationen von diesem SNA-Knoten anzufordern und Befehle an den Knoten abzugeben. Zudem können Alarm- und Statusmeldungen, die von dem Knoten spontan und ohne Aufforderung durch den SSCP gesendet werden, über die Control Session empfangen werden. Über eine SSCP-PU Session bekommt z.B. VTAM die Information, ob eine Steuereinheit IBM 3174 überhaupt arbeitsfähig ist. Auch die Abfrage der Antwortzeiten einer IBM 3174-Steuereinheit über den Response Time Monitor (RTM) der 3174 wird über eine SSCP-PU Session realisiert.

SSCP-LU Control Session

Über eine SSCP-LU Session wird eine Logical Unit gesteuert und überwacht. So bekommt z.B. VTAM über diese Art von Session die Information, ob eine LU in einem Cluster Controller IBM 3174 schon eine aktive (also eingeschaltete) 3270-Bildschirmstation verwaltet oder nicht. Über eine existierende SSCP-LU Session kann die Logical Unit z.B. Statusänderungen an den SSCP senden oder vom SSCP eine Anwendungs-Session mit einer anderen LU anfordern (LOGON).

SSCP-SSCP Control Session

Eine Session zwischen dem System Services Control Point einer Domäne und dem SSCP einer anderen Domäne wird beim Multi Domain Networking erforderlich. So wird z.B. das Initiieren und Terminieren von Cross Domain Anwendungs-Sessions wird über SSCP-SSCP Sessions abgewickelt.

3.6.2   LU-LU Sessions

Zwei SNA-Endbenutzer kommunizieren miteinander über eine LU-LU Session, deshalb wird diese Session auch Anwender- oder Application Session genannt. Entsprechend den unterschiedlichen Typen von Logical Units werden auch unterschiedliche LU-LU Session-Typen definiert. Nur zwei Logical Units vom gleichen Typ können miteinander eine Session eingehen. Eine Logical Unit, die aktiv eine LU-LU Session aufbaut, wird Primary Logical Unit (PLU) genannt. Dementspre-

chend wird die LU, die eine Aufforderung zu einer LU-LU Session von einer PLU
erhält, Secondary Logical Unit (SLU) genannt. In einem hierarchischen SNA-
Netzwerk residieren Primary Logical Units immer im Host Node, die Secondary
Logical Units in den peripheren Knoten. Je nach Typ kann eine LU eine oder
mehrere Application Sessions zu anderen LUs unterhalten.

LU-Typ: Application

Logical Units, die in Knoten vom Typ 5 (Host Node) residieren, werden LUs vom
Typ Application genannt. Solch eine LU kann je nach Implementierung gleichzeitig mehrere Sessions (Multiple Sessions) zu anderen LUs unterhalten, und sie ist in
der Regel Primary Logical Unit. Ein Beispiel dafür wäre die LU des Application
Subsystems CICS.

LU-Typ: SSCP-dependent

Logical Units, die grundsätzlich vom SSCP unterstützt werden müssen, um eine
LU-LU Session aufzubauen, nennt man dependent oder SSCP-dependent LUs. In
SNA-Knoten mit einer Physical Unit vom Typ 2.0 (Cluster Controller Node) oder
vom Typ 1 (Terminal Node) gibt es ausschließlich dependent Logical Units. In
Knoten vom Typ 2.1 können dependent LUs existieren, obwohl hier jedoch meist
SSCP-independent LUs anzutreffen sind. Eine dependent LU kann zu einer Zeit
nur eine Session zu einer anderen LU unterhalten, und sie ist immer Secondary
Logical Unit. Voraussetzung für diese Session ist eine existierende Control Session
zum System Services Control Point, damit VTAM die vollständige Kontrolle über
den Session-Aufbau ausüben kann. Eine dependent LU kann als Session-Partner
nur eine LU vom Typ Application haben. Alle Logical Units vom Typ 0, 1, 2 und
3 in peripheren Knoten sind dependent LUs (z.B. eine Logical Unit in einem Cluster Controller IBM 3174, die eine Bildschirmstation steuert und unterstützt).

LU-Typ: SSCP-independent

Nur in Knoten vom Typ 2.1 residieren independent LUs, die vollkommen unabhängig vom SSCP Sessions zu anderen LUs aufbauen können. Eine independent
LU benötigt keine Control Session zum SSCP, um Anwendungs-Sessions zu anderen LUs zu unterhalten. Die independent LU kann je nach Implementierung
gleichzeitig mehrere Sessions zu einer oder mehreren anderen LUs gleichen Typs
oder vom Typ Application unterhalten. Sie kann sowohl als Primary als auch als
Secondary Logical Unit agieren. Die Logical Unit vom Typ 6.2 ist die einzige LU,
die diese Fähigkeit besitzt.

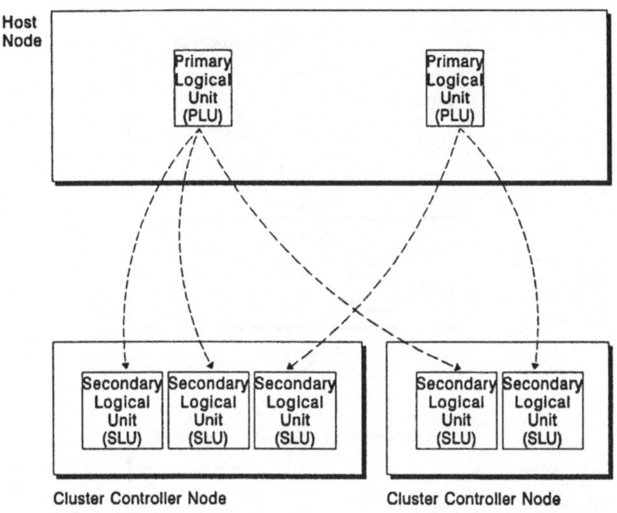

Bild 3.19 Application und dependent LU

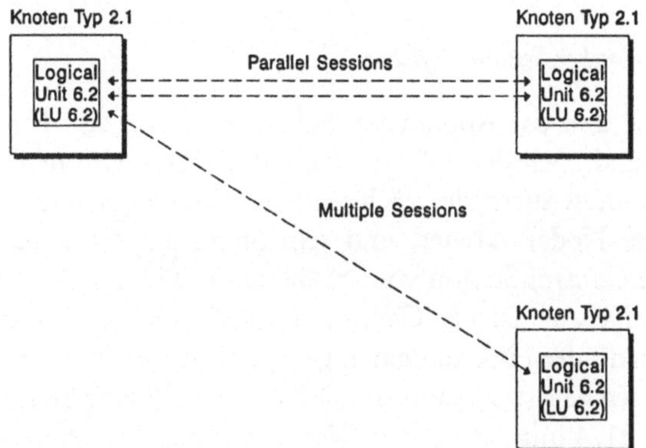

Bild 3.20 Independent LU

Sessions müssen in einem hierarchischen SNA-Netzwerk auch in hierarchischer Reihenfolge aufgebaut werden. Dies soll an einem Beispiel verdeutlicht werden.

Voraussetzung für eine Application Session zwischen CICS und einer 3270 Bildschirmstation:

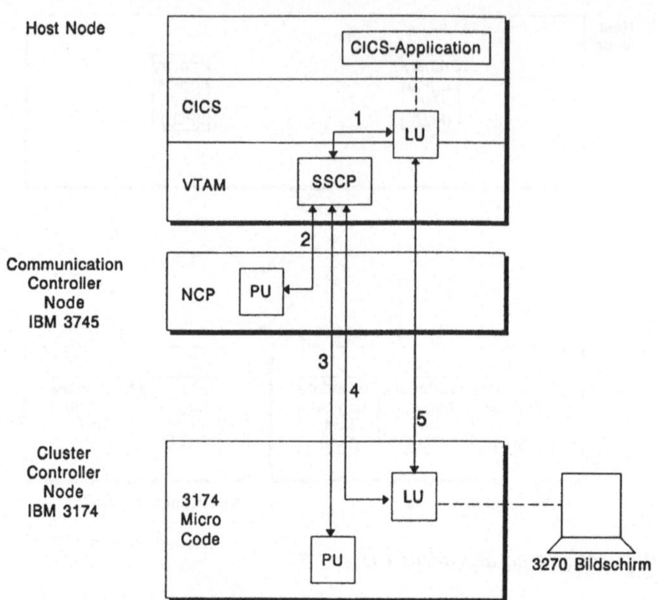

Bild 3.21 Hierarchischer Session-Aufbau

Nachdem VTAM und das Application Subsystem CICS auf dem Host Node gestartet wurden, sind auch der SSCP und die PLU aktiv. Um den peripheren Knoten zu erreichen, muß zuerst der nächstgelegene SNA-Knoten (also der Communication Controller Node) aktiviert und sein Status abgefragt werden. Zu diesem Zweck wird eine Control Session vom SSCP zu der PU des Communication Controller Nodes aufgebaut. Ist der Communication Controller Node aktiv und betriebsbereit, so kann der Link zu dem angeschlossenen peripheren Knoten aktiviert werden. Ist dies geschehen, so kann im nächsten Schritt eine Session vom SSCP zu der PU der IBM 3174 initiiert werden. War dies erfolgreich, so ist die Steuereinheit mit ihrem Microcode ohne Fehler hochgefahren, und alle konfigurierten LUs sind aktiv. Über eine Control Session zur LU unserer Bildschirmstation wird nun der System Services Control Point den Status der LU ermitteln. Angenommen, der Bildschirm sei noch nicht angeschaltet (Status: Power Off), so ist es natürlich auch nicht sinnvoll, eine Application Session zu eröffnen. Wird zu einem späteren Zeitpunkt der Bildschirm eingeschaltet (Status: Power On), so muß von der Secondary Logical Unit diese Statusänderung auf der existierenden Session zum SSCP gemeldet werden. Erst jetzt kann im letzten Schritt und unter der Kontrolle des SSCPs von der Primary Logical Unit eine Anwendungs-Session aufgebaut werden.

3.6.3 Half Session

Logisch besteht eine Session aus zwei Halb-Sessions (Half Session). Die Ressourcen einer Network Addressable Unit, die eine Session zu einer anderen NAU ermöglichen, verwalten und steuern, werden als Session-Endpunkte oder als Half Session bezeichnet. Entsprechend der Kommunikationsrichtung werden die Session-Aktivitäten von der Primary in Richtung Secondary Network Addressable Unit als Primary Half Session, die Session-Aktivitäten in umgekehrter Richtung als Secondary Half Session bezeichnet.

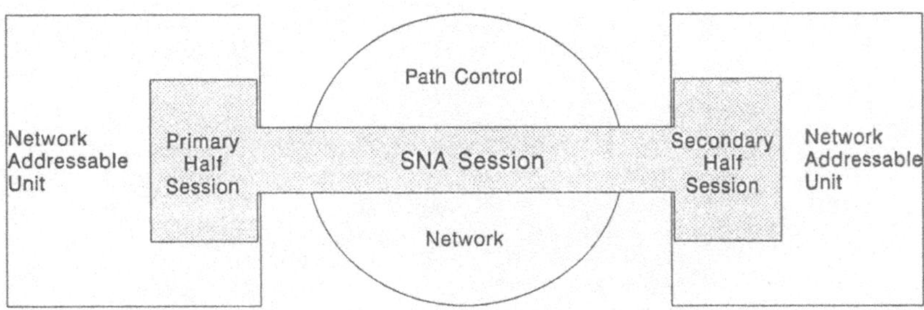

Bild 3.22 Half Session

4 Netzwerkarchitektur und Funktionsschichten

Funktionen und Dienste in einem Netzwerk werden im allgemeinen durch eine entsprechende Netzwerkarchitektur formal beschrieben. Eine Netzwerkarchitektur definiert zu diesem Zweck einen hierarchischen Satz von Funktionsschichten (Network Layers) und Protokollen.

Komplexe Aufgaben, die in einem Netzwerk bewältigt werden müssen, werden (wie jedes andere Problem auch) durch die Aufschlüsselung in kleine und übersichtliche Teilaufgaben faßbar und lösbar. Jede Funktionsschicht hat eine eindeutige und klar abgegrenzte Aufgabe wahrzunehmen und das Ergebnis als Dienstleistung (Service) anderen Funktionsschichten zur Verfügung zu stellen. Aufgrund der hierarchischen Struktur der Funktionsschichten (Layer Structure) setzt jede Funktionsschicht auf genau einer untergeordneten Schicht auf, wobei die übergeordnete Schicht über eine genau definierte Schnittstelle (Interface) auf den Service der ihr untergeordneten Schicht zugreift. Diese Schnittstellen sind entsprechend dem Betriebssystem und der internen Struktur des jeweiligen Netzwerkknotens implementiert und können somit bei unterschiedlichen Systemen differieren.

In Netzwerkknoten, die gleiche Netzwerkfunktionen anbieten, müssen identische Sätze von Funktionsschichten implementiert sein. Jede dieser Funktionsschichten kommuniziert mit der entsprechenden Funktionsschicht des Partnerknotens, um den geforderten Service im Netz zu realisieren. Die Kommunikation zwischen den paarigen Funktionsschichten wird über Protokolle gesteuert.

Ein Protokoll definiert einen Satz von Kommunikationsregeln und Datenstrukturen. Das Format von Informationseinheiten wie Endbenutzerdaten, Steuer- und Header-Informationen wird für jede Funktionsschicht durch das entsprechende Protokoll genau festgelegt.

Wie aus Bild 4.1 zu ersehen ist, setzen Funktionsschichten hierarchisch aufeinander auf. Datenstrukturen der höchsten Funktionsschicht, die logisch von der paarigen Funktionsschicht eines anderen SNA-Knotens interpretiert und verarbeitet werden müssen, durchlaufen physisch alle darunterliegenden Funktionsschichten und werden erst dann über das physikalische Medium (Link) zum Partnerknoten transportiert. Dabei fügt jede Funktionsschicht ihre Informationen in Form von Headern der Datenstruktur der übergeordneten Funktionsschicht hinzu.

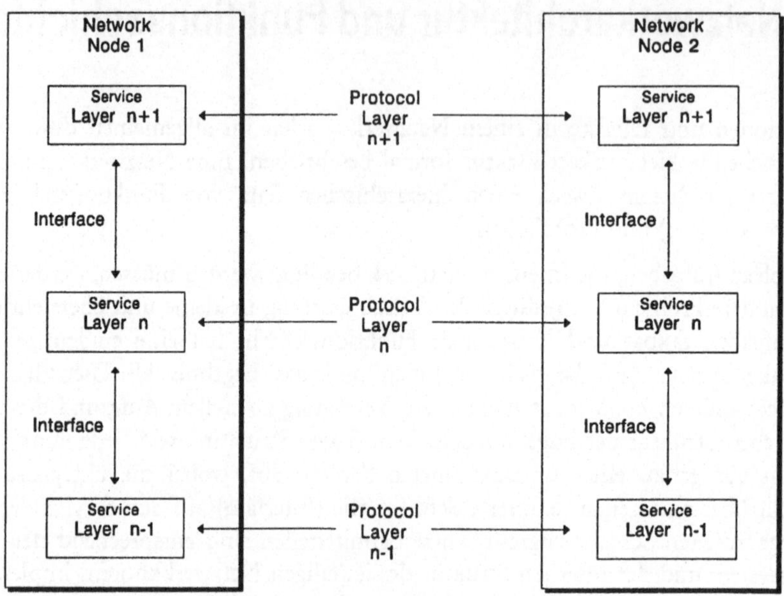

Bild 4.1   Funktionsschichten, Protokolle, Schnittstellen

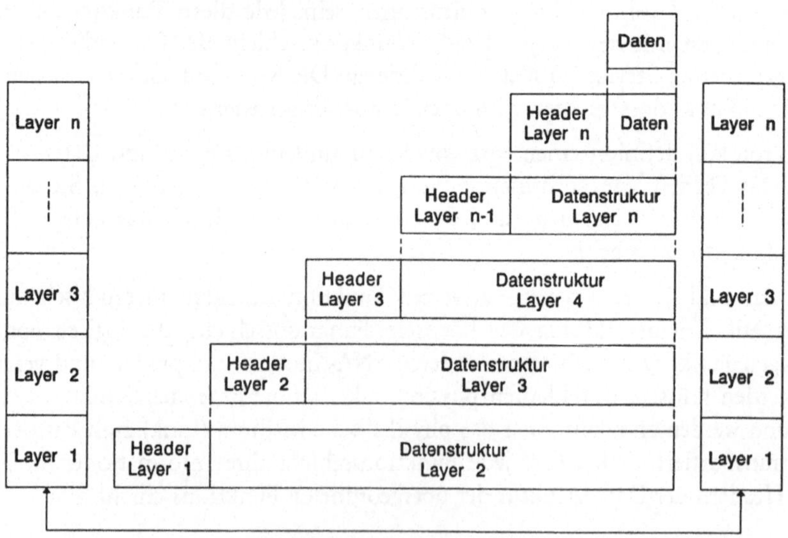

Bild 4.2   Kommunikation zwischen paarigen Funktionsschichten

4.1 SNA-Funktionsschichten

SNA definiert einen Satz von sieben Funktionsschichten (SNA Layers). Die untersten drei Funktionsschichten realisieren den Funktionsbereich des Path Control Networks, die darüberliegenden vier Funktionsschichten den Bereich der endbenutzerorientierten Network Addressable Unit Functions (NAU Function).

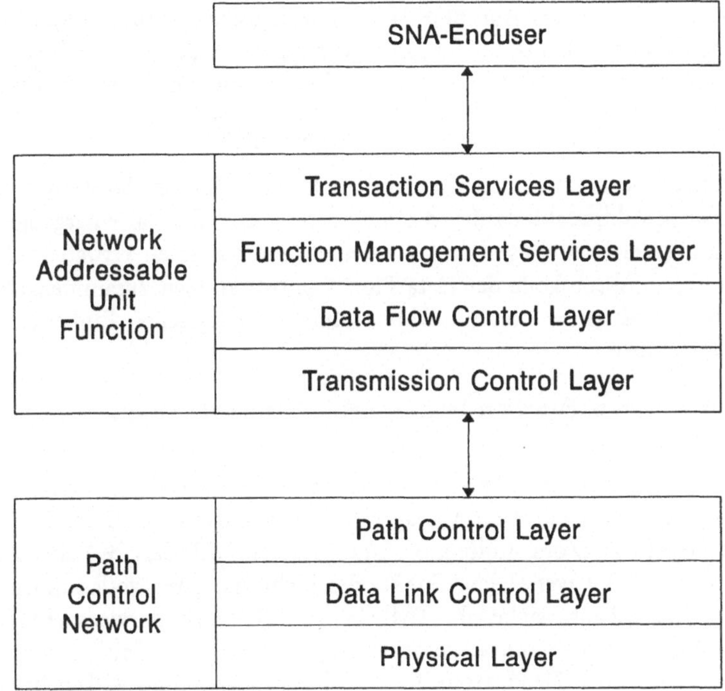

Bild 4.3   SNA Layer Structure

Funktionsschicht 1: Physical Link Control Layer (PL)

Die Funktionsschicht Physical Link Control Layer (auch Physical Layer, PL) realisiert die physische Schnittstelle zwischen dem Netzwerkknoten und dem Transportmedium (Link) und ist für die bitserielle Übertragung verantwortlich.

Funktionsschicht 2: Data Link Control Layer (DLC)

Diese Schicht ist für den fehlerfreien Transport der Daten über einen Übertragungsabschnitt (Link) zwischen zwei direkt benachbarten Netzwerkknoten verantwortlich.

Funktionsschicht 3: Path Control Layer (PC)

Hauptaufgabe dieser Schicht ist das Routing der Daten durch das Netzwerk. Der Weg von der Quelle bis hin zum Ziel wird von dieser Funktionsschicht bestimmt.

Funktionsschicht 4: Transmission Control Layer (TC)

Diese Schicht dient quasi als Bindeglied zwischen den transportorientierten Funktionsschichten (Layer 1 bis 3) und den endbenutzerorientierten Schichten. In ihrer Verantwortung stehen der Auf- und Abbau von logischen Verbindungen zwischen Network Addressable Units, die Steuerung der Datenmengen innerhalb einer SNA-Session und die Ende-zu-Ende Kontrolle des Datenflusses über Sequenznummern.

Funktionsschicht 5: Data Flow Control Layer (DFC)

Diese Schicht steuert den Datenfluß innerhalb einer Session. So werden z.B. für zwei Network Addressable Units, die miteinander eine Session eingegangen sind, die Richtung des Datenflusses und die Antwortmechanismen verwaltet. Über die Kommunikationsprotokolle der Data Flow Control können zusammengehörende Nachrichten und ganze Kommunikationsabläufe zu logischen Einheiten zusammengefaßt werden.

Funktionsschicht 6: Function Management Data Services Layer (FMD-Services)

Die Schicht 6 wird in der Literatur mit unterschiedlichsten Bezeichnungen belegt. So findet man neben Function Management Data Services (FMD-Services) häufig auch die Begriffe Network Addressable Unit Services (NAU-Services) oder Presentation Services (PS-) Layer. Diese Funktionsschicht hat zwei vollkommen unterschiedliche Aufgabenbereiche, die FMD-Session **Network Services (FMD-SNS)** und die FMD-Session **Presentation Services (FMD-SPS)**. Die Session Presentation Services verwalten den Datenstrom des SNA-Endbenutzers und wirken in Sessions zwischen Logical Units (Anwender-Session). Die Session Network Services sind für Funktionen des Netzwerkmanagements verantwortlich und realisieren die Aktivitäten in SSCP-Control Sessions.

Funktionsschicht 7: Transaction Services Layer

Diese Funktionsschicht ist relativ neu. Sie wurde erst 1982 mit der Einführung der SNA-Architekturerweiterung Logical Unit vom Typ 6.2 (LU 6.2) definiert. Anwendungen, die nicht unter LU 6.2 laufen, kennen diese Funktionsschicht nicht, der SNA-Endbenutzer setzt direkt auf der Funktionsschicht 6 (FMDS) auf.

In der Funktionsschicht 7 werden in Form sogenannter SNA Service Transaction Programs (STP) endbenutzerbezogene Dienste definiert. Zu diesen in der Netzwerkarchitektur SNA fest verankerten Dienstprogrammen zählen z.B. die SNA Distribution Services (SNA/DS) oder die Document Interchange Architecture Services (DIA), die das interpersonelle Mailing in einem SNA-Netzwerk ermöglichen.

Die Funktionsschichten 1 bis 7 entkoppeln den SNA-Endbenutzer von der physischen und logischen Struktur des SNA-Netzwerkes. Die logische Kommunikation zwischen zwei SNA-Endbenutzern, z.B. einem CICS-Anwendungsprogramm auf dem Host und einem Anwender einer 3270-Emulation auf dem PC, ist vollkommen unabhängig von den Eigenschaften des Netzwerkes, und sie unterliegt natürlich auch keinen in SNA definierten Regeln (SNA-Protokollen). Die Daten der SNA-Endbenutzer (Input und Output) werden erst durch die unter dem SNA-Endbenutzer liegenden Funktionsschichten (speziell der FMD-Session Presentation Services) zu einer SNA-gerechten Datenstruktur aufbereitet.

Die transportorientierten Funktionsschichten 1 bis 3 müssen in jedem SNA-Knoten vorhanden sein, die Funktionsschicht 4 in jedem SNA-Knoten mit Boundary Function (also in Host und Communication Controller Nodes) und die Funktionsschichten 4 bis 7 in SNA-Knoten mit SNA-Endbenutzern.

Host Node	Application Program	SNA Enduser
		Transaction Services Layer
	Application Subsystem	Function Management Services Layer
		Data Flow Control Layer
		Transmission Control Layer
	VTAM	Path Control Layer
		Data Link Control Layer
		Physical Layer

Communication Controller Node	Network Control Program (NCP)	Transmission Control Layer
		Path Control Layer
		Data Link Control Layer
		Physical Layer

Bild 4.4   SNA-Knoten und Funktionsschichten

4.1.2 SNA-Profiles

Die paarige Kommunikation zwischen SNA-Funktionsschichten erfolgt nach klar definierten Regeln. Die Festlegung von bestimmten Verhaltensweisen wird durch Profiles gesteuert. In einem Profile werden SNA-Protokolle und Formate zu einem Satz von Ablaufregeln zusammengefaßt. Jedes Profile wird über eine eindeutige Nummer identifiziert. Unterschiedliche Profiles enthalten unterschiedliche Vereinbarungen. Je nach Art des Profiles betreffen die folgenden Vereinbarungen:

- die Aufbereitung (Präsentation) der Endbenutzerdaten
  (Arbeitsweise der Session Presentation Services),

- die Steuerung des Datenflusses innerhalb der Session
  (Arbeitsweise der Data Flow Control),

- die session-bezogene Transportsteuerung
  (Arbeitsweise der Transmission Control).

Entsprechend ihren Aufgaben werden drei Klassen von SNA-Profiles unterschieden:

- Presentation Services Profile (PS-Profile),

- Function Management Profile (FM-Profile),

- Transmission Services Profile (TS-Profile).

Über das PS-Profile wird der LU-LU Session Typ (oder kurz LU-Typ) definiert. Sessions, an denen der System Services Control Point (SSCP) beteiligt ist, kennen kein Presentation Services Profile. Das Kommunikationsverhalten der Session-Partner wird eindeutig durch die Wahl des FM- und TS-Profiles festgelegt. In Function Management Profiles werden endbenutzerorientierte Ablaufregeln definiert, in den Transmission Services Profiles transportorientierte. Zu jedem Profile gehören feste Vereinbarungen, die mit der Nummer des jeweiligen Profiles korrespondieren, und optionale Vereinbarungen, deren Behandlung über die sogenannten Usage Fields definiert wird. Beim Aufbau einer SNA-Session werden die verwendeten Profiles und Usage Fields zwischen den kommunizierenden LUs festgelegt und damit die Art und Weise, nach der die Kommunikation innerhalb der Session zu führen ist, eindeutig bestimmt.

Eine detaillierte Beschreibung der SNA-Protokolle finden Sie im Kapitel 5, eine Beschreibung der SNA-Profiles in Kapitel 6.

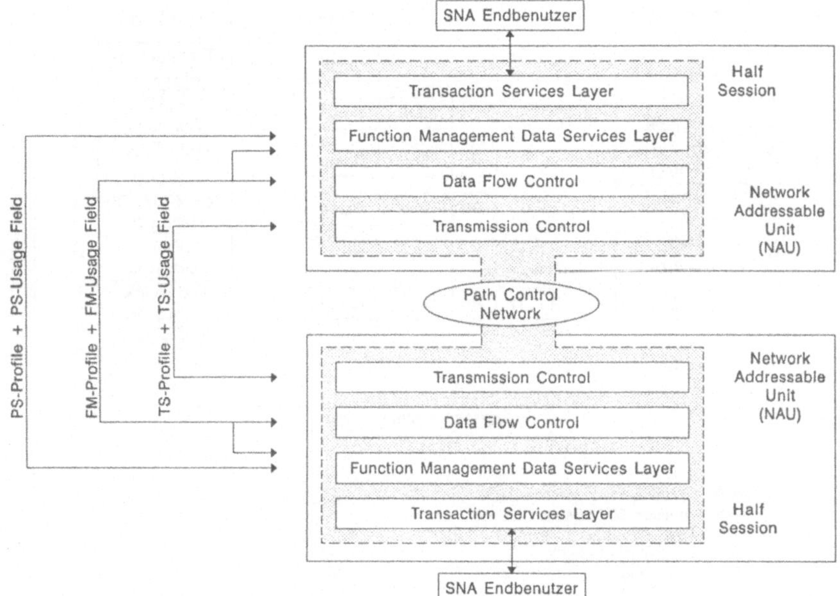

Bild 4.5   Profiles und Usage Fields

4.2   SNA-Datenstrukturen

Die drei in SNA verwendeten Datenstrukturen werden Request Unit, Response Unit und Header genannt. Jede SNA-Funktionsschicht generiert in Abhängigkeit vom verwendeten SNA-Protokoll ihre eigenen Datenstrukturen.

Request/Response Unit (RU)

Daten, die in einem SNA-Netzwerk auf Session-Ebene transportiert werden, heißen Request Unit und Response Unit. Beide Begriffe werden allgemein mit der Abkürzung RU belegt.

Handelt es sich bei der RU um eine Request Unit, so enthält sie entweder SNA Kommandos zur Netzwerk- und Session-Steuerung oder Endbenutzerdaten, die nach SNA-Regeln aufbereitet wurden. In Abhängigkeit vom LU-Typ werden feste SNA-Datenströme für das Aufbereiten von Endbenutzerdaten definiert:

♦ 3270-Datenstrom: Dieser produktbezogene Datenstrom wird von Logical Units des Typ 2 und 3 benutzt. Er definiert Steuerinformationen, die das Gestalten von 3270-Bildschirmmasken ermöglichen.

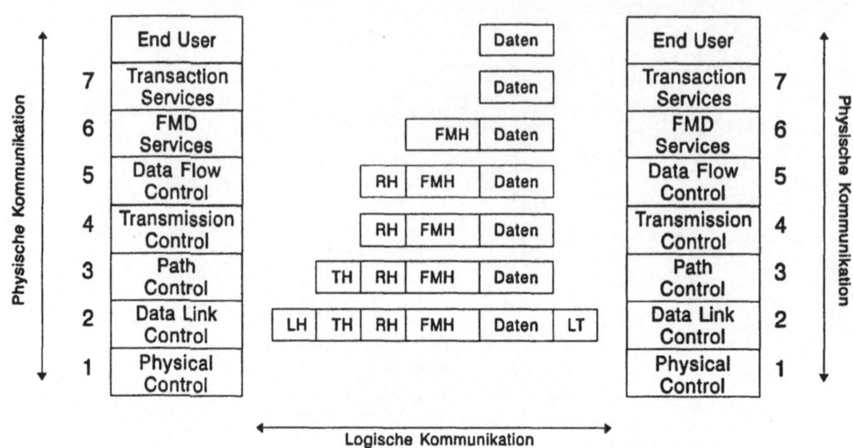

Bild 4.6   SNA-Funktionsschichten und Datenstrukturen

♦ SNA Character String (SCS): Der SCS-Datenstrom wird von Logical Units des
Typ 1 benutzt und enthält EBCDIC-Steuerzeichen, die das Formatieren von
druckbaren Texten ermöglicht.

♦ Generalized Data Stream (GDS): Der GDS wird von der Logical Unit 6.2 benutzt.

SNA-Befehle werden entweder in formatierten oder formatfreien Request Units gesendet. Eine formatierte Request Unit enthält in den ersten Bytes einen Request
Code, der den SNA-Befehl eindeutig identifiziert. Dieser Request Code ist, abhängig vom jeweiligen Befehl, entweder ein oder drei Byte groß. Die Informationen,
die zu einem SNA-Befehl gehören, werden als Satz von Parametern in den folgenden Bytes der RU hinterlegt. Auch diese Informationen sind formatiert, also nicht
anhand einer Code-Tabelle auswertbar. Jedes Byte, ja oft sogar jedes Bit hat seine
spezielle Bedeutung. Format und Länge des Parameterteils ist vom jeweiligen Befehl
abhängig.

Formatierte Request Unit	
Request Code	Kommandospezifische Parameter

Um die in einer formatierten RU gesendeten Informationen auswerten zu können, muß analysiert werden, welcher Request Code gesendet wurde und welche Bits des Parameterteils gesetzt sind. Alle formatierten SNA-Befehle sind in der IBM Broschüre „SNA Formats" beschrieben.

Formatfreie Request Units enthalten keinen Request Code und auch keinen formatierten Parameterteil, sondern reine EBCDIC-Nachrichten. Diese Nachrichten müssen beim Empfang richtig interpretiert werden, damit entsprechende Folgeaktionen eingeleitet werden können. In der Regel werden SNA-Befehle, die in einer formatfreien RU gesendet werden, über entsprechende Maps auf Standard-SNA-Befehle abgebildet.

Unformatierte Request Unit
EBCDIC-Nachricht

Eine Response Unit ist eine logische Quittung auf eine Request Unit. Eine positive Response Unit besagt, daß die entsprechende Request Unit von der empfangenden Network Addressable Unit verarbeitet werden konnte und keine SNA-Protokolle verletzt wurden. Eine negative Response Unit zeigt dem Session-Partner eine problematische oder fehlerhafte Situation an (z.B. SNA-Protokollverstoß, Verarbeitungsprobleme des SNA-Endbenutzers). Der Grund für eine negative Response wird in Form eines sogenannten Sense Codes in der Response Unit mitgeteilt.

Request/Response Units können in den Funktionsschichten 6, 5 und 4 (FMDS, DFC, TC) generiert werden. Request Units, die aus den SNA-Funktionsschichten Data Flow Control und Transmission Control stammen, enthalten immer nur SNA-Befehle, RUs der Funktionsschicht Function Management Data Services können aufbereitete Endbenutzerdaten oder SNA-Befehle enthalten.

Function Management Header (FMH)

Der Header, den die Funktionsschicht 6 (FMDS) verwaltet, ist der Function Management Header. Bei der Kommunikation unter SNA-Bedingungen ist dieses der einzige optionale Header. Er ist endbenutzerbezogen und wird in Abhängigkeit vom LU-LU Session-Typ verwendet. Über diesen Header können z.B. innerhalb einer Session unterschiedliche Ausgabemedien (Drucker, Konsole, Kartenlocher) angesprochen werden.

Request/Response Header (RH)

Der Request/Response Header wird von der Funktionsschicht Transmission Control (Funktionsschicht 4) verwaltet und beschreibt den Inhalt der RU. Der RH enthält z.B. die Information, ob es sich bei der nachfolgenden Datenstruktur um eine Request Unit oder um eine Response Unit handelt, aus welcher Funktionsschicht die RU stammt und in welcher Funktionsschicht sie demzufolge beim Partnersystem zu verarbeiten ist. Über die funktionellen Bits des RH wird das Management einiger Kommunikationsprotokolle der Funktionsschichten 4 und 5 realisiert. Das Gebilde aus RH, dem optionalen FMH und der RU wird Basic Information Unit (BIU) genannt.

Transmission Header (TH)

Der Transmission Header wird von der Funktionsschicht 3, der Path Control, verwaltet. Er enthält Routing-Informationen, die notwendig sind, um eine SNA-Nachricht von einer Network Addressable Unit durch ein komplexes Netzwerk zu einer Ziel-NAU zu transportieren. Zu diesen Informationen gehören z.B. die Adressen der miteinander kommunizierenden NAUs, Routen-Nummern und Prioritäten. Die aus RU, optionalem FMH, RH und TH bestehende Datenstruktur wird Path Information Unit (PIU) genannt.

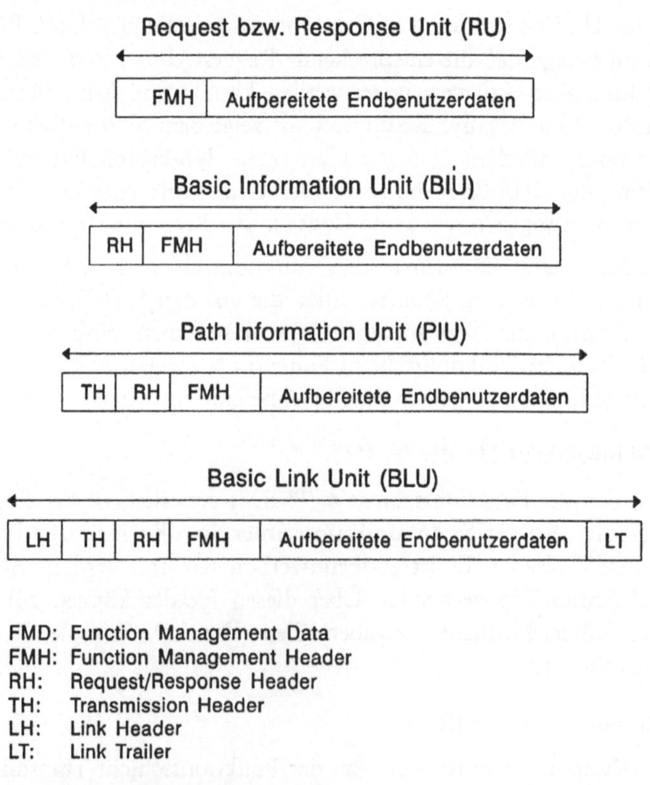

Bild 4.7   SNA-Informationseinheiten

Link Header (LH) und Link Trailer (LT)

Die Funktionsschicht Data Link Control (Funktionsschicht 2) ist für den gesicherten Datentransport auf einem Übertragungsabschnitt (Link) verantwortlich. Zu diesem Zweck werden die zu sendenden Daten in einen Übertragungsblock (Network Frame) gestellt. Ein Network Frame ist durch den Link Header und Link Trailer eingerahmt. Eine Information aus dem Link Header ist z.B. die Stationsadresse, um auf Multipoint-Verbindungen die gewünschte Datenstation zu adressieren. Im Link Trailer findet man die Prüfsumme, über die der Empfänger die korrekte und vollständige Übertragung feststellen kann. Ein kompletter SNA-Übertragungsblock wird Basic Link Unit (BLU) genannt.

4.2.1 Beispiel: Druck-Output

Von einer CICS-Applikation des Host-Systems sollen Druckdaten auf einem Drukker ausgegeben werden, der an einer 3270-Steuereinheit angeschlossen ist. Sowohl die Host-Applikation als auch der Drucker benötigen (wie es in SNA üblich ist) für die Kommunikation die Unterstützung einer Logical Unit. Die LU realisiert die NAU-Functions, bereitet somit die Endbenutzerdaten zur Request Unit auf und reagiert im Fehlerfall. Nehmen wir an, daß die Session zwischen den LUs bereits aufgebaut ist, Druckdaten gesendet und auf dem Drucker ausgegeben werden. Was passiert, wenn am Drucker eine Störung auftritt, z.B. das Papier ausgeht?

Ein Ausdrucken ist nicht mehr möglich. Die LU der Steuereinheit (Secondary Logical Unit), die den Drucker zu verwalten hat, sendet eine negative Response Unit als Reaktion auf die Request Unit, deren Daten nicht mehr ausgedruckt werden konnten. Damit ist die LU auf der Host-Seite (Primary Logical Unit) über den Ausnahmezustand informiert, und der Output kann gestoppt werden. Die LU-Session wird jedoch nicht abgebaut, sie besteht weiter. Ist der remote Drucker wieder betriebsbereit, so wird der neue Status in einem speziellen SNA-Befehl (also einer Request Unit) von der SLU an die Logical Unit im Host gesendet. Die Druckausgabe kann wieder aufgenommen werden. Dieser Quittungsmechanismus wird von der LU wahrgenommen und ist für den SNA-Endbenutzer vollkommen transparent.

In den folgenden Kapiteln werden wir uns die sieben SNA-Funktionsschichten näher ansehen. Wir beginnen mit der Betrachtung nicht beim SNA-Endbenutzer, da dieser ja nicht von der Netzwerkarchitektur SNA betroffen wird und vollkommen losgelöst von allen SNA-Protokollen, Formatdefinitionen und Netzwerkeigenschaften arbeiten darf. Als erstes soll die SNA-Funktionsschicht beschrieben werden, die unmittelbar unter dem SNA-Endbenutzer liegt und ihm ihre Services anbietet.

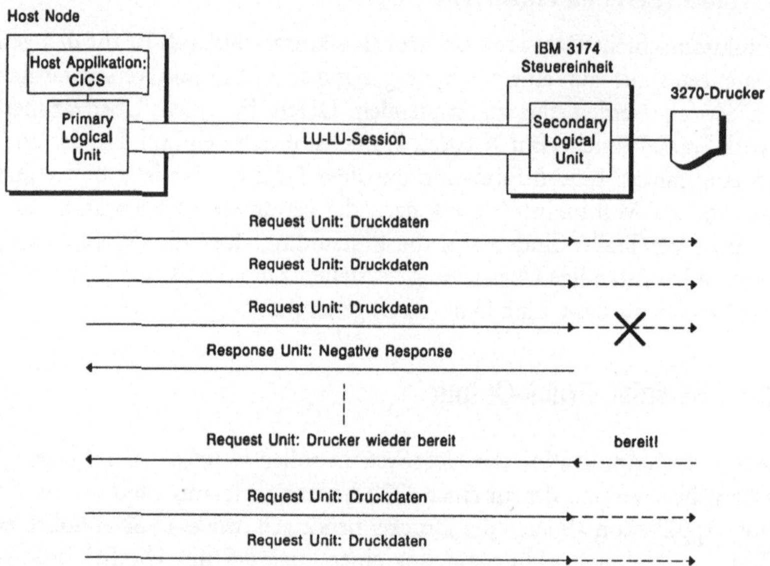

Bild 4.8   Zusammenspiel von Request und Response Units

4.3   Funktionsschicht 7: Transaction Services Layer

Der Transaction Services Layer wurde mit der Einführung der Logical Unit vom Typ 6.2 definiert. Ziel dieser Funktionsschicht ist es, das Realisieren verteilter Anwendungen und verteilter Systeme zu unterstützen. In dieser SNA-Funktionsschicht sind in Form sogenannter SNA-Service-Transaktionsprogramme (SNA-Service Transaction Programs) standardisierte Dienste für den SNA-Endbenutzer definiert. Diese Service Transaction Programs (STP) sind in der SNA-Netzwerkarchitektur fest verankert. Über definierte Programmschnittstellen (API: Application Program Interface) kann ein Anwendungsprogramm als SNA-Endbenutzer auf die Dienste eines Service Transaction Programs zugreifen. Anwendungsprogramme, die auf Dienste eines Service Transaction Programs zugreifen, werden Application Transaction Programs genannt.

Die vier wichtigsten Kategorien von Service-Transaktionsprogrammen sind:

♦ Distributed Data Management (DDM),

♦ SNA-Distribution Services (SNA/DS),

♦ SNA-File Services (SNA/FS),

♦ Document Interchange Architecture (DIA).

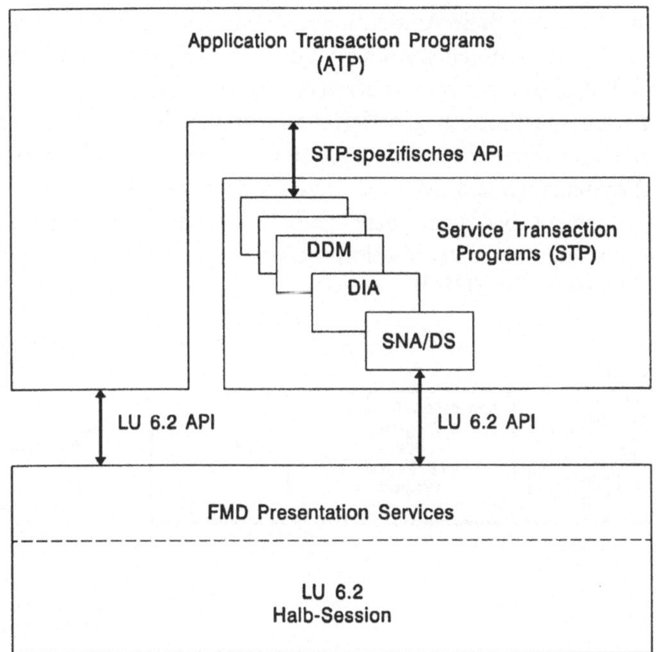

Bild 4.9   Service Transaction Programs

4.3.1 Distributed Data Management

Das Distributed Data Management (DDM) ist eine Architektur für den konkurrierenden Dateizugriff verteilter Systeme auf remote gelegene Dateien. Über eine einheitliche Zugriffssprache und standardisierte Dateistrukturen wird der Austausch von Daten zwischen unterschiedlichen Systemen ermöglicht. Ein Anwendungsprogramm kann über DDM lesend und schreibend auf remote Dateien zugreifen.

4.3.2 SNA Distribution Services

Die SNA Distribution Services (SNA/DS) ermöglichen die asynchrone Verteilung von Anwenderdaten und Dokumenten im Netz. Bei der asynchronen Verteilung von Daten besteht keine direkte logische Punkt-zu-Punkt-Verbindung zwischen Quelle und Ziel der Nachrichten. Die miteinander kommunizierenden Prozesse

(Anwendungsprogramme) müssen nicht gleichzeitig aktiv sein, ebensowenig die SNA-Knoten, auf denen diese Anwendungen residieren, oder die Links, mit denen die unterschiedlichen Knoten zwischen Quell- und Zielknoten miteinander verbunden sind. Die SNA-Distribution Services sorgen dafür, daß die Daten oder Dokumente, die ein Quellprozeß generiert hat, auf den Weg in Richtung Ziel gebracht werden und dieses Ziel auch irgendwann erreichen. Viele verteilte Anwendungen und Systeme wie z.B. Mailing- und Bürosysteme, File Transfer oder auch Netzwerkmanagement benutzen diese zeitlich versetzte Kommunikation. Netzwerkknoten, die die SNA-Distribution Services zur Verfügung stellen, heißen Distribution Services Unit (DSU).

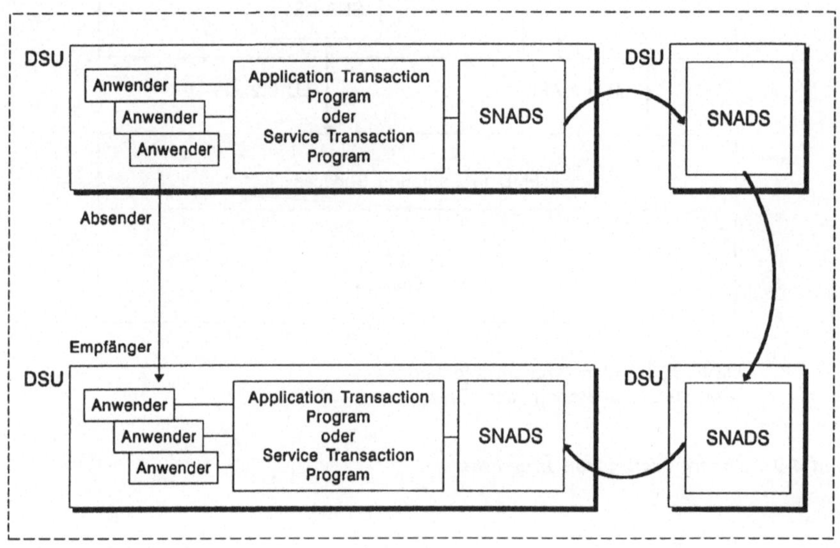

Bild 4.10 SNA/DS Netzwerk

4.3.3   SNA File Services

Über die SNA-File Services (SNA/FS) wird im SNA-Netzwerk die Funktionalität eines File Servers realisiert. Mit SNA/FS werden einheitliche Dienste definiert, die die eindeutige Identifikation von Dateien, den Zugriff auf Dateien, den Transport und das Abspeichern von Dateien erlauben.

4.3.4 Document Interchange Architecture

Die IBM Bürokommunikationssysteme arbeiten nach den Regeln der Document Interchange Architecture (DIA), um Dokumente untereinander auszutauschen. DIA definiert zu diesem Zweck einen eigenen Satz von Protokollen und Datenstrukturen, die für das Adressieren, Archivieren und Verpacken von Dokumenten benötigt werden. Ein DIA-Dokument ist als ein identifizierbarer Block von Informationen beliebiger Größe definiert. Somit kann ein Dokument nicht nur geschriebenen Text enthalten, sondern auch Faksimile- und Binärinformationen. Der Inhalt der Dokumente selbst ist nicht durch DIA, sondern durch die Document Content Architecture (DCA) definiert.

4.4 Funktionsschicht 6: Function Management Data Services (FMDS)

Die Function Management Data Services untergliedern sich in die Session Presentation Services (SPS) und die Session Network Services (SNS).

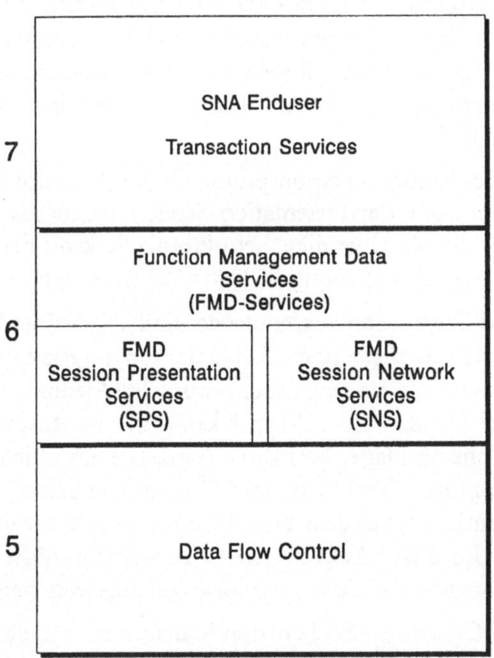

Bild 4.11 Function Management Data Services

Die Daten, die der SNA-Endbenutzer oder ein Transaction Program der SNA-Funktionsschicht 7 generiert, werden von den Session Presentation Services zu einer SNA-gerechten Datenstruktur aufbereitet. In den folgenden Ausführungen werden die FMD Session Presentation Services kurz Presentation Services (PS) genannt.

Die Session Network Services sind für alle Aktivitäten zuständig, die man unter dem Begriff Netzwerkmanagement zusammenfassen kann. In den folgenden Ausführungen werden die FMD Session Network Services kurz Network Services (NS) genannt.

4.4.1   Function Management Data Presentation Services

Die Function Management Data Presentation Services (FMD-PS) sind Bestandteil der Logical Unit und wirken nur in LU-LU Sessions. Zu den Aufgaben der Presentation Services gehören:

- Umformung der Daten des SNA-Endbenutzers in die zum LU-Typ passende Form und umgekehrt.
  Zu jedem LU-Typ gehört ein fest definierter Datenstrom. So wird z.B. eine Logical Unit vom Typ 2, die einen 3270-Bildschirm unterstützt, die Daten des SNA-Endbenutzers nach den Regeln des 3270-Datenstroms aufbereiten bzw. den vom Partner empfangenen 3270-Datenstrom auf dem Bildschirm in lesbarer Form darstellen.

- Management der Kommunikationsprotokolle von Funktionsschicht 6.
  In der Verantwortung der Presentation Services liegen das Compression und Compaction-Protokoll. Über diese SNA-Protokolle kann der Datenstrom komprimiert bzw. gepackt und somit die Datenübertragung optimiert werden.

- Zuweisung und Disposition ankommender und abgehender Daten.
  Nachrichten, die innerhalb einer LU-LU Session ausgetauscht werden, müssen auf das vom Kommunikationspartner gewünschte Medium ausgegeben werden. Innerhalb einer Session vom LU-Typ 1 kann z.B. das Ausgabemedium gewechselt werden (Konsole, Platte, Lochkarte, usw.). Die eigentliche Ausgabe der Daten (z.B. das Einfügen, Verändern oder Löschen von Sätzen auf der Platte oder die Anzeige von Daten auf dem Bildschirm) ist ebenfalls Aufgabe der Presentation Services. Um dieser Aufgabe gerecht zu werden, müssen eventuell Steuerzeichen, Formate und der Code gewandelt und angepaßt werden.

- Verwalten und Generieren des Function Management Headers (FMH).

Die FMD-Presentation Services ermöglichen die Kommunikation im heterogenen Netzwerkverbund. Eigentlich inkompatible Kommunikationspartner können miteinander kommunizieren, da für die Übertragung der Daten im Netz eine gemeinsame Sprache benutzt wird, nämlich ein durch SNA definierter Datenstrom. Ein PC hat z.B. unter dem Betriebssystem DOS erst einmal gar nichts mit einer IBM 3174-Steuereinheit und einem angeschlossenen Bildschirm zu tun. Die 3174-Steuereinheit kann den 3270-Datenstrom mit all seinen Steuerzeichen direkt interpretieren und die Bildschirmmaske aufbereiten. Über 3270-Steuerzeichen und Steuerzeichensequenzen werden z.B. Farbattribute gesetzt, geschützte und ungeschützte Felder definiert, Felder intensiv oder normal dargestellt oder der Cursor positioniert. Der Bildschirm des PCs kann die 3270-Steuerzeichensequenzen nicht interpretieren, er muß mit ganz anderen Steuerzeichen bedient werden. Außerdem stehen in der Request Unit, die von der Host-Applikation in Richtung 3270-Datenstation geschickt werden, EBCDIC-Daten. Der DOS-PC arbeitet aber mit dem ASCII-Zeichensatz.

Es sieht also aus, als könnte man einen PC nicht als 3270-Datenstation (Cluster Controller Node vom PU-Typ 2.0) betreiben. SNA ermöglicht es, auch einen PC unter 3270-Bedingungen an das Host-System anzuschließen. Da der eingehende Datenstrom fest definiert und bekannt ist, kann eine Software für den PC geschrieben werden, die den eingehenden Datenstrom so umwandelt, daß auf dem Bildschirm des PCs letztendlich die gleiche Maske zu sehen ist wie auf dem 3270-Bildschirm, der über eine 3174-Steuereinheit an den Host angeschlossen ist. Umgekehrt werden von dieser Software die Eingaben des PC-Benutzers für das Senden in Richtung Host-Applikation zum 3270-Datenstrom aufbereitet. Für die Host-Anwendung besteht kein Unterschied zwischen dem Bedienen einer IBM 3270-Datenstation und eines PCs mit entsprechender Software. Software-Produkte, die auf Fremdsystemen das Verhalten von SNA-Standardsystemen nachbilden und zu diesem Zweck die SNA-Standarddatenströme umwandeln, interpretieren und verwalten, nennt man Emulation. Eine Emulation übernimmt die Aufgabe der Presentation Services.

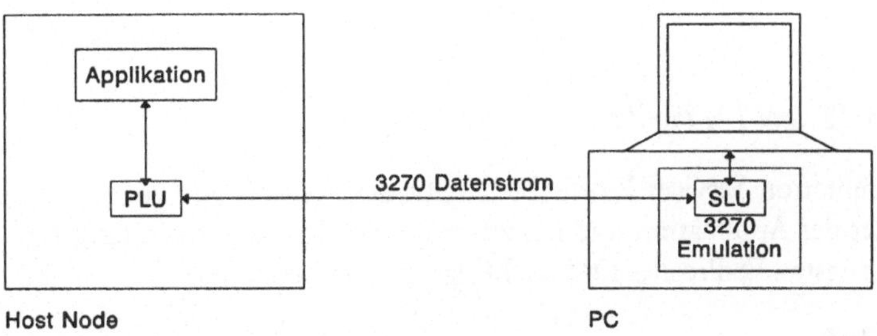

Bild 4.12 Emulation

Kommunikation und PS-Profiles

Gemäß der SNA-Funktionsschichtenstruktur kommunizieren jeweils paarige Funktionsschichten miteinander. Die Presentation Services zweier Logical Units, die miteinander über eine Session kommunizieren, müssen bezüglich der verwendeten SNA-Protokolle und Formate aufeinander abgestimmt sein. Diese Vereinbarungen erfolgen beim Session-Aufbau durch die Angabe sogenannter Profiles und Usage Fields. In einem Profile werden Sätze von SNA-gerechten Ablaufregeln zusammengefaßt. Das Verhalten der Presentation Services wird durch das Presentation Services Profile und Function Management Profile bestimmt.

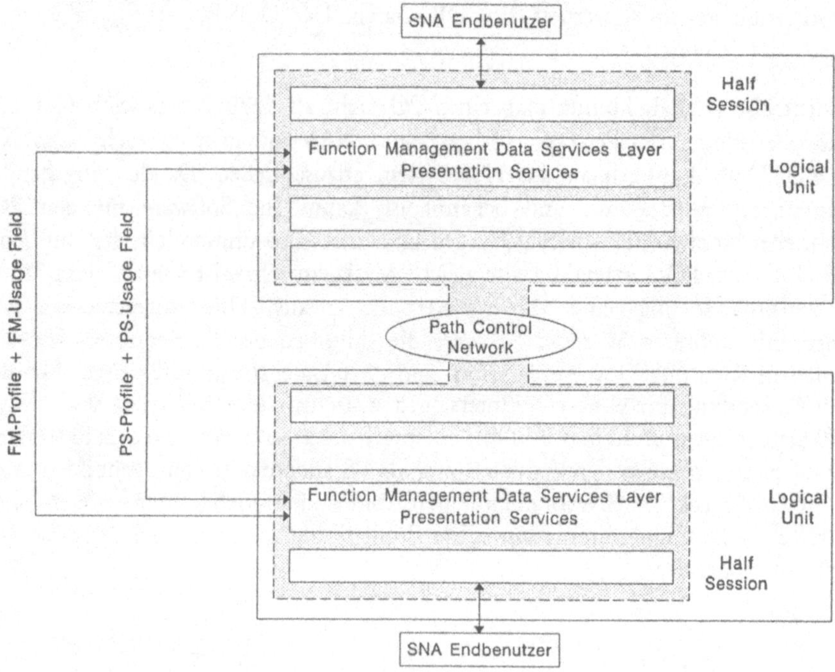

Bild 4.13 PS- und FM-Profiles

Das Presentation Services Profile beschreibt den LU-Session-Typ eindeutig. Damit ist die Art der Applikation und des zu verwendende Datenstrom festgelegt. Die zur Zeit wichtigsten PS-Profiles sind nachfolgend kurz beschrieben.

PS-Profile 0

Der Datenstrom wird von dem SNA-Endbenutzer definiert und interpretiert. Es gibt keine Vereinbarungen auf der Ebene der Presentation Services. Dies entspricht dem Verhalten der Logical Unit vom Typ 0.

PS-Profile 1

Der verwendete Datenstrom ist der SNA-Character String (SCS). Die Verwendung der Function Management Header (FMH) ist erlaubt. Dies entspricht dem Verhalten der Logical Unit vom Typ 1.

PS-Profile 2

Der verwendete Datenstrom ist der 3270-Datenstrom (DSC-Mode; Data Stream Compatibility). Die Verwendung der Function Management Header (FMH) ist verboten. Bildschirmstationen werden unterstützt. Dies entspricht dem Verhalten der Logical Unit vom Typ 2.

PS-Profile 3

Der verwendete Datenstrom ist der 3270-Datenstrom (DSC-Mode; Data Stream Compatibility). Die Verwendung der Function Management Header (FMH) ist verboten. Druckstationen werden unterstützt. Dies entspricht dem Verhalten der Logical Unit vom Typ 3.

PS-Profile 6.2

Der verwendete Datenstrom ist in der Regel der Generalized Data Stream (GDS). Es können jedoch auch vom SNA-Endbenutzer definierte Datenströme benutzt werden. Function Management Header sind erlaubt und sogar erforderlich. Program-zu-Programm-Kommunikation wird unterstützt. Dies entspricht dem Verhalten der Logical Unit vom Typ 6.2.

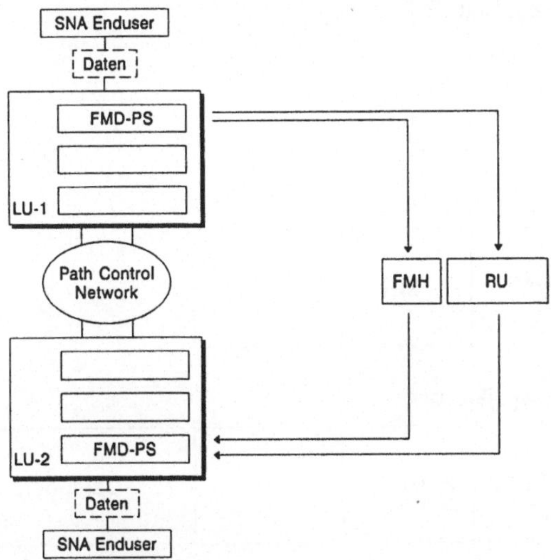

Bild 4.14 Generieren einer Request Unit

Entsprechend dem vereinbarten PS-Profile wird die Funktionsschicht Session Presentation Services die Daten der Endbenutzerebene zu einer Request Unit aufbereiten und zum weiteren Bearbeiten der nächsten Funktionsschicht, der Data Flow Control, übergeben.

Function Management Header (FMH)

Die Presentation Services können, abhängig vom PS-Profile, für den gegenseitigen Informationsaustausch Function Management Header (FMH) verwenden. Es gibt folgende Möglichkeiten, Function Management Header zu senden:

♦ Innerhalb einer Request Unit wird ein Function Management Header gesendet.

♦ Innerhalb einer Request Unit werden mehrere Function Management Header gesendet.

♦ Innerhalb einer Request Unit wird ein Function Management Header den aufbereiteten Anwenderdaten hinzugefügt.

♦ Innerhalb einer Request Unit werden mehrere Function Management Header den aufbereiteten Anwenderdaten hinzugefügt.

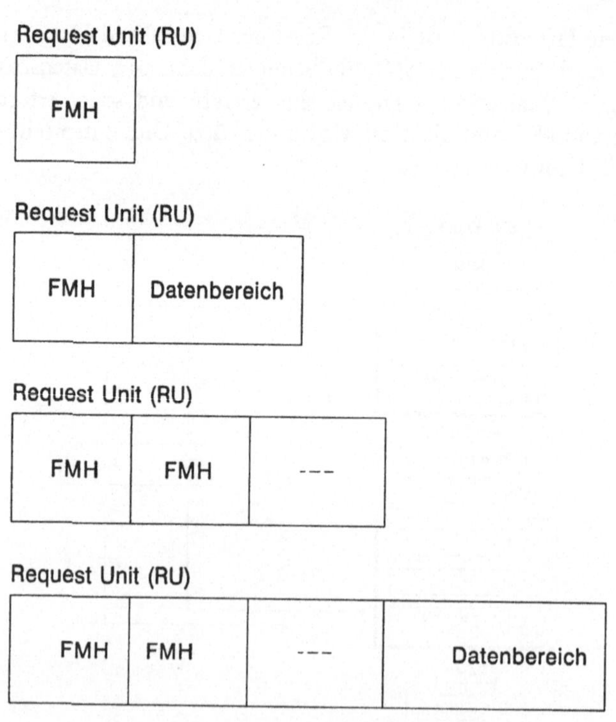

Bild 4.15 Transport von Function Management Headers

In Abhängigkeit des LU-Session Typs werden unterschiedliche Function Management Header verwendet. SNA definiert die Function Management Header vom Typ 1-7, 10 und 12.

Function Management Header für LU-Sessions vom Typ 1

Der Function Management Header vom Typ 1 (FMH-1) wird verwendet, um innerhalb einer Session beim Partner unterschiedliche Ausgabemedien (Destinations) anzusprechen. Dadurch ist es z.B. bei einer Session zwischen der LU des Subsystems JES und der LU einer RJE-Datenstation möglich, anfangs Konsolnachrichten zu senden, die folgenden Daten auf einem Schönschreibdrucker auszugeben und danach noch Daten in eine Datei auf der Platte auszugeben. Der Datenstrom auf die unterschiedlichen Ausgabemedien ist durch Function Management Header vom Typ 1 eingerahmt. Über das Destination Selection Field des FMH-1 wird der Datenstrom auf ein Medium begonnen, unterbrochen, wiederaufgenommen, regulär beendet oder abgebrochen. Das eigentliche Ziel-Medium wird über das Feld Medium-Select und Logical Subaddress definiert. Gleiche Medien, z.B. Drucker werden über eine Medium-Select-Nummer und unterschiedliche Logical Subaddresses angesprochen.

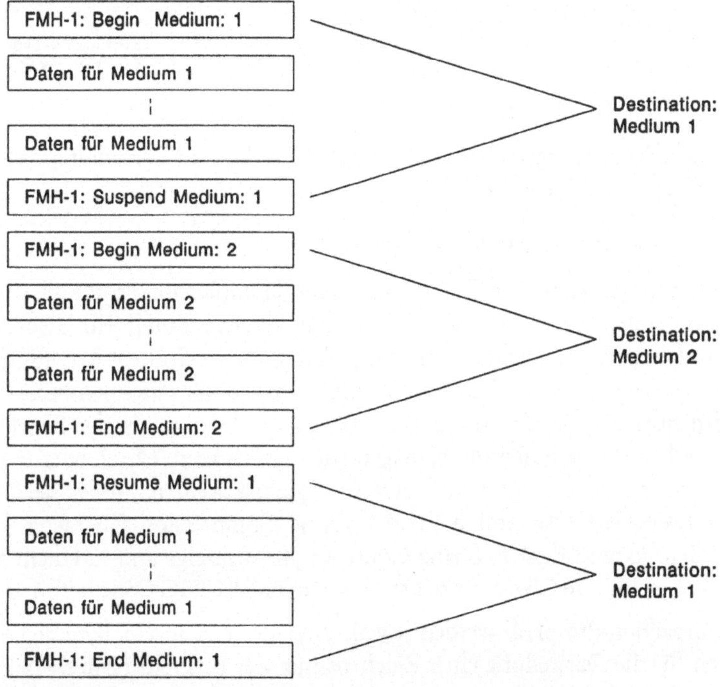

Bild 4.16 Beispiel für den Function Management Header vom Typ 1

Ist eine Destination über den FMH-1 selektiert, so ermöglicht der Function Management Header vom Typ 2 (FMH-2) das Management der Daten. Funktionen wie Anlegen oder Löschen einer Datei, Einfügen, Ersetzen oder Löschen eines Datensatzes und Statusabfragen stehen zur Verfügung.

Über den Function Management Header vom Typ 3 (FMH-3) wird ebenfalls das Datenmanagement gesteuert. Im Gegensatz zum FMH-2 betreffen jedoch die Informationen im FMH-3 nicht ein selektiertes Medium, sondern alle Destinations, die innerhalb der Session angesprochen werden. Über Function Management Header vom Typ 3 werden Informationen der Protokolle Compression und Compaction ausgetauscht, z.B. die Compaction Table oder der Prime Compression Character.

Format der Function Management Header

Das Format aller Function Management Header ist in den ersten zwei Bytes identisch. Hier wird die Länge und der Typ des jeweiligen FMHs beschrieben und die Information hinterlegt, ob auf diesen FMH eventuell noch ein weiterer folgt. Die nachfolgenden Bytes und die Länge des FMHs sind vom Typ des Function Management Headers abhängig.

Byte: 0	Byte: 1	Byte: 2..
Länge des gesamten Headers in Byte	Bit 0: - 1: ein weiterer FMH folgt - 0: kein weiterer FMH folgt	Bit 1-7: FMH-Identifikation (Nummer des FMH)

Bild 4.17 Format der Function Management Header

Weitere Function Management Header werden wir bei der Vorstellung der Logical Unit vom Typ 6.2 diskutieren.

Compression- und Compaction-Protokoll

Bei der Komprimierung der Daten durch das Compression-Protokoll wird eine Anzahl von aufeinanderfolgenden identischen Zeichen durch ein Steuerzeichen ersetzt. In diesem Steuerzeichen, dem sogenannten String Control Byte (SCB), wird definiert, wieviele dieser Zeichen komprimiert wurden. Das komprimierte Zeichen selbst wird über den Prime Compression Character definiert. In der Regel ist dies das Leerzeichen. Über Function Management Header vom Typ 2 oder 3 können Prime Compression Character definiert und gesetzt werden, wobei der Default-Wert das Leerzeichen ist. Soll nicht der Prime Compression Character komprimiert werden, so wird dies im String Control Byte angezeigt und in einem zweiten Byte der komprimierte Character selbst über seinen EBCDIC-Code definiert.

Beim Compaction-Protokoll werden jeweils zwei Zeichen in ein Byte gepackt. Somit stehen für die Darstellung eines Zeichens nur vier Bits (ein Halb-Byte) zur Verfügung, und es sind daher maximal 16 Zeichen komprimierbar. Die Kodierung und Dekodierung dieser Halb-Bytes erfolgt anhand einer Tabelle, der Compaction

Table. Diese Compaction Table enthält 16 Zeichen, sogenannte Master Character, die dem Session-Partner über einen Function Management Header vom Typ 2 oder 3 gesendet werden. Das Compaction-Protokoll wird vor allem zur Komprimierung von Zahlen und bestimmten Sonderzeichen verwendet.

Wird Compression oder Compaction verwendet, so muß für die entsprechende LU-LU-Session die Verwendung von Function Management Headers zugelassen sein. Es werden nicht nur die oben erwähnten FMHs vom Typ 2 und 3 benutzt, sondern vor allem der Function Management Header vom Typ 1 (FMH-1). Über den Compression Indicator (CMI) und den Compaction Indicator (CPI) des FMH-1 wird angezeigt, ob die nachfolgenden Daten komprimiert oder gepackt sein können. Über String Control Bytes (SCB), die im Datenteil der Request Unit liegen, wird definiert, ob die folgenden Daten tatsächlich gepackt bzw. komprimiert sind oder nicht.

Request Unit (RU):

FMH Typ 1: CMI=1 CPI=1	SCB	Daten	SCB	Daten	weitere SCBs und Daten

CMI: Compression Indicator
    (1: Compression möglich)

CPI: Compaction Indicator
    (1: Compaction möglich)

Bild 4.18 Format der Request Unit bei Compression und Compaction

4.4.2 Function Management Data Network Services

Die Verantwortung für das Funktionieren eines hierarchischen SNA-Netzwerkes liegt bei genau einer Network Addressable Unit, dem System Services Control Point (SSCP). In einem Single Domain Network übernimmt der SSCP die Kontrolle aller Netzwerk-Ressourcen. In Multi Domain Networks übernehmen mehrere SSCPs diese Aufgabe und sind gemeinsam für das Cross Domain Resource Management verantwortlich. Der SSCP realisiert über Control Sessions zu allen anderen SSCPs, Physical Units und Logical Units die Verwaltung und Steuerung des Netzwerkes.

Die Funktionsschicht FMD-Network Services ist für Funktionen des Netzwerkmanagements verantwortlich und dient der Koordinierung und Synchronisation von Aktivitäten im SNA-Netzwerk. Die Network Services wirken in SSCP Control Sessions, also in Sessions vom System Services Control Point zu einer Logical Unit (SSCP-LU Session) oder zu einer Physical Unit (SSCP-PU Session).

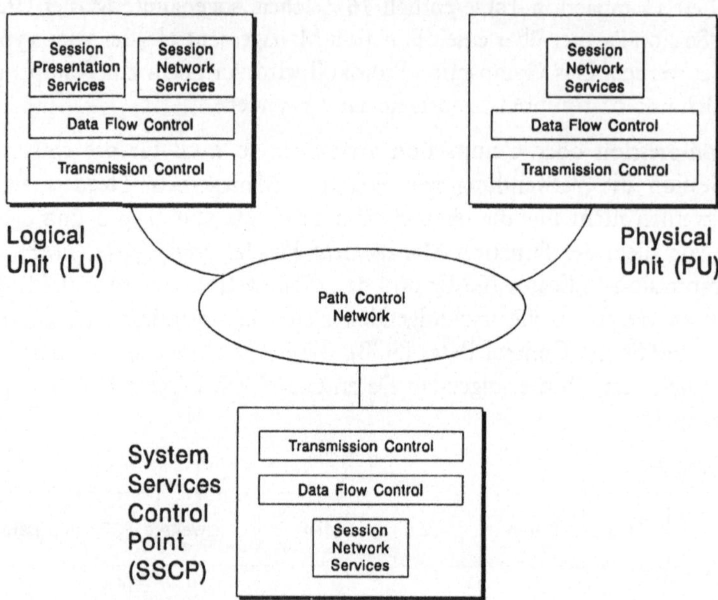

Bild 4.19 Network Addressable Units und Network Services

Je nach den definierten Aufgaben lassen sich die Network Services in weitere Dienste untergliedern:

♦ Configuration Services,

♦ Session Services,

♦ Network Operator Services,

♦ Maintenance Services,

♦ Measurement Services,

♦ Management Services.

Aufgaben, die von den Network Services wahrgenommen werden und zur Steuerung und Verwaltung des Netzwerkes dienen, sind:

♦ Aktivieren und Deaktivieren von SNA-Links,

♦ Initialisieren und Terminieren von LU-LU Sessions (Verwalten der LOGON- und LOGOFF-Mechanismen),

♦ Durchführen des Initial Program Load (IPL),

♦ Testen von Links, Link-Stations und Modems,

♦ Durchführen von Echotests,

♦ Aufsetzen von Traces,

♦ Empfangen von Alarmmeldungen bei Überschreitung von Schwellwerten,

♦ Abrufen bzw. Empfangen von Statusinformationen bezüglich Links, SNA-Knoten und SNA-Sessions,

♦ Abrufen von Statistiken (Response Time Monitoring),

♦ Rekonfigurieren des Netzwerkes und Restart von Netzwerkkomponenten,

♦ Diagnose bei Störungen,

♦ Behebung von Störungen auf Leitungs- und Session-Ebene.

FMD-NS-Befehle

Für die Kommunikation mit der entsprechenden Funktionsschicht im Partnersystem verwendet die Funktionsschicht Network Services fest definierte SNA-Befehle (FMD-NS-Befehle). Diese SNA-Befehle werden als Network Services Request Units (NSRU) innerhalb von SSCP-Control Sessions gesendet.

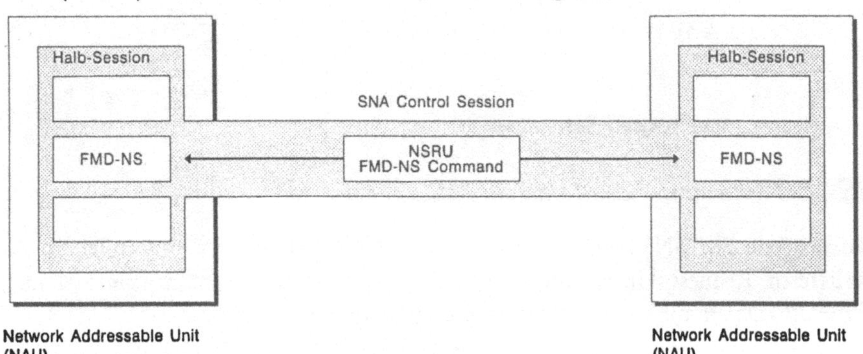

NSRU: Network Services Request Unit
FMD: Function Management Data
NS: Network Services

Bild 4.20 Request Unit der Kategorie Network Services

Request Units, die Befehle der Kategorie Network Services enthalten, können entweder formatiert oder formatfrei sein.

Formatierte FMD-NS-Befehle werden in der NSRU durch drei Byte Request Code identifiziert. Der Request Code bei FMD-NS-Befehlen wird auch Network Services Header (NS Header) genannt. Das Format und die Länge der folgenden Parameter sind vom jeweiligen Befehl abhängig. In SSCP-PU und in SSCP-SSCP Sessions werden grundsätzlich formatierte FMD-NS-Befehle benutzt, in SSCP-LU Sessions werden sie in Abhängigkeit des LU-Typs verwendet.

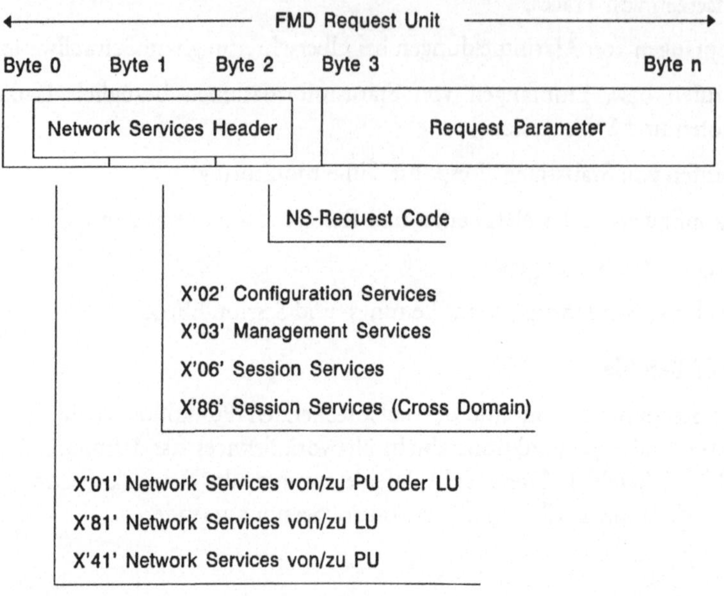

Bild 4.21 Formatierte Request Unit mit FMD-NS-Befehl

Formatfreie FMD-NS-Befehle werden nur in SSCP-LU Sessions verwendet. In formatfreien Request Units gibt es keinen Request Code, sondern sie enthalten EBCDIC-Daten, die entsprechend interpretiert werden müssen.

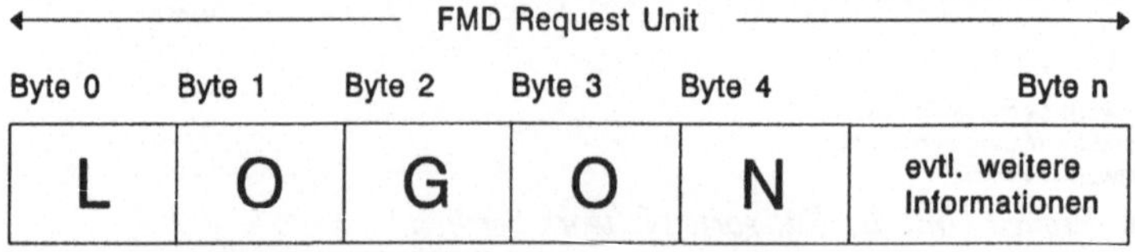

Bild 4.22 Unformatierte Request Unit mit FMD-NS-Befehl

Network Management Vector Transport

Die formatierte FMD-NS Request Unit, der für das SNA-Netzwerkmanagement die größte Bedeutung zukommt, ist der Network Management Vector Transport (NMVT). Der NMVT ist deshalb so wichtig, da er in Zukunft alle anderen NS-Befehle ablösen wird. Über den Network Management Vector Transport werden Netzwerkmanagement-Informationen zwischen dem System Services Control Point und einer Physical Unit ausgetauscht. NMVTs werden also nur auf SSCP-PU Sessions ausgetauscht. Dabei können die Informationen vom SSCP explizit angefordert werden (Solicited NMVT Request Unit). Informationen, z.B. Alarmmeldungen, können aber auch von der PU gesendet werden, ohne daß der SSCP dies verlangt hat (Unsolicited NMVT Request Unit).

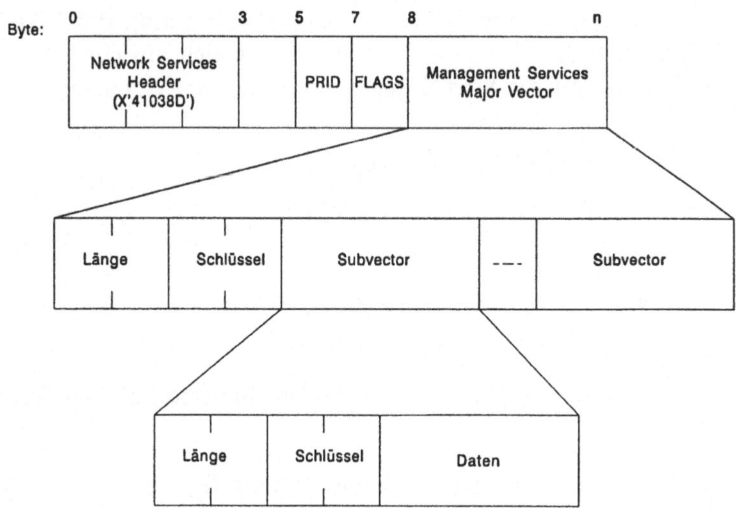

Bild 4.23 Format des SNA-Befehls NMVT

Byte 0 - 2: NS Header

Der NMVT enthält im NS Header als Request Code fest die hexadezimale Kodierung '41038D'.

Byte 3 - 4: reserviert

Diese Bytes werden zur Zeit nicht benutzt.

Byte 5 - 6: Procedure Related ID (PRID)

Der Wert der PRID ist von der jeweiligen Implementierung abhängig.

Die ersten beiden Bits (also Bit 0 und 1) sind reserviert.

Die Bits 2 und 3 können von der PU eines Subarea Nodes auf den Wert '01', von der PU eines Peripheral Nodes auf den Wert '00' gesetzt werden. Der Empfänger des NMVT ignoriert jedoch diese Information.

In den Bits 4 bis 15 ist der eigentliche Procedure Related Identifier (PRID) hinterlegt. Für Solicited NMVT Request Units bekommt der PRID den hexadezimalen Wert '000', für Solicited Request Units wird hier ein Wert ungleich '000' definiert. In diesem Fall werden die NMVT-Anfrage (NMVT-Request) und die NMVT-Antwort (NMVT-Reply) über die PRID einander zugeordnet. Erfordert ein NMVT-Request keine NMVT-Reply, so wird die PRID ebenfalls auf den hexadezimalen Wert '000' gesetzt.

Byte 7: Flags

Hier wird definiert, ob es sich um einen Solicited oder Unsolicited NMVT handelt. Steht im Bit 0 der Flags eine '1', so handelt es sich um einen Unsolicited NMVT, ist das Bit 0 auf den Wert '0' gesetzt, so handelt es sich um einen Solicited NMVT.

Die Bits 1 und 2 enthalten ein Sequenzfeld:

♦ '00': einziger NMVT für die angegebene PRID,

♦ '01': letzter NMVT für die angegebene PRID,

♦ '10': erster NMVT für die angegebene PRID,

♦ '11': mittlerer NMVT für die angegebene PRID.

Das Bit 3 enthält einen SNA Adreßlisten Subvektor Indikator, und die Bits 4 bis 7 sind reserviert.

Byte 8 - 11: Anfang des Management Services Major Vectors

In Byte 8 und 9 wird die Gesamtlänge des Major Vectors in hexadezimaler Form angegeben.

Die Bytes 10 und 11 enthalten einen Schlüssel, der den Typ des Major Vectors eindeutig beschreibt. Jeder NMVT enthält genau einen Major Vector. Folgende Typen von Major Vectors sind definiert:

♦ Alerts,

♦ Trace Data,

♦ Problem Determination Statistics,

♦ Response Time Monitor (RTM) Data,

♦ Product Set ID,

♦ Link Resource Control Information.

Byte 12 - n: Subvectors

In den folgenden Bytes werden die mit dem Major Vector assoziierten Subvector-Felder hinterlegt. Jeder Subvector besteht wieder aus einem 2 Bytes großen Längenfeld, einem 2 Bytes großen Schlüssel und den Daten, die zum definierten Subvector gehören.

In der folgenden Liste finden Sie einige der wichtigsten FMD-NS-Befehle mit dem Code des Network Services Header aufgeführt:

Bezeichnung:		hex. Code
CLEANUP	CLEAN UP SESSION	810629
DELIVER	DELIVER	810812
ECHOTEST	ECHOTEST	810389
FORWARD	FORWARD	810810
INIT-OTHER	INITIATE-OTHER	810680
INIT-SELF	INITIATE-SELF	010681
LDREQD	LOAD REQUIRED	410237
NMVT	NETWORK MANAGEMENT	
	VECTOR TRANSPORT	41038D
NOTIFY	NOTIFY	810620
NS-IPL-FINAL	NS INITIAL PROGRAM	
	LOAD FINAL	410245
NS-IPL-INIT	NS INITIAL PROGRAM	
	LOAD INITIAL	410243
NS-IPL-TEXT	NS INITIAL PROGRAM	
	LOAD TEXT	410244
NSPE	NS PROCEDURE ERROR	010604
RECFMS	RECORD FORMATTED	
	MAINTENANCE STATISTICS	410384
REQECHO	REQUEST ECHO TEST	810387
REQDISCONT	REQUEST DISCONTACT	01021B
REQMS	REQUEST MAINTENANCE	
	STATISTICS	410304
REQTEST	REQUEST TEST PROCEDURE	010380
SESSEND	SESSION ENDED	810688
TERM-OTHER	TERMINATE OTHER	810682
TERM-SELF	TERMINATE SELF	010683

Die relativ intensive Betrachtung von SNA-Datenstrukturen soll Sie hier noch
nicht abschrecken und am Weiterlesen hindern. Können Sie sich aber vielleicht
jetzt vorstellen, welch schwierige Aufgabe es ist, SNA-Datenströme zu analysieren
und Fehlverhalten auf Session-Ebene auf die Spur zu kommen?

4.5   Funktionsschicht 5: Data Flow Control Layer

In dem Presentation Services Layer (Funktionsschicht 6) werden SNA-Dienstleistungen angeboten, welche von einem Transaction Program der Funktionsschicht 7
oder direkt vom SNA-Endbenutzer genutzt werden können. In der Funktionsschicht Data Flow Control (DFC) werden Protokolle und Formate definiert, die
zur Steuerung und Kontrolle des Datenflusses innerhalb einer Session unbedingt
notwendig sind. Data Flow Control Funktionen sind in jeder Network Addressable
Unit (NAU) vorhanden, jedoch wirkt die Großzahl der DFC-Protokolle in An-

wendungs-Sessions (LU-LU Sessions). Zu den Aufgaben der Data Flow Control gehört das Management folgender SNA-Protokolle:

♦ Send/Receive Mode-Protokoll,

♦ Request/Response Mode-Protokoll,

♦ Sequencing-Protokoll und Request/Response Correlation,

♦ Chaining-Protokoll,

♦ Bracketing-Protokoll,

♦ Quiesce/Shutdown-Protokoll.

Beim Session-Aufbau werden Vereinbarungen getroffen, welche der obigen SNA-Protokolle von der Data Flow Control benutzt werden und wie sie abzuhandeln sind. Unterschiedliche Sätze von Vereinbarungen bezüglich der Eigenschaften und Arbeitsweise des Data Flow Control Layers werden in den Function Management (FM-) Profiles und den FM-Usage Fields definiert.

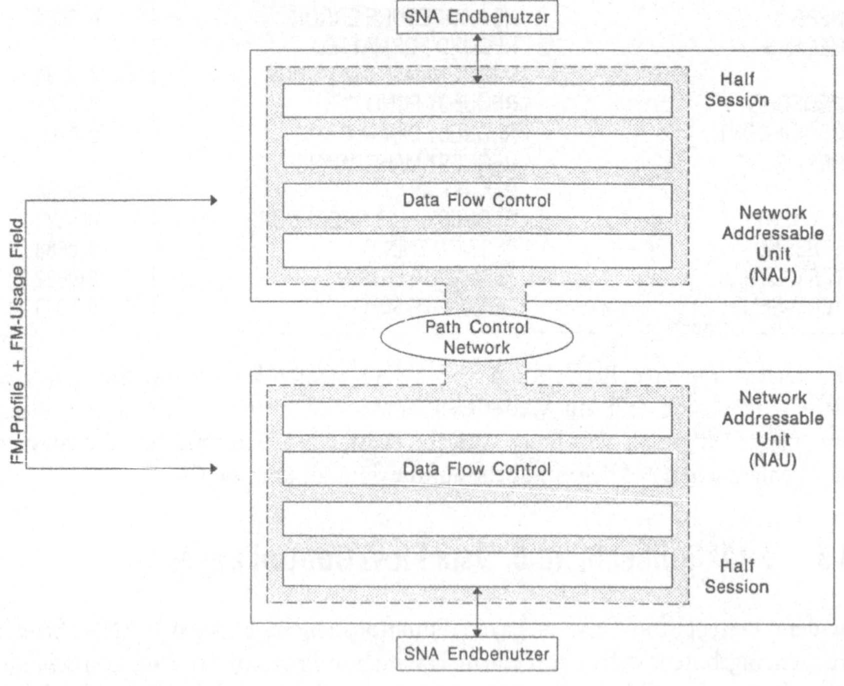

Bild 4.24 FM-Profiles

4.5.1 Kommunikation

Für die Steuerung des Datenflusses werden von der Data Flow Control funktionelle Bits des Request/Response Headers (RH) und Data Flow Control-Befehle verwendet.

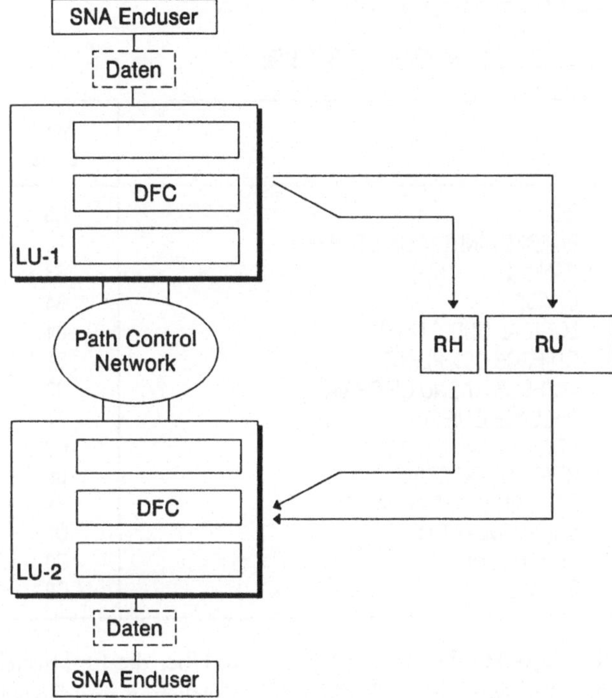

Bild 4.25 Data Flow Control-Kommunikation

Data Flow Control-Befehle werden in formatierten Request Units gesendet. Der Request Code ist ein Byte groß.

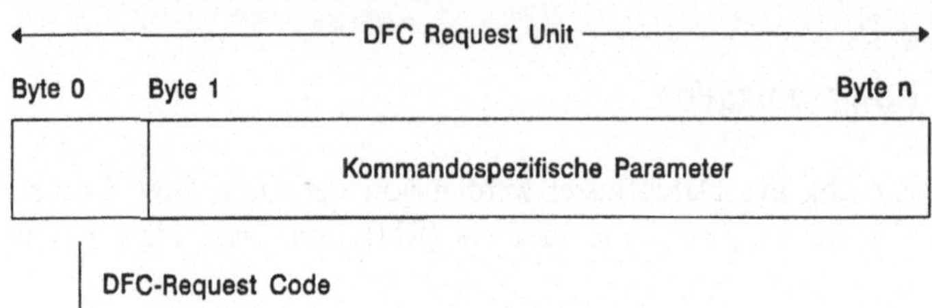

Bild 4.26 SNA-Befehl der Kategorie Data Flow Control

Request Codes der Data Flow Control-Befehle:

Bezeichnung		hex. Code	Expedited Flow
BID	BID	C8	-
BIS	BRACKET INITIATION STOPPED	70	-
CANCEL	CANCEL	83	-
CHASE	CHASE	84	-
LUSTAT	LOGICAL UNIT STATUS	04	-
QC	QUIESCE COMPLETE	81	-
QEC	QUIESCE AT END OF CHAIN	80	*
RELQ	RELEASE QUIESCE	82	*
RSHUTD	REQUEST SHUTDOWN	C2	*
RTR	READY TO RECEIVE	05	-
SBI	STOP BRACKET INITIATION	71	*
SHUTC	SHUTDOWN COMPLETE	C1	*
SHUTD	SHUTDOWN	C0	*
SIG	SIGNAL	C9	*

Der Request/Response Header ist drei Bytes groß. Über die funktionellen Bits des RH werden SNA-Protokolle wie z.B. Chaining, Bracketing und Request/Response Mode-Protokoll gesteuert. Der RH wird nicht nur exklusiv von der Funktions-schicht Data Flow Control genutzt, sondern auch von der Funktionsschicht 4, der Transmission Control. Die Data Flow Control übergibt ihre Informationen bezüg-lich des Request/Response Headers der Transmission Control. Diese fügt ihre In-formationen hinzu und generiert den Request/Response Header. Die nächsten beiden Bilder zeigen die für die Data Flow Control relevanten Steuerbits des Request/Response Headers.

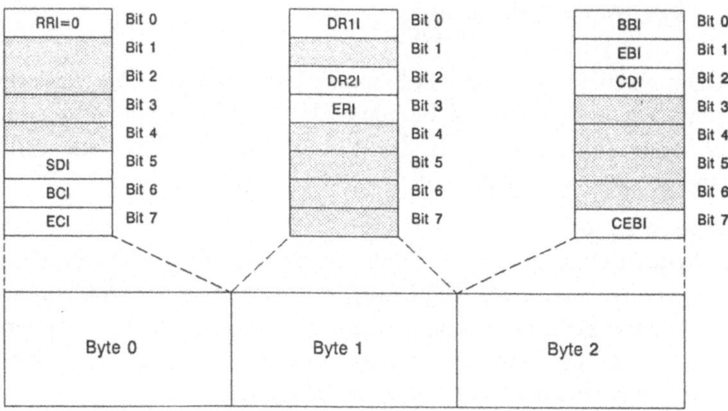

Bild 4.27 Format des Request Headers

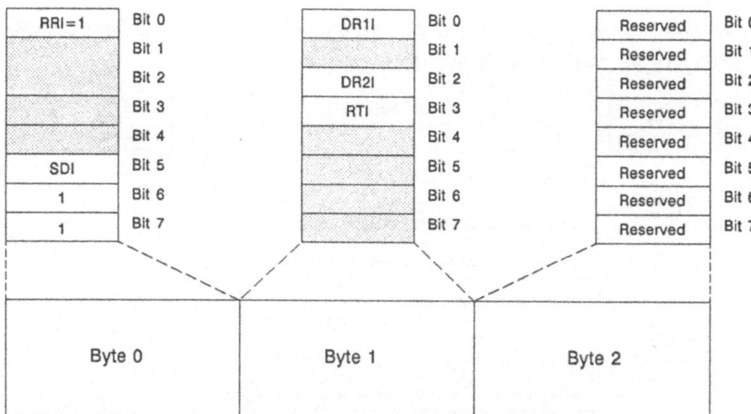

Bild 4.28 Format des Response Headers

4.5.2   Response-Anforderung

Request Units werden logisch durch Response Units bestätigt oder verworfen. Über den Austausch von Request und Response Units wird eine Ende-zu-Ende Quittierung auf Session-Ebene erreicht. In dem RH jeder Request Unit wird definiert, ob eine Response verlangt wird. SNA definiert drei Response-Typen:

♦ **Exception Response**
   Eine Request Unit, die eine Exception Response verlangt (Request Unit, Exception Response Requested; RQE), wird nur dann von der empfangenden Network Addressable Unit quittiert, wenn die Nachricht nicht akzeptiert wurde. In diesem Fall wird eine negative Response Unit gesendet und eine entsprechende Fehlermeldung (Sense Data) zurückgegeben.

♦ **Definite Response**
   Eine Request Unit, die eine Definite Response verlangt (Request Unit, Definite Response Requested; RQD), muß auf jeden Fall mit einer Response Unit quittiert werden. Diese Response Unit ist je nach Akzeptanz entweder positiv oder negativ. Auch hier wird bei einer negativen Response in der Response Unit über Sense Data der Grund für die Zurückweisung der Request Unit angegeben.

♦ **No Response**
   Request Units, die keine Responses verlangen (Request Unit, No Response Requested; RQN), dürfen nicht quittiert werden.

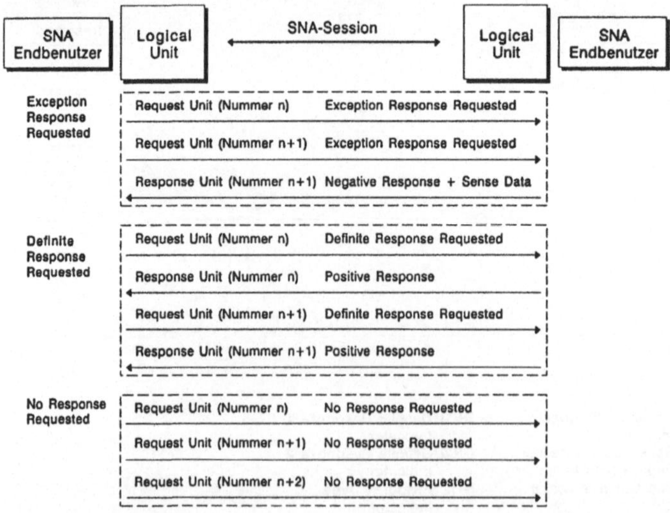

Bild 4.29 Request und Response

Die Steuerung der Response-Anforderung wird über Steuerbits des Request/Response Headers (RH) realisiert. Die relevanten Steuerbits sind:

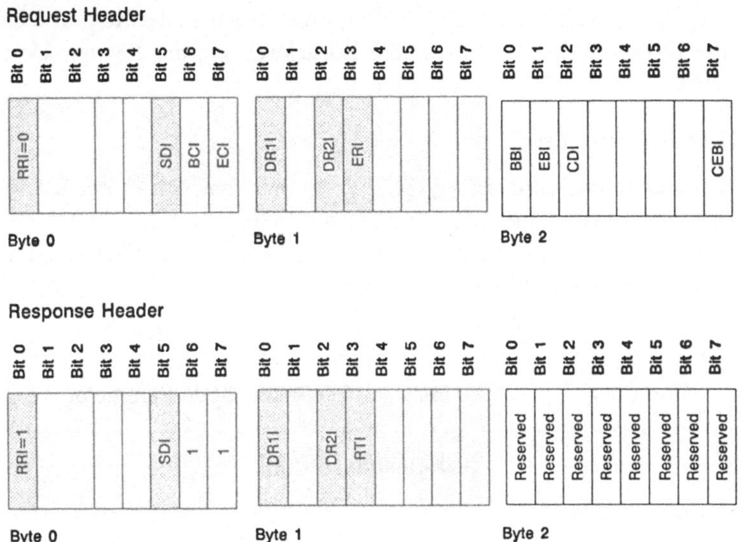

Bild 4.30 *Funktionelle Bits der Response-Anforderung*

Request/Response Indicator (RRI)

Der Request/Response Indicator gibt an, ob es sich bei der RU um eine Request Unit (RRI=0) oder eine Response Unit (RRI=1) handelt.

Definite und Exception Response Indicator

Über den Definite Response 1 Indicator (DR1I), den Definite Response 2 Indicator (DR2I) und den Exception Response Indicator (ERI) wird definiert, welcher Response-Typ für diese Request Unit verlangt wird. Folgende Kombinationen sind möglich:

DR1I	DR2I	ERI	Response-Typ
0	1	1	Exception Response Requested
1	0	1	Exception Response Requested
1	1	1	Exception Response Requested
0	1	0	Definite Response Requested
1	0	0	Definite Response Requested
1	1	0	Definite Response Requested
0	0	0	No Response Requested

Response Type Indicator (RTI)

Der Response Type Indicator gibt an, ob die Response positiv (RTI=0) oder negativ (RTI=1) ist. Im Falle einer negativen Response stehen in der Response Unit vier Byte Sense Data, die den Grund für die Zurückweisung der Request Unit näher spezifizieren.

Sense Data Indicator (SDI)

Ist der Sense Data Indicator gesetzt (SDI=1), so befinden sich in der RU vier Byte Sense Data. Sense Data haben ein festes Format. Byte 0 und 1 enthalten den Sense Code, Byte 2 und 4 spezifizieren den Sense Code. Der Sense Code setzt sich aus Sense Code Category und Modifier zusammen.

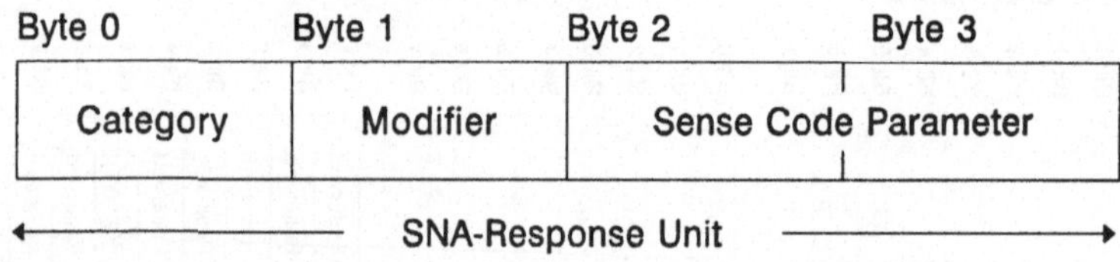

Bild 4.31 Response Unit (RU)

Die folgenden sechs Kategorien von Sense Data sind definiert:

- X'00'   User Sense Data Only,

- X'08'   Request Reject,

- X'10'   Request Error,

- X'20'   State Error,

- X'40'   RH Usage Error,

- X'80'   Path Error.

4.5.3   Request/Response Correlation

Response Units müssen eindeutig den entsprechenden Request Units zugeordnet werden können. Dies wird über Sequenznummern realisiert.

Innerhalb einer SNA-Session bekommt jede Request Unit eine eindeutige Sequenznummer (Sequence Number Assignment). Mit dem Aufbau einer SNA-Session werden für beide Halb-Sessions die Sequenznummern auf 0 gesetzt und danach getrennt für beide Flußrichtungen hochgezählt. Vor dem Senden einer Request Unit erhöht die Data Flow Control die Sequenznummer um 1, übergibt den neuen Wert zur Kontrolle der Funktionsschicht 4 (Transmission Control), die dann letztendlich diesen Wert an die Funktionsschicht 3 (Path Control) weiterleitet. Die Path Control stellt die Sequenznummer in den Transmission Header (TH). Trans-

portiert wird die Sequenznummer also in dem Header, der von der Funktionsschicht 3 verwaltet wird.

Generiert die Data Flow Control eine Response Unit, so wird ihr die Sequenznummer der Request Unit, auf die sich die Response bezieht, zugewiesen.

4.5.4 Chaining-Protokoll

Eine Sequenz von eigenständigen Request Units, die in eine Flußrichtung gesendet
wird, kann über das Chaining (Verketten von Nachrichten) als logisch zusammen-
hängende Informationseinheit gekennzeichnet werden. Dieser Mechanismus ermöglicht es, Nachrichten, die größer als die Pufferkapazitäten von Sender oder
Empfänger sind, in mehreren Chain Elements zu transportieren. Eine verkettete
Nachricht (Multiple Element Chain) bildet eine Error Recovery Einheit und wird
mit nur einer Response Unit quittiert.

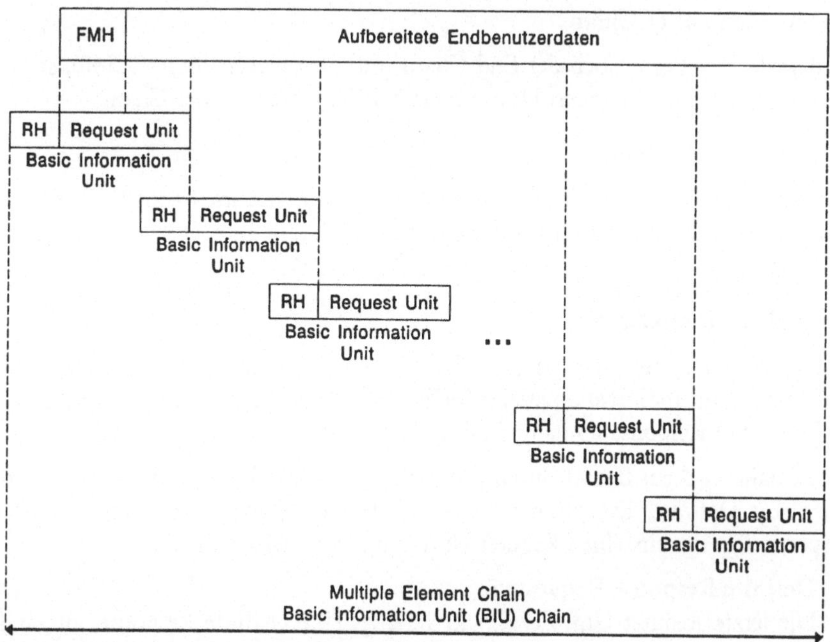

Bild 4.32 Funktion des Chaining-Protokolls

Das erste, alle mittleren und das letzte Element einer Chain werden als solche in
den Request Headern gekennzeichnet. Die Steuerung wird über den Begin Chain
Indicator (BCI) und den End Chain Indicator (ECI) realisiert.

Request Header

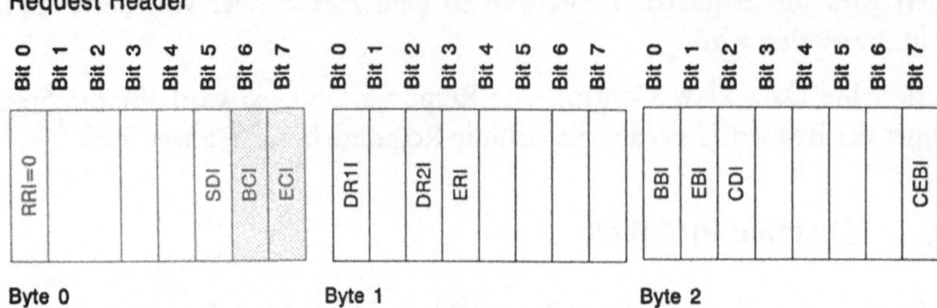

Bild 4.33 Funktionelle Bits des Chaining-Protokolls

First Element of Chain

Ist der Begin Chain Indicator gesetzt (BCI=1) und der End Chain Indicator nicht (ECI=0), so handelt es sich bei dieser Request Unit um das erste Element einer Chain.

Middle Element of Chain

Sind weder der Begin noch der End Chain Indicator gesetzt (BCI=ECI=0), so handelt es sich bei dieser Request Unit um ein mittleres Element der Chain.

Last Element of Chain

Die letzte Request Unit, die zu einer Chain gehört, hat im Request Header den End Chain Indicator gesetzt (ECI=1), der Begin Chain Indicator ist nicht gesetzt (BCI=0).

Only Element of Chain

Besteht die Kette aus einer einzigen RU, so wird dies durch den gesetzten Begin und End Chain Indicator angezeigt (BCI=ECI=1). Solche Only Element of Chains sind alle SNA-Response Units und alle SNA-Befehle.

Eine Chain wird bei Bedarf durch genau eine Response Unit quittiert. Ob auf die Kette eine Definite, Exception oder No Response verlangt wird, hängt von dem Response-Typ der einzelnen Request Units innerhalb der Chain ab:

- **Definite Response Requested**
  Die letzte Request Unit der Chain verlangt eine Definite Response, alle anderen eine Exception Response.

- **Exception Response Requested**
  Alle Request Units der Chain verlangen Exception Response.

- **No Response Requested**
  Alle Request Units der Chain verlangen No Response.

4.5.5 Bracketing-Protokoll

Eine Bracket (Klammer) faßt eine Sequenz von Request Units, Chains und den entsprechenden Response Units zu einer Verarbeitungseinheit zusammen. Innerhalb dieser Verarbeitungseinheit, die auch Unit of Work oder Transaction genannt wird, werden Daten in beide Flußrichtungen der Session gesendet. Das Bracketing-Protokoll wird zur Synchronisation von Prozessen verwendet. Ist eine Bracket abgeschlossen, so gelten alle Arbeitsschritte, die innerhalb der Bracket durchgeführt wurden, als erfolgreich beendet, und es wird ein Synchronisationspunkt gesetzt. Tritt in der nächsten Verarbeitungseinheit ein Fehler auf, so kann auf dem letzten Synchronisationspunkt wieder aufgesetzt werden. Somit stellt eine Bracket auch eine Error Recovery Einheit dar.

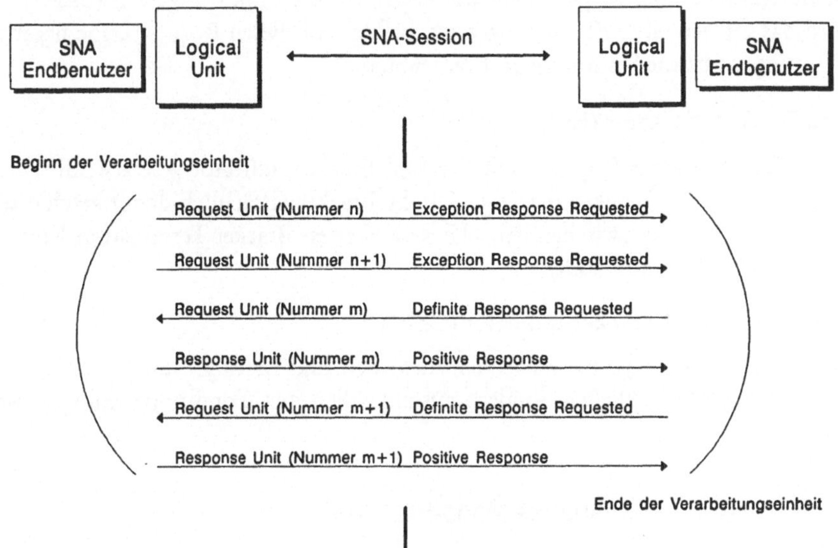

Bild 4.34 Funktion des Bracketing-Protokolls

Zu einer Zeit darf innerhalb einer Session nur eine Bracket offen sein. Ist eine Bracket geöffnet worden, so wird der Status der Session als „In Bracket-Status" bezeichnet, der Zustand zwischen erfolgtem End Bracket und dem Öffnen einer neuen Klammer wird „Between Bracket-Status" genannt. Das Bracketing-Protokoll wird über einen Satz von SNA-Befehlen und drei Bits des Request/Response Headers gesteuert.

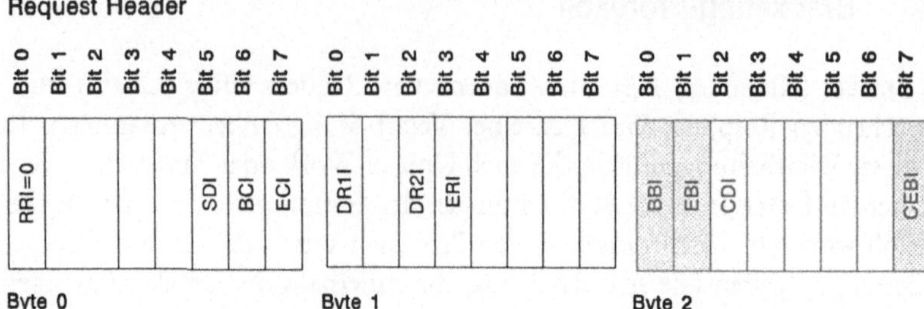

Bild 4.35 Funktionelle Bits des Bracketing-Protokolls

Begin Bracket Indicator (BBI)

Ist in dem RH einer Request Unit der Begin Bracket Indicator gesetzt (BBI=1), so wird das Öffnen einer Bracket angezeigt. Erfolgt auf diesen Request keine negative Quittung, so ist die Session im „n Bracket-Status".

End Bracket Indicator (EBI)

Ist in dem RH einer Request Unit der End Bracket Indicator gesetzt (EBI=1), so wird das Ende der Bracket angezeigt. Ob die Bracket tatsächlich damit geschlossen wird, hängt von der zwischen den LUs vereinbarten Bracket Termination Rule ab (vgl. Kapitel SNA-Protokolle).

Conditional End Bracket Indicator (CEBI)

Logical Units vom Typ 6.2 verwenden nicht den End Bracket Indicator (EBI), um eine Klammer zu schließen, sondern ausschließlich den Conditional End Bracket Indicator.

4.5.6   Request/Response Mode-Protokoll

Über das Request/Response Mode-Protokoll wird vereinbart, welche Logical Unit wann und wie Request und Response Units senden bzw. empfangen darf. Es werden vier Modi unterschieden.

- **Immediate Request Mode**
  Ist eine Request Unit oder eine Chain, die eine Definite Response verlangen, gesendet worden, so muß zuerst auf die entsprechende Response Unit gewartet werden, bevor eine weitere Request Unit gesendet werden darf.

- **Delayed Request Mode**
  Die sendende Network Addressable Unit darf auch dann weitere Request Units senden, wenn noch eine oder mehrere Response Units ausstehen.

♦ **Immediate Response Mode**
Response Units müssen in der Reihenfolge gesendet werden, in denen die entsprechenden Request Units eingelaufen sind.

♦ **Delayed Response Mode**
Response Units können in beliebiger Reihenfolge gesendet werden.

Der SNA-Befehl CHASE

Mit dem DFC-Befehl CHASE kann eine Logical Unit alle noch ausstehenden Response Units vom Partner anfordern.

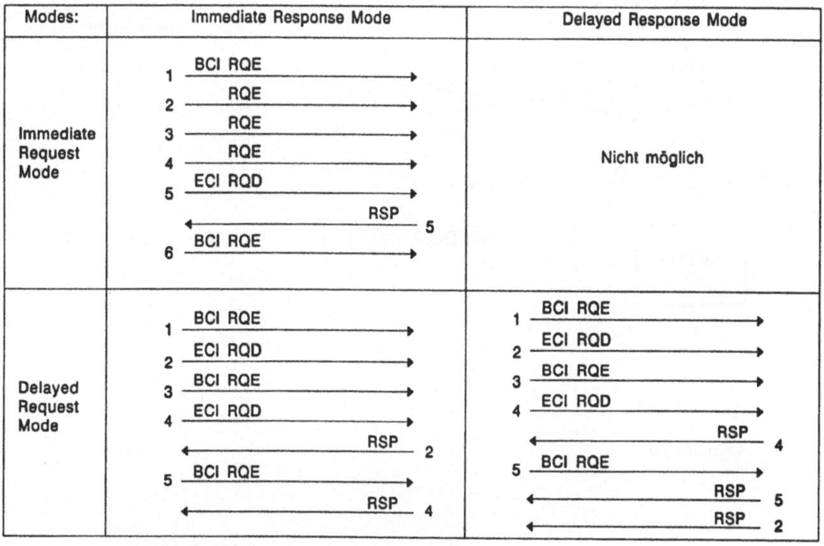

Modes:	Immediate Response Mode	Delayed Response Mode
Immediate Request Mode	1 BCI RQE → 2 RQE → 3 RQE → 4 RQE → 5 ECI RQD → ← RSP 5 6 BCI RQE →	Nicht möglich
Delayed Request Mode	1 BCI RQE → 2 ECI RQD → 3 BCI RQE → 4 ECI RQD → ← RSP 2 5 BCI RQE → ← RSP 4	1 BCI RQE → 2 ECI RQD → 3 BCI RQE → 4 ECI RQD → ← RSP 4 5 BCI RQE → ← RSP 5 ← RSP 2

RQE: Request Unit; Exception Response requested
RQD: Request Unit; Definite Response requested
BCI: Begin of Chain
ECI: End of Chain
RSP: Response (positiv)

Bild 4.36 Request/Response Modi

4.5.7 Send/Receive Mode-Protokoll

Die Kommunikation in einer SNA-Session kann im logischen voll- oder halbduplex Mode geführt werden. Die Richtung des Datenflusses wird von der Data Flow Control verwaltet. Beim logischen halbduplex Betrieb, der bei den meisten SNA-Sessions üblich ist, wird das Sende- bzw. Empfangsrecht wechselweise zwischen den miteinander kommunizierenden Network Addressable Units abgegeben.

Full Duplex (FDX)

Jede LU darf jederzeit Request Units über die SNA-Session an den Partner senden.

Half Duplex (HDX)

Zu einem Zeitpunkt ist nur eine der an der Session beteiligten LUs berechtigt, Request Units zu senden. Die andere LU muß sich auf das Senden der erforderlichen Response Units beschränken.

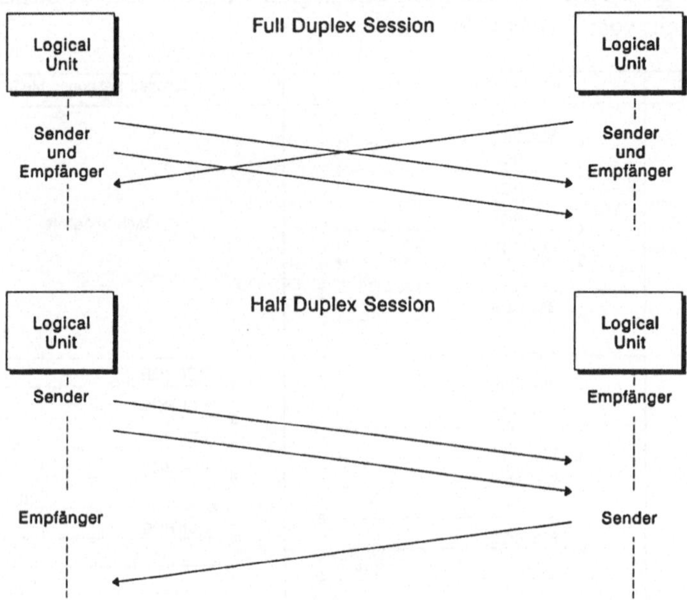

Bild 4.37 Full/Half Duplex Mode

Die Sendeerlaubnis wird wechselseitig der Partner-LU abgegeben. Gesteuert wird dieses Protokoll über den Change Direction Indicator des Request/Response Headers.

Bild 4.38 Funktionelles Bit des Change Direction-Protokolls

4.5.8 Quiesce- und Shutdown-Protokoll

Zur Unterbrechung (Quiesce) des Datenflusses innerhalb einer Session kann die Data Flow Control das Quiesce Protocol benutzen. Anwendungs-Sessions können über das Shutdown Protocol regulär abgebrochen werden.

Quiesce-Protokoll

Über das Quiesce Protocol kann eine LU z.B. bei auftretenden Verarbeitungsschwierigkeiten der Anwendung oder Pufferproblemen den Datenstrom von der Partner-LU für eine beliebig lange Zeit stoppen. Gesteuert wird das Protokoll über die drei DFC-Befehle QUIESCE AT END OF CHAIN (QEC), QUIESCE COMPLETE (QC) und RELEASE QUIESCE (RELQ).

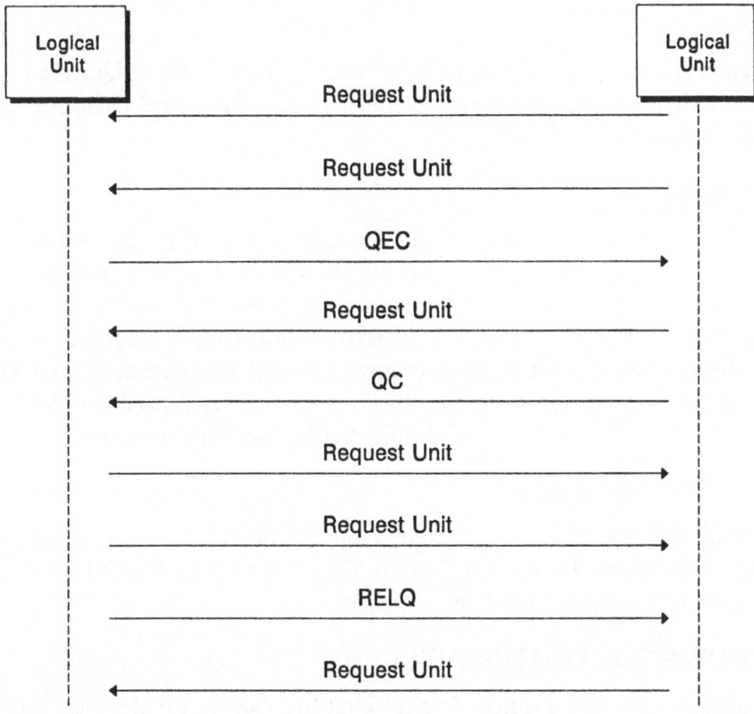

Bild 4.39 Funktion des Quiesce-Protokolls

QUIESCE AT END OF CHAIN (QEC)

QEC (Ruhe bitte!) wird von der LU, die den Datenstrom des Partners stoppen will, gesendet. Die Partner-LU soll das Senden von weiteren Request Units unterlassen, nachdem die aktuelle Chain (Kette) komplett gesendet ist.

QUIESCE COMPLETE (QC)

Die LU, die das Senden weiterer Request Units unterlassen soll, meldet mit QC, daß ihre letzte Request Unit gesendet wurde. Somit ist der Ruhezustand eingetreten, und es können Request Units empfangen werden.

RELEASE QUIESCE (RELQ)

Die LU, die den Ruhezustand angefordert hat, hebt ihn mit dem SNA-Befehl RELQ wieder auf. Die Partner LU kann nun mit dem Senden von Request Units fortfahren.

Ob in einer Anwendungs-Session zwischen zwei Logical Units das Quiesce Protocol benutzt werden darf, hängt von der Vereinbarung des Function Management (FM-) Profiles beim Session-Aufbau ab.

Shutdown-Protokoll

Über das Shutdown Protocol kann die Primary Logical Unit den regulären Abbruch einer Anwendungs-Session bewirken. Wie wir im Abschnitt Auf- und Abbau von SNA-Sessions noch sehen werden, können in hierarchischen SNA-Netzwerken Sessions nur von Primary Network Addressable Units (NAU) aufgebaut und auch wieder abgebaut werden. Über das Shutdown Protocol wird eine Secondary Logical Unit von der Primary Logical Unit aufgefordert, sich für den Abbau der Session bereit zu machen. Das Protokoll wird über drei DFC-Befehle gesteuert.

SHUTDOWN (SHUTD)

Dieser SNA-Befehl wird von der Primary Logical Unit (PLU) an die Secondary Logical Unit (SLU) gesendet, um den Session-Abbau einzuleiten. Die SLU soll so bald wie möglich in den Shutdown-Zustand gehen.

SHUTDOWN COMPLETE (SHUTC)

Die Secondary zeigt der Primary Logical Unit an, daß sie für den Session-Abbau bereit ist. Der Shutdown-Zustand ist erreicht. Zwischen dem empfangenen SHUTDOWN und dem Senden von SHUTC hat die Secondary die Möglichkeit, Request Units und Chains, die noch anstehen, zu senden. Bevor die Secondary Logical Unit SHUTC sendet, wird sie mit dem DFC-Befehl CHASE noch ausstehende Response Units von der PLU anfordern.

Nach erfolgtem SHUTC wird in der Regel die Session von der Primary abgebaut.

RELEASE QUIESCE (RELQ)

Dieser SNA-Befehl, der auch beim Quiesce Protocol verwendet wird, kann von der Primary Logical Unit benutzt werden, um den Shutdown-Status wieder aufzuheben. Die Session wird dann nicht beendet, sondern normal fortgesetzt.

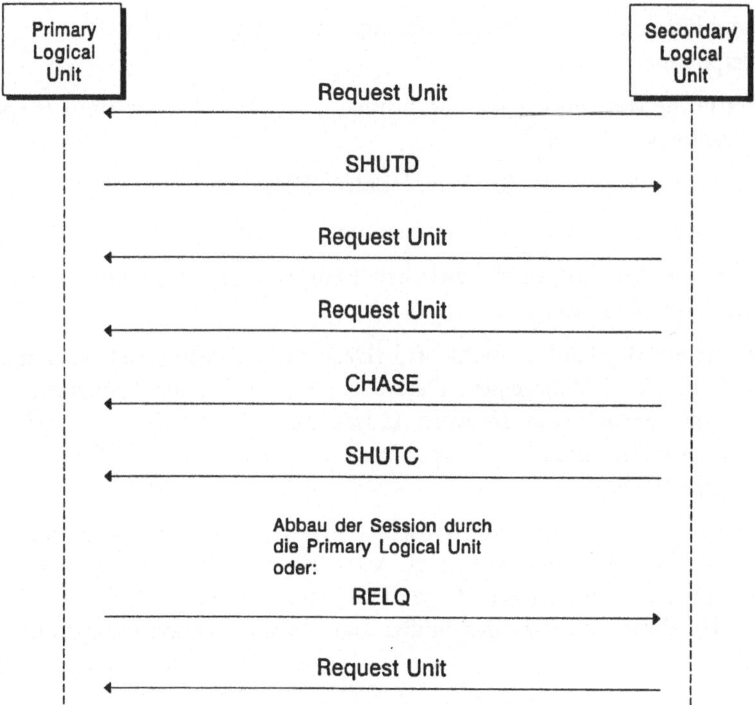

Bild 4.40 Shutdown-Protokoll

4.6 Funktionsschicht 4: Transmission Control Layer

Die Transmission Control (TC) wirkt, wie die Funktionsschicht 5 (DFC) auch, auf Session-Ebene. Im Gegensatz zur Data Flow Control, die den logischen Kommunikationsfluß innerhalb einer Session steuert, liegen in der Verantwortung der Transmission Control allgemeine administrative Aufgaben. Diese ermöglichen erst das Etablieren einer Session und die Synchronisation des Datenflusses innerhalb einer Session.

- Session-Aufbau und Session-Abbau,
- Freigabe und Stoppen des Datenflusses innerhalb einer Session,

- Vergabe und Verwaltung von Sequenznummer, um eine Session Ende-zu-Ende Kontrolle zu gewährleisten (Sequencing),

- Dosierung der Datenmengen, um Pufferüberlauf und Verarbeitungsschwierigkeiten zu vermeiden (Pacing),

- Kontrolle der maximalen Größe der Request Unit,

- Verschlüsselung und Entschlüsselung von Request Units (Enciphering / Deciphering),

- Verwaltung von vorrangigen und normal gesendeten Request Units (Expedited Flow/Normal Flow RU),

- Verwaltung des Request/Response Headers (RH),

- Verantwortung für Recovery-Aktionen im Fehlerfall,

- Realisieren der Schnittstelle zwischen transportorientierten und endbenutzerorientierten Funktionsschichten.

Zusammen mit der Funktionsschicht 5 (Data Flow Control) und der Funktionsschicht 6 (Function Management Data Services) realisiert die Transmission Control die Funktionalität einer Network Addressable Unit (NAU). Diese drei Funktionsschichten stellen somit den Endpunkt einer Session dar, der Halb-Session (Half Session) genannt wird.

Beim Aufbau der Session wird zwischen den miteinander kommunizierenden Network Addressable Units vereinbart, welche Protokolle der Transmission Control verwendet werden dürfen und wie diese Protokolle abzuhandeln sind. Die entsprechenden Definitionen werden in den Transmission Services (TS-) Profiles übergeben.

Die Transmission Control besteht aus drei Komponenten:

- Connection Point Manager (CPMGR),

- Session Control (SC),

- Network Control (NC).

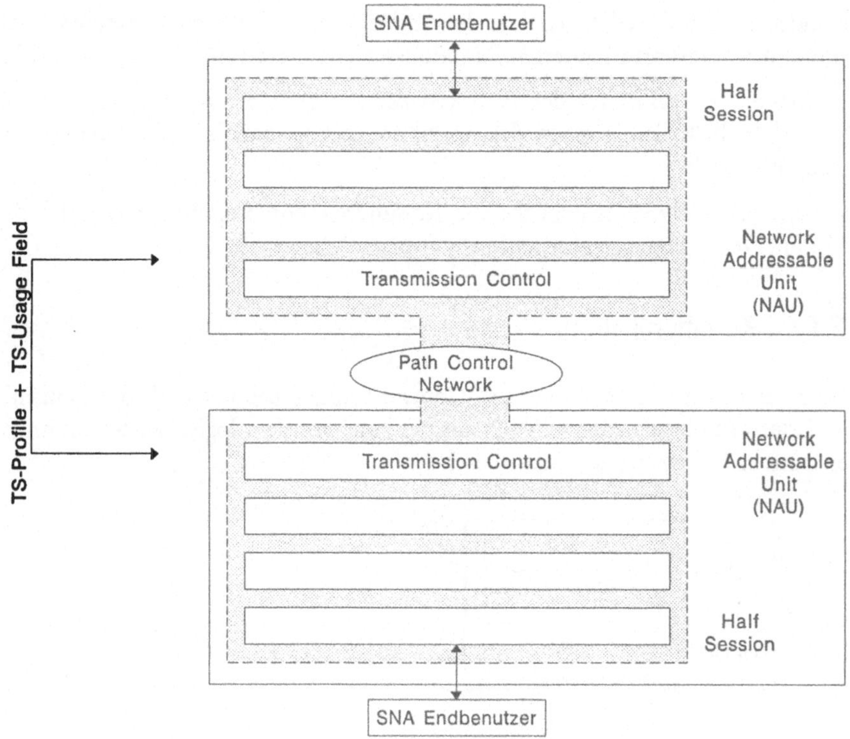

Bild 4.41 TS-Profiles

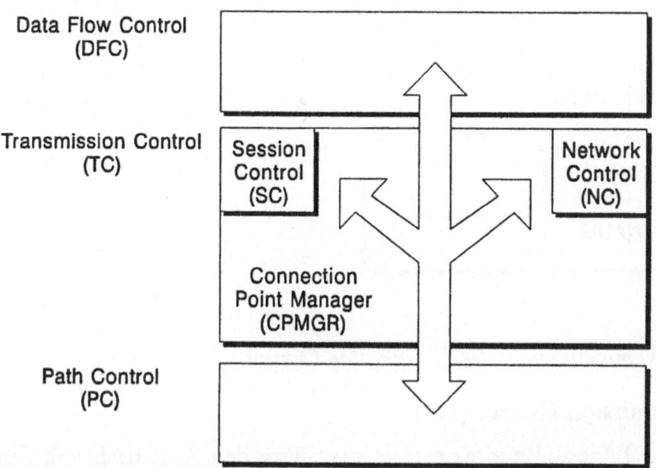

Bild 4.42 Struktur der Transmission Control

Der Connection Point Manager ist der Dreh- und Angelpunkt einer SNA-Session. Er bildet die Schnittstelle zwischen den endbenutzerorientierten Funktionsschichten und den transportorientierten Funktionsschichten des Path Control Networks.

Die Session Control ist für den Auf- und Abbau von Sessions verantwortlich, für die Freigabe bzw. das Stoppen des normalen Datenstroms und die Recovery im Session-Fehlerfall.

Die Network Control ermöglicht die Kommunikation zwischen Physical Units (PU), um Netzwerksteuerinformationen auszutauschen.

4.6.1 Kommunikation

Wie wir es schon von der Data Flow Control kennen, benutzt auch die Transmission Control unterschiedliche Mechanismen, um mit dem logischen Kommunikationspartner Informationen auszutauschen.

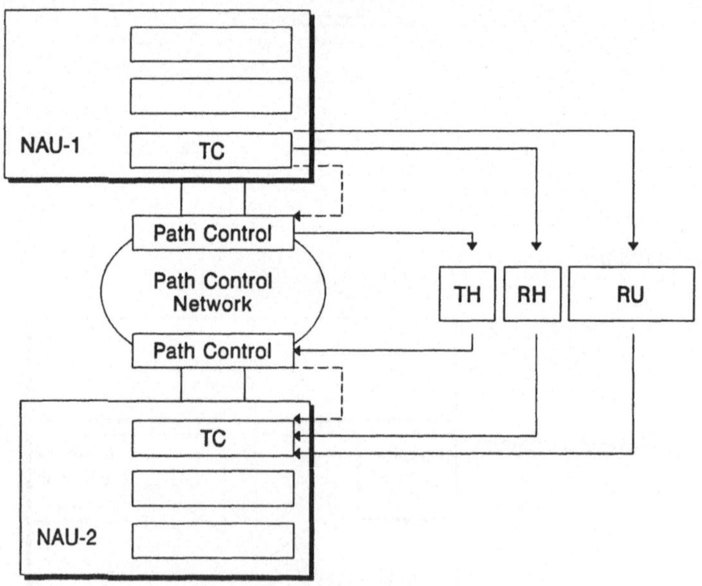

Bild 4.43 Kommunikation der Transmission Control

Der Transmission Header (TH)

Die Session Ende-zu-Ende Kontrolle wird über den Austausch von Sequenznummern realisiert. Die Sequenznummern werden im Sequence Number Field (SNF), welches zwei Bytes im Transmission Header (TH) beansprucht, hinterlegt. Die Sequenznummern selbst werden von der Data Flow Control kreiert, der Transmission Control zur Kontrolle übergeben und zum eigentlichen Transport an die Path Control weitergegeben. Somit sind an der Abhandlung des Sequencing Protocols drei SNA-Funktionsschichten beteiligt.

In SNA werden Request Units, die im normalen Datenfluß (Normal Flow) gesendet werden, von solchen unterschieden, die vorrangig durchs Netz transportiert werden. In einem Bit des Transmission Headers, dem Expedited Flow Indicator (EFI) wird die Art des Datenflusses definiert. Der Transmission Header wird nicht von der Transmission Control, sondern von der Funktionsschicht 3, der Path Control, generiert und verwaltet.

Der Response/Request Header (RH)

Der RH wird von der Transmission Control erzeugt, verwaltet und interpretiert. Im RH befinden sich Informationen der SNA-Funktionsschichten 4 und 5.

SNA-Befehle

Session Control (SC-) Request Units werden für den Auf- und Abbau und die Synchronisation einer Session verwendet. Über Network Control (NC-) Request Units können Informationen zwischen Physical Units ausgetauscht werden.

4.6.2   Connection Point Manager

Der Connection Point Manager (CPMGR) ist innerhalb der Funktionsschicht 4 für folgende Aufgaben verantwortlich:

◆ logische Kommunikation zwischen paarigen SNA-Funktionsschichten,

◆ vorrangiges Senden von Request Units,

◆ Dosierung der Datenmengen,

◆ Verschlüsseln und Entschlüsseln von Request Units,

◆ Ende-zu-Ende Kontrolle innerhalb der Session,

◆ Verwaltung des Request/Response Headers (RH).

Kommunikation zwischen paarigen Funktionsschichten

Der Connection Point Manager (CPMGR) besitzt Schnittstellen zu allen Funktionsschichten, die Request und Response Units (RU) kreieren können.

◆ Function Management Data Services (Funktionsschicht 6),

◆ Data Flow Control (Funktionsschicht 5),

◆ Session Control (Funktionsschicht 4),

◆ Network Control (Funktionsschicht 4).

Ebenso besitzt der CPMGR eine Schnittstelle zur obersten Funktionsschicht des Path Control Networks, der Funktionsschicht 3 Path Control.

Wird von einer Funktionsschicht eine RU erzeugt, so wird sie letztendlich dem Connection Point Manager übergeben. Dieser generiert dann den Request/Response Header (RH), fügt diesen an die RU an und gibt die gesamte Information für den Transport zur Ziel-NAU an die Funktionsschicht Path Control weiter. Im RH sind in 2 Bits (RU-Category) Informationen hinterlegt, aus welcher Funktionsschicht die RU stammt und in welcher Funktionsschicht sie demzufolge bei der Partner-LU zu verarbeiten ist. Gelangt die Nachricht zur Ziel-NAU, so analysiert dort der Connection Point Manager den Request/Response Header und übergibt die RU der entsprechenden Funktionsschicht. Der Connection Point Manager sorgt über diesen Mechanismus dafür, daß innerhalb einer Session jeweils nur die paarigen Funktionsschichten miteinander logisch kommunizieren.

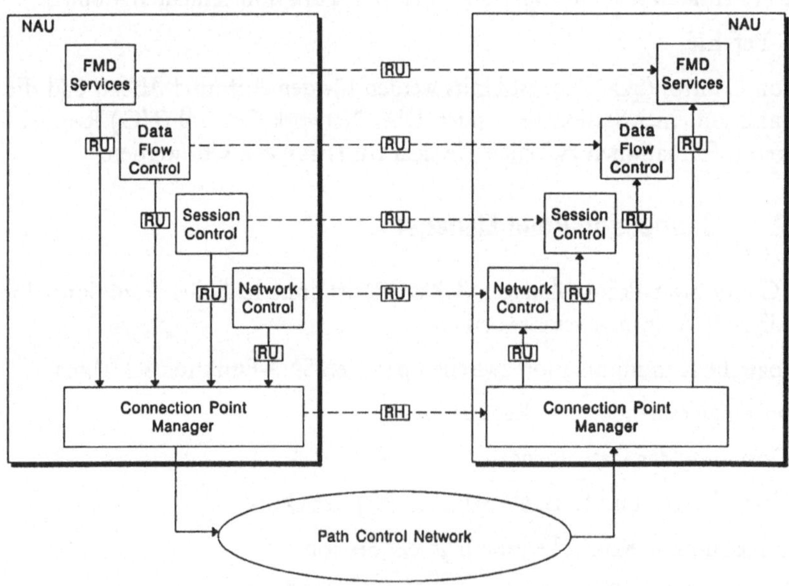

Bild 4.44 Aufgaben des Connection Point Managers

Normaler und vorrangiger Datenfluß

Normalerweise werden Request/Response Units nach dem FIFO-Prinzip (First-In First-Out) behandelt. Jede Network Addressable Unit verwaltet sowohl in Sende- als auch in Empfangsrichtung Warteschlangen, in die RUs eingereiht werden. Dieses Verhalten kennzeichnet den normalen Datenfluß (Normal Flow). Unter bestimmten Bedingungen kann es jedoch notwendig sein, daß RUs diese Warteschlangen umgehen müssen, um Session Management- oder Recovery-Informationen senden zu können. RUs, die im vorrangigen Datenfluß (Expedited Flow) gesendet werden, durchbrechen den normalen Datenfluß und können auch unabhängig vom aktuellen Sende-/Empfangsverhältnis gesendet werden.

Wird z.B. in einer Anwendungs-Session für den normalen Datenstrom zwischen den Logical Units der logische halbduplex Mode verwendet und stehen beide Session-Partner aufgrund eines Fehlers (wie der auch immer zustande kam) auf Empfang (READ), so ist eine Recovery des Datenflusses notwendig. Hier haben wir nämlich die Situation, daß jeder Kommunikationspartner auf Daten des Partners wartet und keiner das Senderecht für normale Daten besitzt. Demzufolge herrscht (unendlich langes) Stillschweigen in der Session. Will nun eine der LUs weitere Request Units senden, so kann sie den SNA-Befehl SIGNAL senden, um von der Partner-LU das Senderecht anzufordern. SIGNAL ist ein SNA-Befehl der Kategorie Data Flow Control und wird vorrangig übertragen. Empfängt eine NAU einen SNA-Befehl im Expedited Flow, so muß protokollgerecht reagiert werden. In diesem Fall muß also das Senderecht an den Session-Partner übergeben werden (z.B. durch das Senden eines Request Header mit gesetztem Change Direction Indicator).

Eine vorrangige Request/Response Unit wird nicht, wie man vermuten könnte, im Request/Response Header der Funktionsschicht 4 angezeigt, sondern im Transmission Header (TH) der Funktionsschicht 3. Durch den gesetzten Expedited Flow Indicator (EFI) im TH wird eine vorrangige RU gekennzeichnet. Der Connection Point Manager übergibt also eine entsprechende Information an die Path Control (Funktionsschicht 3), die dann den EFI im TH generiert. Dadurch wird beim Transport der RU durch das SNA-Netzwerk eine Prioritätensteuerung durch das Path Control Network ermöglicht.

Im vorrangigen Datenfluß können nur bestimmte SNA-Befehle gesendet werden, RUs mit Anwenderdaten werden ausschließlich im Normal Flow gesendet.

Dosierung der Datenmengen durch das Pacing-Protokoll

In einem SNA-Netzwerk können SNA-Knoten unterschiedlichster Pufferkapazität und Verarbeitungsleistung miteinander kommunizieren. Um Datenverluste durch Pufferüberlauf bei der empfangenden Half Session zu vermeiden, wird das Pacing Protokoll eingesetzt. Über dieses Protokoll wird die angelieferte Datenmenge dosiert, indem nur eine ganz bestimmte Anzahl von Normal Flow Request Units in Serie gesendet wird. Die Anzahl der Request Units innerhalb dieses Pacing-Zyklus wird beim Session-Aufbau durch die Angabe der Pacing Window Size definiert. Die empfangende Network Addressable Unit (NAU) muß jeden Pacing Zyklus mit einer bestimmten SNA-Response, der Pacing Response, quittieren. Wird diese Response verzögert, so wird kein weiterer Pacing-Zyklus gesendet, und die empfangende NAU kann ihre Puffer leeren. Verwendet wird dieses Protokoll auf LU-LU und auf SSCP-SSCP Sessions. Gesteuert wird das Pacing Protocol über ein funktionelles Bit im Request/Response Header, den Pacing Indicator.

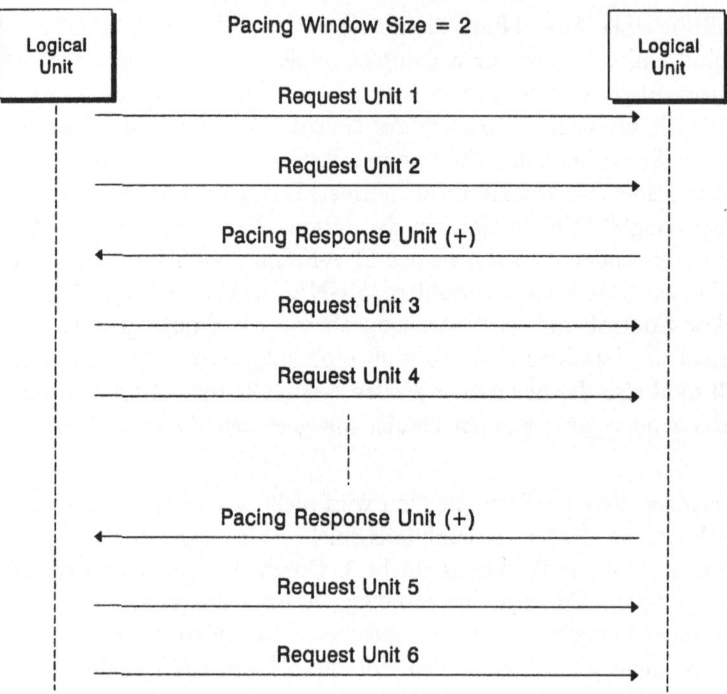

Bild 4.45 Das Pacing-Protokoll

Enciphering-Protokoll

SNA unterstützt den Verschlüsselungsmechanismus nach dem Data Encryption Standard (DES). Da im Request Header über den Enciphered Data Indicator (EDI) angezeigt wird, ob die Daten in der RU verschlüsselt sind oder nicht, können optional bestimmte RUs innerhalb der Session verschlüsselt sein. Ob die Request Units, die in einer Session ausgetauscht werden, generell verschlüsselt werden oder nur einzelne RUs (z.B. das Password), wird beim Aufbau der Session zwischen den miteinander kommunizierenden Logical Units vereinbart.

Session Ende-zu-Ende Kontrolle

Eine empfangende Network Addressable Unit muß überprüfen können, ob die vom Partner gesendeten Request Units vollständig und in der richtigen Reihenfolge angekommen sind.

SNA Request/Response Units werden auf ihrem Weg durch das SNA-Netzwerk durch mehrere Knoten geschleust, die zwischen Quell- und Zielknoten liegen (Intermediate Nodes). Unter ungünstigen Bedingungen kann es vorkommen, daß RUs auf dem Weg durch das SNA-Netzwerk in einem Intermediate Node verlorengehen oder die Reihenfolge durcheinanderkommt. Es wäre für eine Anwendung natürlich fatal, unvollständige Informationen oder Informationen in der falschen Reihenfolge zu verarbeiten. Eine Ende-zu-Ende Kontrolle muß her.

SNA stellt für die Lösung dieses Problems das Sequencing-Protokoll zur Verfügung. Innerhalb einer SNA-Session bekommt jede Request Unit, die im Normal Flow gesendet wird, eine eindeutige Sequenznummer. Mit dem Aufbau einer SNA-Session werden für beide Flußrichtungen (Halb-Sessions) die Sequenznummern auf 0 gesetzt und danach getrennt für beide Halb-Sessions hochgezählt. Vor dem Senden einer Request Unit erhöht die Data Flow Control die Sequenznummer um 1, übergibt den neuen Wert zur Kontrolle dem Connection Point Manager der Funktionsschicht 4 (Transmission Control), der dann letztendlich diesen Wert an die Funktionsschicht 3 (Path Control) weiterleitet. Die Path Control hinterlegt die Sequenznummer in zwei Bytes des Transmission Headers (TH). Transportiert wird die Sequenznummer also in dem Header, der von der Funktionsschicht 3 verwaltet wird. Bei der empfangenden Network Addressable Unit überprüft der CPMGR, ob die Sequenznummer um 1 größer ist als die zuletzt erhaltene. Ist dies der Fall, so wird die RU an die im Request/Response Header adressierte Funktionsschicht weitergeleitet. Tritt dagegen ein Sequencing-Problem auf, so reagiert der CPMGR und versucht eine Session Recovery. Für die Synchronisation der Session verwendet das Sequencing Protocol einen Satz von SNA-Befehlen der Kategorie Session Control (z.B STSN, SET AND TEST SEQUENCE NUMBER).

Request/Response Header

Wird eine Request/Response Unit gesendet, so wird aufgrund der Informationen, die aus der Funktionsschicht 4 selbst und der darüberliegenden Funktionsschicht 5 (DFC) stammen, vom Connection Point Manager der Request/Response Header (RH) erzeugt.

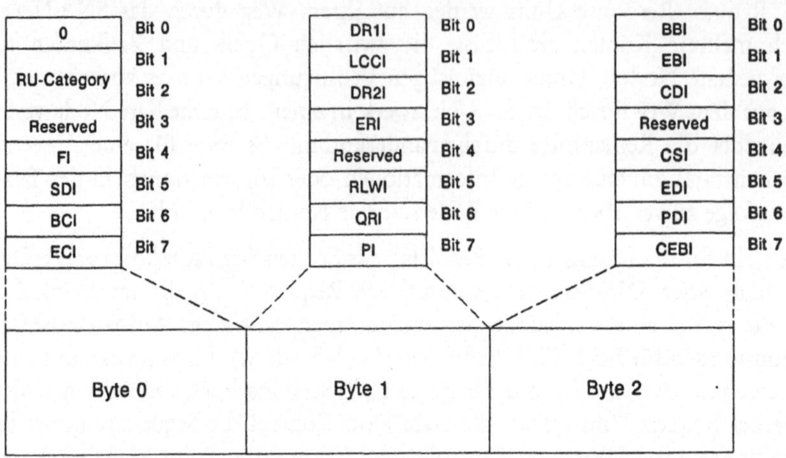

Bild 4.46 Allgemeines Format des Request Headers

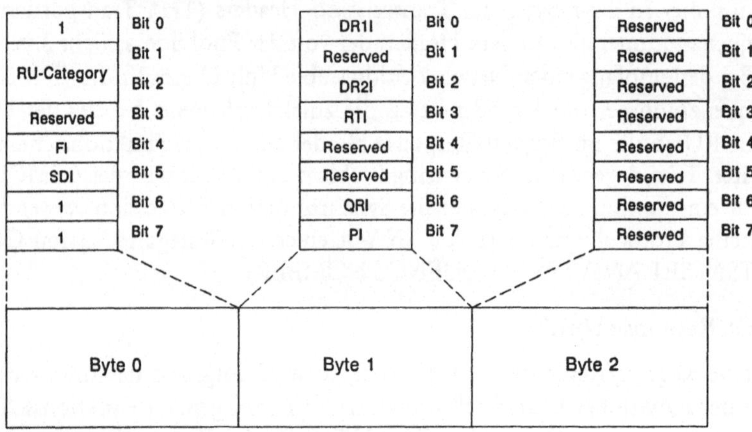

Bild 4.47 Allgemeines Format des Response Headers

Die Steuerinformationen des Request Headers:

Byte 0		
Feld	**Beschreibung**	**Parameter**
RRI RU- Cat.	Request/Response Indicator Request-Response Unit Category	0 Request Header 00 FM Data (FMD) 01 Network Control (NC) 10 Data Flow Control (DFC) 11 Session Control (SC)
FI	Format Indicator	In LU-LU Sessions: 0 es folgt kein Function Management Header (FMH) 1 es folgt ein Function Management Header (FMH) In SSCP Control Sessions: 0 die Nachricht ist unformatiert (EBCDIC) 1 die Nachricht ist formatiert
SDI	Sense Data Indicator	0 keine Sense Data in der RU 1 Sense Data in der RU
BCI	Begin Chain Indicator	0 RU ist nicht erstes Kettenglied 1 RU ist erstes Kettenglied
ECI	End Chain Indicator	0 RU ist nicht letzes Kettenglied 1 RU ist letztes Kettenglied

Byte 1		
Feld	**Beschreibung**	**Parameter**
DR1I DR2I und ERI	Definite Response 1 Definite Response 2 Exception Response Indicator	DR1I, DR2I, ERI = 0 ⇨ No Response Requested DR1I, DR2I = (0,1) (1,0) (1,1) und ERI = 1 ⇨ Exception Response Requested DR1I, DR2I = (0,1) (1,0) (1,1) und ERI = 0 ⇨ Definite Response Requested
LCCI	Length-Checked Compression Indicator	0 RU ist nicht komprimiert 1 RU ist komprimiert
RLWI	Request Larger Window Indicator	0 Größeres Pacing Window wird nicht verlangt 1 Größeres Pacing Window wird verlangt
QRI	Queued Response Indicator	0 Responses umgehen die Warteschlangen (Queues) der TC 1 Responses werden in die TC-Queues eingereiht.
PI	Pacing Indicator	0 keine Pacing Funktion 1 Beginn einer Pacing Sequenz

Byte 2

Feld	Beschreibung	Parameter
BBI	Begin Bracket Indicator	0 Keine Klammerfunktion 1 Beginn einer Klammer
EBI	End Bracket Indicator	0 Keine Klammerfunktion 1 Schließen einer Klammer
CDI	Change Direction Indicator	0 Keine Abgabe des Senderechtes 1 Abgabe des Senderechtes für Normal Flow Requests an den Session-Partner (hdx-Steuerung)
CSI	Code Selection Indicator	0 EBCDIC 1 ASCII
EDI	Enciphered Data Indicator	0 Keine Verschlüsselung 1 Verschlüsselte RU
PDI	Padded Data Indicator	0 RU wurde vor Verschlüsseln mit PADs aufgefüllt 1 RU enthält keine PADs
CEBI	Conditional End Bracket Indicator	0 Keine Klammerfunktion 1 Ende einer Klammer (nur für LU-Typ 6.2)

Die Steuerinformationen des Response Headers:

Byte 0

Feld	Beschreibung	Parameter
RRI	Request/Response Indicator	1 Response Header
RU-Cat.	Request-Response Unit Category	00 FM Data (FMD) 01 Network Control (NC) 10 Data Flow Control (DFC) 11 Session Control (SC)
FI	Format Indicator	Wie in der entsprechenden Request Unit gesetzt
SDI	Sense Data Indicator	0 keine Sense Data in der RU 1 Sense Data in der RU vorhanden

Byte 1

Feld	Beschreibung	Parameter
DR1 DR2	Definite Response 1 Definite Response 2	Wie in der entsprechenden Request Unit gesetzt
RTI	Response Type	0 positive Quittung 1 negative Quittung
QRI	Queued Response Indicator	0 Responses umgehen die Warteschlangen (Queues) der TC 1 Responses werden in die TC-Queues eingereiht.
PI	Pacing Indicator	0 keine Pacing Funktion 1 Pacing Response

Byte 2: Das Byte 2 ist im Response Header vollständig reserviert.

R/R Indicator (RRI)

Der Request Response Indicator gibt an, ob die Request/Response Unit (RU) eine Response Unit (= 1) oder Request Unit (= 0) enthält.

RU-Category

Diese zwei Bits geben an, aus welcher SNA-Funktionsschicht die Request/Response Unit stammt und in welcher SNA-Funktionsschicht die Request/Response Unit (RU) dementsprechend beim Partner interpretiert werden muß.

Format Indicator (FI)

Der Format Indicator definiert das Format der Request/Response Unit.

Bei Befehlen der Funktionsschichten Session Control (SC), Network Control (NC) und Data Flow Control (DFC) ist dieses Bit immer gesetzt, da diese SNA-Befehle immer in einer formatierten RU übertragen werden.

Enthält die RU Endbenutzerdaten, handelt es sich also um eine RU der Category FMD innerhalb einer LU-LU Session, so zeigt dieses Bit an, ob ein Function Management Header (FMH) dem Request Header folgt.

0 = ohne FMH
1 = mit FMH

Enthält die Request Unit FMD-Network Services-Informationen, handelt es sich also um eine RU der Category FMD innerhalb einer SSCP Control Session, so definiert dieses Bit, ob die RU formatiert ist oder nicht.

0 = unformatiert
1 = formatiert

Sense Data Indicator (SDI)

Dieser Indikator zeigt, ob in der Request/Response Unit (RU) Sense Data enthalten sind.

Begin/End Chain Indicator (BCI/ECI)

Diese beiden Indikatoren geben die Position der Request/Response Unit (RU) innerhalb einer Chain (Kette) an. Das Chaining ermöglicht das Aufteilen einer logischen Informationseinheit auf mehrere Request Units (RU). Alle Request Units einer Chain werden in eine Richtung gesendet. Eine komplette Chain wird, falls erforderlich, mit einer SNA-Response quittiert.

(BCI,ECI) = (1,0)   erste Request Unit der Kette,
(BCI,ECI) = (0,0)   mittlere Request Unit innerhalb der Kette,
(BCI,ECI) = (0,1)   letzte Request Unit der Kette,
(BCI,ECI) = (1,1)   Kette besteht aus einer einzigen Request Unit.

Definite und Exception Response Indicator (DR1I, DR2I, ERI):

Diese drei Bits definieren, ob auf eine eigenständige Request Unit oder eine Chain eine SNA Response gegeben werden muß. Drei Möglichkeiten sieht SNA vor:

- **Exception Response Requested (RQE)**
  Eine SNA-Response wird nur in Fehlersituationen verlangt.

- **Definite Response Requested (RQD)**
  Eine SNA-Response wird auf jeden Fall verlangt.

- **No Response Requested (RQN)**
  Es wird keine Response verlangt.

Das Setzen der DR1 und DR2 Bits hängt von der jeweiligen RU-Kategorie ab. Durch die Kombination von DR1 und DR2 können auch Zusatzinformationen an den Session-Partner gesendet werden, was z.B. bei der LU 6.2 verwendet wird, um vom Application Transaction Program auf der Partnerseite eine Bestätigung (Confirmation) der Daten anzufordern.

Response Type Indicator (RTI)

Der Response Type Indicator gibt an, ob die SNA Response positiv oder negativ ist.

Pacing Indicator (PI)

Ist in einem Request Header der Pacing Indicator gesetzt, beginnt ein neuer Pacing-Zyklus. Dadurch wird dem Session-Partner angezeigt, daß von ihm eine Pacing Response verlangt wird, um den nächsten Pacing-Zyklus beginnen zu können.

Diese Pacing Response gibt der Partner, indem in einem Response Header ebenfalls der Pacing Indicator gesetzt ist. Solch eine Pacing Response Unit nennt man auch Isolated Pacing Response (IPR).

Length-Checked Compression Indicator (LCCI)

Die Length Checked Compression ist ein neueres Verfahren zum Komprimieren von Request Units (RU). Der LCCI zeigt an, ob die Daten innerhalb der RU komprimiert sind (LCCI=1) oder nicht (LCCI=0).

Request Larger Window Indicator (RLWI)

Es werden statisches und dynamisches Pacing unterschieden. Beim dynamischen Pacing wird über den RLWI der Kommunikationspartner aufgefordert, die Pacing Window Size um einen definierten Wert zu vergrößern oder die momentane Fenstergröße beizubehalten.

Queued Response Indicator (QRI)

Mit diesem Indikator wird angezeigt, wie SNA-Responses von der Transmission Control behandelt werden.

0 = Die Response umgeht die Warteschlange (Queue) der Transmission Control.
1 = Die Response wird in die Transmission Control Warteschlange eingereiht.

Begin/End Bracket Indicator (BBI, EBI)

Über diese Steuer-Bits wird der Anfang bzw. das Ende einer Klammer gekennzeichnet. Über das Bracketing werden mehrere Request Units, die in beiden Flußrichtungen gesendet werden können, zu einer logischen Verarbeitungseinheit zusammengefaßt.

Change Direction Indicator (CDI)

Dieser Indikator wird in einem Request Header gesetzt, um das Senderecht für Normal Flow Requests an den Session-Partner abzugeben (HDX-Flip-Flop-Betrieb).

Code Selection Indicator (CSI)

Der CSI gibt an, welcher Code in der RU benutzt wird:

0 = EBCDIC
1 = ASCII

Enciphered Data Indicator (EDI)

In diesem Bit steht die Information, ob die RU verschlüsselt ist.

0 = RU ist nicht verschlüsselt.
1 = RU ist verschlüsselt.

Padded Data Indicator (PDI)

Da das Verschlüsseln in Blöcken zu 8 Byte erfolgt, kann es vorkommen, daß eine RU mit sogenannten PAD Bytes aufgefüllt werden muß. Die empfangende Transmission Control muß die PADs nach der Entschlüsselung natürlich wieder entfernen.

0 = RU wurde vor dem Verschlüsseln nicht mit PADs aufgefüllt.
1 = RU wurde vor dem Verschlüsseln mit PADs aufgefüllt.

Conditional End Bracket Indicator (CEBI)

Dieses Bit wird nur bei der LU vom Typ 6.2 benutzt und zeigt das Ende einer Klammer (und somit einer Conversation) an.

4.6.3   Session Control

Diese Komponente der Funktionsschicht 4 hat, unter der Kontrolle des Connection Point Managers, folgende Aufgaben.

♦ Aktivieren von SNA-Sessions,

♦ Freigabe und Stoppen des normalen Datenflusses (Normal Flow) innerhalb der Session,

♦ Session Recovery bei Session-Fehlern,

♦ Deaktivieren von SNA-Sessions.

Für die Ausführung dieser Funktionen werden SNA-Befehle der Kategorie Session Control (SC) verwendet. SC-Befehle sind formatierte Request Units, und der Request Code ist ein Byte groß.

Das Format der Session Control-Befehle:

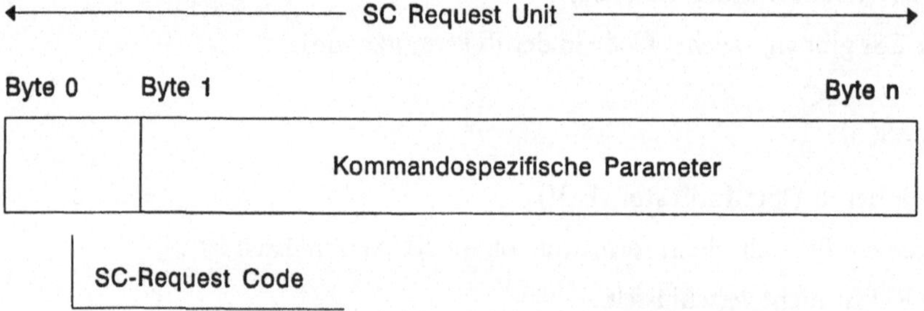

Bild 4.48 Format eines SNA-Befehls der Kategorie Session Control

Die Länge der RU (Parameter) ist vom jeweiligen SC-Befehl abhängig.

Session Control-Befehle und ihr Request Code:

Bezeichnung		hex. Code
ACTCDRM	ACTIVATE CROSS-DOMAIN RESOURCE MANAGER	14
ACTLU	ACTIVATE LOGICAL UNIT	0D
ACTPU	ACTIVATE PHYSICAL UNIT	11
BIND	BIND SESSION	31
CLEAR	CLEAR	A1
CRV	CRYPTOGRAPHY VERIFICATION	C0
DACTCDRM	DEACTIVATE CROSS-DOMAIN RESOURCE MANAGER	15
DACTLU	DEACTIVATE LOGICAL UNIT	0E
DACTPU	DEACTIVATE PHYSICAL UNIT	12
RQR	REQUEST RECOVERY	A3
SDT	START DATA TRAFFIC	A0
STSN	SET AND TEST SEQUENCE NUMBERS	A2
UNBIND	UNBIND SESSION	32

Alle Session Control-Befehle werden als vorrangige Request Units durch das SNA-Netzwerk transportiert und haben im Transmission Header den Expedited Flow Indicator (EFI) gesetzt.

Session-Typen

Eine SNA-Session ist eine temporäre logische Punkt-zu-Punkt Verbindung zwischen zwei Network Addressable Units. Innerhalb einer Session werden Request und Response Units, die durch Header-Informationen ergänzt sind, zwischen den Network Addressable Units ausgetauscht. Den physischen Transport der Daten übernimmt das Path Control Network. Es existieren vier Arten von Sessions (siehe Abbildung 4.49).

SSCP-Control Sessions

Sessions zwischen dem SSCP und anderen Network Addressable Units werden benötigt, um der zentralen Rolle des Host Nodes gerecht zu werden. Alle SNA-Aktivitäten innerhalb einer SNA-Domäne werden durch einen Host Node gesteuert und überwacht. Die dafür verantwortliche Komponente ist im Host Node der System Services Control Point (SSCP). Anspruch des SSCP ist, zu jedem Zeitpunkt den Status des SNA-Netzwerkes und all seiner logischen und physischen Ressourcen genau zu kennen. Die dazu benötigten Informationen erhält der SSCP über Control Sessions zu den PUs und LUs im Netz. SSCP-Control Sessions werden immer vom SSCP aktiviert und deaktiviert.

♦ **SSCP-SSCP Session**
Sessions zwischen den System Services Control Points (SSCP) unterschiedlicher Host Nodes steuern die Kommunikation in einem Multi Domain Network.

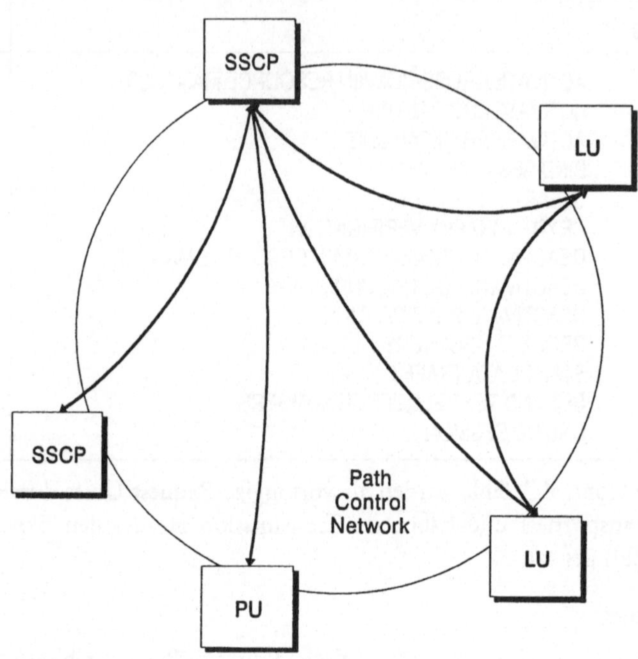

Bild 4.49 Session-Typen

- **SSCP-PU Session**
  Innerhalb einer Domäne wird eine Session zwischen dem System Services Control Point und der Physical Unit (PU) jedes Netzwerkknotens der Domäne benötigt, um Steuerinformationen bezüglich der physischen SNA-Ressourcen auszutauschen. Die meisten Aktivitäten des Netzwerk-Managements werden über SSCP-PU Sessions abgewickelt.
  SSCP-PU Sessions sind die Grundlage für SSCP-LU und LU-LU Sessions und müssen demzufolge vor diesen aufgebaut werden.

- **SSCP-LU Session**
  Innerhalb einer Domäne werden Sessions zwischen dem System Services Control Point und den Logical Units (LU) jedes Netzwerkknotens der Domäne benötigt, um Informationen bezüglich des von der LU verwalteten SNA-Endbenutzers und des Status der LU austauschen zu können. Eine existierende SSCP-LU Session ist die Voraussetzung für eine LU, um eine Application Session mit einer anderen LU eingehen zu können. Es muß an dieser Stelle darauf hingewiesen werden, daß diese Aussage nur für die klassischen LU-LU Session-Typen gilt und nicht für die Logical Unit vom Typ 6.2.

Application Sessions

Die von den FMD Presentation Services zur Request Unit aufbereiteten Daten der SNA-Endbenutzer werden nur auf Application Sessions (LU-LU Session) transportiert.

♦ **PLU-SLU Session**
Logical Units werden in Primary Logical Unit (PLU) und Secondary Logical Unit (SLU) unterschieden. In einem klassischen hierarchischen SNA-Netzwerk residieren die Primary Logical Units im Host Node, die Secondary Logical Units in Peripheral Nodes. Eigenschaft der PLU ist, daß sie (unter der Kontrolle des SSCP) eine Application Session zu einer SLU selbst aktivieren und auch deaktivieren kann. Die Secondary Logical Unit kann dies nicht. Eine PLU kann in der Regel auch gleichzeitig mehrere Sessions zu unterschiedlichen Secondary Logical Units unterhalten, die SLU unterstützt zu einer Zeit nur eine Application Session zu einer Partner-PLU.
Auch hier muß darauf hingewiesen werden, daß diese Aussagen nur für die klassischen LU-LU Session-Typen gelten und nicht für die Logical Unit vom Typ 6.2.

Die Network Addressable Unit (NAU), die eine Session aufbaut, wird allgemein als Primary NAU bezeichnet, die andere als Secondary NAU. Sessions werden durch das Senden von Session Control-Befehlen von der Primary NAU aufgebaut. Beim Aktivieren einer Session werden alle für den Ablauf der Session relevanten Format- und Protokolldefinitionen festgelegt. Die entsprechenden Informationen werden von der Primary NAU als Profiles und Usage Fields im Parameterteil der entsprechenden Session Control (SC) Request Unit hinterlegt. Da Session Control Request Units grundsätzlich eine definite Response verlangen, muß die Secondary NAU ein empfangenes Session-Aufbaukommando mit einer SNA Response Unit quittieren. Mit dieser Response akzeptiert oder verwirft die Secondary NAU das empfangene Session-Aufbaukommando und die mit ihm definierten Session-Regeln. Je nach Session-Typ können in der Response Unit auch Informationen über den eigenen Status an die Primary NAU übergeben werden. Session Control Response Units sind ebenso wie die entsprechenden Request Units formatierte RUs.

SNA-Befehle zum Session-Aufbau:

Session	SNA-Session Control Command	
SSCP-SSCP	ACTIVATE CROSS DOMAIN RESOURCE MANAGER	(ACTCDRM)
SSCP-PU	ACTIVATE PHYSICAL UNIT	(ACTPU)
SSCP-LU	ACTIVATE LOGICAL UNIT	(ACTLU)
LU-LU	BIND SESSION REQUEST	(BIND)

SNA-Befehle zum Session-Abbau:

Session	SNA-Session Control Command	
SSCP-SSCP	DEACTIVATE CROSS DOMAIN RESOURCE MANAGER	(DACTCDRM)
SSCP-PU	DEACTIVATE PHYSICAL UNIT	(DACTPU)
SSCP-LU	DEACTIVATE LOGICAL UNIT	(DACTLU)
LU-LU	UNBIND SESSION REQUEST	(UNBIND)

Der Auf- und Abbau von Sessions erfolgt innerhalb einer Domäne hierarchisch. Zunächst werden vom SSCP aus die Network Addressable Units innerhalb des Host Nodes selbst aktiviert und danach das Netzwerk initialisiert. Dazu wird zuerst die PU des nächstgelegenen SNA-Knotens aktiviert. Das ist der über den /370 Data Channel lokal an den Host Node angeschlossene Communication Controller Node (CUCN). Ist dies erfolgreich durchgeführt, so kann über die etablierte SSCP-PU Session auf die Ressourcen des Local CUCN zugegriffen werden. Damit sind die Voraussetzungen erfüllt, um vom SSCP aus die Control Sessions zu den nächsten PUs im Netz aufzubauen. Sind alle SSCP Control Sessions aktiviert, so können in den folgenden Schritten vom SSCP die LUs im Netz aktiviert werden. Die Logical Units geben in der Response auf den ACTLU-Request ihren Status an den SSCP zurück. Dazu gehört die Information, ob die LU schon einen aktiven SNA-Endbenutzer unterstützt. Diese Information ist für den SSCP besonders wichtig, da er eine Anwendungs-Session zwischen zwei Logical Units nur dann zulassen darf, wenn beide LUs tatsächlich von einem SNA-Endbenutzer belegt sind.

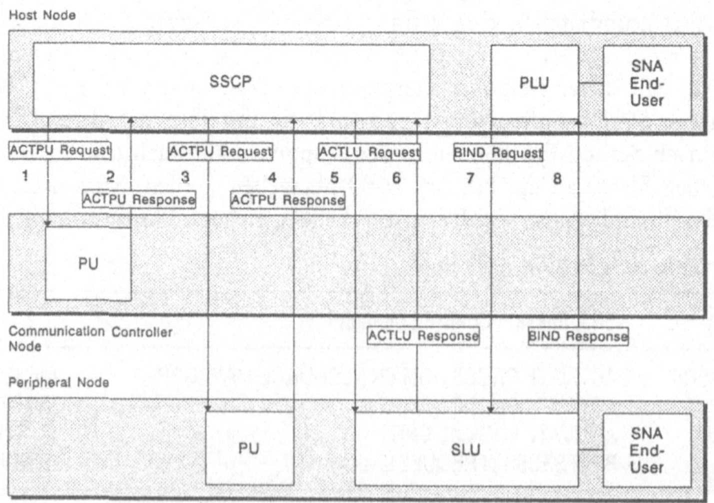

Bild 4.50 Aufbau von Sessions

Aktivieren und Deaktivieren von Application Sessions

Die Voraussetzung für eine Session von Primary zu Secondary Logical Unit ist, daß beide LUs eine aktive Control Session zum SSCP unterhalten. Voraussetzung für diese Sessions ist wiederum, daß die PUs der SNA-Knoten, die die beiden LUs beherbergen, auch aktive Sessions zum SSCP haben.

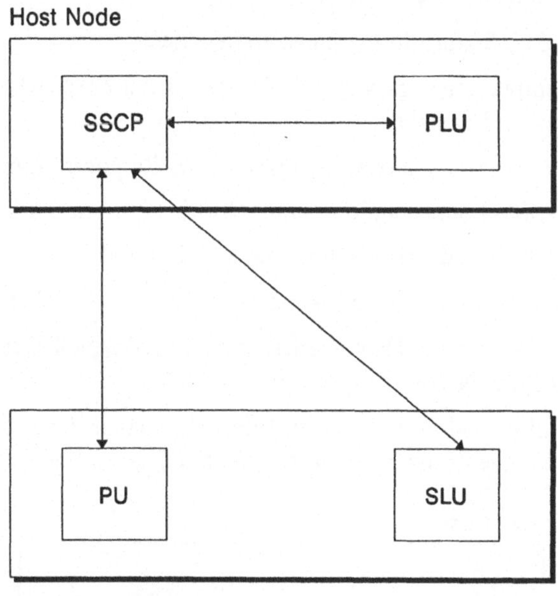

Bild 4.51 Voraussetzung für PLU-SLU Sessions

Anwendungs-Sessions werden von der Primary Logical Unit (PLU) aktiviert und auch deaktiviert. Die entsprechenden SC-Befehle sind der BIND SESSION Request (BIND) und UNBIND SESSION Request (UNBIND). Mit dem BIND Request wird die Charakteristik der Session genau beschrieben und alle Kommunikationsregeln bis ins kleinste Detail festgelegt. Diese Informationen sind als sogenannte BIND-Session-Parameter in der BIND Request Unit hinterlegt. Ist eine Session aufgebaut, d.h. BIND Request und BIND Response erfolgreich ausgetauscht, so muß je nach LU-LU-Session Typ eventuell erst noch das Senden von Normal Flow Request Units freigegeben werden. Dies erfolgt über den SC-Befehl START DATA TRAFFIC (SDT). Ebenso muß, falls SDT verwendet wird, vor dem Abbau der Session mittels UNBIND der normale Datenfluß durch das SC-Kommando CLEAR aufgehoben werden.

Aufgaben der Primary Logical Unit:

♦ Verantwortung für den Session-Aufbau und -Abbau,

♦ Verantwortung für das Erzeugen der Session-Parameter,

♦ Senden von Statusinformationen der Session an den SSCP.

Aufgaben der Secondary Logical Unit:

♦ Senden von SLU-Statusinformationen an den SSCP,

♦ Prüfen der empfangenen BIND SESSION-Parameter entsprechend der eigenen Eigenschaften und Fähigkeiten,

♦ Generieren einer positiven bzw. negativen BIND Response Unit.

Anwendungs-Sessions können auf drei unterschiedliche Arten initiiert werden:

♦ Auslösen der Session durch die Primärseite (PLU im Host Node),

♦ Auslösen der Session durch die Sekundärseite (SLU im Peripheral Node),

♦ Auslösen der Session per Netzwerkdefinition (VTAM/NCP-Definitionen) oder durch Eingriff des Netzwerk-Operators.

Beim Session-Aufbau und -Abbau werden Informationen zwischen SSCP, PLU und SLU ausgetauscht. Alle Aktivitäten werden vom SSCP kontrolliert.

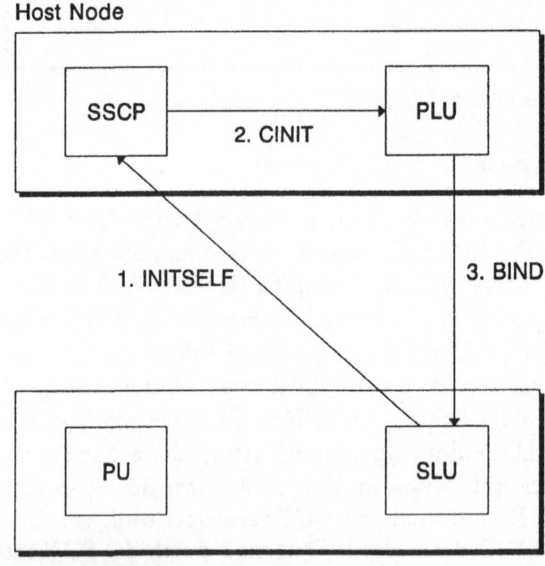

Bild 4.52 Phasen des Session-Aufbaus

Beim Session-Aufbau und -Abbau werden außer den Session Control-Befehlen (SC-Command) BIND SESSION, SDT, CLEAR und UNBIND SESSION noch folgende SNA-Request Units der Kategorie Function Management Data Network Services (FMD-NS) verwendet. Diese FMD-NS-Befehle werden im Gegensatz zu den SC-Befehlen im normalen Datenfluß gesendet. In einigen Fällen wird für den protokollgerechten Session-Abbau der Data Flow Control-Befehl CHASE verwendet.

- **BIND SESSION** (BIND; SC-Command)
  Der BIND SESSION Request wird von der Primary Logical Unit zur Secondary Logical Unit gesendet, um eine Application Session aufzubauen. In dem Parameterteil der BIND SESSION Request Unit wird die Session bis ins kleinste Detail beschrieben und alle notwendigen Sesssion-Vereinbarungen getroffen. Die Secondary Logical Unit muß den empfangenen BIND SESSION Request mit einer BIND Response quittieren.

- **BIND FAILURE** (BINDF; FMD-NS-Command))
  Der BINDF Request wird von der PLU an den SSCP gesendet, falls das Aktivieren der Session mit der spezifizierten SLU nicht erfolgreich war.

- **CHASE** (DFC-Command)
  CHASE wird von einer LU gesendet, um von der Partner-LU alle noch ausstehenden SNA-Responses anzufordern. Die LU, die den CHASE-Request empfängt, muß nach Verarbeitung der entsprechenden Request Units alle SNA-Responses senden. Die letzte Response ist die positive Response auf den CHASE-Request selbst. Damit wird der CHASE-sendenden LU mitgeteilt, daß alle ausstehenden SNA-Responses gesendet wurden.

- **CLEAR** (SC-Command)
  CLEAR wird von der Primary Logical Unit zur Secondary LU gesendet. Der CLEAR-Request unterbindet den allgemeinen Datenstrom und setzt alle FMD- und DFC-Protokolle zurück. Der Befehl wird meist vor dem Abbau der Session gesendet. Der CLEAR-Request ist somit das Gegenstück zum Request START DATA TRAFFIC (SDT). Die Verwendung des CLEAR ist abhängig vom Transmission Services Profile (TS-Profile), das für die aktuelle Session gültig ist. Das TS-Profile 3 verlangt z.B. von Primary und Secondary LU die Unterstützung des CLEAR und SDT (vgl. Kapitel 6).

- **CONTROL INITIATE** (CINIT; FMD-NS-Command))
  Der CINIT Request wird vom SSCP an eine Primary Logical Unit gesendet. Er enthält die Aufforderung, mit einer bestimmten SLU eine Session zu aktivieren. Als Reaktion auf einen empfangenen CINIT sollte die PLU den BIND zur spezifizierten SLU senden. Im CINIT übergibt der SSCP Informationen über die Eigenschaft der SLU (BIND Session-Parameter) an die Primary Logical Unit. Diese werden je nach Arbeitsweise der PLU auch im BIND SESSION Request benutzt.

- **CONTROL TERMINATE** (CTERM; FMD-NS-Command)
  Der CTERM Request wird vom SSCP an eine Primary Logical Unit gesendet. Er enthält die Aufforderung, die Session zu einer bestimmten LU abzubauen. Als Reaktion auf einen empfangenen CTERM sollte die PLU den UNBIND zur spezifizierten SLU senden.

- **CROSS DOMANIAL CONTROL INITIATE** (CDCINIT; FMD-NS-Command)
  Der CDCINIT Request wird in einer Multi Domain-Umgebung von dem SSCP, der für die SLU verantwortlich ist, zu dem SSCP, der für die PLU verantwortlich ist, gesendet. Er enthält Informationen über die Eigenschaften der Secondary Logical Unit. Diese Informationen sollten vom empfangenden SSCP im CINIT Request an die PLU weitergegeben werden.

- **CROSS DOMANIAL INITIATE** (CDINIT; FMD-NS-Command)
  Fordert eine LU in einem Multi Domain Network eine Session mit der LU einer fremden Domäne (z.B. mittels INITSELF) an, so wird der SSCP, der für die initiierende LU verantwortlich ist, diese Session-Anforderung mit dem CDINIT Request dem SSCP der fremden Domäne mitteilen.

- **CROSS DOMANIAL SESSION ENDED** (CDSESSEND; FMD-NS-Command)
  Der CDSESSEND Request wird zwischen SSCPs ausgetauscht, um die Deaktivierung einer Cross Domain LU-LU Session anzuzeigen.

- **CROSS DOMANIAL SESSION STARTED** (CDSESSST; FMD-NS-Command)
  Die erfolgreiche Aktivierung einer Cross Domain Session wird von dem SSCP, der die PLU verwaltet, über den CDSESSST dem Partner-SSCP mitgeteilt.

- **INITIATE SELF** (INITSELF; FMD-NS-Command)
  Der INITSELF Request wird von einer LU benutzt, um vom SSCP die Erlaubnis und Unterstützung für einen LU-LU Session-Aufbau anzufordern. Wird INITSELF von einer Secondary Logical Unit gesendet, so wird der SSCP über den CINIT Request die Primary Logical Unit davon unterrichten, daß von der SLU eine Session angefordert wurde. Die PLU wird dann, falls es per Netzwerkdefinition erlaubt ist, eine LU-LU Session mittels BIND SESSION Request aktivieren. Dieser Vorgang wird auch als LOGON bezeichnet.

- **NETWORK SERVICES PROCEDURE ERROR** (NSPE; FMD-NS-Command)
  Über den NSPE Request informiert der SSCP die LU, die den Aufbau oder die Terminierung einer Session angefordert hat, über das Scheitern des Versuchs.

- **NOTIFY** (FMD-NS-Command)
  Der NOTIFY Request wird von einer LU zum SSCP gesendet, um Statusinformationen zu übergeben. Ist z.B. bei der Aktivierung der SSCP-LU Session die LU noch nicht von einem SNA-Endbenutzer belegt, so kommt die Session zwar zustande, die LU sendet aber in der ACTLU-Response eine entsprechende Information (Power Off Message). Wird nachträglich ein SNA-Endbenutzer gestartet (z.B. der Bildschirm, den die LU verwalten muß, eingeschaltet), so zeigt die LU diesen Wechsel ihres Status dem SSCP durch das Senden einer NOTIFY Request Unit an (Power On Message).

- **SESSION ENDED** (SESSEND; FMD-NS-Command)
  Über den SESSEND Request informiert eine LU den SSCP über den erfolgreichen Abbau einer LU-LU Session.

- **SESSION STARTED** (SESSST; FMD-NS-Command)
  Über den SESSST Request informiert die PLU den SSCP über den erfolgreichen Aufbau der LU-LU Session.

- **START DATA TRAFFIC** (SDT; SC-Command)
  SDT wird von der Primary zur Secondary Logical Unit gesendet, um den allgemeinen Datenverkehr und den Austausch von FMD- und DFC-Request und Response Units freizugeben. SDT wird meist unmittelbar nach dem Aufbau der Session gesendet. Ob SDT verwendet werden darf, hängt von dem für die Session gültigen Transmission Services Profile (TS-Profile) ab.

- **TERMINATE SELF** (TERMSELF; FMD-NS-Command)
  Der TERMSELF Request wird von einer LU benutzt, um vom SSCP die Terminierung einer LU-LU Session anzufordern. Wird TERMSELF von einer Secondary Logical Unit gesendet, so wird der SSCP über den CTERM Request die Primary Logical Unit davon unterrichten, daß von der SLU der Session-Abbau angefordert wurde. Die PLU wird dann mittels UNBIND SESSION Request die Session deaktivieren. Je nach LU-LU Session-Typ muß vor dem Abbau der Session noch CLEAR gesendet werden, um den normale Datenfluß zu stoppen.

- **UNBIND SESSION** (BIND; SC-Command)
  Der UNBIND SESSION Request wird von der Primary Logical Unit zur Secondary LU gesendet, um die Session ordentlich zu beenden.

In den folgenden Grafiken werden die unterschiedlichen Varianten für die Session-Aktivierung und -Deaktivierung dargestellt. Aus Platzgründen sind die (auf Session Control- und FMD-NS-Befehle zu gebenden) Response Units nicht dargestellt. Es wird jedoch angenommen, daß alle Responses positiv sind.

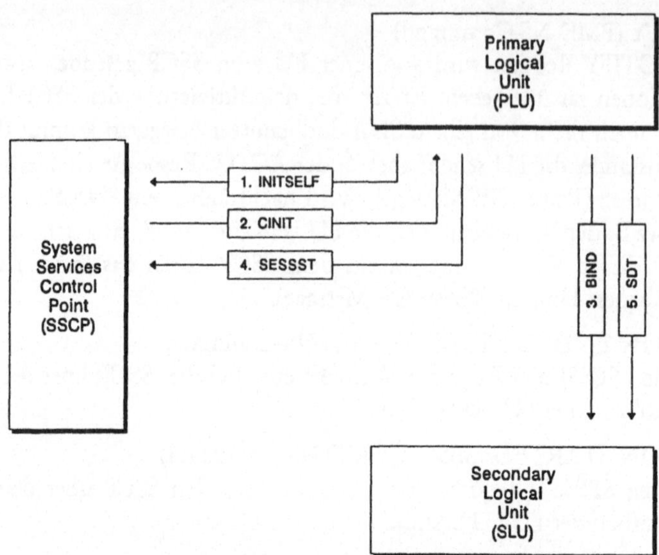

Bild 4.53 Initiieren einer LU-LU Session durch die PLU

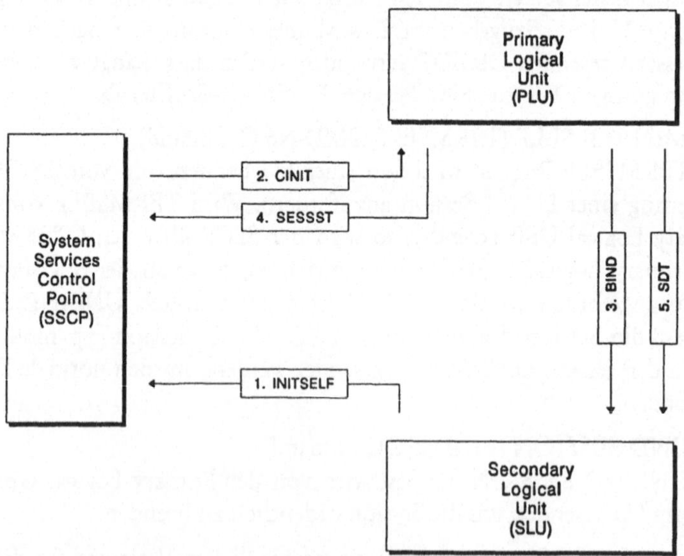

Bild 4.54 Initiieren einer LU-LU Session durch die SLU

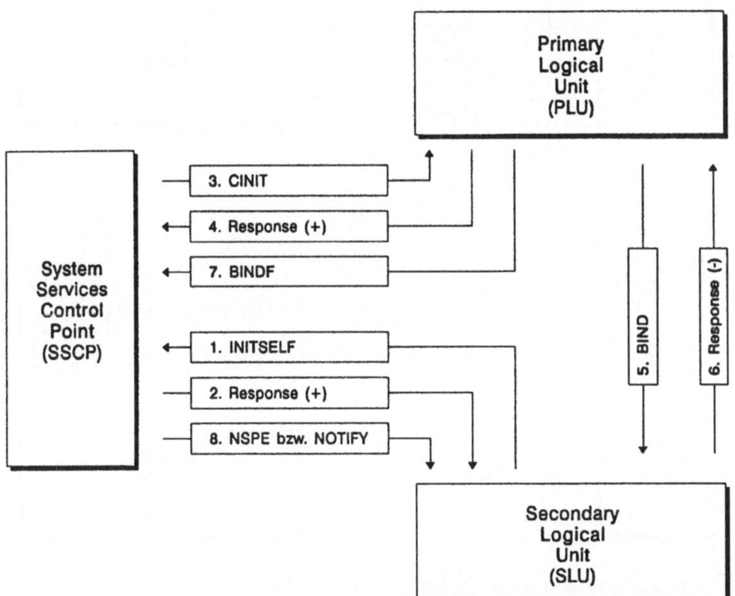

Bild 4.55 Scheitern des Session-Aufbaus

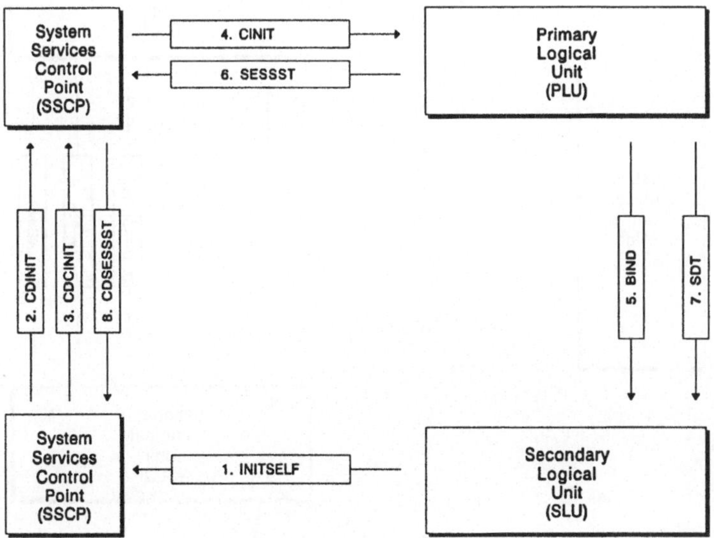

Bild 4.56 Cross Domain Session-Aufbau durch die SLU

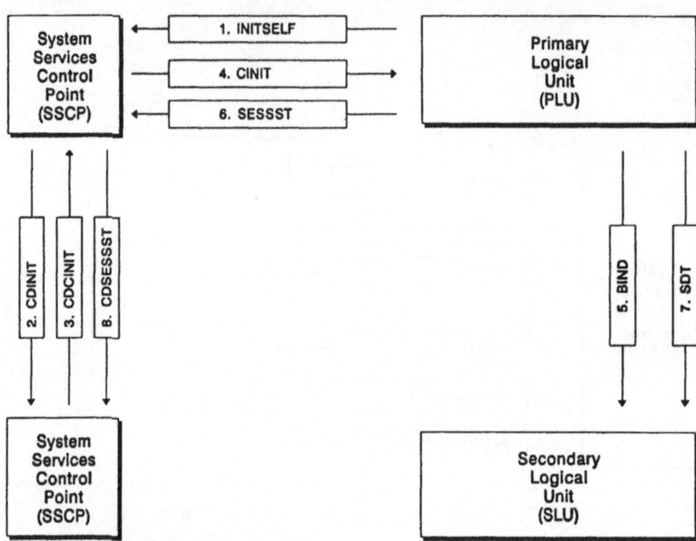

Bild 4.57 Cross Domain Session-Aufbau durch die PLU

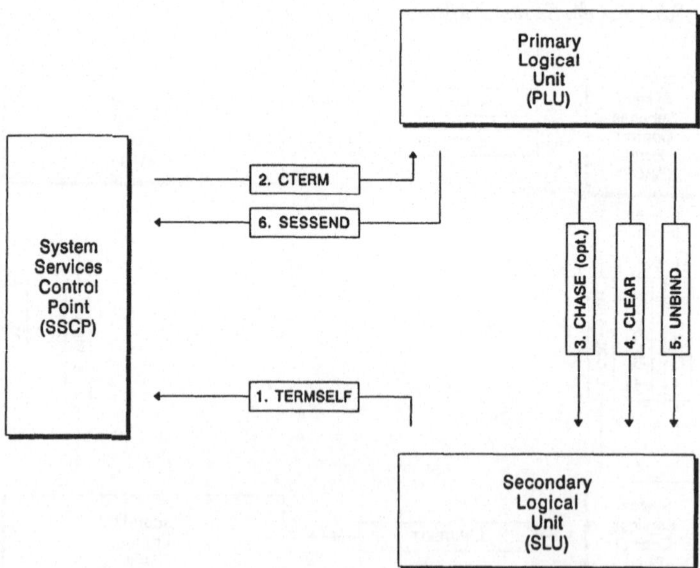

Bild 4.58 Terminieren einer LU-LU Session durch die SLU

Der Abbau einer Session kann auch durch das SHUTDOWN Protocol bewirkt werden. Das SHUTDOWN Protocol ist ein Protokoll der Funktionsschicht 5 Data

Flow Control (DFC) und die Steuerung wird über DFC-Befehle realisiert, die im Expedited Flow gesendet werden.

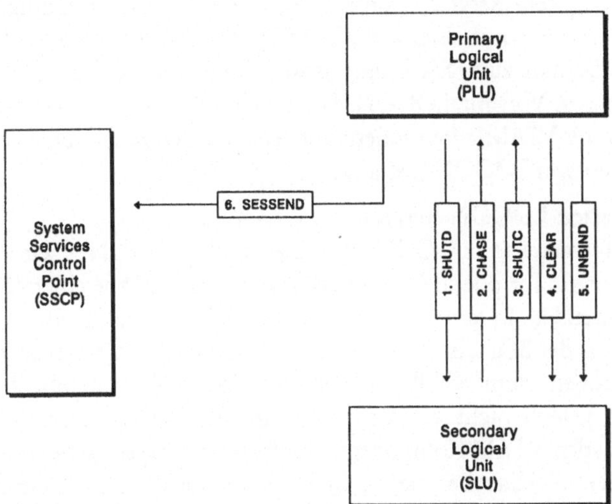

Bild 4.59 SHUTDOWN Request von der PLU

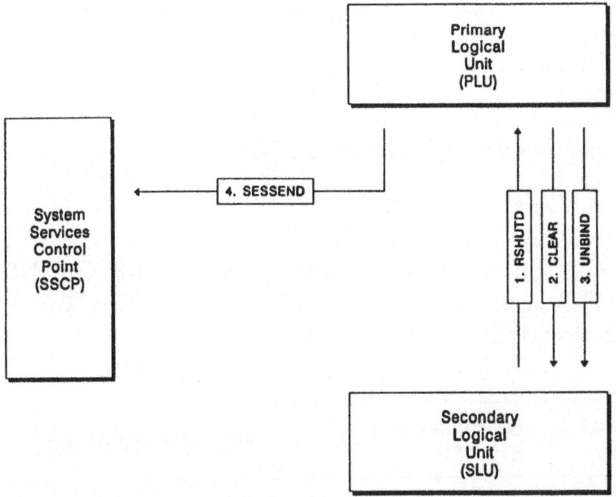

Bild 4.60 SHUTDOWN Request von der SLU

LOGON-Mechanismen

Eine Secondary Logical Unit kann von sich aus keine Sessions aufbauen. Sie muß deshalb beim System Services Control Point, der für sie zuständig ist, um eine Anwendungs-Sessions mit einer anderen LU bitten. Fordert eine SLU auf der aktiven Control Session zum SSCP eine Anwendungs-Session mit einer PLU an, so nennt man diesen Vorgang LOGON. Die LOGON-Informationen werden von der Zugriffsmethode VTAM interpretiert und entsprechende Aktionen eingeleitet. Es gibt zwei Arten von LOGON-Requests:

- **Unformatted LOGON Request**

   Der unformatierte LOGON (unformatted LOGON) wird von nicht „intelligenten" Peripheral Nodes (z.B. Datenstationen wie einer 3270-Dialogstation) verwendet. In diesem Fall wird der Wunsch nach einer Anwendungs-Session von der SLU als Character Coded Request, also als Text mit EBCDIC-Informationen, zum SSCP gesendet. VTAM erhält vom SSCP diesen Text, kann ihn jedoch nicht unmittelbar verarbeiten. Der unformatierte LOGON wird von der VTAM-Komponente Unformatted System Services (USS) mit Hilfe einer USS-Tabelle (USSTAB) in einen formatierten Standard-LOGON übersetzt. Dieser Standard-LOGON wird dann von den Formatted System Services (FSS) weiterverarbeitet.

←——— Unformatierte RU: EBCDIC-Text ———→

Request Header	l o g o n a p p l i d = t s o

Bild 4.61 Beispiel für einen unformatierten LOGON

- **Formatted LOGON Request**

   Intelligente Peripheral Nodes (z.B. AS/400 oder Bürosysteme) benutzen für den LOGON eine formatierte Request Unit, nämlich den INITIATE SELF (INITSELF) Request. Dieser Standard-LOGON kann direkt von den Formatted System Services (FSS) des VTAM interpretiert werden.

←——————— Formatierte RU: INITSELF ———————→

Request Header	NS-Header: 81 06 81	Initiate-Self-Parameter

NS: Network Services

Bild 4.62 Beispiel für einen formatierten LOGON

LOGON Request Units werden von den Function Management Data Network Services (FMD-NS) verwaltet und sind deshalb im Request/Response Header als RUs der Kategorie FMD gekennzeichnet. Ob eine LOGON Request Unit formatiert ist oder nicht, erkennt der SSCP am gesetzten bzw. nicht gesetzten Format Indicator (FI) im Request/Response Header (RH).

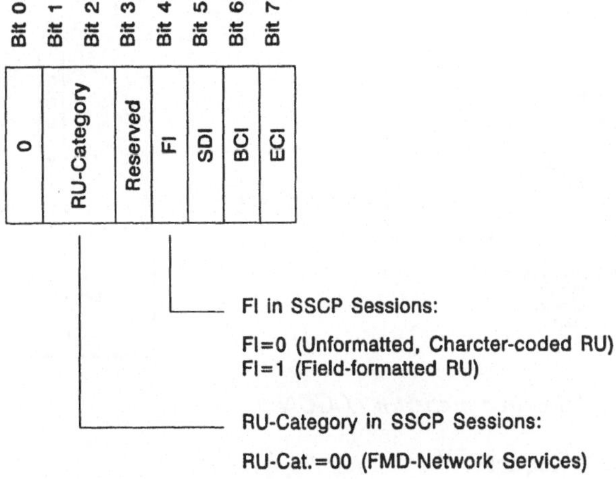

Bild 4.63 Funktionelle Bits des Request Headers und LOGON

Ob eine Secondary Logical Unit den formatierten oder unformatierten LOGON verwendet, wird bei der Netzwerkdefinition (VTAM/NCP-Generierung) festgelegt.

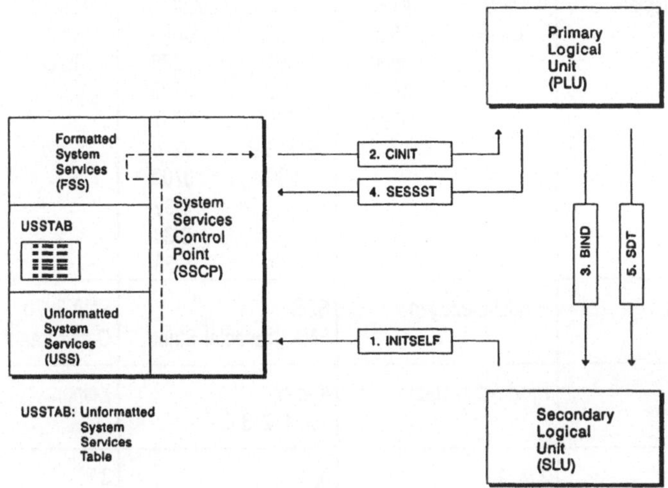

Bild 4.64 Ablauf beim formatierten LOGON

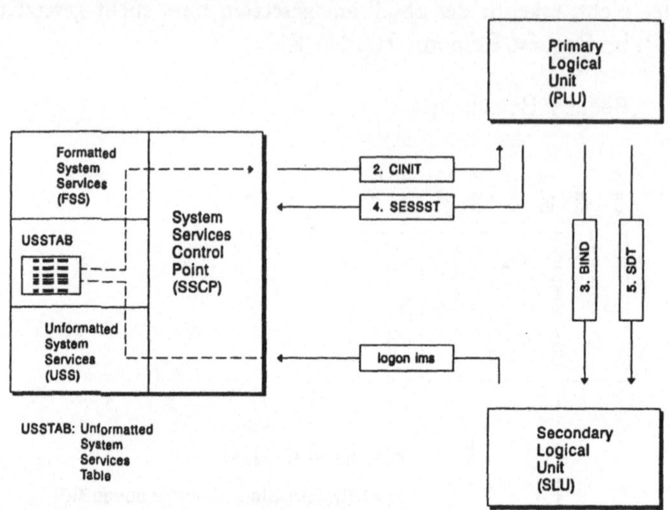

Bild 4.65 Ablauf beim unformatierten LOGON

BIND SESSION Request

Je nach Art der Anwendung werden diverse LU-Session Typen unterschieden:

LU-LU Session-Typ:	0		1		2	
	PLU	**SLU**	**PLU**	**SLU**	**PLU**	**SLU**
Produkt-Beispiel	IMS CICS	4700 3600 3650 3660 3790	IMS CICS RES JES1 JES2 POWER TSO	AS/400 DPPX 3270 3630 3767 3770 3790 S/32 S/34 S/38	IMS/VS CICS/VS TSO	DPCX DPPX 3270 3790 AS/400
Datenstrom	Produktbezogen		SCS SNA Character String		SNA 3270 Data Stream	
FMH	Produktbezogen		Keiner Typ 1, 2, 3		Keiner	
FM-Profile	2, 3, 4		3, 4		3	
TS-Profile	2, 3, 4		3,4		3	

LU-LU Session-Typ:	3		4		6.2	
	PLU	SLU	PLU	SLU	PLU	SLU
Produkt-Beispiel	TCAM CICS	DPCX 3270	IMS CICS RES S/34 S/38	5250 6670 S/34	APPC TP unter: CICS MS-DOS OS/2 VTAM	APPC TP unter: CICS MS-DOS OS/2 VTAM
Datenstrom	SNA 3270 Data Stream		SCS SNA Character String		GDS General Data Stream	
FMH	Keiner		Typ 1, 2, 3		Typ 5, 7, 12	
FM-Profile	3		7		19	
TS-Profile	3		7		7	

Bei Aufbau einer LU-LU Session durch die Primary Logical Unit werden der LU-LU Session-Typ und alle zu der Session gehörenden Ablaufregeln und Protokollvereinbarungen genauestens festgelegt.

Der von der Primary Logical Unit gesendete BIND SESSION Request (oder kurz BIND) enthält diese Vereinbarungen als BIND Session-Parameter im Parameterteil der Request Unit. Da es sich bei diesem Session Control-Befehl um eine formatierte RU handelt, hat jedes Bit der BIND Session-Parameter seine eigene fest definierte Bedeutung. Der LU-LU Session-Typ wird z.B. im Bit 1 bis 7 des Byte 14 der BIND Session-Parameter definiert.

Die SLU überprüft die im BIND empfangenen Session-Parameter, entscheidet, ob der eigene LU-Typ und die eigenen Fähigkeiten den geforderten entsprechen, und sendet eine entsprechende BIND Response.

Zwei Typen von BIND SESSION Requests sind zu unterscheiden:

♦ **nonnegotiable (nicht verhandelbarer) BIND**
Der nonnegotiable BIND SESSION Request wird bei den klassischen LU-Session Type 0, 1, 2 und 3 eingesetzt.

♦ **negotiable (verhandelbarer) BIND**
Der negotiable BIND SESSION Request wird bei Sessions vom LU Typ 6.2 eingesetzt.

Im Falle des nonnegotiable BIND prüft die SLU die BIND-Parameter und sendet eine negative Response, wenn die Parameter nicht akzeptierbar sind. In der Response Unit wird ein entsprechender Sense Code übergeben. Werden die BIND-

Parameter akzeptiert, so wird eine positive Antwort gegeben und die Session ist damit aufgebaut.

Im Falle des negotiable BIND sendet die SLU in der BIND Response UNit ihren eigenen (kompletten) Satz BIND Session-Parameter an die PLU zurück. Die SLU muß einen BIND also nicht zurückzuweisen (negative Response), wenn übergebene Parameter nicht mit den erwarteten übereinstimmen. Ist der empfangene BIND-Request in irgendeiner Weise akzeptabel, so wird eine positive Response mit einem vollständigen Satz Session-Parametern zurückgegeben. Die PLU prüft nun ihrerseits die Parameter und sendet entweder den UNBIND SESSION Request, wenn die Parameter nicht akzeptabel sind, oder benutzt diese Parameter für die folgende Session.

Definiert wird der BIND-Typ in Byte 1 (Bit 4-7) der BIND Request Unit (RU).

Parameter des BIND SESSION Requests

Die Parameter der BIND Request Unit werden nachfolgend kurz beschrieben. Hexadezimale Zahlen werden durch ein vorangestelltes X gekennzeichnet. Das erste Byte innerhalb der RU, also das Byte mit der Nummer 0, enthält den Request Code des BIND SESSION Request X'31'.

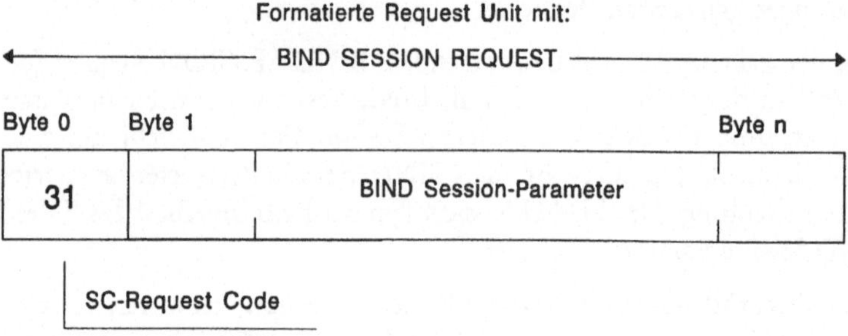

Bild 4.66 BIND SESSION Request

Byte	Funktion
0	Request Code: X'31'

Byte	Bit	Funktion
1	0-3	Format: 0000
	4-7	0000: negotiable BIND
		0001: nonnegotiable BIND

Byte	Funktion
2	FM-Profile: X'02': FM-Profile 02 X'03': FM-Profile 03 X'04': FM-Profile 04 X'07': FM-Profile 07 X'12': FM-Profile 18 X'13': FM-Profile 19

Byte	Funktion
3	TS-Profile: X'02': FM-Profile 02 X'03': FM-Profile 03 X'04': FM-Profile 04 X'07': FM-Profile 07

Byte	Bit	Funktion
4		FM-Usage Field für die Primary-LU:
	0	Verwendung von Chains: = 1: Chains können aus mehreren RUs bestehen = 0: Nur Single-RU Chains sind erlaubt
	1	Request Control Mode: = 1: Delayed Request Mode = 0: Immediate Request Mode
	2-3	Chain Response Mode: = 01: Exception Response = 10: Definite Response = 11: Exception oder Definite Response
	4	Commitment-Definition bei LU 6.2 = 0: 2-Phase Commit wird nicht unterstützt = 1: 2-Phase Commit wird unterstützt
	5	reserviert
	6	Compression Indicator: = 0: Keine Komprimierung = 1: Komprimierung erlaubt
	7	End Bracket Indicator = 1: die PLU darf End Bracket senden = 0: die PLU darf kein End Bracket senden

Byte	Bit	Funktion
5		FM-Usage Field für die Secondary-LU:
	0	Verwendung von Chains: = 1: Chains können aus mehreren RUs bestehen = 0: Nur Single-RU Chains sind erlaubt
	1	Request Control Mode: = 1: Delayed Request Mode = 0: Immediate Request Mode
	2-3	Chain Response Mode: = 01: Exception Response = 10: Definite Response = 11: Exception oder Definite Response
	4	Commitment-Definition bei LU 6.2 = 0: 2-Phase Commit wird nicht unterstützt = 1: 2-Phase Commit wird unterstützt
	5	reserviert
	6	Compression Indicator: = 0: Keine Komprimierung = 1: Komprimierung erlaubt
	7	End Bracket Indicator = 1: die SLU darf End Bracket senden = 0: die SLU darf kein End Bracket senden

Byte	Bit	Funktion
6		FM-Usage Field-1 für Secondary und Primary Logical Unit:
	0	reserviert
	1	FM-Header: = 1: FM-Header sind zugelassen = 0: FM-Header sind nicht zugelassen
	2	Brackets: = 1: Brackets sind zugelassen = 0: Brackets sind nicht zugelassen
	3	Bracket Abbauregel: = 1: Bracket Termination Rule 1 = 0: Bracket Termination Rule 2
	4	Alternate Code: = 0: alternierender Code ist nicht erlaubt = 1: alternierender Code ist erlaubt
	5	Sequenznummern für SYNC-POINT Resynchronistation verwendbar: = 1: ja = 0: nein
	6	BIS senden erlaubt (nur für TS-Profile 4) = 1: ja = 0: nein

Fortsetzung auf der nächsten Seite

Byte	Bit	Funktion
6	7	BIND Queuing Indicator: = 0: BIND darf beim Empfänger nicht in eine Queue gestellt werden = 1: BIND darf in Queue gestellt werden, die Response kommt also evtl. verzögert

Byte	Bit	Funktion
7		FM-Usage Field-2 für Secondary und Primary Logical Unit:
	0-1	Normal-Flow Send/Receive Mode: = 00: full-duplex = 01: half-duplex contention = 10: half-duplex flip-flop = 11: reserviert
	2	Recovery-Verantwortung: = 0: Contention Loser ist für Recovery verantwortlich = 1: symmetrische Verantwortung (nur bei LU 6.2)
	3	Contention Winner/Loser = 0: SLU ist Contention Winner = 1: PLU ist Contention Winner
	4-5	Verarbeitung von alternierendem Code: = 00: FMD-RU mit ASCII-7 Code verarbeiten = 01: FMD-RU mit ASCII-8 Code verarbeiten
	6	Verwendung von Control Vectors: = 1: Control Vector vorhanden (Feld nach SLU-Namen, Byte r+1-s) = 1: kein Control Vector vorhanden
	7	Half-duplex flip-flop Reset-Status: = 0: SLU ist Sender, PLU ist Empfänger = 1: PLU ist Sender, SLU ist Empfänger

Byte	Bit	Funktion
8-13		TS-Usage Field:
8	0	Session-Level Pacing der SLU für normal Flow Request Units: = 0: One-Stage-Pacing = 1: Two-Stage-Pacing
	1	reserviert
	2-7	Send Pacing Window Size der SLU beim Session-Level Pacing
9	0	Adaptive Session-Level Pacing: = 0: wird nicht unterstützt = 1: Wird unterstützt
	1	reserviert
	2-7	Receive Pacing Window Size der SLU beim Session-Level Pacing

Fortsetzung auf der nächsten Seite

Byte	Bit	Funktion
10		Maximale RU-Größe der Secondary Logical Unit beim Senden von Normal Flow Request Units
11		Maximale RU-Größe der Primary Logical Unit beim Senden von Normal Flow Request Units
12	0	Session-Level Pacing der PLU für normal Flow Request Units: = 0: One-Stage-Pacing = 1: Two-Stage-Pacing
	1	reserviert
	2-7	Send Pacing Window Size der PLU beim Session-Level Pacing
13	0-1	reserviert
	2-7	Receive Pacing Window Size der PLU beim Session-Level Pacing

Byte	Bit	Funktion
14-25		PS-Profiles:
14	0	reserviert
	1-7	LU-Typ: 0000000: LU-LU Session-Typ 0 0000001: LU-LU Session-Typ 1 0000010: LU-LU Session-Typ 2 0000011: LU-LU Session-Typ 3 0000100: LU-LU Session-Typ 4 0000110: LU-LU Session-Typ 6 0000111: LU-LU Session-Typ 7
15-25		PS-Usage Field: Abhängig vom jeweiligen LU-Typ werden hier die Eigenschaften der Presentation Services bis ins Detail definiert. Bei der LU 6.2 hat Byte 15 den Wert: X'02'

Byte	Bit	Funktion
26-k		Kryptographie-Optionen: Hier werden Informationen für das Ver- und Entschlüsseln von Request Units hinterlegt.

Byte	Bit	Funktion
k+1-m		Name der Primary Logical Unit:
k+1		Länge des PLU-Namen
k+2-m		Logischer Name der PLU

Byte	Bit	Funktion
m+1-n		User Data Field:
m+1		Länge des User Data Fields (X'00' ⇨ kein User Data Field vorhanden)
m+2-n		User Data

4.6.4   Network Control

Zwischen Physical Units gibt es eigentlich keine SNA-Sessions. Eine PU kann je nach ihrer Funktion im SNA-Netz jedoch über die Network Control (NC), die den Austausch von Steuerinformationen mit anderen PUs ermöglicht, verfügen. Über Network Control-Befehle wird das Management expliziter und virtueller Routen durchgeführt. Die Network Control existiert nur in Physical Units. Explizite und virtuelle SNA-Routen werden wir im Kapitel Funktionsschicht 3, Path Control, näher betrachten.

Bisher haben wir hauptsächlich die logische Kommunikation zwischen Network Addressable Units kennengelernt. Irgendwann müssen aber die SNA-Informationen (Request/Response Unit, Request/Response Header und Function Management Header) physikalisch über Leitungen, genauer Network Links, transportiert werden. Für diesen Transport der SNA-Information vom Quellknoten durch ein komplexes Netzwerk hindurch bis zum Zielknoten ist das Path Control Network (PCN) verantwortlich, das wir in den folgenden Kapiteln vorstellen wollen.

4.7   Funktionsschicht 3: Path Control Layer

Das physische SNA-Netzwerk besteht aus Network Nodes, die über Network Links miteinander verbunden sind. Network Nodes werden in Subarea Nodes (PU-Typ 5 und 4) und Peripheral Nodes (PU-Typ 1, 2.0 und 2.1) unterschieden. Bei den folgenden Betrachtungen lassen wir die relativ neuen peripheren Knoten vom Typ 2.1 erst einmal unberücksichtigt, widmen uns den klassischen Knotentypen und behandeln die Knoten vom Typ 2.1 seperat.

♦ **Peripheral Node**
Ein Peripheral Node ist ein SNA-Knoten, der über einen Network Link an einen Subarea Node angeschlossen ist. Die SNA-Endbenutzer eines Peripheral Nodes kommunizieren logisch nur mit SNA-Endbenutzern des Host Nodes. Die gesamte Kommunikation wird vom zentralen Host Node, genauer gesagt dem VTAM mit dem SSCP, gesteuert. Wie wir später noch sehen werden, bilden Peripheral Nodes vom Typ 2.1 in dieser Beziehung eine Ausnahme. Ihre SNA-Endbenutzer können (auch ohne Steuerung und Kontrolle des zentralen SSCP) mit SNA-Endbenutzern anderer peripherer Knoten vom Typ 2.1 kommunizieren.

♦ **Subarea Node**
Ein Subarea Node ist für die Steuerung der an ihm angeschlossenen Peripheral Nodes verantwortlich.

Der Host Node (PU-Typ 5) enthält die zentrale Steuerung einer SNA-Domäne, das VTAM mit seiner Komponente System Services Control Point (SSCP). Ein Host Node stellt aber auch die zentralen Anwendungen (SNA-Endbenutzer) für Peripheral Nodes zur Verfügung. Die Host Subarea besteht aus dem Host Node selbst und den lokal angeschlossenen Peripheral Nodes.

Der Communication Controller Node (PU-Typ 4) ist für die Netzwerksteuerung verantwortlich und enthält das Network Control Program (NCP). Ein Communication Controller Node (CUCN) unterstützt keine SNA-Endbenutzer und verfügt demzufolge auch über keine Logical Units. Die von einem Communication Controller Node verwaltete Subarea besteht aus dem CUCN und den angeschlossenen Peripheral Nodes.

Die Boundary Function ist die Komponente eines Subarea Nodes, die für die Steuerung und Kontrolle der Kommunikation zu einem Peripheral Node verantwortlich ist. In diesem Zusammenhang wird auch oft von einem Boundary Network Node (BNN) gesprochen.

Die Intermediate Function ist die Komponente eines Subarea Nodes, die für das Durchschleusen von SNA-Nachrichten in andere Subareas verantwortlich ist. Subarea Nodes, die SNA-Nachrichten aus einer Subarea übernehmen und in eine andere Subarea weiterleiten, nennt man Intermediate Network Node (INN). Betrachten wir eine Application Session zwischen der PLU von IMS und der SLU einer 3270 Dialogstation. Die Session-Partner werden jeweils von der Boundary Function ihres Subarea Nodes verwaltet. Alle Subarea Nodes, die zwischen den beiden Boundary Network Nodes liegen, sind Intermediate Network Nodes. In der Regel verhält sich ein Communication Controller Node je nach Session, die man betrachtet, sowohl als Intermediate Network Node als auch als Boundary Network Node.

SNA-Nachrichten, die auf Session-Ebene ausgetauscht werden, müssen physisch durch das SNA-Netzwerk transportiert werden.

Das Path Control Network, dessen oberste Schicht die Path Control ist, hat folgende Aufgaben:

♦ Routing, also Wegewahl von der sendenden Network Addressable Unit (NAU) bis zur empfangenden NAU,

♦ Physischer Transport der Daten durch das SNA-Netz und über Network Links,

♦ Sicherstellung der Vollständigkeit und Fehlerfreiheit der übertragenen Daten.

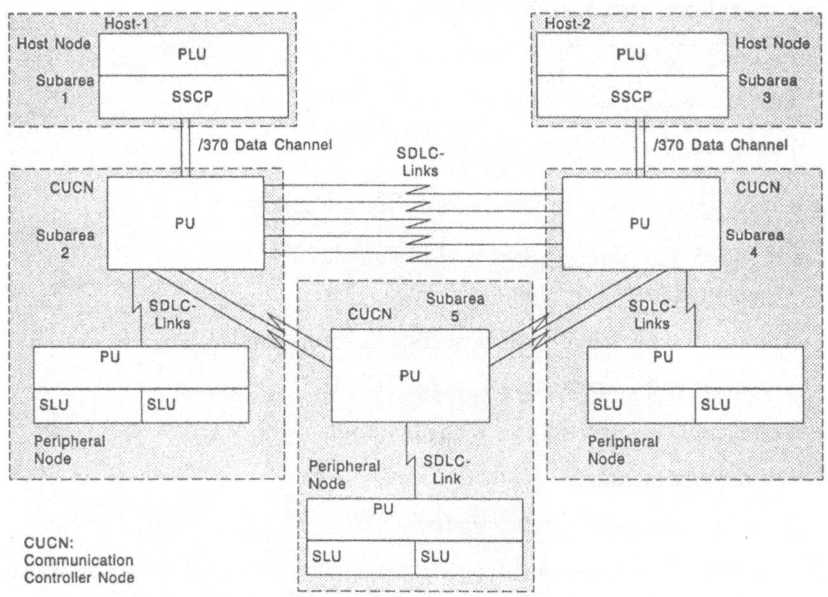

Bild 4.67 Subarea Nodes und Peripheral Nodes

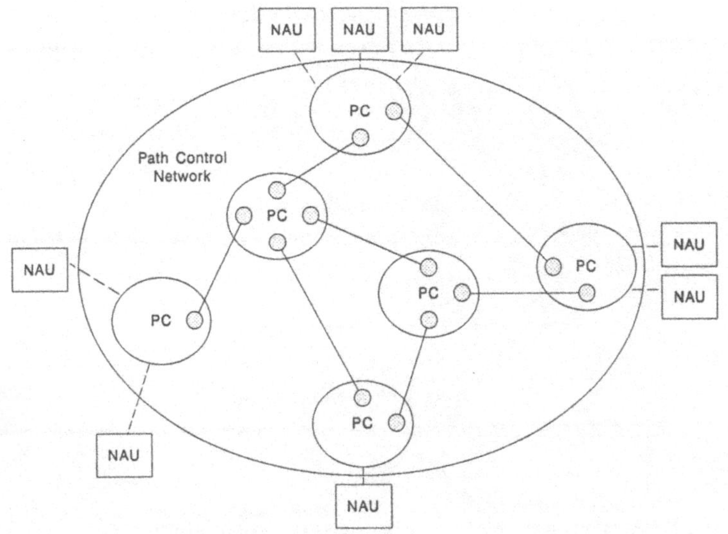

Bild 4.68 Aufgaben des Path Control Networks

Das Path Control Network besteht aus drei Funktionsschichten, die gemeinsam die oben aufgeführten Aufgaben erfüllen:

♦ Funktionsschicht 3: Path Control (PC),

♦ Funktionsschicht 2: Data Link Control (DLC),

♦ Funktionsschicht 1: Physical Link (PL).

Zu den Hauptaufgaben der Schicht Path Control gehören:

♦ Segmentieren und Blocken von Request/Response Units,

♦ Verwalten der SNA-Adreßmechanismen,

♦ Routing von SNA-Informationen (Path Information Units),

♦ Verwalten von Transmission Groups (TG),

♦ Verwalten der expliziten und virtuellen Routen (ER, VR),

♦ Prioritätensteuerung,

♦ Verwalten des Transmission Headers (TH).

Für die Kommunikation mit der paarigen Funktionsschicht verwendet die Path Control ausschließlich den Transmission Header (TH):

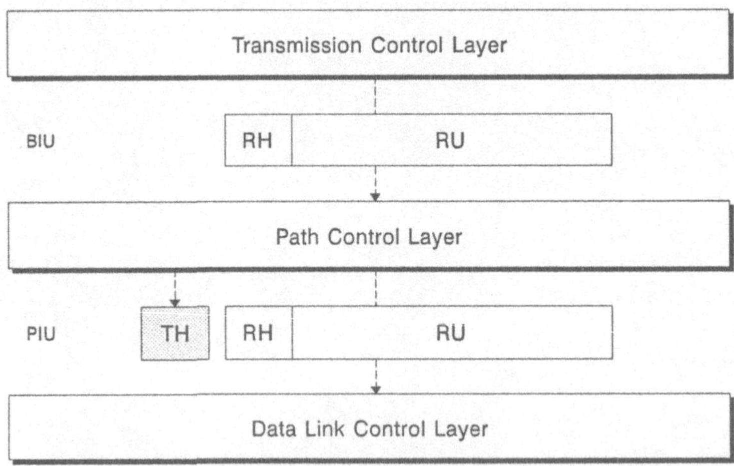

Bild 4.69 Informationseinheit der Path Control

4.7.1 SNA-Netzwerkadressen und Transmission Header

Wie wir aus den vorangegangenen Kapiteln wissen, werden Network Addressable Units (NAU) innerhalb einer SNA-Domäne eindeutig durch die globale SNA-Netzwerkadresse (Network Address) identifiziert. Eine Network Address besteht aus der Subarea Address und der Element Address. Das globale Adreßformat wird verwendet, wenn Path Information Units (PIU) zwischen Subarea Nodes ausgetauscht werden.

Für die Kommunikation zwischen einem Subarea Node (Boundary Network Node) und einem Peripheral Node wird das lokale Adreßformat benutzt. Eine lokale Adresse (local Address) ist nur innerhalb eines peripheren Knoten eindeutig und nicht netzweit. Die Umsetzung vom globalen ins lokale Adreßformat ist Aufgabe der Boundary Function eines Subarea Nodes.

Die (globalen bzw. lokalen) Netzwerkadressen müssen, um Routing überhaupt zu ermöglichen, zusammen mit der eigentlichen SNA-Request/Response Unit durch das Netz transportiert werden. Diese Aufgabe übernimmt die Path Control, indem sie sowohl die Adresse der sendenden Network Addressable Unit als auch die der Ziel-NAU im Transmission Header hinterlegt. Aufgrund der unterschiedlichen Adreßformate gibt es auch unterschiedliche Typen von Transmission Headern. Länge und Inhalt eines Transmission Headers werden durch die Format Identification (FID) beschrieben. Folgende FID-Typen wurden im Laufe der Zeit entwickelt:

- **FID-Typ 0**: Länge 10 Bytes
  Der Transmission Header vom FID-Typ 0 wird beim Transport der Daten von nicht SNA-fähigen Geräten benutzt, die über SNA-Subarea Nodes miteinander verbunden sind.

- **FID-Typ 1**: Länge 10 Bytes
  Der Transmission Header vom FID-Typ 1 wird beim Transport von Daten zwischen SNA-Subarea Nodes benutzt, die keine Protokolle für das explizite und virtuelle Routing unterstützen.

- **FID-Typ 2**: Länge 6 Bytes
  Der Transmission Header vom FID-Typ 2 wird beim Transport von Daten zwischen SNA-Subarea Nodes und Peripheral Nodes vom Typ 2.1 oder 2.0 benutzt. Er enthält die lokalen Adressen des Quell- und Ziel-NAU im (je ein Byte großen) Origin und Destination Address Field. Der FID-Typ 2 wird ebenfalls bei der Kommunikation zwischen Knoten vom Typ 2.1 verwendet.

- **FID-Typ 3**: Länge 2 Bytes
  Der Transmission Header vom FID-Typ 3 wird beim Transport von Daten zwischen SNA-Subarea Nodes und Peripheral Nodes vom PU-Typ 1 benutzt.

♦ **FID-Typ 4:** Länge 26 Bytes
Der Transmission Header vom FID-Typ 4 wird beim Transport von Daten
zwischen SNA-Subarea Nodes benutzt, die das explizite und virtuelle Routing
unterstützen. Dieser TH enthält die globalen SNA-Netzwerkadressen von
Quell- und Ziel-NAU. Dabei sind für die Subarea Address je 4 Bytes (Origin
Subarea Field und Destination Subarea Field) und für die Element Address je 2
Bytes (Origin Element Field und Destination Element Field) reserviert.

♦ **FID-Typ F:** Länge 26 Byte
Der Transmission Header vom FID-Typ F wird zwischen SNA-Subarea Nodes
benutzt, die explizites und virtuelles Routing unterstützen, um Steuerinformationen auszutauschen.

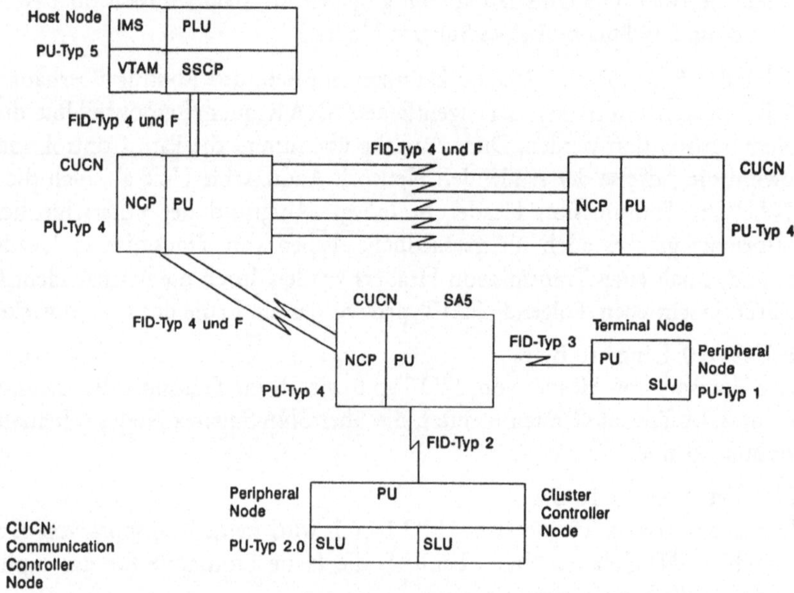

Bild 4.70 SNA Nodes und die Verwendung des TH

In heutigen SNA-Netzwerken spielen die Transmission Header vom FID-Typ 2,
FID-Typ 4 und FID-Typ F eine herausragende Rolle. Der FID-Typ 4 und FID-Typ
F, da so gut wie alle Subarea Nodes virtuelles und explizites Routing unterstützen
und der FID-Typ 2, weil fast alle Peripheral Nodes heute immer noch PUs vom
Typ 2.0 sind. Terminal Nodes vom PU-Typ 1 sind dagegen ganz vom Markt ver-
schwunden. Der Transmission Header vom FID-Typ 2 wird auch von dem neuen
Knoten-Typ 2.1 benutzt und ist daher besonders wichtig. Nachfolgend wird der
TH vom FID-Typ 2 näher beschrieben.

4.7.2 Der Transmission Header vom FID-Typ 2

Informationen, die wir im Transmission Header vom FID-Typ 2 finden, sind:

* lokale Adresse der Ziel-NAU im Destination Address Field (DAF),

* lokale Adresse der Quell-NAU im Origin Address Field (OAF),

* Session-Sequenznummern im Sequence Number Field (SNF),

* Segmentierungsinformationen im Mapping Field (MPF),

* Kennzeichen für normalen oder vorrangigen Datenfluß im Expedited Flow Indicator (EFI).

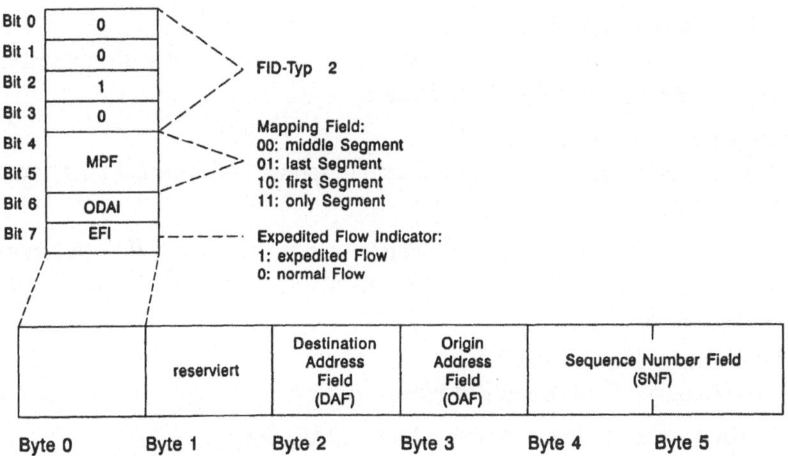

Bild 4.71 Format des TH vom FID-Typ 2

* **Format Identification (FID)**
  Der FID-Type kennzeichnet Länge und Inhalt des Transmission Headers. Der TH vom FID-Type 2 ist 6 Bytes groß.

* **Mapping Field (MPF)**
  Das MPF kennzeichnet die einzelnen Segmente einer segmentierten SNA-Basic Information Unit (BIU):

  00 = mittleres Segment
  01 = letztes Segment
  10 = erstes Segment
  11 = einziges Segment (unsegmentierte Nachricht)

Das Segmentieren von Basic Information Units (BIU: Request/Response Header plus Request/Response Unit) ist ein Protokoll, das zwischen Boundary Network Node und angeschlossenen Peripheral Nodes wirksam ist. Segmentieren von BIUs wird notwendig, wenn die Größe des Empfangspuffers beim Peripheral Node kleiner ist als die Größe der Basic Information Unit. Jeder Boundary Node muß die Puffergrößen der angeschlossenen Peripheral Nodes kennen, um das Segmentieren richtig durchführen zu können. Diese Informationen werden bei der Netzwerkdefinition durch die VTAM/NCP-Generierung festgelegt. Bei einer segmentierten Nachricht wird im Mapping Field nur das erste und letzte Segment speziell gekennzeichnet. Alle anderen sind als mittlere Segmente ausgewiesen. Die Boundary Function des Subarea Nodes garantiert die richtige Reihenfolge der Segmente. Im Sequence Number Field tragen alle Segmente einer Basic Information Unit die gleiche Sequenznummer.

♦ **Origin/Destination Address Assignor Indicator (ODAI):**
Das ODAI-Bit wird zur Adreßrahmenerweiterung bei der Kommunikation zwischen Knoten vom Typ 2.1 verwendet.

♦ **Expedited Flow Indicator (EFI):**
Dieses Bit zeigt an, ob die SNA-Request/Response Unit normal oder vorrangig transportiert werden soll.

Endbenutzerdaten werden grundsätzlich im normalen Datenfluß transportiert. Bestimmte SNA-Befehle (z.B. Session Control-Befehle) werden im Expedited Flow gesendet.

0 = normaler Fluß (Normal Flow)
1 = vorrangiger Fluß (Expedited Flow)

♦ **Destination und Origin Address Field (DAF, OAF):**
Die lokale Adresse der Network Addressable Unit (NAU), die das Ziel der Nachricht ist, wird im Destination Address Field (DAF) hinterlegt. Das Origin Address Field (OAF) enthält die lokale Adresse der Network Addressable Unit, die die Request/Response Unit abgesendet hat.

Im lokalen Adreßformat sind einige Adressen fest definiert:

- Die Physical Unit (PU) in einem Peripheral Node hat immer die lokale Adresse 0.

- Der System Services Control Point (SSCP) im Host Node hat im lokalen Adreßformat immer die Adresse 0.

- Secondary Logical Units (SLU) in Peripheral Nodes werden beginnend mit der lokalen Adresse 1 durchnumeriert. Eine Ausnahme stellen 3270-Cluster Controller Nodes (z.B. IBM-3174) dar. Hier werden die SLUs in der Regel beginnend mit der lokalen Adresse 2 durchnumeriert. Die lokale Adresse 1 ist reserviert.

- Die Primary Logical Units (PLU) im Host Node werden meist mit der lokalen Adresse 1 identifiziert.

♦ **Sequence Number Field (SNF):**
Endbenutzerdaten und SNA-Befehle im Normal Flow Mode werden ab Beginn der Session in aufsteigender Reihenfolge durchnumeriert. Das SNF dient der Sequenz- und Vollständigkeits-Kontrolle (Ende-zu-Ende Kontrolle).

SNA-Befehle im Expedited Flow werden in diesem Byte mit einer, innerhalb der Session eindeutigen, numerischen Identifikation (Identifier) versehen.

Das Sequence Number Field wird auch benutzt, um eine SNA-Response Unit eindeutig einer SNA-Request Unit zuordnen zu können (Request Response Correlation).

Path Information Units, die zu einer segmentierten Basic Information Unit gehören, tragen im SNF identische Sequenznummern.

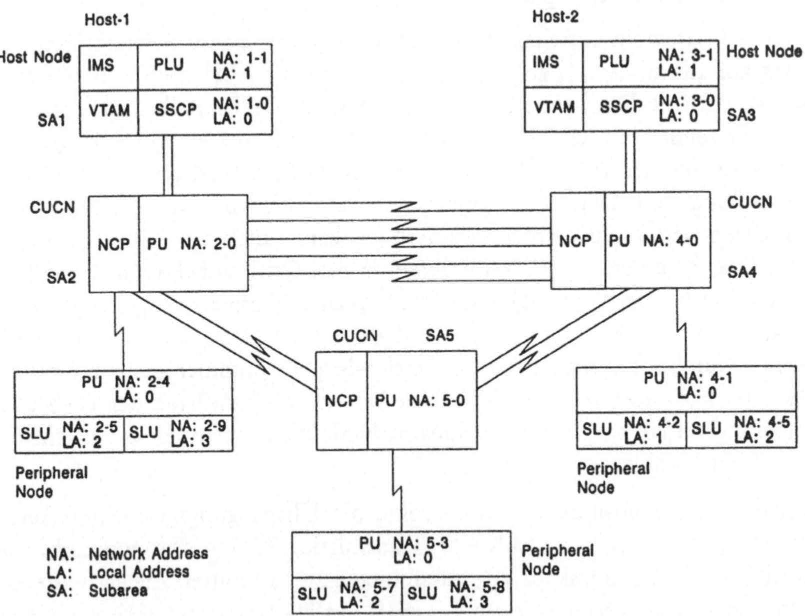

Bild 4.72 Network Address und Local Address

4.7.3   Transmission Groups (TG)

Die wichtigsten Verbindungsmöglichkeiten zwischen Subarea Nodes sind:

♦ Verbindung zwischen Host Node und Communication Controller Node über den /370 Data Channel,

♦ Verbindung zwischen Communication Controller Nodes untereinander über SDLC-Links.

Um die Bandbreite bei der Übertragung von Informationen zwischen benachbarten Subarea Nodes zu erhöhen, werden Parallel Links verwendet. Bei der Verbindung von Communication Controller Nodes sind dies üblicherweise SDLC-Standleitungen, die mit einer Geschwindigkeit von 64 KBit/s oder 2 MBit/s arbeiten.

Ein Bündel von parallelen Links kann logisch zu einer Einheit, die Transmission Group (TG) genannt wird, zusammengefaßt werden. Eine Transmission Group kann logisch als ein einziger Network Link betrachtet werden. Nur die Subarea Nodes, die über eine TG miteinander verbunden sind, müssen die wirkliche Struktur der Transmission Group kennen.

Die zur Übertragung anstehenden Daten werden von einem Subarea Node automatisch auf alle zu der TG gehörenden Links verteilt. Dabei kann es natürlich vorkommen, daß die Daten beim Partner nicht in derselben Reihenfolge eintreffen, wie sie abgesendet wurden. Haben wir z.B. auf einem Link einen Übertragungsfehler, so wird der fehlerhafte Übertragungsblock noch einmal gesendet. Durch die Wiederholung von Übertragungsblöcken kann nicht nur die Reihenfolge der Nachrichten vertauscht werden, sondern es kann auch zur Duplizierung von Nachrichten kommen. Um dieses Problem in den Griff zu bekommen, werden im Transmission Header vom FID-Typ 4 TG-Sequence Numbers mitgesendet, die von der Path Control im empfangenden Subarea Node überprüft werden. Die TG-Sequence Number hat nichts mit der Session-Sequenznummer gemein, die für die Ende-zu-Ende Kontrolle auf Session-Ebene benutzt wird. Anhand der TG-Sequence Number ordnet ein empfangender Subarea Node die Reihenfolge der Nachrichten und entfernt Duplikate.

Innerhalb einer Transmission Group sollte die Übertragungsgeschwindigkeit der einzelnen Links gleich sein. Falls eine Transmission Group sich aus Links unterschiedlicher Übertragungskapazität zusammensetzt, so limitiert die geringste Übertragungsgeschwindigkeit die Gesamtkapazität der TG.

Fällt ein Link der Transmission Group aus, so wird lediglich die Bandbreite der TG geschmälert, die Funktionsfähigkeit der TG an sich bleibt uneingeschränkt. Damit erhöht das Bilden von Transmission Groups nicht nur die Bandbreite bei der Übertragung von Daten zwischen zwei Subarea Nodes, sondern steigert auch die Zuverlässigkeit der Übertragung. Erst wenn der letzte Link einer TG ausgefallen ist, ist keine Übertragung mehr möglich.

Eine Transmission Group muß nicht unbedingt mehrere Parallel Links enthalten, sie kann auch aus einem einzigen Link bestehen. So ist z.B. auch der /370 Data Channel, der Host und lokalen Communication Controller Node verbindet, per Definition eine Transmission Group.

Zwischen zwei benachbarten Subarea Nodes können auch mehrere Transmission Groups existieren. Für die Last- und Prioritätensteuerung bietet es sich an, TGs unterschiedlicher Bandbreite einzusetzen.

Jede Transmission Group, die zwischen zwei benachbarten Subarea Nodes existiert, muß mit einer eindeutigen Nummer, der TG Number, identifiziert werden. Die Eindeutigkeit muß nur zwischen zwei direkt benachbarten Subarea Nodes gewährleistet sein. Wie in Bild 4.73 dargestellt, kann die gleiche TG Number von einem Subarea Node für die Verbindung zu unterschiedlichen Partnern benutzt werden. Der /370 Data Channel trägt immer die TG Number 1. Über die Definition des Netzwerkes per VTAM/NCP-Generierung werden Transmission Groups gebildet und TG Numbers zugewiesen.

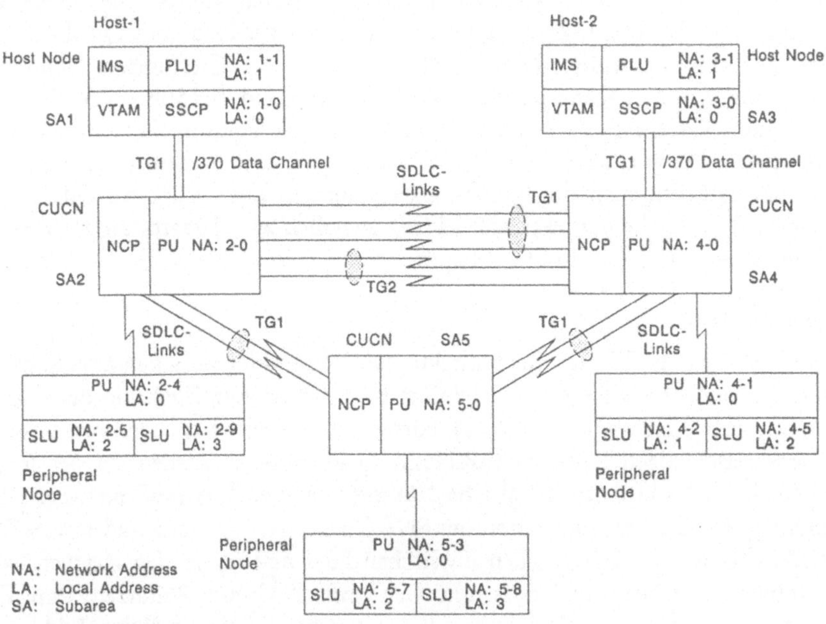

Bild 4.73 Verbindungen zwischen Subarea Nodes

Um bei der Übertragung von Nachrichten durch das SNA-Netzwerk eine Prioritätensteuerung zu ermöglichen, werden entsprechende Informationen im Transmission Header vom FID-Typ 4 mitgeführt. Die entsprechenden Felder sind das Network Priority Field und das Transmission Priority Field.

♦ Path Information Units (PIU) mit Network Priority werden vor allen anderen anstehenden Nachrichten über die TG gesendet.

♦ Path Information Units ohne Network Priority können mit drei unterschiedlichen Transmission Priorities (niedrig, mittel, hoch) versehen werden. Eine PIU mit niedriger Transmission Priority wird erst dann über eine TG gesendet, wenn keine PIUs mit mittlerer oder hoher Transmission Priority mehr in der Warteschlange stehen. Ein Aging Algorithmus verhindert, daß PIUs mit niedriger Transmission Priority endlos lange in der Warteschlange der TG stehen.

4.7.4 Virtuelle und explizite Routen

Durch Transmission Groups sind Übertragungswege zwischen zwei direkt benachbarten Subarea Nodes definiert. Das genügt jedoch noch nicht, um Daten, die innerhalb einer SNA-Session ausgetauscht werden, durch ein SNA-Netzwerk zu transportieren. Zu diesem Zweck muß ein durchgängiger Pfad vom Quell-Subarea Node über alle Intermediate Network Nodes bis hin zum Ziel-Subarea Node vorhanden sein. Ein durchgängiger Pfad zwischen Quell- und Ziel-Subarea Node kann durch einen geordneten Satz von Subarea Nodes und Transmission Groups definiert werden. Da in einer Session Daten nicht nur in eine Richtung gesendet werden, muß natürlich auch ein durchgängiger Pfad vom Ziel zurück zur Quelle definiert werden. Solche bidirektionalen Pfade zwischen zwei Subarea Nodes werden explizite Routen (Explicit Route) genannt.

Explicit Routes

Eine Explicit Route (ER) ist eine bidirektionale Verbindung zwischen zwei Subarea Nodes. Sie besteht aus der forward Explicit Route (Pfad zum Ziel) und der reverse Explicit Route (Pfad vom Ziel zurück). Forward und reverse Explicit Route müssen mit einer eindeutigen Nummer (ER-Number) identifiziert werden. In der Regel wird für beide Richtungen die gleiche Nummer benutzt. Das muß nicht so sein, erleichtert aber die Dokumentation des SNA-Netzwerkes. Forward und reverse Explicit Routes müssen den gleichen physischen Pfad und damit den gleichen Satz von Intermediate Network Nodes und Transmission Groups benutzen. Eine Explicit Route wird durch folgende vier Parameter beschrieben: Subarea Address 1 (SA-1), Subarea Address 2 (SA-2), Explicit Route Number (ERN) und Reverse Explicit Route Number (RERN).

- **Subarea Address 1 und 2 (SA-1, SA-2):**
  Über diese beiden Subarea Adressen werden die Endpunkte der expliziten Route definiert. Path Information Units, die über diese ER gesendet werden, tragen die beiden Subarea-Adressen je nach der Übertragungsrichtung im Destination und Origin Subarea Address Field des Transmission Headers (FID-Typ 4).

- **Explicit Route Number (ERN):**
  Die ERN ist die Nummer der forward Explicit Route vom Subarea Node mit der Subarea Address SA-1 hin zum Subarea Node mit der Adresse SA-2.

- **Reverse Explicit Route Number (RERN):**
  Die RERN ist die Nummer der reverse Explicit Route vom Subarea Node mit der Subarea Address SA-2 zurück zum Subarea Node mit der Adresse SA-1.

In Bild 4.73 existieren drei explizite Routen zwischen dem Subarea Node mit der Subarea Address 1 und dem Subarea Node mit der Adresse 5:

Explicit Route 1 (Subarea 1, Subarea 5, ERN=1, RERN=1)

- **Forward Explicit Route (ER1):**
  Subarea Node 1,
  Transmission Group 1 (TG1)
  Subarea Node 2
  Transmission Group 1 (TG1)
  Subarea Node 5

- **Reverse Explicit Route (ER1):**
  Subarea Node 5
  Transmission Group 1 (TG1)
  Subarea Node 2
  Transmission Group 1 (TG1)
  Subarea Node 1

Explicit Route 2 (Subarea 1, Subarea 5, ERN=2, RERN=2)

- **Forward Explicit Route (ER2):**
  Subarea Node 1,
  Transmission Group 1 (TG1)
  Subarea Node 2
  Transmission Group 2 (TG2)
  Subarea Node 4
  Transmission Group 1 (TG1)
  Subarea Node 5

♦ **Reverse Explicit Route (ER2):**
Subarea Node 5
Transmission Group 1 (TG1)
Subarea Node 4
Transmission Group 2 (TG2)
Subarea Node 2
Transmission Group 1 (TG1)
Subarea Node 1

Explicit Route 3 (Subarea 1, Subarea 5, ERN=3, RERN=3)

♦ **Forward Explicit Route (ER3):**
Subarea Node 1
Transmission Group 1 (TG1)
Subarea Node 2
Transmission Group 1 (TG1)
Subarea Node 4
Transmission Group 1 (TG1)
Subarea Node 5

♦ **Reverse Explicit Route (ER3):**
Subarea Node 5
Transmission Group 1 (TG1)
Subarea Node 4
Transmission Group 1 (TG1)
Subarea Node 2
Transmission Group 1 (TG1)
Subarea Node 1

Jeder Subarea Node kennt nur seine unmittelbaren Nachbarn und ist nicht mit dem gesamten Verlauf der expliziten Route vertraut. Deswegen müssen in jedem Subarea Node Informationen vorhanden sein, welcher direkt benachbarte Knoten angesprochen werden muß, um die Nachricht in Richtung Ziel weiterzusenden. Die für das Routing verantwortliche Instanz im Host Node ist die Zugriffsmethode VTAM, in Communication Controller Nodes ist es das NCP. Die entsprechenden Routing-Informationen werden in Form von Tabellen mit Makro-Instruktionen bei der VTAM/NCP-Generierung definiert. Eine besondere Rolle spielt dabei das PATH-Makro.

Für jeden Subarea Node (mit anderen Worten jedes VTAM und jedes NCP) wird in der VTAM/NCP-Generierung ein eigenes PATH-Makro definiert. Im PATH-Makro werden die Pfade zu allen anderen erreichbaren Subareas beschrieben. Als Operanden zum PATH-Makro gehören:

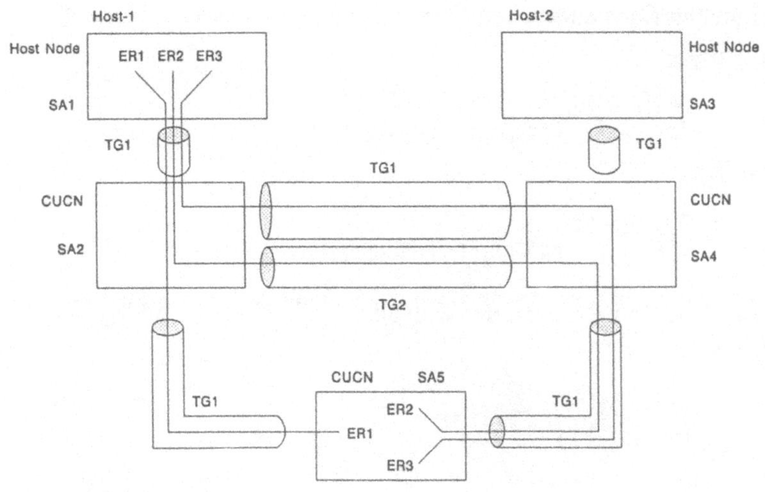

Bild 4.74 Explizite Routen

♦ **DESTSUB**
Im Operand DESTSUB (Destination Subareas) werden die Subarea-Adressen der Ziel-Subareas definiert.
Format: DESTSUB=(Subarea-Address, Subarea-Address,...)

♦ **ER*n***
Über den Operand ER*n* wird ein Teilabschnitt der expliziten Route mit der Nummer *n* definiert. Endgültiges Ziel der expliziten Route ER*n* ist der in DESTSUB spezifizierte Subarea Node. Die Definition des Teilabschnittes besteht aus der Angabe der Subarea Adresse des nächsten Subarea Nodes und der Nummer der Transmission Group, über die der nächste Knoten erreicht wird.
Format: ER*n*=(Subarea-Address, TG-Number)

Für unser Beispiel aus Bild 4.74 würden sich somit folgende Netzwerkdefinitionen für die drei expliziten Routen von Subarea 1 nach Subarea 5 in der VTAM/NCP-Generierung ergeben:

VTAM-Tabellen Host Node 1 (Subarea Address 1)

Forward Path:

```
PATH       DESTSUB=(5),
           ER1=(2,1), ER2=(2,1), ER3=(2,1)
```

NCP-Tabellen Communication Controller Node (Subarea Address 2)

Forward Path:

```
PATH        DESTSUB=(5),
            ER1=(5,1),  ER2=(4,2),  ER3=(4,1)
```

Reverse Path:

```
PATH        DESTSUB=(1),
            ER1=(1,1),  ER2=(1,1),  ER3=(1,1)
```

NCP-Tabellen Communication Controller Node (Subarea Address 4)

Forward Path:

```
PATH        DESTSUB=(5),
            ER2=(5,1),  ER3=(5,1)
```

Reverse Path:

```
PATH        DESTSUB=(1),
            ER2=(2,2),  ER3=(2,1)
```

NCP-Tabellen Communication Controller Node (Subarea Address 5)

Reverse Path:

```
PATH        DESTSUB=(1),
            ER1=(2,1),  ER2=(4,1),  ER3=(4,1)
```

In obigen Tabellen sind nur die Netzwerkdefinitionen aufgeführt, die für die Expliziten Routen (1, 2 und 3) zwischen Subarea Node 1 und Subarea Node 5 unbedingt notwendig sind.

Da zwischen zwei Subarea Nodes mehrere explizite Routen möglich sind, können Ausweichpfade definiert werden. In diesem Zusammenhang spricht man von Multiple Routes, von Alternate Routes und letztendlich auch von Virtual Routes.

Virtual Routes

Durch die Explicit Route wird der bidirektionale physische Pfad, der eine Verbindung zwischen zwei Subarea Nodes realisiert, beschrieben. Eine Virtual Route (VR) dagegen ist ein bidirektionaler logischer Kommunikationskanal zwischen zwei Subarea Nodes. Jede virtuelle Route wird durch eine Virtual Route Number (VR-Number) und die Angabe der Transmission Priority Number (TP-Number) beschrieben. Die Transmission Priority kann die Werte 0 (niedrige Priorität), 1 (mittlere Priorität) und 2 (hohe Priorität) annehmen. Beim Aufbau einer Session zwischen zwei Network Addressable Units wird der Session eine virtuelle Route zugewiesen. Virtual Routes sind nur dem VTAM von Host Subarea Nodes bekannt, das NCP der Communication Controller Nodes arbeitet ausschließlich mit expliziten Routen. Beim Aktivieren einer Virtual Route wird diese einer Explicit Route zugewiesen. Die Abbildung einer Virtual Route auf eine Explicit Route wird in dem PATH-Makro der VTAM-Tabellen definiert. Erweitern wir also unser PATH-Makro aus obigem Beispiel um die entsprechenden VR-Definitionen. Drei Virtuelle Routen zwischen dem Host Node (Subarea 1) und dem Communication Controller Node von Subarea 5 sind möglich. Die Virtual Route 1 soll der Explicit Route 1 zugewiesen werden, die Virtual Route 2 der ER2 und Virtual Route 3 der ER3.

VTAM-Tabellen Host Node 1 (Subarea Address 1)

```
PATH      DESTSUB=(5),
          ER1=(2,1), ER2=(2,1), ER3=(2,1),
          VR1=1, VR2=2, VR3=3
```

Für eine Session zwischen dem Host 1 und einer Network Addressable Unit der Subarea 5 stehen jetzt drei alternative virtuelle Routen zur Verfügung. Fällt die gerade benutzte explizite Route aus, so ist natürlich auch die entsprechende virtuelle Route nicht mehr zu gebrauchen. In diesem Fall wird die Session mit einem Fehler abgebrochen. Da aber noch zwei alternative virtuelle Routen vorhanden sind, kann eine neue Session über die nächste VR aufgebaut werden. Alternative virtuelle Verbindungen werden in einer weiteren VTAM-Tabelle, der Class Of Services Table (COSTAB) definiert. Über das Makro COS wird eine COSTAB beschrieben.

Format: COS   VR=((VR-Number,TP-Number),(VR-Number,TP-Number),...)

Für unser Beispiel könnte folgende COSTAB definiert sein:

```
COS       VR=((1,2),(2,1),(3,1))
```

Die in COSTAB an erster Stelle definierte virtuelle Route ist die Default Route, die standardmäßig beim Aufbau einer Session benutzt wird. Das wäre in unserem Beispiel also VR1 mit hoher Transmission Priority (TP-Number=2). Die beiden anderen Routen stehen in ihrer Reihenfolge als Backup zur Verfügung.

4.8   Funktionsschicht 2: Data Link Control Layer

Die Aufgabe der Data Link Control ist es, die von der Funktionsschicht 3 (Path Control) erhaltene Information vollständig und ohne Verfälschung zu einem benachbarten SNA-Knoten zu transportieren.

Zwei direkt benachbarte SNA-Knoten sind über einen SNA Network Link miteinander verbunden. Auf einem SNA Network Link werden die Daten in der Regel bitseriell übertragen (Ausnahme: /370 Data Channel). Dabei kann es (z.B aufgrund induktiver Einflüsse) zur Verfälschung der Daten kommen.

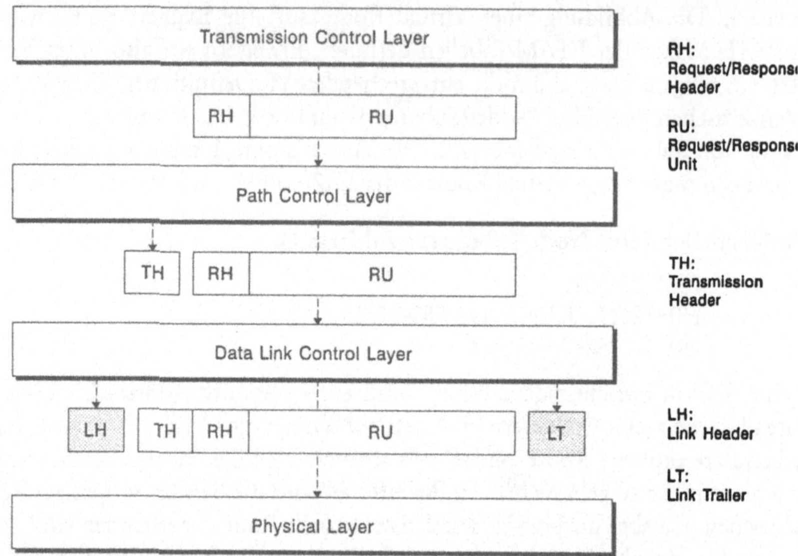

Bild 4.75 Aufgabe der DLC

Die Funktionsschicht Data Link Control (DLC) ist für den gesicherten Transport
der Daten über den Network Link (Übertragungsabschnitt) verantwortlich. Je nach
Charakteristik des Network Links werden als Realisierung der Data Link Control
unterschiedliche Übertragungsprotokolle eingesetzt.

- **SDLC-Protokoll**
  Auf Stand- und Wählleitungen in öffentlichen und privaten Weitverkehrsnet-
  zen wird das synchrone Übertragungsprotokoll SDLC (Synchronous Data Link
  Control) eingesetzt.

- **HDLC/LAP_B-Protokoll**
  Werden Daten in paketorientierten Netzen nach dem Standard X.25 übertragen (z.B. im DATEX-P Netz der DBP Telekom), so wird aufgrund der X.25-De-
  finitionen das Übertragungsprotokoll HDLC/LAP_B (High Level Data Link
  Control, Link Access Procedure_Balanced) eingesetzt.

- **IBM Token Passing und CSMA/CD-Verfahren**
  Den Zugriff und den Austausch von Daten steuert in einem IBM Token Ring
  LAN das Token Passing und in einer Ethernet-Umgebung das CSMA/CD-Ver-
  fahren (Carrier Sense Multiple Access, Collision Detection).

- **/370 Data Channel Protocol**
  Sind SNA-Knoten direkt über den parallelen /370 Kanal an den Host Node
  angeschlossen, wird die Übertragung über das /370 Kanalprotokoll gesteuert.

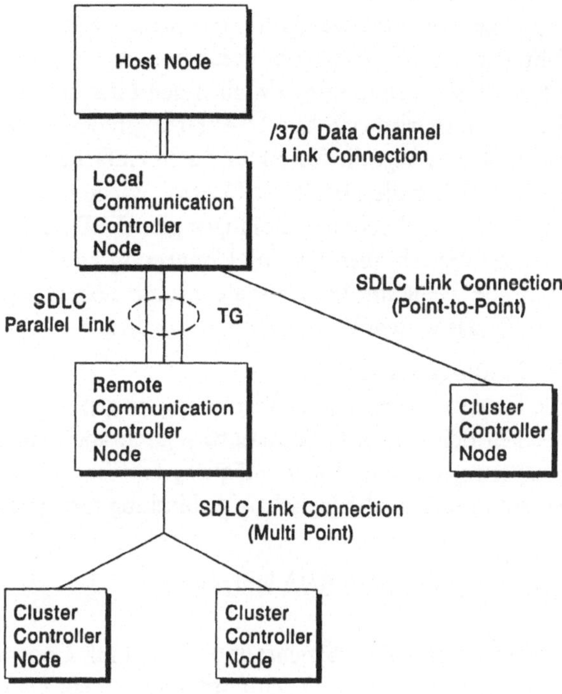

Bild 4.76 SNA Übermittlungsabschnitte

Als verantwortliche Instanz für die Übertragung der Daten ist die Data Link Control für folgende Funktionen zuständig:

♦ **Logischer Verbindungsaufbau**
Ein SNA Network Link besteht aus der Link Connection, die zwei Link Stations physikalisch miteinander verbindet. Bevor Daten übertragen werden können, muß zwischen den beiden Link Stations eine logische Verbindung hergestellt werden. Durch diese Synchronisation werden beide Link Stations in die Lage versetzt, Daten zu senden und zu empfangen.

♦ **Gesicherte Datenübertragung**
Nach dem logischen Verbindungsaufbau können Daten in beide Richtungen ausgetauscht werden. Da die Daten auf einem Network Link meist im halbduplex Mode übertragen werden, muß die Sende- und Empfangserlaubnis wechselweise zwischen den Link Stations abgegeben werden. Die Data Link Control erkennt über Prüfmechanismen, ob empfangene Daten korrekt und vollständig sind. Korrekt empfangene Übertragungsblöcke (Network Frames) müssen posi-

tiv quittiert werden. Beim Erkennen eines Übertragungsfehler (Bitverfälschung) muß der Empfänger eine negative Quittung senden, die den Sender des Frames dazu veranlaßt, den Übertragungsblock wiederholt zu senden. Ist die physikalische Verbindung (Link Connection) zwischen den Link Stations von extremen Störungen betroffen, so wird evtl. kein Übertragungsblock korrekt transportiert werden können. Hier versagt die Korrektur durch einfache Blockwiederholung. Für diesen Fall verwaltet die Data Link Control Wiederholzähler. Nach einer bestimmten Anzahl von Blockwiederholungen gibt die Data Link Control den Versuch, Daten erfolgreich über die Link Connection zu senden, auf und gibt eine entsprechende Fehlermeldung an die nächst höhere Funktionsschicht. Diese ist dann für das weitere Vorgehen verantwortlich.

♦ **Logischer Verbindungsabbau**
Nachdem alle Daten erfolgreich zum Partner übertragen wurden, wird die Verbindung zwischen den beiden Link Stations logisch abgebaut. Danach ist solange keine Übertragung von Daten möglich, bis die beiden Link Stations durch den erneuten Aufbau der logischen Verbindung neu synchronisiert sind.

4.8.1   SDLC-Übertragung im SNA Netzwerk

Das Übertragungsprotokoll SDLC (Synchronous Data Link Control) ist eine synchrone Prozedur für den geblockten Datentransfer auf einem Datenübertragungsabschnitt.

Das SDLC-Protokoll synchronisiert die Sende- und Empfangsstationen (Link Stations), die an einem Datenübertragungsabschnitt (Link Connection) angeschlossen sind. Der Transfer der Daten läuft entweder vollduplex oder halbduplex ab und das SDLC-Protokoll unterstützt sowohl Point-To-Point- als auch Multi-Point-Verbindungen. Das Übertragungsprotokoll SDLC stellt Recovery-Verfahren zur Verfügung, die Fehler bei der bitseriellen Datenübertragung auf der Link Connection erkennen. Erkannte Übertragungsfehler werden durch Wiederholung des Sendevorgangs korrigiert. Die zu übertragenden Daten werden vom SDLC-Protokoll in einen Übertragungsblock (Network Frame) gestellt. Ein Network Frame besteht aus dem protokollspezifischen SDLC-Header (Link Header), dem Informationsteil mit den zu transportierenden Daten und SDLC-Trailer (Link Trailer) eingerahmt. Die paarige Kommunikation zwischen den beiden SDLC-Partnern wird über Link Header- und Trailer-Informationen realisiert. Das SDLC-Protokoll residiert in einer SNA Link Station.

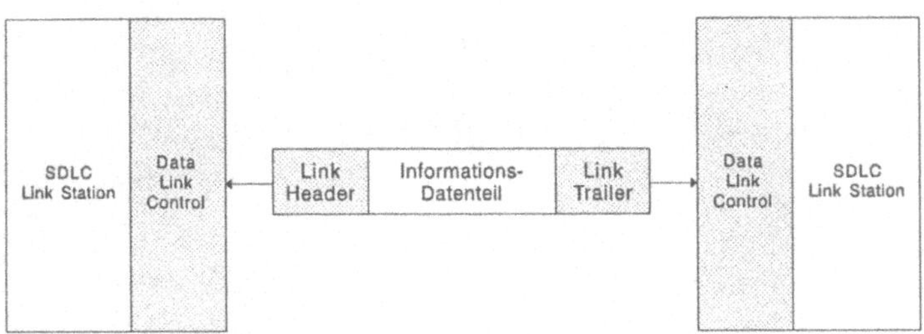

Bild 4.77 Link Station und SDLC

Das SDLC-Protokoll arbeitet vollkommen code-unabhängig. Alle SDLC-spezifischen Steuerinformationen stehen im Link Header und im Link Trailer. Der eigentliche Informationsteil eines Frames ist losgelöst von den Data-Link-Control-Steuerinformationen des SDLC-Headers und -Trailers. Die zu übertragende Information kann deshalb jede Code-Struktur haben und ist in ihrer Länge nicht beschränkt. Restriktiv bezüglich der Frame-Länge ist die Größe der SDLC-Sende- und Empfangspuffer einer Link Station.

Das SDLC ist ein ungleichberechtigtes Übertragungsprotokoll (unbalanced Procedure), die beiden SDLC-Protokollpartner haben unterschiedliche Rechte. Deshalb gibt es zwei Ausprägungen des SDLC-Protokolls, eine Primary SDLC und eine Secondary SDLC (auch Master SDLC und Slave SDLC genannt). Entsprechend der Protokollvariante unterscheidet man auch zwei Arten von Link Stations, die Primärstation (Primary Link Station) und die Sekundärstation (Secondary Link Station). Jeder Übertragungsabschnitt verbindet eine Primärstation mit einer oder mehreren Sekundärstationen. Die Primärstation (Primary SDLC) ist verantwortlich für die Steuerung und Überwachung des Übertragungsabschnitts, indem sie sogenannte SDLC-Commands sendet. Die Sekundärstationen antworten auf diese SDLC-Commands mit den entsprechenden SDLC-Responses. In einem hierarchischen SNA-Netzwerk liegt die Funktion der SDLC-Primärstation in den Communication Controller Nodes, die der Sekundärstation in den Cluster Controller und Terminal Nodes. Unabhängig vom eigentlichen Inhalt werden alle Frames, die von der Primärstation gesendet werden, SDLC-Commands genannt, während die von den Sekundärstationen gesendeten Frames als SDLC-Responses bezeichnet werden. Hier ist der Begriff SDLC-Response auf keinen Fall mit der SNA Response Unit zu verwechseln. SDLC-Responses wirken auf einem Network Link, SNA-Response Units sind logische Quittungen auf Session-Ebene.

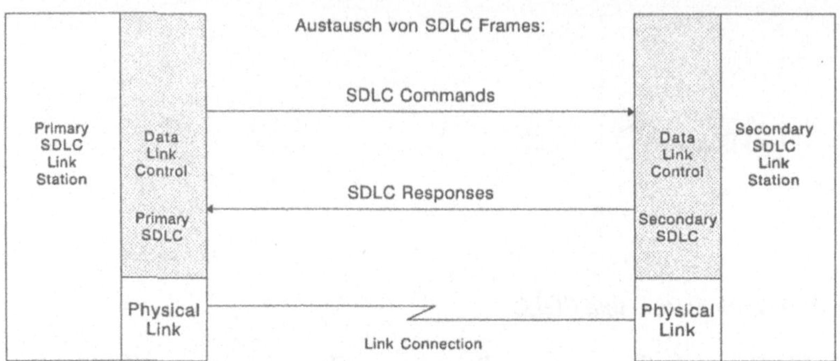

Bild 4.78 Primary und Secondary Link Station

Grundsätzlich werden zwei Kategorien von SDLC-Frames unterschieden, SDLC Information Frames und SDLC Control Frames.

◆ **SDLC Information Frame (I-Frame)**
Im Informationsteil von Information Frames werden SNA Request und Response Units über die Link Connection transportiert. Der Informationsteil eines Information Frames besteht in der Regel aus dem Transmission Header (TH), dem Request/Response Header (RH) und der eigentlichen Request/Response Unit (RU). Dieses Gebilde wird im SNA-Jargon Path Information Unit (PIU) genannt. Alle für das SDLC-Protokoll relevanten Steuerinformationen sind im SDLC-Header und -Trailer hinterlegt.

SDLC Link Header (LH)	SDLC-Informationsdatenteil:			SDLC Link Trailer (LT)
	Transmission Header (TH)	Request/Response Header (RH)	Request/Response Unit (RU)	

←——————————————————— SDLC-Frame ———————————————————→

Bild 4.79 Format des I-Frame

◆ **SDLC Control Frame**
Die zweite Kategorie von SDLC-Frames transportiert reine SDLC-Steuerinformationen und niemals Anwenderdaten. Diese SDLC-Frames werden SDLC-Steuer- oder Control-Frames genannt und enthalten Informationen, die für die Synchronisation der Link Stations, die Überwachung der Link Connection und die Fehlerbehebung notwendig sind. Man unterscheidet bei den Control Frames zwischen Supervisory Frames (S-Frame) und Unnumbered Frames (U-Frame). Alle Steuerinformationen sind im SDLC-Header und -Trailer kodiert, daher besitzen Control Frames bis auf wenige Ausnahmen keinen Informationsdatenteil.

SDLC Control Frame mit
Informationsdatenteil:

SDLC Link Header (LH)	SDLC-Informationsdatenteil: SDLC-Steuerinformationen	SDLC Link Trailer (LT)

SDLC Control Frame ohne
Informationsdatenteil:

SDLC Link Header (LH)	SDLC Link Trailer (LT)

Bild 4.80 Format von Control Frames

Entsprechend der SNA-Schichtenstruktur nimmt das SDLC-Protokoll Informationen von der nächst höheren Funktionsschicht entgegen, stellt die Informationen in einen SDLC-Information Frame und transportiert diesen über den Übertragungsabschnitt. Das empfangende SDLC-Protokoll überprüft, ob die Übertragung fehlerfrei war, und präsentiert bei erfolgreicher Übertragung die ursprüngliche Information der nächst höheren Funktionsschicht. Bei Übertragungsfehlern sendet das empfangende SDLC-Protokoll eine entsprechende Nachricht an den sendenden Protokoll-Partner, worauf dieser versuchen wird, den Fehler durch nochmalige Übertragung zu beheben. Dieser Vorgang wird solange wiederholt, bis die Übertragung erfolgreich war oder ein Sendewiederholzähler abgelaufen ist. Die Kommunikation zwischen den SDLC-Protokollpartnern wird über Control Frames gesteuert.

4.8.2   SDLC Frame-Format

Ein SDLC-Frame besteht aus drei Byte SDLC-Header (Link Header, LH), dem optionalen Informationsteil und drei Byte SDLC-Trailer (Link Trailer, LT). Ein SDLC-Frame, der in einem SNA-Netzwerk transportiert wird, wird Basic Link Unit (BLU) genannt.

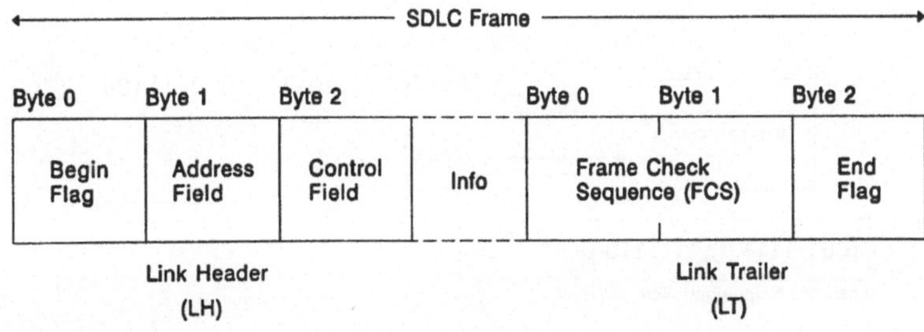

Bild 4.81 SDLC Frame

Flag-Field

Der SDLC-Frame ist eingerahmt durch das Beginn- und Ende-Flag. Ein Flag ist ein Byte groß und kennzeichnet eindeutig für eine empfangende SDLC-Station den Anfang und das Ende eines Frames. Alle an einen Übertragungsabschnitt angeschlossenen Stationen suchen beim Empfang ständig nach der Flag-Sequence, um sich logisch synchronisieren zu können.

Beginn- und Ende-Flag sind ein Byte lang und durch die Bitfolge 01111110 (hex. 7E) kodiert. Das SDLC-Protokoll ist ein code-transparentes Protokoll, und im Informationsteil eines SDLC-Frames können alle möglichen Daten (Texte, Object Code von Programmen usw.) übertragen werden. Da ein Flag eindeutig Anfang und Ende eines Frames kennzeichnet, muß natürlich vermieden werden, daß die Bitkombination des Flags im Informationsteil des Frames vorkommt und somit eine empfangende Station dies fälschlicherweise als das Ende des Frames interpretiert. Es stellt sich also die Frage, wie ein Flag eindeutig sein kann? Laut SDLC-Protokolldefinition darf es innerhalb eines Frames (außer im Flag selbst) nicht sechs bündig aufeinanderfolgende 'Eins-Bits' geben. Dies wird durch die sogenannte Nulleneinfügung gewährleistet, indem die sendende SDLC-Link Station nach jedem fünften aufeinanderfolgenden 'Eins-Bit' eine binäre Null einfügt und diese mit allen anderen Daten bitseriell über den Übertragungsabschnitt sendet. Die empfangende SDLC-Station entfernt ihrerseits jede binäre 0, die auf fünf bündig aufeinanderfolgende binäre Einsen empfangen wurde. Der Prozeß der Nulleneinfügung wird auf alle Bits zwischen Beginn- und Ende-Flag (Bereich der Nulleneinfügung) angewendet.

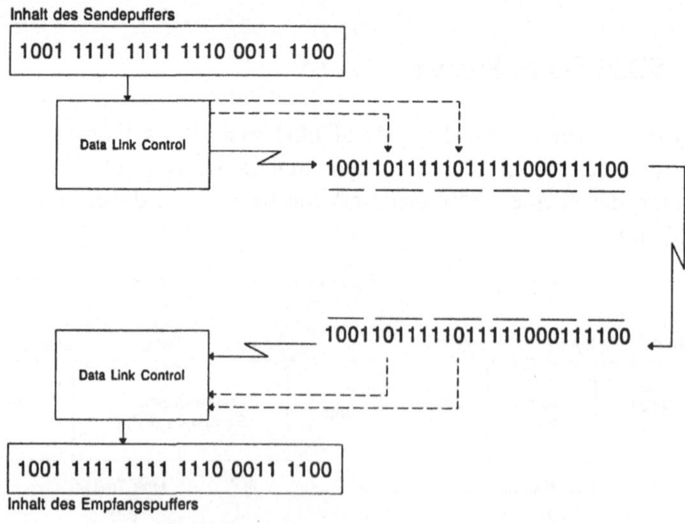

Bild 4.82 SDLC Nulleneinfügung

Address Field

Wird ein Frame von der Primärstation gesendet, so enthält dieses Feld die SDLC-Zieladresse der Sekundärstation. Die SDLC-Adresse ist eine für den jeweiligen Übertragungsabschnitt eindeutige Identifikation eines SNA-Knotens, also eine physische Hardware-Adresse. Besonders wichtig ist dies natürlich auf Multipoint-Verbindungen, da hier mehrere Sekundärstationen (z.B. über posteigene Knoteneinrichtung) an eine Primärstation angeschlossen sind. Wird ein Frame von der Secondary Link Station an eine Primary zurückgesendet, so identifiziert sich die Secondary mit ihrer eigenen SDLC-Adresse gegenüber der Primary Link Station. Die Primary Link Station hat demzufolge keine SDLC-Adresse. Oft wird in einer SNA-Umgebung diese Hardware-Adresse auch PU-Adresse genannt, was auf keinen Fall mit der logischen SNA-Netzwerkadresse der PU als Network Addressable Unit verwechselt werden darf. Über die SDLC-Adresse sorgt die Data Link Control dafür, daß eine Nachricht den Zielknoten erreicht. Welche Instanz innerhalb des Knotens die Nachricht bekommt, wird anhand der NAU-Adressen von der Schicht 3 (Path Control) entschieden.

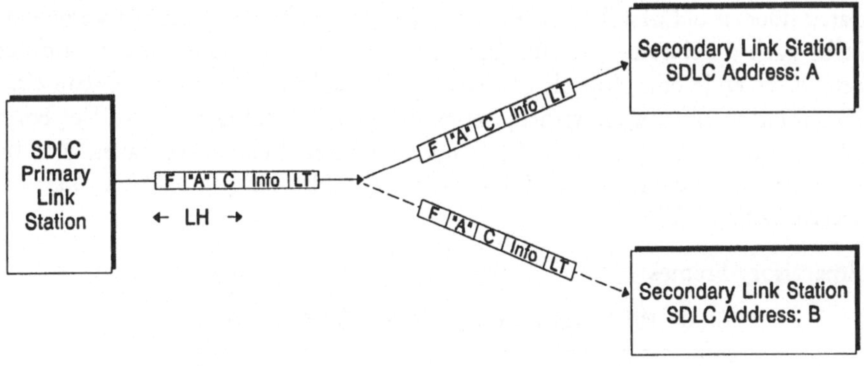

Bild 4.83 SDLC Adressierung (Multipoint- Verbindung)

Control Field

In diesem einen Byte sind alle Informationen hinterlegt, die für die Steuerung der Kommunikation zwischen zwei SDLC-Protokollpartnern benötigt werden. In dem Control Field sind die SDLC-Commands der Primary und die SDLC-Responses der Secondary Link Station kodiert. Es werden drei Typen von SDLC-Frames unterschieden:

- Information Frame (I-Frame),

- Supervisory Frame (Control Frame),

- Unnumbered Frame (Control Frame).

Information Frames

Bit 0	Bit 1	Bit 2	Bit 3	Bit 4	Bit 5	Bit 6	Bit 7
R	R	R	P/F	S	S	S	0

RRR: Empfangsfolgezähler Nr
P/F: Poll- bzw. Final-Bit
SSS: Sendefolgezähler Ns

Bild 4.84 Control Field beim I-Frame

Nur in Information Frames (I-Frames) ist ein Informationsfeld vorhanden, in dem Daten höherer SNA-Funktionsschichten transportiert werden. I-Frames werden der Reihe nach durchnumeriert und somit einer Folgeprüfung unterworfen. Dadurch werden fehlende oder doppelt gesendete Frames erkannt. I-Frames, die von einer SDLC-Station empfangen werden, werden in ihrer Reihenfolge geprüft. Der Folgezähler wird im Control Field des Frames verwaltet. I-Frames enthalten drei Bit große Sendefolgezähler Ns und Empfangsfolgezähler Nr (Send Count SSS und Receive Count RRR).

Supervisory Frames

Bit 0	Bit 1	Bit 2	Bit 3	Bit 4	Bit 5	Bit 6	Bit 7
R	R	R	P/F	C	C	0	1

RRR: Empfangsfolgezähler Nr
P/F: Poll- bzw. Final-Bit
CC: Code der SDLC-
     Steuerinformation

Bild 4.85 Control Field beim Supervisory Frame

Supervisory Frames bestehen nur aus dem Link Header und dem Link Trailer und enthalten kein Informationsfeld. Im Control Field werden Informationen über den Status der Datenstation hinterlegt. Drei Zustände können über Supervisory Frames gemeldet werden: Receive Ready, Receive Not Ready und Reject. Die Bereitschaft für den Empfang von Information Frames kann über Receive Ready (RR) angezeigt oder über Receive Not Ready (RNR) verweigert werden. Über Reject (REJ) werden Protokollverstöße und Folgefehler angezeigt (z.B. Empfang eines nicht implementierten Frame-Typs). Für die Kodierung dieser drei Zustände stehen zwei Bits des Control Field zur Verfügung. Supervisory Frames werden beim SDLC-Quittungsmechanismus benutzt und enthalten zu diesem Zweck, wie I-Frames auch, einen drei Bit großen Empfangsfolgezähler (Receive Count).

Unnumbered Frames

Bit 0	Bit 1	Bit 2	Bit 3	Bit 4	Bit 5	Bit 6	Bit 7
C	C	C	P/F	C	C	1	1

P/F: Poll- bzw. Final-Bit
CCC CC: Code der SDLC-Steuerinformation

Bild 4.86 Control Field bei Unnumbered Frames

Unnumbered Frames dienen dem Data Link Management. Dazu zählt der logische Verbindungsaufbau mit der Aktivierung und Initialisierung von Sekundärstationen, die Steuerung des Response-Modus von Sekundärstationen, die gegenseitige Identifikation und die Aufzeichnung von Verfahrensfehlern. Das Control Field enthält bei Unnumbered Frames keine Sende- oder Empfangsfolgezähler. Fünf Bits Control Field stehen zur Verfügung, um die Funktion des Unnumbered Frames zu kodieren.

Das Poll/Final-Bit (P/F-Bit)

Alle Frame-Typen enthalten im Control Field das Poll/Final-Bit. Das Poll/Final-Bit dient der Sende- und Empfangssteuerung. Das P/F-Bit wird als P-Bit (Poll-Bit) bezeichnet, wenn es in einem SDLC-Command-Frame gesetzt ist, also von einer Primary Link Station gesendet wird. Die Primärstation pollt damit die Sekundärstation, d.h. der Sekundärstation wird mitgeteilt, daß sie ab jetzt das Senderecht für I-Frames besitzt. Zusätzlich wird die Sekundärstation über das gesetzte Poll-Bit aufgefordert, empfangene I-Frames (positiv oder negativ) zu quittieren.

Das P/F-Bit wird als F-Bit (Final-Bit) bezeichnet, wenn es in einem SDLC-Response-Frame gesetzt ist, also von einer Secondary Link Station gesendet wird. Die Sekundärstation teilt damit der Primärstation mit, daß sie nichts mehr zu senden hat und das Senderecht an die Primary Link Station zurückgibt. Zusätzlich wird durch das gesetzte Final-Bit von der Primary eine Quittung für die gesendeten I-Frames verlangt.

Information Field

Das Information Field enthält Daten, die über den Übertragungsabschnitt zwischen Primär- und Sekundärstationen transportiert werden. Format und Inhalt des Feldes sind bei I-Frames keiner Einschränkung unterworfen. Der Inhalt dieses Feldes ist transparent gegenüber den Data-Link-Control-Komponenten. Nicht nur Information Frames enthalten ein Information Field, sondern auch einige wenige U-Frames (z.B. XID und FRMR). In diesem Fall ist jedoch das Format und die Länge des Information Fields durch die Funktion des U-Frames definiert.

Frame Check Sequence Field (FCS)

Das zwei Byte große Feld mit der Frame Check Sequence enthält die Prüfinformationen zur Feststellung von Übertragungsfehlern. Die Frame Check Sequence wird mittels eines speziellen Algorithmus, dem Cyclic Redundancy Check (CRC), ermittelt. In die Berechnung der CRC-Zeichen gehen alle Bytes des Frames ab dem Beginn-Flag bis zum Ende des Informationsfeldes ein. Die Sendestation setzt die errechneten CRC-Zeichen in das FCS-Feld ein und überträgt sie im SDLC Trailer zur Partnerstation. Die empfangende SDLC-Station speichert die empfangenen CRC-Zeichen und den übrigen Frame (bereinigt von Beginn- und Ende-Flag) getrennt ab, es wird der gleiche Berechnungsvorgang wie in der Sendestation durchlaufen und danach die neu berechnete mit der empfangenen Frame Check Sequence verglichen. Wenn die beiden Werte übereinstimmen, kann davon ausgegangen werden, daß die Übertragung fehlerfrei ist.

4.8.3 SDLC Quittungsmechanismen

Sendet eine Station Information Frames, so werden diese gezählt und numeriert. Dieser Zähler wird als Sendefolgezähler (Ns) bezeichnet und in drei Bits (SSS) im Control Field des I-Frames mitgesendet. Empfängt eine Station Information Frames wird jeder fehlerfrei empfangene I-Frame gezählt. Dieser Empfangsfolgezähler (Nr) wird für das positive und negative Quittieren von SDLC-Frames benutzt. Der Empfangsfolgezähler wird in drei Bits (RRR) des Control Fields von Information oder Supervisory Frames an die Partnerstation gesendet.

Da drei Bits für die Kodierung von Sende- und Empfangsfolgezähler zur Verfügung stehen, ist die Kapazität der Zähler auf 8 beschränkt (0 bis 7). Diese Zählung läuft rund, d.h. erreicht ein Zähler die 7, so folgt dieser wieder die 0. Beim SDLC-Protokoll können bis zu sieben I-Frames (Ns=0 bis Ns=6) in Serie gesendet werden, bevor die Empfangsstation den Status der empfangenen Frames bestätigen muß. Wurden alle Frames fehlerfrei empfangen, erfolgt genau eine positive Quittung. Wurde ein Frame fehlerhaft oder gar nicht empfangen, gibt die negative Quittung an, welche Nummer der Problem-Frame hat. Die sendende Station muß dann den Problem-Frame und alle ihm folgenden Frames erneut senden.

Wie wird nun der Sendefolgezähler (Ns) und der Empfangsfolgezähler (Nr) genutzt, um fehlende oder doppelte I-Frames zu erkennen? Ns und Nr werden getrennt in beide Flußrichtungen geführt und zu Beginn der SDLC-Verbindung bei Primary und Secondary SDLC-Station auf Null gesetzt. Eine sendende SDLC-Station erhöht nach dem Absenden eines I-Frames den Ns um 1. Der Nr wird um eins erhöht, wenn ein empfangener Frame geprüft und für fehlerfrei befunden wurde. Der Nr bekommt dadurch den Wert des als nächsten erwarteten Frames. Dieser Wert sollte dann auch dem Sendefolgezähler des Frames entsprechen, der als nächster empfangen wird. Stimmen die beiden Werte nicht überein, so liegt der empfangene Frame außerhalb der Sequenz (Out of Sequence Frame) und der Empfangsfolgezähler wird nicht weitergezählt. Wird die empfangende Station zu einer Quittung aufgefordert, so wird der aktuelle Empfangsfolgezähler der Sendestation übergegeben. Da sowohl Information Frames als auch Supervisory Frames das drei Bit große Feld für den Empfangsfolgezähler im Control Field (RRR) enthalten, können diese Frames für SDLC-Quittungen genutzt werden.

4.8.4 SDLC Commands und SDLC Responses

Zur Steuerung der Übertragung verwenden Primary und Secondary Link Stations SDLC-spezifische Informationen, die in dem Control Field kodiert sind. Je nach Bedeutung der SDLC-Steuerinformationen handelt es sich um:

- reine SDLC Commands, die nur von der Primary Link Station gesendet werden,

- reine SDLC Responses, die nur von der Secondary Link Station gesendet werden oder um

- SDLC-Informationen, die von beiden SDLC Link Stations gesendet werden können.

Unnumbered Frames (U-Frames)

Control Field	Hex. Code mit P/F	Hex. Code ohne P/F	Bezeichnung
000 P/F 0011	03	13	Unnumbered Information (UI)
000 F 0111	07	17	Request Initialization Mode (RIM)
000 P 0111	07	17	Set Initialization Mode (SIM)
000 F 1111	0F	1F	Disconnect Mode (DM)
001 P 0011	23	33	Unnumbered Poll (UP)

Fortsetzung auf der nächsten Seite

Control Field	Hex. Code mit P/F	Hex. Code ohne P/F	Bezeichnung
010 F 0011	43	53	Request Disconnect (RD)
010 P 0011	43	53	Disconnect (DISC)
011 F 0011	63	73	Unnumbered Acknowledgement (UA)
100 P 0011	83	93	Set Normal Response Mode (SNRM)
100 F 0111	87	97	Frame Reject (FRMR)
101 P/F 1111	AF	BF	Exchange Identification (XID)
110 P/F 0111	C7	D7	Configure (CFGR)
111 P/F 0011	E3	F3	Test (TEST)
111 F 1111	EF	FF	Beacon (BCN)

P: SDLC Command, wird nur von der Primary SDLC gesendet
F: SDLC Response, wird nur von der Secondary SDLC gesendet
P/F: SDLC Command/Response

Supervisory Frames (S-Frames)

Control Field	Hex. Code mit P/F	Hex. Code ohne P/F	Bezeichnung
RRR P/F 0001	n1	n1	Receive Ready (RR)
RRR P/F 0101	n5	n5	Receive Not Ready (RNR)
RRR P/F 1001	n9	n9	Reject (REJ)

Die Werte für n sind in Abhängigkeit vom Wert der drei Bits des Empfangsfolgezählers Nr (RRR) zu setzen.
P: SDLC Command, wird nur von der Primary SDLC gesendet
F: SDLC Response, wird nur von der Secondary SDLC gesendet
P/F: SDLC Command/Response

Information Frames (I-Frame)

Control Field	Hex. Code mit P/F	Hex. Code ohne P/F	Bezeichnung
RRR P/F SSS0	nm	nm	Numbered Information Frame

Die Werte für n und m sind entsprechend gesetztem P/F-Bit, dem Sendefolgezähler Ns (SSS) und dem Empfangsfolgezähler Nr (RRR) zu setzen.
P: SDLC Command, wird nur von der Primary SDLC gesendet
F: SDLC Response, wird nur von der Secondary SDLC gesendet
P/F: SDLC Command/Response

SNRM (Set Normal Response Mode)

Dieses Kommando versetzt die Sekundärstation in den Arbeitszustand, den Normal Response Mode. Die Sekundärstation kann nur im Normal Response Mode I-Frames senden. Unnumbered Acknowledgement (UA) ist die Response, die auf ein

SNRM-Kommando erwartet wird. Die Nr- und Ns-Zählung von Primär- und Sekundärstation werden durch das SNRM-Kommando auf null gesetzt.

DISC (Disconnect)

Dieses Kommando beendet den Arbeits-Mode einer Secondary SDLC und setzt die Sekundärstation „off-line" oder in den Normal Disconnect Mode. Eine als „disconnected" bezeichnete Station kann so lange keine Information Frames empfangen oder senden, bis sie von der Primärstation das Kommando empfängt, das sie wieder in den Normal Response Mode setzt.

UA (Unnumbered-Acknowledgement)

Darunter versteht man einen positiven Response auf ein SNRM- oder DISC-Kommando.

DM (Disconnect Mode)

Diese Response wird von einer Sekundärstation gesendet, um der Primary anzuzeigen, daß sie sich im Normal Disconnect Mode befindet. Diese Response muß kommen, wenn im Disconnect Mode ein anderes SDLC-Kommando als SNRM empfangen wird bzw. das empfangene Kommando nicht ausgeführt werden kann oder ungültig ist.

FRMR (Frame Reject)

Eine Sekundärstation im Normal Response Mode überträgt diese Response, wenn sie ein ungültiges Kommando empfängt. Ein Kommando kann aus verschiedenen Gründen ungültig sein:

- Empfang eines unzulässigen oder nicht implementierten Kommandos.
- Das Informationsfeld ist zu groß. Es paßt nicht in den Puffer der Empfangsstation.
- Der von der Primärstation empfangene Ns-Zähler stimmt nicht mit dem Nr-Zähler der Sekundärstation überein.

Die Sekundärstation sendet im Informationsfeld des FRMR Statusinformation, die von der Primärstation benötigt werden, um die entsprechende Recovery-Aktion einzuleiten.

RR (Receive Ready)

Receive Ready kann sowohl von der Primär- als auch der Sekundärstation gesendet werden. RR bestätigt, daß die Information Frames bis zum Sendefolgezähler gleich Nr-1 korrekt empfangen wurden, und zeigt an, daß die SDLC-Station weiter empfangsbereit ist.

RNR (Receive Not Ready)

Dieses SDLC-Steuerinformation wird sowohl von der Primär- als auch der Sekundärstation gesendet. RNR bestätigt, daß die Information Frames bis zum Sendefolgezähler gleich Nr-1 korrekt empfangen wurden und zeigt an, daß sich die SDLC-Station in einem momentanen 'BUSY'-Zustand befindet, in dem I-Frames, die Freien Puffer benötigen, nicht angenommen werden können.

XID (Exchange Identification)

Besonders wichtig ist XID beim Einsatz von Wählleitungen. Bevor der Response Mode hergestellt wird, identifizieren sich die Primary und Secondary Link Station mittels XID-Austausch.

4.8.5   Modi einer Secondary Link Station

Einen Sekundärstation kann sich entweder im Arbeits-Mode, also dem Normal Response Mode (NRM), oder im Disconnect Mode (DM) befinden.

Wenn sich eine Secondary Link Station im Normal Response Mode befindet, kann sie all Kommandos von der Primärstation empfangen und verarbeiten (Information Frames, Supervisory Frames und Unnumbered Frames). Wird ein SDLC-Kommando mit gesetztem Poll-Bit empfangen, so sendet die Sekundärstation eine Response auf diesen Poll.

Wenn sich die Sekundärstation im Disconnect Mode (DM) befindet, nimmt sie nur noch bestimmte Kommandos (z.B. das SNRM- oder XID-Kommando) an. Damit eine Sekundärstation mit einer Primärstation I-Frames austauschen kann, muß sie erst vom Disconnect Mode in den Normal Response Mode übergehen.

Nach dem Einschalten befindet sich eine SDLC-Station immer im Disconnect Mode.

Aktivieren der Sekundärstation auf Normal-Response-Mode

Aus den vorangegangenen Kapiteln wissen Sie, wie der SSCP zu Communication Controller Nodes und peripheren Knoten Sessions aufbaut. Periphere Knoten sind in einem SNA-Netzwerk immer SDLC-Sekundärstationen. Unter der Kontrolle des SSCP werden von der Primary SDLC Link Station, die sich Communication Controller Node befindet, die Sekundärstationen in den Normal Response Mode gebracht.

In den folgenden Bildern wird eine symbolische Frame-Darstellung benutzt:

Für Information Frames:

```
<SDLC-Adresse>,<Frame-Typ>,<Sendefolgezähler>,
              <P/F-Bit>,<Empfangsfolgezähler>
```

Beispiel: "B",I,2,F=0,1

Für Supervisory Frames:

```
<SDLC-Adresse>,<Frame-Typ>,<P/F-Bit>,<Empfangsfolgezähler>
```

Beispiel: "B",RR,P=0,1

Für Unnumbered Frames:

```
<SDLC-Adresse>,<Frame-Typ>,<P/F-Bit>
```

Beispiel: "B",SNRM,P=1

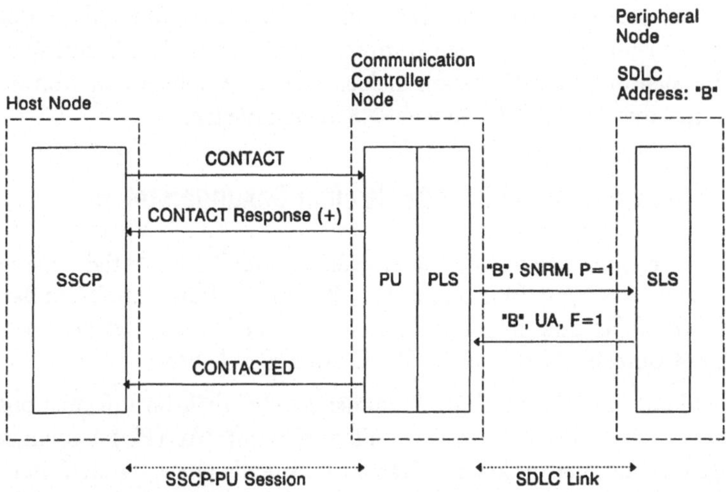

Bild 4.87 Herstellen des Normal Response Modes

In obigem Bild ist dargestellt, wie der SSCP ein SNA-CONTACT-Kommando an
die PU des lokalen Communications-Controller-Node schickt. Das CONTACT-
Kommando gibt an, daß auf dem Network Link Kontakt zu einem speziellen peri-
pheren Knoten (z.B. einem Cluster-Controller-Node) aufgenommen werden soll.
Dazu muß die SDLC Link Station dieses Knoten in den Normal Response Mode
(NRM) gesetzt werden. Die PU des Communication Controller informiert dessen
Data-Link-Control davon, das SDLC-Kommando SNRM (Set Normal Response
Mode) an die Link Station des Cluster-Controller-Node zu schicken. Im SNRM-

Frame ist das Poll-Bit gesetzt, und es wird auf die Response von der Secondary gewartet. Wenn wir einmal davon ausgehen, daß der periphere Knoten eingeschaltet und initialisiert ist, dann wird seine SDLC Link Station vom Disconnect Mode (DM) in den Normal Response Mode wechseln. Als Reaktion antwortet die Secondary mit dem SDLC-Kommando UA (Unnumbered-Acknowledgement). In der UA-Response ist das Final-Bit gesetzt, wodurch das Senderecht wieder bei der Primary Link Station des CUCN liegt. Durch UA wird dem Communication Controller Node mitgeteilt, daß sich die Link Station des peripheren Knoten jetzt im Normal Response Mode befindet. Daraufhin sendet die PU des Communications-Controller Nodes das SNA-Kommando CONTACTED an den SSCP. Die Secondary des peripheren Knoten kann erst wieder senden, wenn sie gepollt wird.

Ist eine Sekundärstation nicht eingeschaltet, wenn die Primärstation das SNRM-Kommando sendet, so erfolgt natürlich auch nicht die erwartete Response durch Unnumbered Acknowledgement (UA). In diesem Fall würde die Primary das SNRM-Kommando in bestimmten Zeitintervallen wiederholen. Damit wird fortgefahren, bis sich die Sekundärstation meldet, oder eine höhere Funktion der Data-Link-Control mitteilt, das Senden von SNRM einzustellen.

4.8.6   Aktivieren von PU und LUs einer Sekundärstation

Wir wollen uns nun den SDLC-Frames widmen, die für die Aktivierung von PUs und LUs benutzt werden. In den folgenden Bildern sind die Aktivitäten dargestellt, durch die SSCP-PU und SSCP-LU Sessions aktiviert werden. Der peripherer Knoten Cluster-Controller-Node soll die SDLC-Adresse 'B' haben.

Der erste I-Frame mit der Sendefolgenummer Ns=0 enthält im Informationsteil die SNA-Request Unit mit dem Activate Physical Unit (ACTPU) Command. Die Empfangsfolgenummer in diesem I-Frame ist ebenfalls Nr=0, da die Primary noch keine I-Frames von der Secondary empfangen hat. Die Primärstation rechnet daher damit, daß der erste I-Frame von Station B die Sendefolgenummer Ns=0 trägt. Da das Poll-Bit im ersten I-Frame der Primary gesetzt ist, kann die Sekundärstation eine SDLC Response senden.

In dem peripheren Knoten wird die PU eine SNA Response auf das empfangene ACTPU-Kommando generieren und zum Transport der Secondary Link Station übergeben. Der I-Frame, der die positive SNA Response Unit auf ACTPU von Station 'B' zur Primärstation transportiert, trägt die Sendefolgenummer NS=0. Dies ist genau das, was die Primärstation erwartet. Die Empfangsfolgenummer Nr=1 zeigt an, daß der I-Frame mit Ns=0 fehlerfrei empfangen wurde und der nächste von der Primärstation empfangene I-Frame die Sendefolgenummer Ns=1 haben sollte. Das Final-Bit ist gesetzt und zeigt an, daß das Senderecht an die Primary zurückgegeben wird.

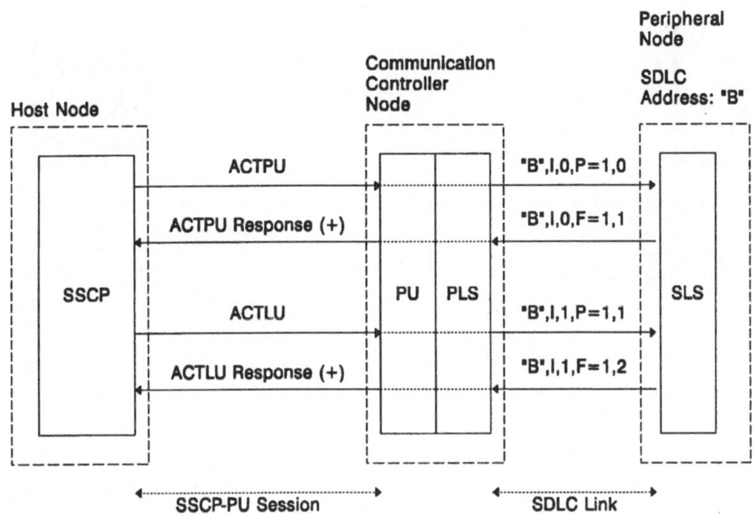

Bild 4.88 PU/LU-Aktivierung

Als nächstes sendet der SSCP das SNA-Kommando Activate Logical Unit (ACTLU) an Station 'B'. Der entsprechende I-Frame hat einen Ns von 1 und einen Nr von 1. Der Nr=1 gibt an, daß die Primärstation den I-Frame mit Ns=0 korrekt empfangen hat. Das Poll-Bit ist gesetzt, so daß die SDLC des peripheren Knoten die SNA Response der LU senden kann. Der Frame, der die positive ACTLU Response von Station 'B' trägt, hat den Ns=1 und den Nr=2.

4.8.7 Beispiele für halbduplex SDLC-Verbindungen

In den folgenden Bildern sind einige typische Beispiele für die Point-to-Point halbduplex Verbindung zwischen Primär- und Sekundärstation dargestellt.

In Bild 4.89 ist das Handshaking zwischen Primary und Secondary Link Station dargestellt.

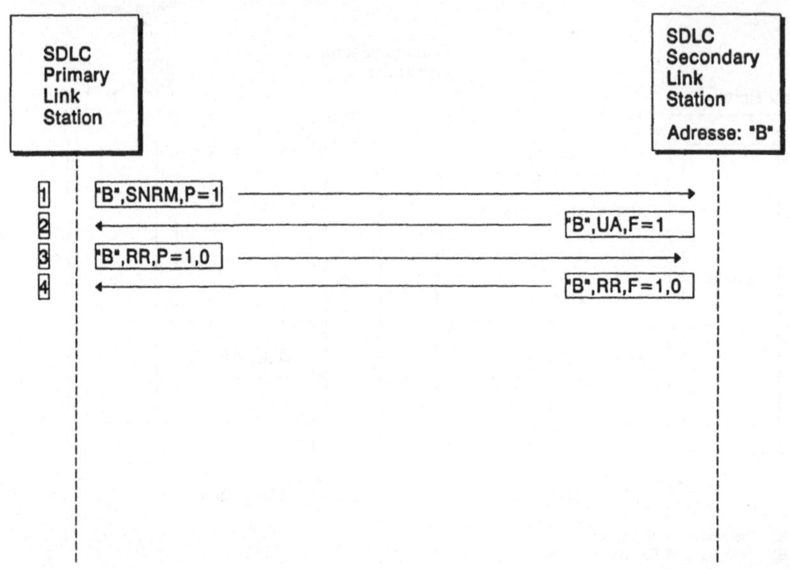

Bild 4.89 Point-to-Point Verbindung

1) Primärstation "A" sendet ein SNRM-Kommando und pollt die Sekundärstation "B". Durch dieses Kommando werden sowohl die Sende- als auch die
   Empfangsfolgenummern auf Null gesetzt.

2) Die Sekundärstation bestätigt mit einem UA-Kommando und setzt das Final-
   Bit.

3) Station "A" sendet das RR- (Receive-Ready) Kommando und pollt Station "B"
   für die Übertragung. Das Folgenummern-Feld gibt an, daß Station "A" den
   nächsten I-Frame von Station "B" mit der Sendefolgenummer Ns=0 erwartet.

4) Station "B" sendet ein RR-Kommando an Station "A", das Final-Bit ist gesetzt.
   Damit wird angezeigt, daß Station "B" nichts zu senden hat. Station "B" bleibt
   im NRM.

In Bild 4.90 sind eine Primärstation "A" und eine Sekundärstation "B" dargestellt,
die Information Frames austauschen.

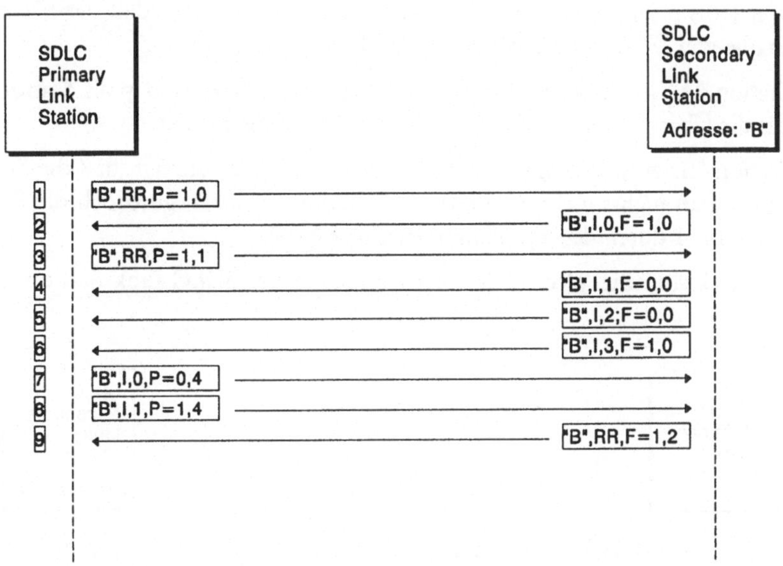

Bild 4.90 Austausch von I-Frames

1) Station "A" pollt Station "B" für die Übertragung. Nr zeigt an, daß Station "A" erwartet, daß der nächste von Station "B" empfangene I-Frame den Sendefolgezähler $Ns=0$ hat.

2) Station "B" sendet einen Information Frame mit der Sendefolgenummer $Ns=0$. Das Final-Bit sagt aus, daß es sich um den letzten Frame in diese Richtung handelt und "A" das Sendereihe hat.

3) Station "A" pollt erneut Station "B" für die Übertragung. Dabei bestätigt Station "A", daß I-Frame 0 ohne Fehler empfangen wurde und I-Frame 1 als nächstes erwartet wird. Dies wird durch die Empfangsfolgenummer ($Nr=1$) angezeigt.

4) Station "B" sendet einen Information Frame mit $Ns=1$. Beachten sie, daß das Final-Bit nicht gesetzt ist. Dies weist darauf hin, daß Station "B" noch mehr zu senden hat.

5) Station "B" sendet einen weiteren Information Frame mit $Ns=2$. Auch hier ist das Final-Bit nicht gesetzt, Station "B" hat noch mehr zu senden.

6) Station "B" sendet den letzten Information Frame mit $Ns=3$ und setzt das Final-Bit.

7) Station "A" sendet den Information Frame mit $Ns=0$. Das Poll-Bit ist nicht gesetzt. Die Empfangsfolgenummer $Nr=4$ gibt an, daß Station "A" die Frames

von 1 bis 3 fehlerfrei empfangen hat. Station "A" erwartet, daß der nächste I-Frame von "B" die Sendefolgenummer $Ns=4$ enthält.

8) Station "A" sendet einen Information Frame mit $Ns=1$ und pollt Station "B" für die Übertragung. Station "B" muß eine Response senden.

9) Station "B" antwortet mit einem RR-Kommando, das anzeigt, daß die Station momentan nichts mehr zu senden hat. Station "B" bestätigt jedoch die Frames von 0 bis 1 durch den Empfangsfolgezähler $Nr=2$.

In Bild 4.91 sind die Wechsel der Betriebsmodi einer SDLC Link Station dargestellt.

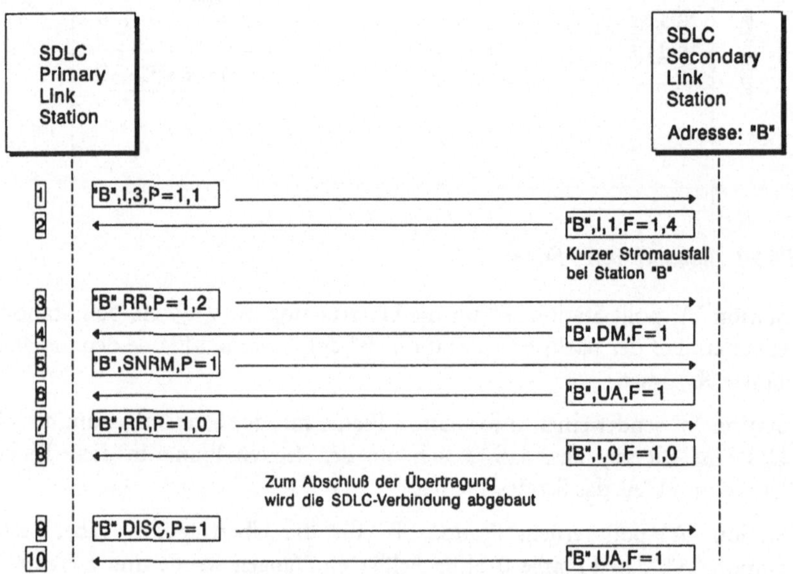

Bild 4.91 Wechsel der Betriebsmodi

1) Station "A" bestätigt Frame 0 ($Nr=1$) und alle vorhergehenden noch nicht bestätigen I-Frames und sendet einen Informations-Frame mit $Ns=3$. Da das Poll-Bit gesetzt ist, muß Station "B" antworten.

2) Station "B" bestätigt Frame 3 und alle vorhergehenden noch nicht bestätigten Folge-Frames und sendet einen Information Frame mit $Ns=1$. Danach erfolgt bei Station "B" ein kurzzeitiger Netzausfall. Ist die Spannung wieder aufgebaut, befindet sich Station "B" im Disconnect Mode (Off-Line).

3) Danach pollt Station "A" Station "B" und bestätigt Frame 1.

4) Station "B" befindet sich im Disconnect Mode, weshalb von dieser Station nur die entsprechende Statusmeldung (DM) gesendet werden darf. Disconnected Mode wird mit gesetztem Final-Bit gesendet.

5) Station "A" sendet ein SNRM-Kommando, um Station "B" wieder in den Normal Response Mode (NRM) zu versetzen, und die Sequenz-Nummern-Zähler auf 0 zurückzusetzen.

6) Station "B" wechselt in den NRM und bestätigt.

7) Station "A" pollt Station "B".

8) Station "B" sendet einen I-Frame mit Ns=0. Das Final-Bit ist gesetzt.

9) Der Austausch zwischen den Stationen "A" und "B" wird weiter fortgesetzt, bis die SDLC-Übertragung beendet wird. Das reguläre Ende einer SDLC-Verbindung wird von der Primary durch das Senden von Disconnect (DISC). Station "B" wechselt in den Disconnect Mode und bestätigt mit UA.

In Bild 4.92 sind die Primär- und Sekundärstation beim Austausch von Information Frames dargestellt, wenn ein Übertragungsfehler auftritt. Nehmen wir an, daß der Frame unter Punkt 6 von der Primärstation "A" wegen eines Frame-Check-Sequence-Fehlers abgelehnt wurde.

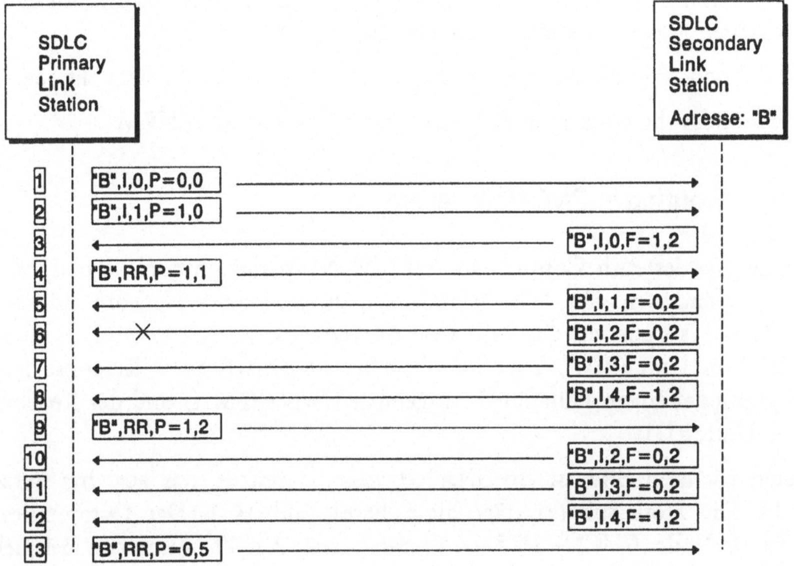

Bild 4.92 SDLC-Quittungsverfahren

1) Station "A" sendet den Information Frame 0.

2) Station "A" sendet den Information Frame 1 und pollt Station "B". Station "B" muß eine SDLC Response schicken.

3) Station "B" sendet den Information Frame 0 und bestätigt Frames 0 und 1.

4) Station "A" bestätigt Frame 0 und pollt Station "B".

5) Station "B" sendet den Information Frame 1.

6) Station "B" sendet den Information Frame 2. Station "A" lehnt diesen Frame auf Grund eines Übertragungsfehlers ab und der Empfangsfolgezähler wird nicht weiter hochgezählt. Station "A" kann Station "B" nicht am weiteren Senden von I-Frames hindern. Station "B" darf laut SDLC-Protokoll bis zu sieben Frames senden, bevor sie Station "A" um Bestätigung fragt.

7) Station "B" sendet Information Frame 3. Der Empfangsfolgezähler bei "A" bleibt aufgrund des aufgetretenen Fehlers stehen (auch wenn Frame 3 korrekt empfangen wurde).

8) Station "B" sendet den letzten Information Frame 4. Der Empfangsfolgezähler bei "A" bleibt unverändert.

9) Station "A" bestätigt Frame 1 und pollt Station "B". Dieses informiert Station "B", daß die Frames 2, 3 und 4 wiederholt werden müssen, da alle auf den fehlerhaften Frame folgenden Frames abgelehnt wurden.

10-12) Station "B" wiederholt die Frames 2 bis 4. Frame 4 ist der letzte Frame.

13) Station "A" bestätigt Frames 2 bis 4. Station "B" bleibt im NRM.

4.8.8   Routing in SNA-Netzwerken

Die Aufgabe des Path Control Networks (PCN) ist der physische Transport von SNA-Informationen. Die SNA-Information, die von einer Network Addressable Unit zum Transport an das Path Control Network übergeben wird, heißt Basic Information Unit (BIU). Eine BIU besteht aus dem Request/Response Header (RH), optional einem Function Management Header (FMH) und der Request Response Unit (RU).

In dem nächsten Bild ist ein SNA-Netzwerk dargestellt, das aus drei Subareas besteht. Die Host Subarea trägt die Subarea Address 1. Der Communication Controller Node (CUCN) der Subarea mit Adresse 2 stellt in unserem Beispiel die Intermediate Function zur Verfügung. Die beiden Communication Controller Nodes von Subarea 2 und 4 sind durch zwei Transmission Groups miteinander verbunden. Vom Communication Controller der Subarea 4 führen drei SDLC-Links zu Peripheral Nodes. Der Link mit der Nummer 2 ist eine SDLC-

Multipoint-Verbindung. Zwei Peripheral Nodes vom PU-Typ 2.0 sind angeschlossen. Der eine trägt die SDLC-Adresse C1, der andere die SDLC-Adresse C2. Im Peripheral Node mit der SDLC-Adresse C2 residiert eine Secondary Logical Unit (SLU) mit der lokalen Adresse 3. Diese LU soll eine Session mit der Primary Logical Unit (PLU) im Host von Subarea 1 unterhalten. Das Application Subsystem, das im Host Node hinter der PLU steht, ist das Information Management System (IMS). In unserem Beispiel soll eine IMS-Information durch das Netzwerk zur Secondary LU transportiert werden.

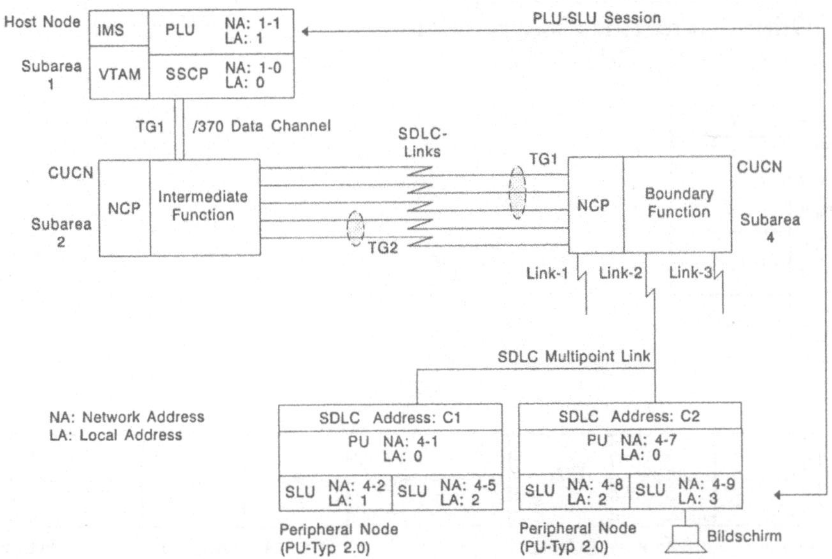

Bild 4.93 Routing in SNA-Netzwerken

Für unser Beispiel sind die folgenden globalen Netzwerkadressen und lokalen Adressen relevant:

- **Network Address**

  Die globale Network Address der Primary Logical Unit im Host Node ist 1-1.
  Subarea Address Field: 1
  Element Address Field: 1

  Die globale Network Address der Secondary Logical Unit des Peripheral Nodes ist 4-9.
  Subarea Address Field: 4
  Element Address Field: 9

♦ **Local Address**
Die Local Address der PLU ist 1, die der SLU ist 3.

Die Nachricht, die von IMS stammt, wird als Basic Information Unit dem VTAM zum physischen Transport übergeben. Hier wird ein Transmission Header (TH) vom Format Identifier Typ 4 (FID-Typ 4) generiert und an die Basic Information Unit angehängt. Als Quell- und Zieladresse sind in diesem Transmission Header hinterlegt:

♦ Destination Subarea Field (DSAF):   4
♦ Destination Element Field (DEF):   9
♦ Origin Subarea Field (OSAF):   1
♦ Origin Element Field (OEF):   1

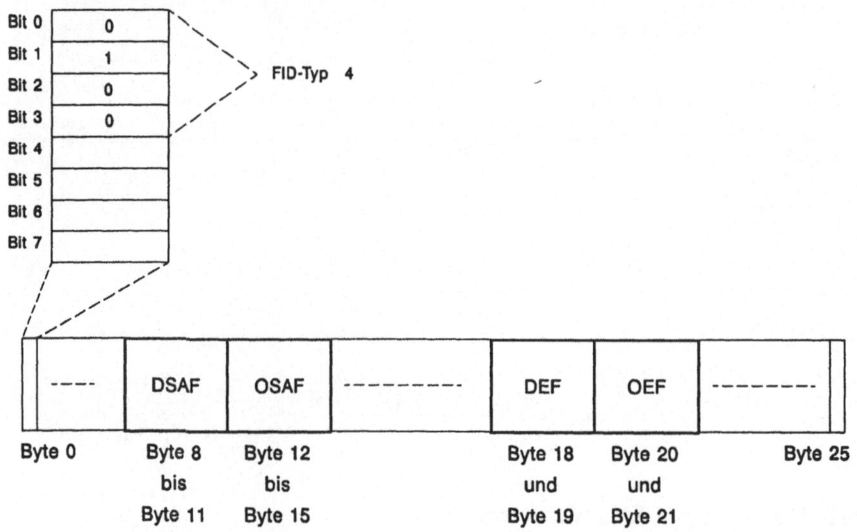

Bild 4.94 Format des Transmission Headers FID-Typ 4

Über den /370 Data Channel wird die Path Information Unit (PIU: TH + BIU) zum Communication Controller Node von Subarea 2 transportiert. Die Datensicherung übernimmt auf diesem Übertragungsabschnitt (TG1) das /370 Kanalprotokoll.

Die Intermediate Function des lokalen Communication Controller Nodes ist nun verantwortlich für das Weiterleiten der Nachricht. Die entscheidende Instanz ist die Funktionsschicht 3, die Path Control. Die Path Control analysiert das Destination Subarea Field des Transmission Headers und erkennt, daß die Nachricht für eine andere Subarea bestimmt ist. Die Ziel-Subarea mit der Adresse 4 ist von diesem Knoten über zwei Transmission Groups (TG) erreichbar. Aufgrund der Netzwerkdefinitionen in der NCP-Generierung wird eine Transmission Group ausgewählt und die Path Information Unit zum weiteren Transport an die Steuerung dieser TG übergeben. Der Transmission Header vom FID-Typ 4 bleibt unverändert.

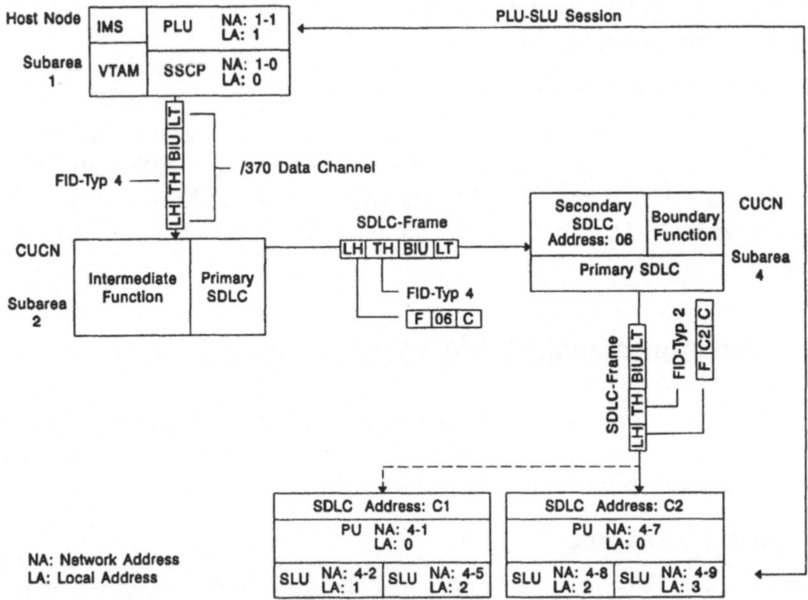

Bild 4.95 Transport von SNA-Informationen

Das Primary SDLC-Protokoll des SDLC-Links der Transmission Group, über den die Information gesendet werden soll, generiert den entsprechenden Link Header (LH) und Link Trailer (LT). Im Address Field des Link Headers finden wir die Adresse, mit der die Secondary SDLC-Link Station angesprochen wird. In unserem Beispiel ist das die hexadezimale Adresse 06.

Ist der SDLC-Frame korrekt beim Communication Controller Node von Subarea 4 angelangt, wird die Path Information Unit der Path Control dieses Knotens übergeben. Diese erkennt aufgrund des empfangenen Transmission Headers, daß die über DSAF und DEF adressierte Network Addressable Unit in der eigenen Subarea liegt. Die Nachricht wird der Boundary Function übergeben. Die Netzwerkdefinitionen der NCP-Generierung dieses Knotens weisen den adressierten Knoten als PU vom Typ 2.0 aus. Der empfangene Transmission Header vom FID-Typ 4 kann nicht mehr weiter benutzt werden, sondern es muß ein TH vom FID-Typ 2 mit den lokalen Adressen der miteinander kommunizierenden NAUs generiert werden. Die Boundary Function ist weiter verantwortlich dafür, den richtigen SDLC-Link zum Zielknoten auszuwählen und die Primary SDLC dieses Links mit der richtigen SDLC-Adresse des Zielsystems zu versorgen. In unserem Fall wird der SDLC-Link mit der Nummer 2 und die SDLC-Adresse C2 benutzt.

Als lokale Quell- und Zieladresse sind in dem Transmission Header vom FID-Typ 2 hinterlegt:

♦ Destination Address Field (DAF): 3
♦ Origin Address Field (OAF):1

Im Address Field des Link Headers steht die SDLC-Adresse C2.

Ist die Nachricht korrekt übertragen, wird die Path Information Unit der Path Control des Zielknotens übergeben. Diese verarbeitet die Informationen des Transmission Headers und übergibt letztendlich die Basic Information Unit an den adressierten NAU, in unserem Fall die Secondary Logical Unit mit der lokalen Adresse 3.

4.9   Funktionsschicht 1: Physical Link Control Layer

SNA-Informationen müssen letztendlich physikalisch über Leitungen transportiert werden. Je nach verwendetem Transportmedium und physischem Netzwerk werden die Daten entweder bitseriell oder bitparallel übertragen.

Bitparallele Übertragung

Daten über /370 Data Channel werden bitparallel übertragen.

♦ /370 Data Channel (Host-Node - Local SNA-Peripheral Node),
♦ /370 Data Channel (Host Node - Local Communication Controller Node).

Bitserielle Übertragung

In öffentlichen oder privaten Weitverkehrsnetzen und in lokalen Netzen (IBM Token Ring, Ethernet) werden die Daten bitseriell transportiert.

♦ SDLC-Standleitung (z.B. Anschluß eines Cluster Controller Nodes an einen Communication Controller Node über das öffentliche Direktrufnetz).

♦ SDLC-Wählleitung (z.B. Anschluß eines Cluster Controller Nodes an einen Communication Controller Node über das öffentliche Fernsprechnetz).

♦ HDLC-LAP_B-Verbindung (z.B. Anschluß eines Cluster Controller Nodes an einen Communication Controller Node über ein paketorientiertes Netz, das nach dem X.25-Protokoll arbeitet).

♦ IBM-Token Ring (z.B. Anschluß eines PS/2-Systems über das lokale Netz an einen IBM 3174-Establishment Controller).

♦ ESCON-Channel (z.B. Host-zu-Host-Kopplung über ESCON-Channels).

Die Physical Link Control ist für den reinen physikalischen Transport der Daten verantwortlich und realisiert zu diesem Zweck eine ungesicherte physische Verbindung zwischen zwei direkt benachbarten Netzwerkknoten.

Die Funktionsschicht Physical Link Control bildet die physikalische Schnittstelle zwischen der Funktionsschicht Data Link Control und dem physischen Netzwerk.

Der Zugang eines SNA-Netzwerkknotens, der in diesem Zusammenhang auch Datenendeinrichtung (DEE) genannt wird, in das physische Netzwerk wird über eine Datenübertragungseinrichtung (DÜE, z.B. MODEM) ermöglicht. Die Datenübertragungseinrichtung ist eine Komponente des physischen Netzwerkes.

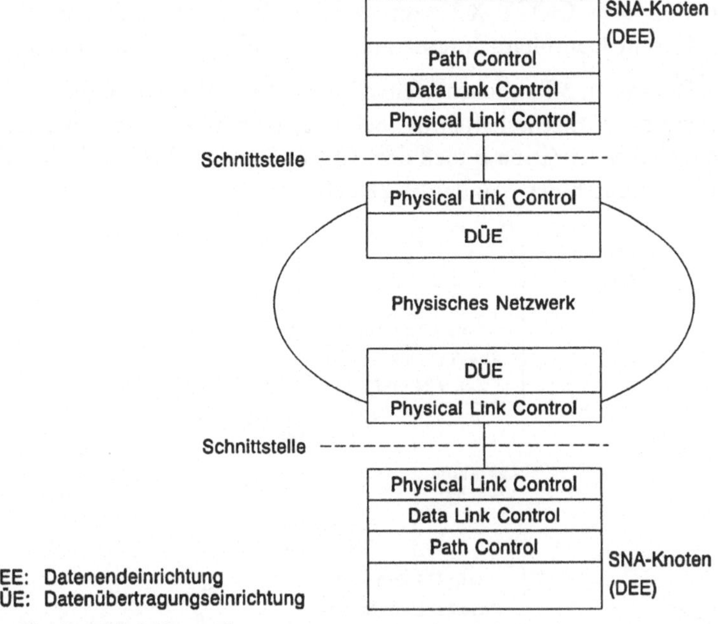

Bild 4.96 Physical Link Control

Die Physical Link Control regelt die Kommunikation zwischen Datenendeinrichtung (DEE) und Datenübertragungseinrichtung und definiert die mechanischen, elektrischen und funktionalen Eigenschaften der Schnittstelle.

♦ **Mechanische Eigenschaften**
  Aufbau und Aussehen der Stecker und Buchsen,
  Anzahl der Schnittstellenleitungen,
  Bezeichnung und Numerierung der Schnittstellenleitungen.

♦ **Elektrische Eigenschaften**
Höhe der Signalpegel,
tolerierte Abweichung von der definierten Höhe der Pegel,
maximale Übertragungsgeschwindigkeit,
Art der Stromübertragung (unsymmetrisch, symmetrisch).

♦ **Funktionale Eigenschaften**
Bedeutung der Schnittstellenleitungen (Daten-, Steuer-, Melde-, Takt- und Erd-
leitungen),
Logischer und zeitlicher Ablauf der Schnittstellensignale für den physischen
Verbindungsaufbau (Handshake), die Datenübertragung, den Richtungswechsel
und den physischen Verbindungsabbau.

SNA definiert für den Zugang zu Weitverkehrsnetzen keinen eigenen Standard,
sondern greift auf definierte internationale Standards wie EIA RS232, CCITT V.24,
CCITT V.28 oder CCITT X.21 zurück (EIA: Electronic Industries Association;
CCITT: Comite Consultatif International Telegraphique et Telephonique).

Für den Zugang zu öffentlichen Weitverkehrsnetzen werden z.B. die mechanischen
und funktionalen Eigenschaften der Schnittstelle zwischen DEE und DÜE durch
die Schnittstellendefinition gemäß dem CCITT-Standard V.24 und die elektrischen
Eigenschaften durch den Standard V.28 definiert.

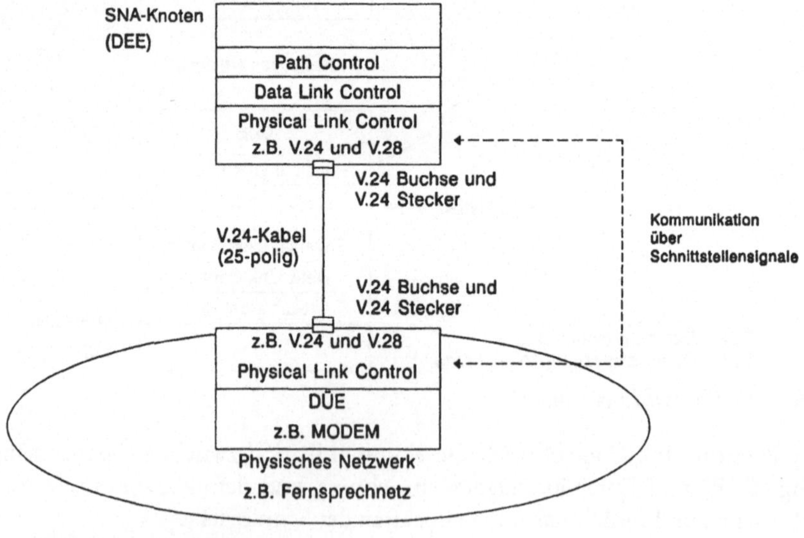

Bild 4.97 Schnittstelle zwischen DÜE und DEE

5 SNA-Protokolle

SNA-Protokolle regeln, gemäß der Systems Network Architecture, die logische Kommunikation zwischen den paarigen Funktionsschichten. Durch die Protokolle sind detaillierte Kommunikationsabläufe, die Verwendung zugehöriger SNA-Befehle und der funktionellen Bits folgender Header definiert:

◆ Transmission Header (TH),

◆ Request/Response Header (RH),

◆ Function Management Header (FMH).

In SNA sind für jede Funktionsschicht eine Vielzahl unterschiedlicher SNA-Protokolle definiert. So ist z.B. das Bracketing-Protokoll ein Protokoll der Funktionsschicht 5 (Data Flow Control). Durch das Bracketing-Protokoll der sendenden Logical Unit (LU) werden die funktionellen Bits im Request/Response Header und bei Bedarf entsprechende SNA-Befehle generiert. Diese werden beim Empfänger von der paarigen Funktionsschicht 5 interpretiert. Andere Funktionsschichten sind von diesem Protokoll nicht betroffen.

SNA-Protokoll	Funktionsschicht	Schichtennummer
Segmenting Blocking	Path Control	3
Sequencing Pacing Enciphering	Transmission Control	4
Chaining Request/Response Mode Bracketing Send/Receive Mode Quiesce Shutdown	Data Flow Control	5
Compression Compaction	Function Management Data Services	6

Bild 5.1   SNA-Protokolle der Funktionsschichten

Nicht in jedem SNA-Knoten sind alle SNA-Protokolle implementiert. Der BIND SESSION-Befehl definiert beim Session-Aufbau, im Transmission Services (TS-) Profile, im Function Management (FM-) Profile und im Presentation Services (PS-) Profile welche SNA-Protokolle innerhalb der LU-LU Session verwendet werden. Das TS-Profile definiert die Transportprotokolle der Funktionsschicht 4, das FM-Profile die Datenflußprotokolle der Funktionsschicht 5 und das PS-Profile die

Datenaufbereitungsprotokolle der Funktionsschicht 6. Das PS-Profile ist identisch mit dem LU-LU Session-Typ, der häufig auch abgekürzt als LU-Typ bezeichnet wird. Die, in den Bytes 2, 3 und 14 des BIND SESSION-Befehls angegebenen, Profiles stellen eine grobe Vereinbarung dar. Detaillierte Protokollparameter (Protokolloptionen) sind in den zugehörigen Usage Fields definiert. Die vereinbarten SNA-Protokolle gelten für die Dauer einer Session.

Die Angaben in den einzelnen Profiles bzw. Usage Fields korrespondieren leider nicht immer mit den Aufgaben der zugehörigen Funktionsschichten. So wird z.B. die Verwendung des Compression-Protokolls (Datenkomprimierung), eine Aufgabe der Funktionsschicht 6, im FM-Profile vereinbart.

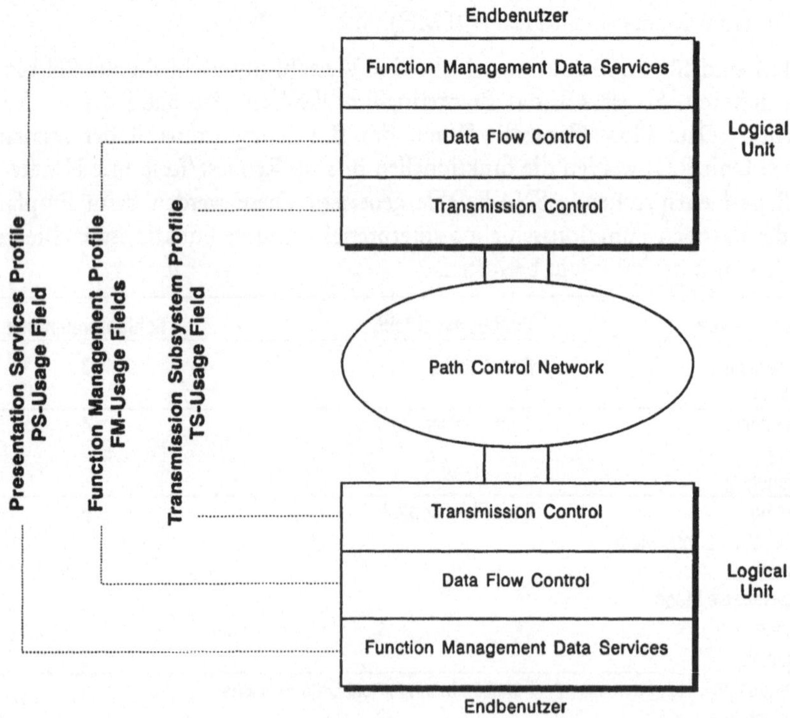

Bild 5.2   Profiles und Usage Fields definieren die SNA-Protokolle der Funktionsschichten

Auch in den SNA-Befehlen, die SSCP Sessions aufbauen (ACTIVATE CROSS-DOMAIN RESOURCE MANAGER, ACTIVATE PHYSICAL UNIT, ACTIVATE LOGICAL UNIT), werden TS-Profiles und FM-Profiles vereinbart. PS-Profiles sind hier nicht relevant.

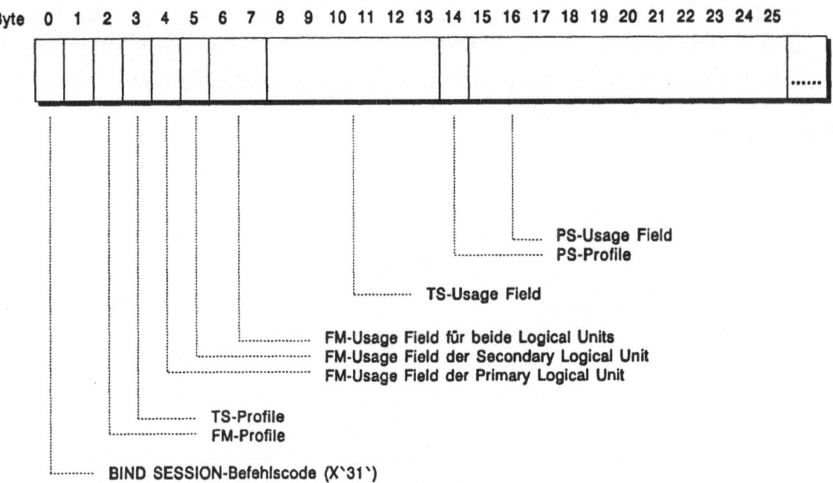

Bild 5.3   Profiles und Usage Fields im SNA-Befehl BIND SESSION

5.1   Segmenting-Protokoll

Request/Response Units (RU) können je nach LU-LU Session-Typ unterschiedlich groß sein. So sind z.B. bei 3270-Anwendungen Request Units von 2 KByte und größer durchaus möglich (ganze Bildschirmmaske). Auf dem Übertragungsabschnitt zwischen Communication Controller Node und IBM 3174 Cluster Controller Node (SDLC-Link) sind z.B. per NCP-Generierung jedoch nur Übertragungsblöcke von der Größe 265 Byte erlaubt. Das Segmenting-Protokoll (Segmentieren) zerlegt eine zu lange Request/Response Unit in mehrere kleinere Segmente. Die Zielsetzung dabei ist, die Länge der Übertragungsblöcke an die Bitfehlerrate des Übertragungsabschnitts (Link) und vor allem an die E/A-Pufferkapazität (Physical Unit Buffer Capacity) eines peripheren SNA-Knotens anzupassen. Das Protokoll betrifft session-unabhängig alle Request/Response Units, die über den jeweiligen Übertragungsabschnitt gesendet werden.

♦ Die Anbieter öffentlicher Netze nennen für ihre Netze eine statistische Bitfehlerrate (z.B. einen Bitfehler pro 10.000 übertragener Bits). Übertragungsblöcke, die länger als dieser Wert sind, werden mit hoher Wahrscheinlichkeit auf dem Übertragungsabschnitt verfälscht und deshalb erneut übertragen. Anhand der Bitfehlerrate wird eine sinnvolle maximale Übertragungsblocklänge bestimmt und durch Segmentieren realisiert. Dadurch wird die Anzahl der Blockwiederholungen reduziert.

♦ Periphere SNA-Knoten besitzen, durch die Hardware bedingt, eine begrenzte
  E/A-Pufferkapazität. Durch Segmentieren wird die Übertragungsblocklänge an
  die maximale E/A-Pufferkapazität eines peripheren SNA-Knotens angepaßt.

Protokolldetails

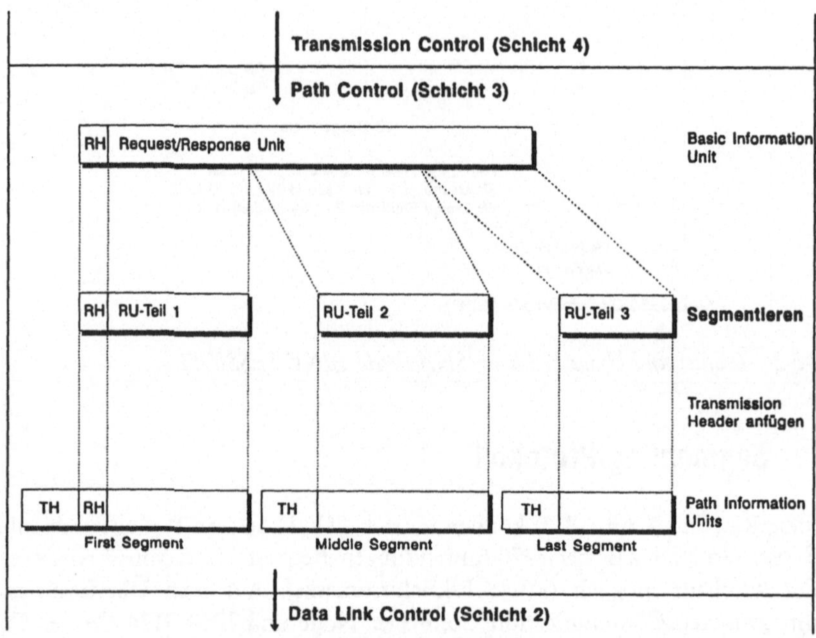

Bild 5.4   Funktionen der Path Control beim Segmentieren

Segmenting ist ein SNA-Protokoll der Path Control (Funktionsschicht 3). Die Path
Control teilt beim Senden eine zu lange Basic Information Unit (BIU) in einzelne
Segmente auf und gibt diese mit angefügtem Transmission Header (TH) an die
Data Link Control (Funktionsschicht 2) weiter. Das Segment mit dem angefügten
Transmission Header heißt Path Information Unit (PIU). Nur in der ersten Path
Information Unit existiert ein Request/Response Header (RH). Die Data Link
Control überträgt jede Path Information Unit als separate Einheit über den Über-
tragungsabschnitt.

Das Mapping Field (MPF) im Transmission Header kennzeichnet die Segmente
einer Request/Response Unit.

00 = mittleres Segment,
01 = letztes Segment,
10 = erstes Segment,
11 = unsegmentierte Basic Information Unit (Whole BIU).

Im empfangenden SNA-Knoten interpretiert und entfernt die Path Control die Transmission Header, fügt die einzelnen Segmente wieder zu einer Basic Information Unit zusammen und gibt diese zur Transmission Control (Funktionsschicht 4) weiter.

Das Segmenting-Protokoll wird nur zwischen einem SNA-Knoten mit Boundary Function und einem daran angeschlossenen peripheren Knoten eingesetzt.

Im Beispiel von Bild 5.5 wird der Datenstrom von der Primary Logical Unit (PLU) zur Secondary Logical Unit (SLU) unsegmentiert bis zum SNA-Knoten mit Boundary Function übertragen (Outbound). In diesem SNA-Knoten wird die Basic Information Unit segmentiert, zum peripheren Knoten übertragen und dort wieder zur Basic Information Unit zusammengefaßt. In der anderen Richtung (Inbound) werden die vom peripheren Knoten gebildeten Segmente erst im Host-System wieder zu einer Basic Information Unit zusammengefaßt (reassembliert).

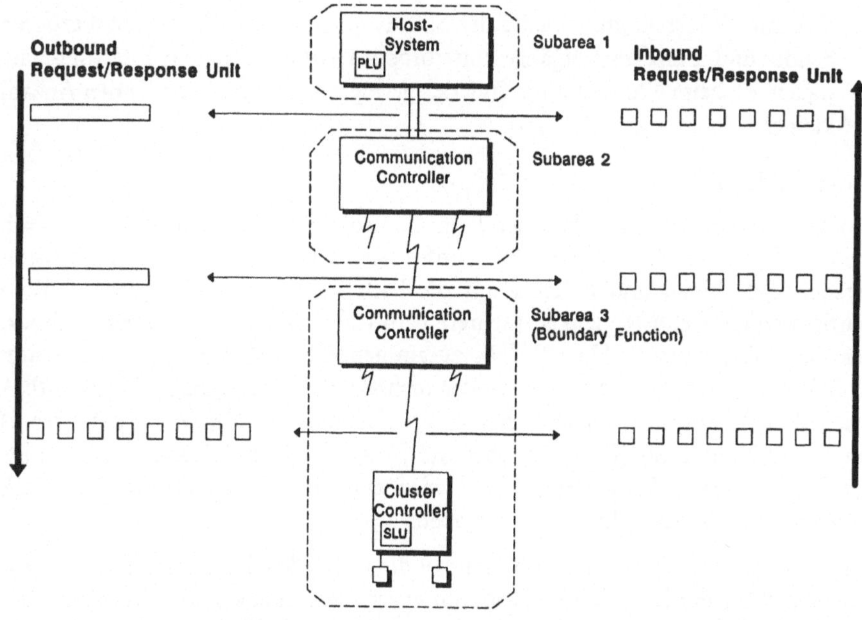

Bild 5.5   Segmenting-Protokollbeispiel

Die maximale E/A-Pufferkapazität eines peripheren SNA-Knotens wird in der VTAM/NCP-Generierung mit dem Operand MAXDATA angegeben. Ein typischer Wert für eine Physical Unit (PU) vom Typ 2 wäre 265 Byte (256 Byte Request/Response Unit, drei Byte Request/Response Header, sechs Byte Transmission Header).

5.2   Blocking-Protokoll

Das Blocking-Protokoll (Blocken) faßt session-unabhängig mehrere Path Information Units (PIU) zu einem Übertragungsblock zusammen. Dadurch wird der Übertragungsabschnitt (Link) effizient genutzt und die Anzahl der leitungsbezogenen
Unterbrechungen (Interrupts) im sendenden und empfangenden Subarea-Knoten
gesenkt. Es ist ein optionales Protokoll, das nur auf bestimmten Übertragungsabschnitten zwischen Subarea-Knoten eingesetzt wird.

+ Die Data Link Control (Funktionsschicht 2) erweitert bei ungeblockter Über-
  tragung jede Path Information Unit durch einen Link Header (LH) und einen
  Link Trailer (LT). Jeder zusätzliche Header und Trailer reduziert die mögliche
  Datendurchsatzrate des Übertragungsabschnitts. Durch das Blocken wird die
  Anzahl der von der Funktionsschicht 2 generierten Header und Trailer ver-
  ringert.

+ Die internen Programmabläufe der SNA-Knoten werden für leitungsbezogene
  Sende- und Empfangsvorgänge unterbrochen (Interrupt). Die Interrupt-Häu-
  figkeit ist beim Blocken aufgrund der geringeren Header- und Trailer-Anzahl
  kleiner.

Protokolldetails

Blocking ist ein SNA-Protokoll der Path Control (Funktionsschicht 3). Die Path
Control fügt beim Senden einer Basic Information Unit (BIU) den Transmission
Header (TH) hinzu und bildet somit die Path Information Unit. Im nächsten
Schritt werden nach Möglichkeit mehrere Path Information Units zu einem Block,
der Basic Transmission Unit (BTU), zusammengefaßt. Eine Basic Transmission
Unit kann session-unabhängig eine oder mehrere Path Information Units enthal-
ten. Jede Path Information Unit besitzt im Transmission Header (Typ 4 oder F)
ein Data Count Field (DCF), welches die Länge der Path Information Unit beinhaltet. Die Basic Transmission Unit wird zur Übertragung an die Data Link
Control (Funktionsschicht 2) weitergegeben.

Beim Empfang vergleicht die Path Control die Länge der Basic Transmission Unit
mit dem Wert des Data Count Fields im ersten oder einzigen Transmission Header. Bei ungleichen Werten wird anhand der Data Count Fields entblockt und die
ursprünglichen Path Information Units wieder hergestellt. Bei Gleichheit wurde in
der Basic Transmission Unit nur eine Path Information Unit übertragen. Damit
entfällt das Entblocken. Nach dem Entfernen der Transmission Header werden die
Basic Information Units zur weiteren Verarbeitung der Transmission Control
(Funktionsschicht 4) übergeben.

Das Blocking-Protokoll wird ausschließlich zwischen zwei Subarea-Knoten verwendet und für jede Richtung separat generiert. Der genutzte Übertragungsabschnitt

darf nur aus einer Leitung (z.B. /370 Systemkanal oder 2 MB/s Standleitung) bestehen. Ausgeschlossen ist die Protokollnutzung für Transmission Groups (TG) mit mehreren parallelen Leitungen.

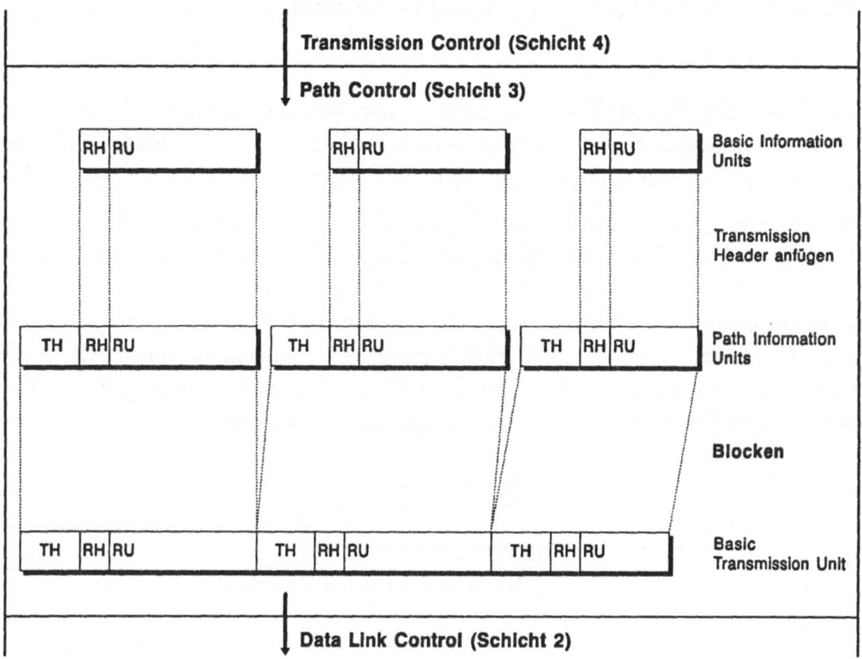

Bild 5.6   Funktionen der Path Control beim Blocken

5.3 Sequencing-Protokoll

Bei der Anwendung des Sequencing-Protokolls (Reihenfolge definieren) wird der normale Datenfluß und der vorrangige Datenfluß getrennt betrachtet.

5.3.1 Sequenznumerierung der Request/Response Units im normalen Datenfluß

Eine SNA-Session besteht logisch aus zwei Halb-Sessions, die getrennt für jede Flußrichtung betrachtet werden. Die Primary Half Session definiert den Datenfluß von der Primary Network Adressable Unit (NAU) zur Secondary Network Adressable Unit und die Secondary Half Session den von der Secondary Network Adressable Unit zur Primary Network Adressable Unit. Das Sequencing-Protokoll ordnet in einer Halb-Session jeder Request Unit (RU), die im normalen Datenfluß

(Normal Flow) gesendet wird, eine eindeutige Sequenznummer zu. Damit wird die vollständige Übertragung in richtiger Reihenfolge sichergestellt (Ende-zu-Ende-Kontrolle) und die Zuordnung einer Response Unit zu der entsprechenden Request Unit realisiert (Response Request Correlation).

Protokolldetails

Das Sequencing-Protokoll liegt primär in der Verantwortung der Transmission Control (Funktionsschicht 4). Beim Session-Aufbau werden für beide Halb-Sessions die Sequenznummern mit dem Wert 0 initialisiert.

Beim Senden jeder Normal Flow Request Unit, erhöht die Data Flow Control (Funktionsschicht 5) die Sequenznummer um 1. Die erste Normal Flow Request Unit nach dem Session-Aufbau hat folgerichtig die Sequenznummer 1. Erreicht die Sequenznummer den Wert 65535, wird mit der nächsten Normal Flow Request Unit die Sequenznummer auf 0 zurückgesetzt. Die Sequenznummer 0 ist nur in dieser Situation möglich. Die Data Flow Control übergibt die Sequenznummer mit der zugehörigen Request Unit der Transmission Control.

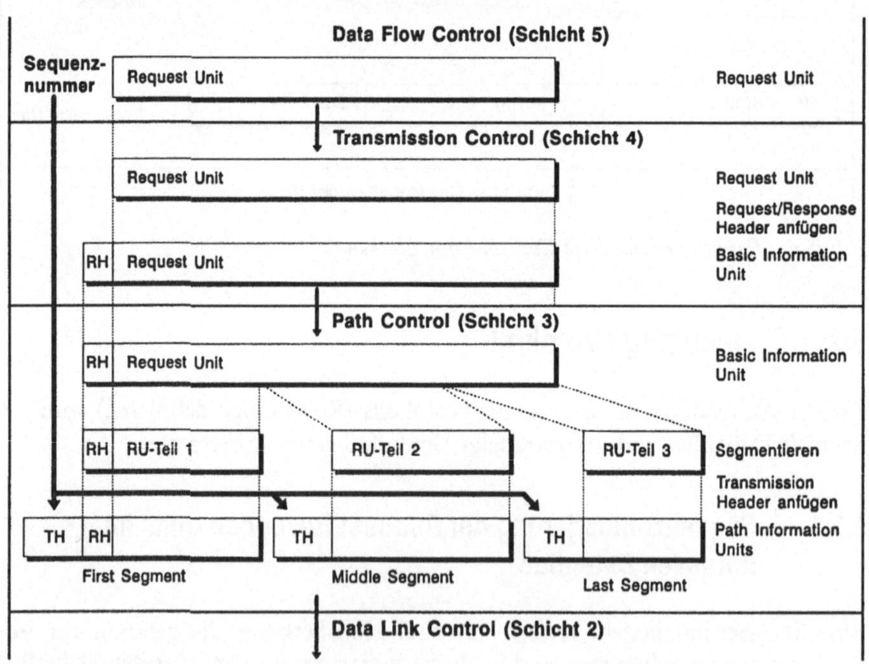

Bild 5.7   Aufgaben der Funktionsschichten 3, 4 und 5 bei der Sequenznumerierung

Die Transmission Control fügt an die Request Unit den Request/Response Header (RH) an und bildet somit die Basic Information Unit (BIU). Dann gibt sie diese mit der zugehörigen Sequenznummer an die Path Control (Funktionsschicht 3) weiter.

Hier wird die Basic Information Unit eventuell segmentiert. Die Path Control trägt die Sequenznummer in das Sequence Number Field (SNF) des Transmission Headers (TH) ein und fügt ihn an die Basic Information Unit oder die Segmente an. Alle Segmente einer Basic Information Unit haben deshalb die gleiche Sequenznummer. Im nächsten Schritt wird die so gebildete Path Information Unit (PIU) zum Senden an die Data Link Control (Funktionsschicht 2) übergeben.

Die Path Control interpretiert und entfernt beim Empfang den Transmission Header jeder Path Information Unit. Eventuelle Segmente werden wieder zusammengefaßt. Die Sequenznummer des Transmission Headers wird mit der so gebildeten Basic Information Unit der Transmission Control übergeben und dort vom Connection Point Manager geprüft. Aus diesem Grund wird in der SNA-Dokumentation das Sequencing-Protokoll in der Zuständigkeit der Transmission Control beschrieben.

Die Transmission Services (TS-) Profiles 2, 3, 4, 5 und 7 unterstützen die Sequenznumerierung des normalen Datenflusses. Das betrifft alle LU-LU Session-Typen und SSCP-PU Sessions (PU im Subarea-Knoten). In den anderen SSCP Session-Typen wird im Sequence Number Field des Transmission Headers eine eindeutige Identifikation eingetragen, die eine Zuordnung der Response Unit zur Request Unit ermöglicht.

Nur die SNA-Befehle CLEAR oder SET AND TEST SEQUENCE NUMBER (STSN) können in einer Halb-Session die Sequenznumerierung zu Recovery-Zwecken beeinflussen und zurücksetzen.

Das Beispiel von Bild 5.8 zeigt eine LU-LU Session. Die Primary Logical Unit (PLU) sendet im Delayed Request Mode. Die von der Primary Logical Unit gesendete Request Unit mit der Sequenznummer 4 erreicht die Secondary Logical Unit (SLU) nicht. Auf die nächste Request Unit mit der Sequenznummer 5 antwortet die Secondary Logical Unit mit einer negativen Response Unit (Sense Code X'2001' Sequenzproblem). Die Reaktion der Primary Logical Unit ist abhängig vom verwendeten Transmission Services (TS-) Profile. Das TS-Profile 4 ermöglicht z.B. folgendes Session Recovery. Mit den SNA-Befehlen CLEAR, SET AND TEST SEQUENCE NUMBER und START DATA TRAFFIC wird die fehlerhafte Halb-Session normiert, die Sequenznummer neu gesetzt und die Session wieder freigegeben.

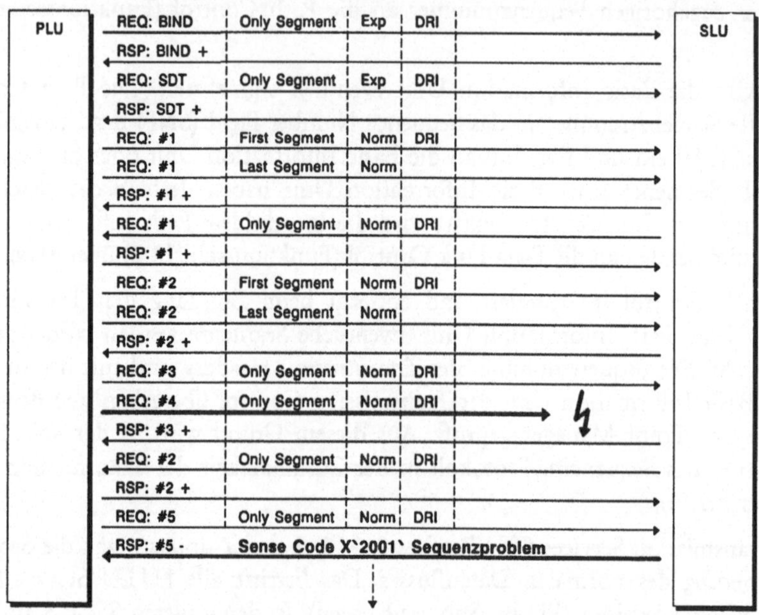

Bild 5.8   Sequencing-Protokollbeispiel

Im Bild verwendete Abkürzungen:

DRI	= Definite Response Indicator	REQ	= Request Unit
Exp	= Expedited Flow	RSP	= Response Unit
Norm	= Normal Flow	#X	= Sequenznummer

SNA-Befehle des Sequencing-Protokolls

Die erste Zeile der Befehlsbeschreibung ist wie folgt aufgebaut:

SNA-Befehl; Session-Typ, Datenfluß-Typ; Befehls-Kategorie (SNA-Befehl in Langform)

CLEAR; PLU⇨SLU, SSCP⇨SSCP, Exp; SC (CLEAR)
Der CLEAR-Befehl normiert die Session-Status in beiden Halb-Sessions (z.B. Bracketing, Pacing, Sequencing).

STSN; PLU⇨SLU, Exp; SC (SET AND TEST SEQUENCE NUMBER)
Mit dem STSN-Befehl werden, separat für beide Halb-Sessions, die Sequenznummern geprüft und verändert.

SDT; PLU⇨SLU, SSCP⇨PU|SSCP, Exp; SC (START DATA TRAFFIC)
Der SDT-Befehl gibt für beide Halb-Sessions das Senden und Empfangen von Request/Response Units der Kategorie Function Management Data und Data Flow Control frei.

RQR; SLU⇨PLU, SSCP⇨SSCP, Exp; SC (REQUEST RECOVERY)
Mit dem RQR-Befehl verlangt die Secondary Logical Unit von der Primary Logical Unit ein Session Recovery. Die Primary Logical Unit sendet daraufhin einen CLEAR-Befehl oder deaktiviert die Session.

In der Tabelle von Bild 5.9 ist dargestellt, daß Session Recovery mit dem Sequencing-Protokoll nur im Transmission Services Profile 4 möglich ist.

Transmission Services (TS-) Profiles	Session-Typen	LU-Typen	CLEAR	STSN	SDT	RQR
1	SSCP-PU (PU-Typ 1 oder 2)	-	-	-	-	-
	SSCP-LU	-	-	-	-	-
2	LU-LU	0	X	-	-	-
3	LU-LU	0, 1, 2, 3	X	-	X	-
4	LU-LU	0, 1, 6.1	X	X	X	X
5	SSCP-PU (PU-Typ 4 oder 5)	-	-	-	X	-
7	LU-LU	0, 4, 6.2, 7	-	-	-	-
	CP-CP	-	-	-	-	-
17	SSCP-SSCP	-	X	-	X	X

Bild 5.9   SNA-Befehle des Sequencing-Protokolls in den Transmission Services Profiles

5.3.2 Identifikationen der Request/Response Units im vorrangigen Datenfluß

SNA-Befehle im vorrangigen Datenfluß (Expedited Flow) werden in den SNA-Knoten nicht nach dem First-In First-Out-Prinzip (FIFO) behandelt. Sie können innerhalb einer Halb-Session Normal Flow Request Units überholen. Eine Sequenznummer ist in diesen SNA-Befehlen nicht sinnvoll und würde nur zur Verwirrung beitragen. Stattdessen wird im Transmission Header eine eindeutige Identifikation eingetragen, die eine Zuordung der Response Unit zur Request Unit ermöglicht. Als Expedited Flow Request Unit werden nur bestimmte SNA-Befehle übertragen.

In Systems Network Architecture gibt es vier Befehlskategorien:

♦ Session Control (SC), Funktionsschicht 4,

♦ Network Control (NC), Funktionsschicht 4,

♦ Data Flow Control (DFC), Funktionsschicht 5,

♦ Function Management Data Network Services (FMD NS), Funktionsschicht 6.

Die Funktionsschicht, die eine Expedited Flow Request Unit sendet, generiert auch die Identifikation. Die paarige Funktionsschicht des Empfängers verwendet diese Identifikation zur Wahrung der Response Request Correlation im Transmission Header der entsprechenden Response Unit.

5.4 Pacing-Protokoll

Mit dem Pacing-Protokoll (Tempo bestimmen) dosiert der Request Unit (RU)-Empfänger die Transferrate des Senders und paßt sie an die session-bezogene Empfangspufferkapazität sowie an die eigene Verarbeitungsgeschwindigkeit an. Pacing ist immer dann sinnvoll, wenn die Request Unit-Rate des Senders größer als die Verarbeitungsgeschwindigkeit des Empfängers ist.

In Systems Network Architecture werden unterschiedliche Pacing-Protokolle verwendet:

♦ Fixed Session-Level Pacing,

♦ Adaptive Session-Level Pacing,

♦ Virtual-Route Pacing.

In diesem Kapitel werden Fixed Session-Level Pacing und Adaptive Session-Level Pacing diskutiert.

Session-Level Pacing

SNA-Knoten besitzen einen leitungsbezogenen E/A-Puffer (Physical Unit Buffer) und einen session-bezogenen Puffer. Dieser ist statisch einer oder dynamisch mehreren Sessions zugeordnet.

♦ Bei statischer Pufferzuordnung verhindert das Pacing-Protokoll, daß mehr normal fließende (Normal Flow) Request Units gesendet werden, als session-bezogene Empfangspufferkapazität frei ist.

♦ Bei dynamischer Pufferzuordnung verhindert das Pacing-Protokoll zusätzlich, daß eine Session mit hoher Normal Flow Request Unit-Rate die gesamte Empfangspufferkapazität des SNA-Knotens belegt.

Protokolldetails

Pacing ist ein SNA-Protokoll der Transmission Control (Funktionsschicht 4). Innerhalb dieser Funktionsschicht ist der Connection Point Manager für die Steuerung und Überwachung aller Aktivitäten verantwortlich. Das Pacing-Protokoll wird über die Pacing-Fenstergröße (Pacing Window Size), die Pacing Request und die Pacing Response gesteuert. Die Pacing Window Size definiert die maximale Anzahl von Normal Flow Request Units, die ein Request Unit-Empfänger in einer Folge

(Pacing-Zyklus) ohne Puffer- oder Verarbeitungsprobleme empfangen kann. Alle Request Units innerhalb eines Pacing-Zyklus werden als Pacing Window bezeichnet. Beim Session-Aufbau wird die Pacing Window Size separat für beide Übertragungsrichtungen der Session (Halb-Sessions) definiert. Die Pacing Window Size 0 bedeutet, daß kein Pacing-Protokoll eingesetzt wird. Die im vorrangigen Datenfluß (Expedited Flow) gesendeten Request Units unterliegen diesem Protokoll nicht.

5.4.1 Fixed Session-Level Pacing

Fixed Session-Level Pacing bezeichnet ein Pacing-Protokoll mit fester Window Size. Der Request Unit-Sender setzt im Request/Response Header (RH) der ersten Request Unit eines Pacing Windows den Pacing Indicator (PI). Damit wird der Empfänger darüber informiert, daß ein Pacing-Zyklus beginnt und der Sender auf eine Pacing Response wartet. Aus diesem Grund wird die erste Request Unit eines Pacing Windows auch als Pacing Request bezeichnet. Wenn der Empfänger genügend Pufferkapazität für ein weiteres Pacing Window hat, sendet er eine Pacing Response zurück und erteilt damit dem Session-Partner das Senderecht für das nächste Pacing Window. Gleichzeitig reserviert er in Abhängigkeit von der Pacing Window Size und der maximalen Request Unit Size die entsprechende Empfangspufferkapazität. Aus Synchronisationsgründen darf der Empfänger nur eine Pacing Response pro Pacing Request senden. Beim Fixed Session-Level Pacing kann eine Pacing Response mit einer ohnehin zu sendenden Response Unit oder als Isolated Pacing Response (IPR) gesendet werden. Eine Pacing Response wird durch den gesetzten Pacing Indicator im Request/Response Header angezeigt. Eine Isolated Pacing Response wird immer dann gesendet, wenn die gerade aktuell empfangenen Request Units keine Response Units verlangen, aber eine Pacing Response gesendet werden muß, um den Datenfluß nicht zu stoppen. Bei Verwendung der Isolated Pacing Response ist die Sequenznummer im Transmission Header (TH) undefiniert und kann jeden beliebigen Wert annehmen. Das Beispiel von Bild 5.10 zeigt, daß eine Isolated Pacing Response deshalb auch keiner Request Unit zugeordnet werden kann.

Im Bild verwendete Abkürzungen:

BC	= Begin of Chain	Norm	= Normal Flow
DRI	= Definite Response Indicator	OC	= Only Element of Chain
EC	= End of Chain	PI	= Pacing Indicator
ERI	= Exception Response Indicator	REQ	= Request Unit
Exp	= Expedited Flow	RSP	= Response Unit
IPR	= Isolated Pacing Response	#X	= Sequenznummer
MC	= Middle Element of Chain		

PLU						SLU
Pacing Window Size=3	REQ: BIND	Only Segment	Exp	OC	DRI	
	RSP: BIND +					
	REQ: SDT	Only Segment	Exp	OC	DRI	
	RSP: SDT +					
1	REQ: #1	Only Segment	Norm	BC	ERI	PI
2	REQ: #2	Only Segment	Norm	MC	ERI	
	RSP: IPR					PI
3	REQ: #3	Only Segment	Norm	MC	ERI	
1	REQ: #4	Only Segment	Norm	MC	ERI	PI
2	REQ: #5	Only Segment	Norm	MC	ERI	
3	REQ: #6	Only Segment	Norm	MC	ERI	
	PLU muß auf Pacing Response warten					
	RSP: IPR					PI
1	REQ: #7	First Segment	Norm	MC	ERI	PI
	REQ: #7	Last Segment	Norm			
2	REQ: #8	Only Segment	Norm	MC	ERI	
3	REQ: #9	Only Segment	Norm	EC	DRI	
	RSP: #9 +					PI
1	REQ: #10	Only Segment	Norm	BC	ERI	PI

Bild 5.10 Pacing-Protokollbeispiel

Die Transmission Services (TS-) Profiles 2, 3, 4 und 17 erlauben die Anwendung des Pacing-Protokolls. Im TS-Profile 7 wird es nur optional unterstützt. Das bedeutet, daß in allen LU-LU Session-Typen und in SSCP-SSCP Sessions das Pacing-Protokoll genutzt werden kann. In SSCP-PU und in SSCP-LU Sessions wird dieses Protokoll nicht verwendet.

In den Bytes 8, 9, 12 und 13 des BIND SESSION-Befehls werden die Pacing Window Sizes der beiden LU-LU Halb-Sessions vereinbart.

In SNA wird das Fixed Session-Level Pacing-Protokoll ein- oder zweistufig verwendet.

One-Stage Session-Level Pacing

Von One-Stage Session-Level Pacing (einstufiges Pacing) wird gesprochen, wenn das Pacing-Protokoll in einer Halb-Session direkt (nur eine Pacing Window Size) zwischen den beiden Session-Partnern (Network Adressable Units) wirkt. Dies ist die Regel, wenn beide Logical Units (LU) oder die Primary Logical Unit (PLU) und die Boundary Function der Session im selben Host-System existieren. Letzteres ist der Fall, wenn ein peripherer Knoten vom PU-Typ 2.0 lokal über den Systemkanal an das Host-System angeschlossen ist.

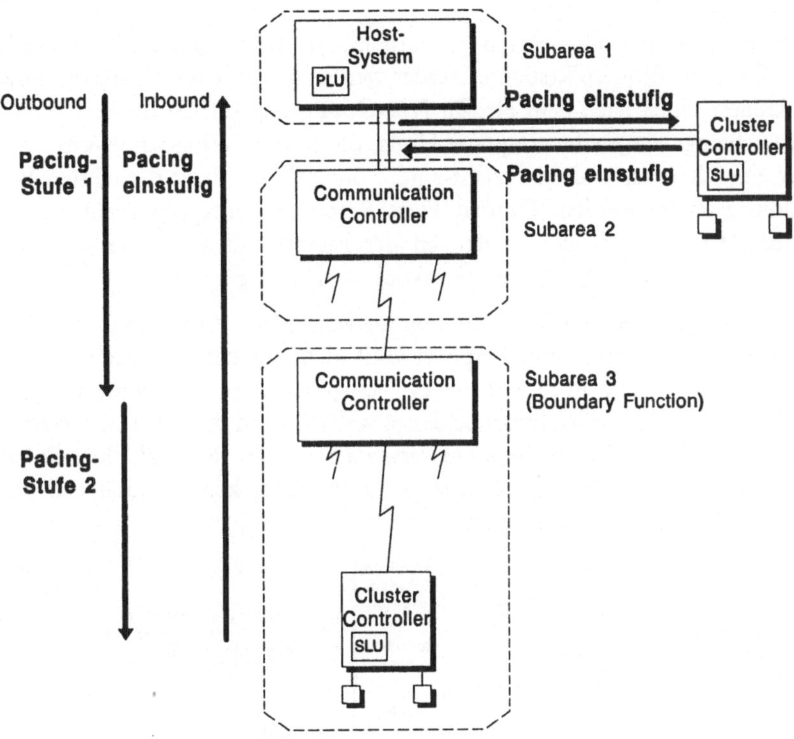

Bild 5.11 Ein- und zweistufiges Pacing

Two-Stage Session-Level Pacing

Beim Two-Stage Session-Level Pacing (zweistufiges Pacing) werden zwei autonome Pacing-Protokolle (zwei Pacing Window Sizes) in einer Halb-Session verwendet. Es kommt z.B. zum Einsatz, wenn die Logical Units einer Session zu unterschiedlichen Subareas gehören. In der ersten Stufe steuert das Pacing-Protokoll die Verbindung zwischen der Primary Logical Unit und dem Subarea-Knoten, der die Boundary Function für den peripheren Knoten zur Verfügung stellt. In der zweiten Stufe geschieht dieses für den Datenfluß vom Subarea-Knoten mit Boundary Function zur Secondary Logical Unit (SLU). Das ist z.B. der Fall, wenn ein peripherer Knoten über einen Communication Controller-Knoten mit dem Host-System kommuniziert. Die Pacing Window Sizes der beiden Pacing-Stufen können unterschiedlich sein. Bei zweistufigem Pacing müssen in der VTAM/NCP-Generierung je Session vier Pacing Window Sizes definiert werden (zwei Halb-Sessions * zwei Pacing-Stufen). Von der Secondary Logical Unit zur Primary Logical Unit (Inbound) wird das Pacing-Protokoll nur einstufig eingesetzt.

Queued Response Indicator

Zu sendende Normal Flow Response Units mit gesetztem Queued Response Indicator (QRI) im Request/Response Header werden gemeinsam mit den zu sendenden Request Units nach dem First-In First-Out-Prinzip (FIFO) in die Pacing-Sendewarteschlange eingereiht. Response Units, die in der Pacing-Sendewarteschlange hinter einer Request Unit eingereiht sind, können erst mit dem nächsten Pacing Window gesendet werden. Normal Flow Response Units mit nicht gesetztem Queued Response Indicator werden an der Pacing-Sendewarteschlange vorbeigeführt und direkt zur Path Control (Funktionsschicht 3) gegeben.

Um Deadlock-Situationen in der Session zu verhindern, darf eine in der Pacing-Sendewarteschlange eingereihte Response Unit nicht zusätzlich als Pacing Response genutzt werden. Wenn im Rahmen eines Pacing-Zyklus gesendet wird, die Response Unit also die Pacing-Sendewarteschlange verläßt, kann diese erst in diesem Moment zusätzlich als Pacing Response verwendet werden. Normal Flow Response Units mit nicht gesetztem Queued Response Indicator können zusätzlich immer als Pacing Response genutzt werden.

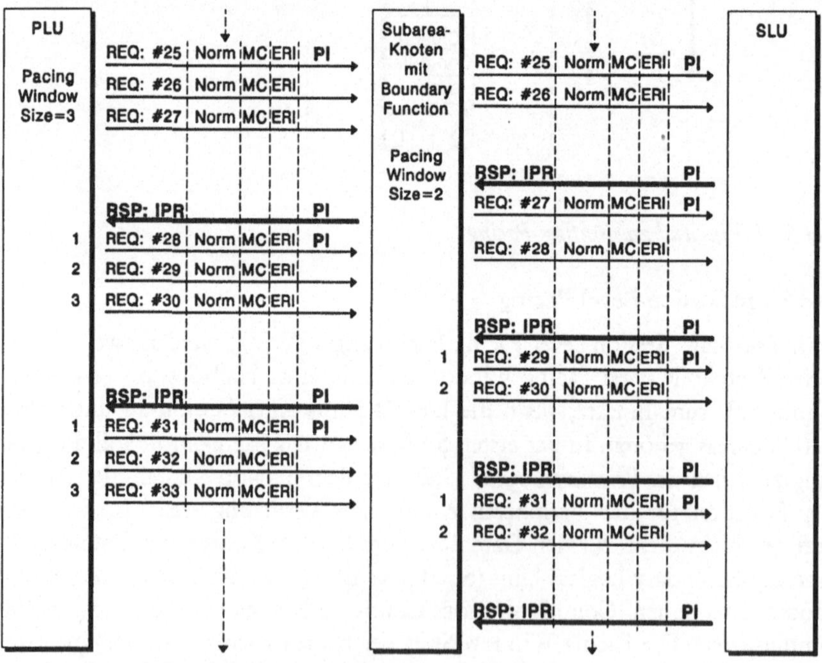

Bild 5.12 Zweistufiges Pacing-Protokollbeispiel

Im Bild verwendete Abkürzungen:

ERI	= Exception Response Indicator	PI	= Pacing Indicator
IPR	= Isolated Pacing Response	REQ	= Request Unit
MC	= Middle Element of Chain	RSP	= Response Unit
Norm	= Normal Flow	#X	= Sequenznummer

5.4.2 Adaptive Session-Level Pacing

Adaptive Session-Level Pacing bezeichnet ein Pacing-Protokoll mit variabler Pacing Window Size. Damit paßt sich das Protokoll permanent der Situation in der Halb-Session an. Die Pacing Window Size wird durch die Verwendung von Isolated Pacing Messages (IPM) verändert. Es werden drei Typen von Isolated Pacing Messages unterschieden:

♦ Solicited (erbetene) Isolated Pacing Message,

♦ Unsolicited (nicht erbetene) Isolated Pacing Message,

♦ Reset Acknowledgement Isolated Pacing Message.

Der Empfänger einer Pacing Request sendet eine Solicited Isolated Pacing Message an den Request Unit-Sender und autorisiert ihn damit zum Senden eines weiteren Pacing Windows. Zusätzlich wird spezifiziert, ob die Pacing Window Size des nächsten Pacing Windows vergrößert, verkleinert oder belassen werden soll. Bildet sich jedoch beim Empfänger eine Stauung, so schickt er eine Unsolicited Isolated Pacing Message an den Request Unit-Sender. Damit wird dem Sender das Senderecht für das aktuelle Pacing Window entzogen und eine neue Pacing Window Size definiert. Der Request Unit-Sender bestätigt den Erhalt der Unsolicited Isolated Pacing Message mit einer Reset Acknowledgement Isolated Pacing Message und setzt das aktuelle Pacing Window zurück. Die Request Units der Sendewarteschlange werden anhand der übertragenen Pacing Window Size einem neuen Pacing Window zugeordnet. Der Datenfluß in der Halb-Session kann also mit einer Unsolicited Isolated Pacing Message (Pacing Window Size 0) sofort gestoppt werden. Dieser Zustand kann nur durch eine Solicited Isolated Pacing Message aufgehoben werden.

Beim Adaptive Session-Level Pacing antwortet der Session-Partner auf eine Pacing Request nur mit einer Isolated Pacing Message und nicht mit einer normalen Response Unit.

Dieses Pacing-Protokoll wird heute nur in Advanced Peer-To-Peer Networks (APPN) eingesetzt.

5.5   Enciphering-Protokoll

Systems Network Architecture unterstützt Verschlüsselungstechniken (Enciphering) für LU-LU Sessions. In einer Session können die Request Units (RU) der Kategorie Function Management Data (Endbenutzerdaten) verschlüsselt übertragen werden und somit heutigen Datenschutzanforderungen entsprechen. Es kommen unterschiedliche Enciphering-Protokolle zur Anwendung.

- Session-Level Mandatory Cryptography (obligatorische Verschlüsselung),

- Session-Level Selective Cryptography (selektive Verschlüsselung),

- Private Cryptography (private Verschlüsselung).

Bei der Private Cryptography wird das Verschlüsselungsverfahren durch den SNA-Endbenutzer und nicht durch SNA definiert. In diesem Kapitel werden Session-Level Mandatory Cryptography und Session-Level Selective Cryptography diskutiert.

Protokolldetails

Enciphering ist ein SNA-Protokoll der Transmission Control (Funktionsschicht 4). Innerhalb dieser Funktionsschicht ist der Connection Point Manager für das Ver- bzw. Entschlüsseln verantwortlich. Dazu wird ein acht Byte langer kryptographischer Schlüssel verwendet. Das Verschlüsselungsverfahren basiert auf dem Data Encryption Standard (DES)-Algorithmus, der in der Federal Information Processing Standards Publication 46 vom 15. Januar 1977 beschrieben ist.

Der kryptographische Schlüssel wird vom System Services Control Point (SSCP) als „Zufallszahl" generiert und der Primary Logical Unit (PLU) mit dem SNA-Befehl CONTROL INITIATE (CINIT) übergeben. Diese überträgt den Schlüssel mit dem SNA-Befehl BIND SESSION zur Secondary Logical Unit (SLU). In beiden SNA-Befehlen wird der kryptographische Schlüssel für die Dauer der Übertragung mit einem zusätzlichen LU-spezifischen Schlüssel chiffriert. Bevor die erste Request Unit der Kategorie Function Management Data (Endbenutzerdaten) ver- bzw. entschlüsselt werden kann, benötigt der DES-Algorithmus zusätzlich eine „Zufallszahl" als Startwert. Diese „Zufallszahl" wird von der Secondary Logical Unit generiert, mit dem LU-spezifischen Verfahren chiffriert und in der BIND SESSION Response Unit an die Primary Logical Unit geschickt. Nach der Dechiffrierung besitzt diese dann den gleichen Startwert. Zur Kontrolle wird der Startwert invertiert, erneut LU-spezifisch chiffriert und mit dem SNA-Befehl CRYPTOGRAPHY VERIFICATION (CRV) zur Secondary Logical Unit zurückgeschickt. Nach der Dechiffrierung und Invertierung vergleicht diese den gesendeten mit dem jetzt empfangenen Startwert. Bei Gleichheit sind beide Logical Units im

Besitz des gleichen Startwertes und kryptographischen Schlüssels. Der SNA-Befehl wird positiv quittiert.

PLU						SLU
REQ: BIND	**kryptographischer Schlüssel**					→
RSP: BIND +	**Startwert für Verschlüsselung**					←
REQ: CRV	**Startwert für Verschlüsselung**					→
RSP: CRV +						←
REQ: SDT	Only Segment	Exp	DRI			→
RSP: SDT +						←
REQ: #1	First Segment	Norm	DRI	EDI	PDI	→
REQ: #1	Last Segment	Norm				→
RSP: #1 +						←
REQ: #2	First Segment	Norm	DRI	EDI	PDI	→
REQ: #2	Last Segment	Norm				→
RSP: #2 +						←
REQ: #3	Only Segment	Norm	DRI			→
RSP: #3 +						←
REQ: #4	Only Segment	Norm	DRI			→
RSP: #4 +						←
REQ: #5	First Segment	Norm	DRI			→
REQ: #5	Last Segment	Norm				→
RSP: #5 +						←

Bild 5.13 Session-Level Selective Cryptography-Protokollbeispiel

Im Bild verwendete Abkürzungen:

DRI	= Definite Response Indicator	PDI	= Padded Data Indicator
EDI	= Enciphered Data Indicator	REQ	= Request Unit
Exp	= Expedited Flow	RSP	= Response Unit
Norm	= Normal Flow	#X	= Sequenznummer

Wurde im BIND SESSION-Befehl die Session-Level Mandatory Cryptography (obligatorische Verschlüsselung) vereinbart, wird ab jetzt jede Request Unit der Kategorie Function Management Data (FMD RU) verschlüsselt übertragen. Eine Kennzeichnung mit dem Bit Enciphered Data Indicator (EDI) im Request/Response Header (RH) ist nicht notwendig. Bei Verwendung der Session-Level Selective Cryptography (selektive Verschlüsselung) wird nur in den Request Units, die tatsächlich verschlüsselt sind, der Enciphered Data Indicator im Request/Response Header gesetzt. In allen unverschlüsselten Request Units ist dieser Indicator nicht gesetzt.

Da das Verschlüsseln in 8-Byte-Blöcken erfolgt, kann es vorkommen, daß eine Request Unit durch sogenannte Pad Bytes (Polster) auf ein ganzzahliges Vielfaches von acht aufgefüllt werden muß. Dies wird der empfangenden Logical Unit durch den gesetzten Padded Data Indicator (PDI) im Request/Response Header angezeigt.

Die Transmission Services (TS-) Profiles 3, 4 und 7 unterstützen das Enciphering-Protokoll. Das bedeutet, daß in den meisten LU-LU Session-Typen das Enciphering-Protokoll genutzt werden kann. In SSCP Sessions wird dieses Protokoll nicht verwendet.

Im Byte 26 des BIND SESSION-Befehls wird das Verschlüsselungsverfahren für LU-LU Sessions vereinbart.

SNA-Befehl des Enciphering-Protokolls

Die erste Zeile der Befehlsbeschreibung ist wie folgt aufgebaut:

SNA-Befehl; Session-Typ, Datenfluß-Typ; Befehls-Kategorie (SNA-Befehl in Langform)

CRV; PLU⇨SLU, Exp; SC (CRYPTOGRAPHY VERIFICATION)
Der CRV-Befehl stellt sicher, daß beide Logical Units der Session den gleichen Verschlüsselungsstartwert verwenden. Durch den Befehl wird die verschlüsselte Übertragung von Request Units der Kategorie Function Management Data in beiden Halb-Sessions freigegeben.

5.6   Chaining-Protokoll

Das Chaining-Protokoll (Verketten) faßt eine Serie von Request Units (RU), die in eine Richtung gesendet werden, zu einer logischen Informationseinheit (Kette, Chain) zusammen. Durch das Chaining-Protokoll werden zu sendende Endbenutzerdaten (z.B. Druckliste), die größer als die maximale Request Unit Size sind, auf mehrere eigenständige Request Units aufgeteilt und in Form einer Chain übertragen. Alle Request Units einer Chain stellen eine logische Einheit dar. Beim Drukken einer mehrseitigen Liste kann das z.B. wie folgt geschehen:

♦ Jede Druckzeile wird als Request Unit übertragen.

♦ Jede Seite der Liste bildet eine Chain.

Im Fehlerfall werden die verketteten Request Units einer Halb-Session als eine Recovery-Einheit betrachtet. Der Kettenanfang (Begin of Chain) wird als Wiederaufsetzpunkt verwendet und ab diesem Punkt erneut übertragen. Eine Chain wird maximal mit einer Response Unit beantwortet. Das spart Response Units und erhöht die Datendurchsatzrate der Halb-Session.

Protokolldetails

Chaining ist ein SNA-Protokoll der Data Flow Control (Funktionsschicht 5). Eine Chain besteht in der Regel aus mehreren Request Units (Multiple Element Chain) oder, wenn die Recovery-Einheit (Chain) aus nur einer Request Unit besteht, aus nur dieser einen Request Unit (Single Element Chain). In den meisten LU-LU Session-Typen sind beide Chain-Typen möglich. Dagegen kommen in SSCP Sessions nur Single Element Chains zum Einsatz. Eine Response Unit oder eine Expedited Flow Request Unit wird grundsätzlich als Single Element Chain übertragen. Für verkettete Request Units, die im normalen Datenfluß (Normal Flow) gesendet werden, gelten folgende Regeln:

- Alle Request Units (Chain Elements) einer Chain fließen in die gleiche Richtung.

- Die erste Request Unit einer Chain ist im Request/Response Header (RH) mit gesetztem Begin Chain Indicator (BCI) markiert.

- Die letzte Request Unit einer Chain ist im Request/Response Header mit gesetztem End Chain Indicator (ECI) markiert.

- Alle anderen Request Units einer Chain sind im Request/Response Header weder mit dem Begin Chain Indicator noch mit dem End Chain Indicator markiert und somit als Middle Element of Chain gekennzeichnet.

- Eine Single Element Chain hat im Request/Response Header den Begin Chain Indicator und den End Chain Indicator gesetzt. In den Bildern wird das mit Only Element of Chain dargestellt.

Nach dem definierten Quittungsverhalten werden drei Chain Response-Typen (Response-Typen) unterschieden:

Response-Typen	Response-Indikatoren		
	DR1I	DR2I	ERI
No Response Requested	0	0	0
Exception Response Requested	0	1	1
Exception Response Requested	1	0	1
Exception Response Requested	1	1	1
Definite Response Requested	0	1	0
Definite Response Requested	1	0	0
Definite Response Requested	1	1	0

Bild 5.14 Response-Indikatoren im Request/Response Header

No Response Requested

Jede Request Unit der Chain ist im Request/Response Header als Request vom Typ No Response Requested gekennzeichnet. Die empfangende Network Addressable

Unit (NAU) darf keine Response Unit zurücksenden. In der Praxis kommt dieser
Response-Typ aus verständlichen Gründen sehr selten vor.

Exception Response Requested

Jede Request Unit der Chain ist im Request/Response Header als Request vom Typ
Exception Response Requested gekennzeichnet. Die empfangende Network Addressable Unit schickt nur in Fehlersituationen eine (negative) Response Unit zurück.

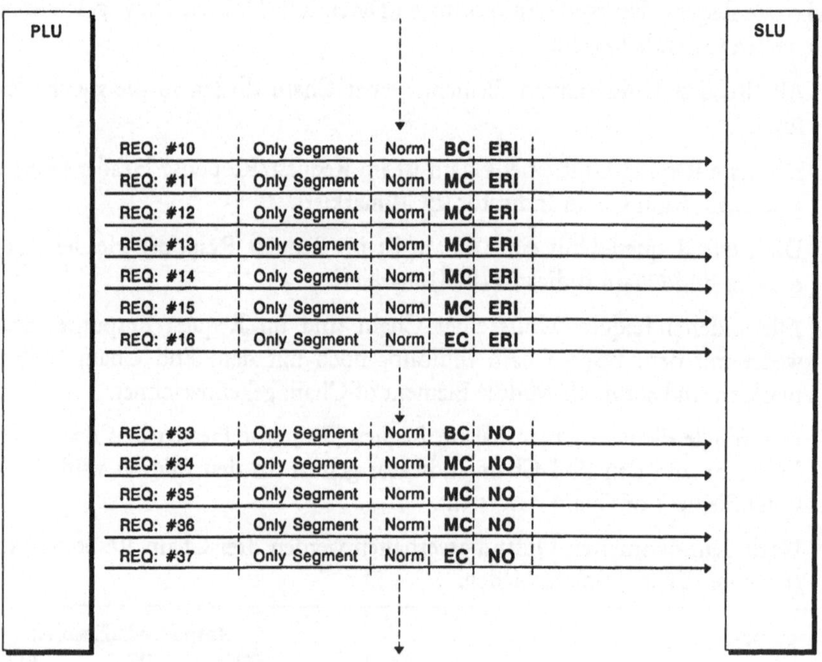

*Bild 5.15 Chaining-Protokollbeispiel (Exception Response Requested und No Response
Requested)*

Im Bild verwendete Abkürzungen:

BC	= Begin of Chain	NO	= No Response
EC	= End of Chain	Norm	= Normal Flow
ERI	= Exception Response Indicator	REQ	= Request Unit
MC	= Middle Element of Chain	#X	= Sequenznummer

Definite Response Requested

Die letzte Request Unit der Chain ist im Request/Response Header als Request
vom Typ Definite Response Requested gekennzeichnet. Alle anderen Request Units

der Chain sind im Request/Response Header als Request vom Typ Exception Response Requested gekennzeichnet. Die empfangende Network Addressable Unit muß auf die letzte Request Unit der Chain eine positive oder negative Response Unit zurückschicken.

PLU							SLU
Pacing Window Size=3	REQ: BIND	Only Segment	Exp	OC	DRI		
	RSP: BIND +						
	REQ: SDT	Only Segment	Exp	OC	DRI		
	RSP: SDT +						
1	REQ: #1	Only Segment	Norm	BC	ERI	PI	
2	REQ: #2	Only Segment	Norm	MC	ERI		
	RSP: IPR					PI	
3	REQ: #3	Only Segment	Norm	MC	ERI		
1	REQ: #4	Only Segment	Norm	MC	ERI	PI	
2	REQ: #5	Only Segment	Norm	MC	ERI		
3	REQ: #6	Only Segment	Norm	MC	ERI		
	PLU muß auf Pacing Response warten						
	RSP: IPR					PI	
1	REQ: #7	First Segment	Norm	MC	ERI	PI	
	REQ: #7	Last Segment	Norm				
2	REQ: #8	Only Segment	Norm	MC	ERI		
3	REQ: #9	Only Segment	Norm	EC	DRI		
	RSP: #9 +					PI	

Bild 5.16 Chaining-Protokollbeispiel (Definite Response Requested)

Im Bild verwendete Abkürzungen:

BC	= Begin of Chain	Norm	= Normal Flow
DRI	= Definite Response Indicator	OC	= Only Element of Chain
EC	= End of Chain	PI	= Pacing Indicator
ERI	= Exception Response Indicator	REQ	= Request Unit
Exp	= Expedited Flow	RSP	= Response Unit
IPR	= Isolated Pacing Response	#X	= Sequenznummer
MC	= Middle Element of Chain		

In den Bytes 4 und 5 des BIND SESSION-Befehls wird der verwendete Chain Response-Typ der beiden LU-LU Halb-Sessions definiert.

Alle Function Management (FM-) Profiles unterstützen das Chaining-Protokoll. Die FM-Profiles 3, 4, 7, 18 und 19 unterstützen Single und Multiple Element Chains und die FM-Profiles 0, 2, 5, 6 und 17 nur Single Element Chains. Das Protokoll wird also in allen möglichen Session-Typen genutzt. Deshalb können die Begriffe Request/Response Unit und Chain Element synonym verwendet werden.

Der einzige SNA-Befehl, der innerhalb einer Chain gesendet werden darf, ist CANCEL. Er annulliert alle bisher gesendeten Chain Elements und schließt die Chain. Der SNA-Befehl CANCEL wird in der Regel dann gesendet, wenn ein Element innerhalb der Chain negativ quittiert wurde. CANCEL wird nur vom Sender der Chain gesendet. Nach einem Fehler innerhalb der Chain, kann in Abhängigkeit vom Anwendungsprogramm ein Recovery eingeleitet werden.

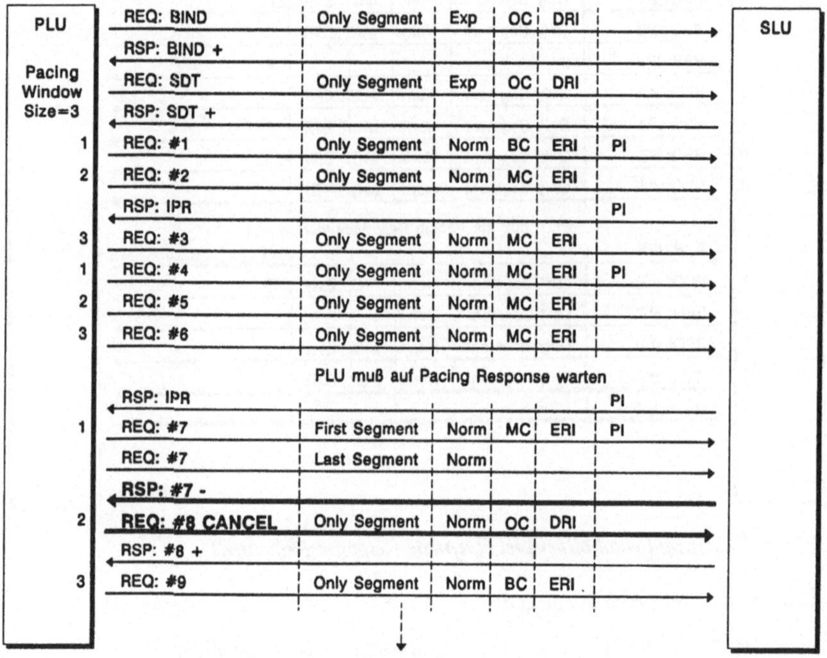

Bild 5.17 Chaining-Protokollbeispiel im Fehlerfall

Im Bild verwendete Abkürzungen:

BC	= Begin of Chain	Norm	= Normal Flow
DRI	= Definite Response Indicator	OC	= Only Element of Chain
EC	= End of Chain	PI	= Pacing Indicator
ERI	= Exception Response Indicator	REQ	= Request Unit
Exp	= Expedited Flow	RSP	= Response Unit
IPR	= Isolated Pacing Response	#X	= Sequenznummer
MC	= Middle Element of Chain		

SNA-Befehl des Chaining-Protokolls

Die erste Zeile der Befehlsbeschreibung ist wie folgt aufgebaut:

SNA-Befehl; Session-Typ, Datenfluß-Typ; Befehls-Kategorie (SNA-Befehl in Langform)

CANCEL; LU⇨LU, Norm; DFC (CANCEL)
 CANCEL annulliert alle bisher gesendeten Chain Elements und schließt die Chain.

5.7 Segmenting-, Sequencing-, Pacing- und Chaining-Protokoll in der Praxis

Dieses Beispiel verdeutlicht die Aufgaben der oben genannten SNA-Protokolle. Von einem Anwendungsprogramm sollen zwei Reports (Drucklisten) auf einen Drucker ausgegeben werden. Jeder Report besteht aus drei Seiten, und jede Seite besteht aus 2048 Zeichen (2K). Im Job Entry Subsystem (JES) wurde jeder Report als eine Chain und jede Seite als eine Request Unit (RU, Chain Element) definiert. Der Drucker ist an einem Cluster Controller Node angeschlossen, dessen E/A-Pufferkapazität (Physical Unit Buffer Capacity) 521 Byte (512 Byte Request Unit, drei Byte Request/Response Header, sechs Byte Transmission Header) beträgt. Dem Drucker ist im Cluster Controller für die LU-LU Session ein Puffer (Logical Unit Buffer) mit einer Kapazität von 4096 Byte (4K) zugeordnet. Im Beispiel ist die Session bereits aufgebaut, und die letzte Sequenznummer in der Halb-Session zum Drucker (Outbound) war die Nummer 100.

In diesem Beispiel beantworten wir folgende Fragen:

♦ Wieviele Chains und Chain Elements werden gebildet?

♦ Wie groß sollte die Pacing Window Size definiert werden?

♦ Welche Sequenznummer wird für die letzte Request Unit der Übertragung vergeben?

♦ Wieviele Segmente werden für die Übertragung gebildet?

Da jeder Report (drei Seiten) im JES als eine Chain generiert wurde, bildet das Chaining-Protokoll zwei Chains mit jeweils drei Request Units (Chain Elements).

Für die Ermittlung der optimalen Pacing Window Size sind die maximale Request Unit Size (die Länge eines Chain Elements) und die Kapazität des session-bezogenen Puffers (Logical Unit Buffer) relevant. In den session-bezogenen Puffer (4096 Byte) passen zwei Request Units mit jeweils 2048 Byte. Die Pacing Window Size sollte deshalb zwei betragen. Das Pacing-Protokoll orientiert sich an der Zahl der gesendeten Normal Flow Request Units und nicht an der Zahl der Segmente.

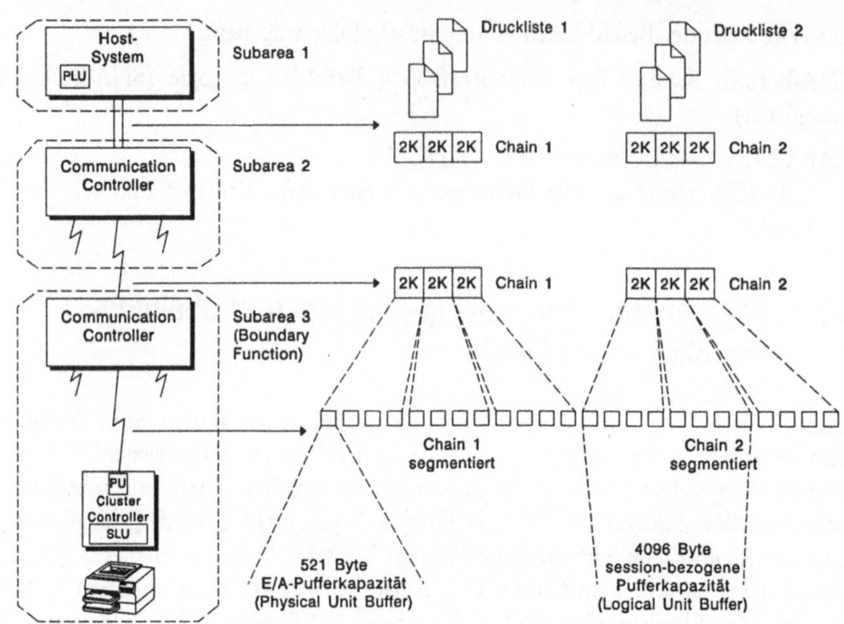

Bild 5.18 SNA-Protokolle in der Praxis (Konfiguration)

Das Sequencing-Protokoll numeriert in aufsteigender Reihenfolge Normal Flow Request Units (Chain Elements) unabhängig von der anschließenden Segmentierung der Request Units. In unserem Beispiel war die letzte Sequenznummer 100. Bei der Übertragung von zwei Chains mit jeweils drei Chain Elements ist die letzte Sequenznummer die Nummer 106.

Das Segmenting-Protokoll paßt jede Request Unit (Chain Element, 2048 Byte) an die E/A-Pufferkapazität des Cluster Controllers (521 Byte) an. Aus einer Request Unit werden vier Segmente gebildet. In unserem Beispiel werden sechs Request Units übertragen, die auf 24 Segmente aufgeteilt werden.

Im folgenden Bild verwendete Abkürzungen:

BC	= Begin of Chain	Norm	= Normal Flow
DRI	= Definite Response Indicator	PI	= Pacing Indicator
EC	= End of Chain	REQ	= Request Unit
ERI	= Exception Response Indicator	RSP	= Response Unit
IPR	= Isolated Pacing Response	#X	= Sequenznummer
MC	= Middle Element of Chain		

Subarea-Knoten mit Boundary Function / Pacing Window Size=2							SLU
REQ: #101	First Segment	Norm	BC	ERI	PI		
REQ: #101	Middle Segment	Norm					
REQ: #101	Middle Segment	Norm					
REQ: #101	Last Segment	Norm					
REQ: #102	First Segment	Norm	MC	ERI			
REQ: #102	Middle Segment	Norm					
REQ: #102	Middle Segment	Norm					
REQ: #102	Last Segment	Norm					
RSP: IPR					PI		
REQ: #103	First Segment	Norm	EC	DRI	PI		
REQ: #103	Middle Segment	Norm					
REQ: #103	Middle Segment	Norm					
REQ: #103	Last Segment	Norm					
RSP: #103 +							
REQ: #104	First Segment	Norm	BC	ERI			
REQ: #104	Middle Segment	Norm					
REQ: #104	Middle Segment	Norm					
REQ: #104	Last Segment	Norm					
RSP: IPR					PI		

Bild 5.19 SNA-Protokolle in der Praxis (Datenfluß)

Das Beispiel von Bild 5.19 zeigt einen Ausschnitt des Datenflusses, die funktionellen Bits des Transmission Headers (TH) und die des Request/Response Headers (RH). Jede Request Unit (Chain Element) wird auf vier Segmente aufgeteilt, von denen jedes einen Transmission Header besitzt. Der Transmission Header enthält die Sequenznummer, das Mapping Field (First Segment, Middle Segment, Last Segment) und den Datenfluß-Typ (Normal Flow, Expedited Flow). Da sich die Sequenznummer auf die Request Unit bezieht, besitzt jedes zu einer Request Unit gehörende Segment die gleiche Sequenznummer.

Nur im ersten Segment einer Request Unit existiert ein Request/Response Header, bei dem in unserem Beispiel die Indikatoren für das Chaining (Begin Chain Indicator, End Chain Indicator), für den Response-Typ (Definite Response Indicator, Exception Response Indicator) und für das Pacing (Pacing Indicator) genutzt werden. Im Beispiel von Bild 5.19 sind diese Indikatoren deshalb auch nur im First Segment dargestellt.

Ein Report wurde als eine Chain mit drei Request Units (Chain Elements) generiert. Jedes Chain Element ist durch die entsprechenden Chain-Indikatoren gekennzeichnet. Die Chain ist vom Typ Definite Response Requested. Das bedeutet, daß nur das letzte Chain Element eine Response Unit fordert. Alle anderen Chain

Elements haben den Exception Response Indicator (ERI) im Request/Response Header gesetzt. Das Pacing-Protokoll ist dafür verantwortlich, daß nur zwei Request Units (Chain Elements) in einer Folge gesendet werden. Erst nach Erhalt der Pacing Response darf der Sender das nächste Pacing Window (die nächste Folge) schicken. In unserem Beispiel sendet die Secondary Logical Unit (SLU) Isolated Pacing Responses (IPR), da zum entsprechenden Zeitpunkt der Sender keine Response Unit gefordert hat.

Segmenting-Protokoll	Chaining-Protokoll
Das Segmenting-Protokoll zerlegt eine zu lange Request/Response Unit in mehrere kleinere Segmente. Die Zielsetzung dabei ist die Länge der Übertragungsblöcke an die Bitfehlerrate des Übertragungsabschnitts (Link) und vor allem an die E/A-Pufferkapazität (Physical Unit Buffer Capacity) eines peripheren SNA-Knotens anzupassen.	Durch das Chaining-Protokoll werden zu sendende Endbenutzerdaten (z.B. Druckliste), die größer als die maximale Request Unit Size sind, auf mehrere eigenständige Request Units aufgeteilt und in Form einer Chain übertragen. Alle Request Units stellen eine logische Einheit (Recovery-Einheit) dar.
Alle Segmente einer Request/Response Unit besitzen die gleiche Sequenznummer.	Die Request Units (Chain Elements) einer Chain werden in aufsteigender Reihenfolge sequenznumeriert.
Das Pacing-Protokoll zählt nur Normal Flow Request Units und keine Segmente.	Das Pacing-Protokoll zählt Normal Flow Request Units (Chain Elements).
Segmentieren ist eine Aufgabe der Funktionsschicht 3 innerhalb der Boundary Function oder des peripheren SNA-Knotens.	Chaining ist eine Aufgabe der Funktionsschicht 5.

Bild 5.20 Gegenüberstellung von Segmenting- und Chaining-Protokoll

5.8 Request/Response Mode-Protokoll

Mit dem Request/Response Mode-Protokoll wird zwischen den beiden Session-Partnern (Network Addressable Units) vereinbart, wie Request/Response Units (RU) gesendet und empfangen werden. Mit Hilfe des Request Modes werden Regeln für den Sender von Request Units und mit dem Response Mode Regeln für den Empfänger von Request Units festgelegt.

Das Request/Response Mode-Protokoll nutzt die bereits beschriebenen Response-Typen und die Response/Request Correlation. Im Kapitel Chaining-Protokoll sind die möglichen Response-Typen (No Response Requested, Exception Response Requested und Definite Response Requested) dargestellt. Diese werden auch als Chain Response-Typen bezeichnet, da in jeder Session Multiple Element Chains und/oder Single Element Chains übertragen werden. Im Rahmen der Response/Request Correlation wird mit der Sequenznummer (Kapitel Sequencing-Protokoll) eine Response Unit eindeutig einer Request Unit zugeordnet.

Protokolldetails

Request/Response Mode ist ein SNA-Protokoll der Data Flow Control (Funktionsschicht 5). Es gilt nur für Request/Response Units, die im normalen Datenfluß (Normal Flow) gesendet werden. Es wird für jede Halb-Session separat vereinbart. In Systems Network Architecture werden zwei Request- und zwei Response-Modi unterschieden:

♦ **Immediate Request Mode**
Wurde eine Request Unit im Request/Response Header (RH) als Request vom Typ Definite Response Requested gekennzeichnet, so darf in der Halb-Session so lange keine weitere Request Unit gesendet werden, bis die explizit verlangte Response Unit eingetroffen ist. Arbeitet der Sender im Immediate Request Mode, so muß der Empfänger den Immediate Response Mode anwenden. Damit ist eine einfache Response/Request Correlation realisiert.

♦ **Immediate Response Mode**
Response Units müssen in der Reihenfolge gesendet werden, in der die zugehörigen Request Units empfangen wurden.

Im Beispiel von Bild 5.21 wird eine Chain vom Typ Definite Response Requested übertragen. Die letzte Request Unit der Chain (Sequenznummer 9) ist im Request/Response Header als Request vom Typ Definite Response Requested, alle anderen Chain Elements sind als Requests vom Typ Exception Response Requested gekennzeichnet. Zwischen der Primary Logical Unit (PLU) und der Secondary Logical Unit (SLU) ist Immediate Request Mode und Immediate Response Mode vereinbart. Die nächste Request Unit (Sequenznummer 10) wird erst nach Erhalt der Response Unit mit der Sequenznummer 9 gesendet.

Im folgenden Bild verwendete Abkürzungen:

BC	= Begin of Chain	Norm	= Normal Flow
DRI	= Definite Response Indicator	OC	= Only Element of Chain
EC	= End of Chain	PI	= Pacing Indicator
ERI	= Exception Response Indicator	REQ	= Request Unit
Exp	= Expedited Flow	RSP	= Response Unit
IPR	= Isolated Pacing Response	#X	= Sequenznummer
MC	= Middle Element of Chain		

PLU							SLU
	REQ: BIND	Only Segment	Exp	OC	DRI		
	RSP: BIND +						
Pacing Window Size=3	REQ: SDT	Only Segment	Exp	OC	DRI		
	RSP: SDT +						
1	REQ: #1	Only Segment	Norm	BC	ERI	PI	
2	REQ: #2	Only Segment	Norm	MC	ERI		
	RSP: IPR					PI	
3	REQ: #3	Only Segment	Norm	MC	ERI		
1	REQ: #4	Only Segment	Norm	MC	ERI	PI	
2	REQ: #5	Only Segment	Norm	MC	ERI		
3	REQ: #6	Only Segment	Norm	MC	ERI		

PLU muß auf Pacing Response warten

	RSP: IPR					PI	
1	REQ: #7	First Segment	Norm	MC	ERI	PI	
	REQ: #7	Last Segment	Norm				
2	REQ: #8	Only Segment	Norm	MC	ERI		
3	REQ: #9	Only Segment	Norm	EC	DRI		

PLU muß auf Response Unit warten

	RSP: #9 +					PI	
1	REQ: #10	Only Segment	Norm	BC	ERI	PI	

Bild 5.21 Immediate Request Mode und Immediate Response Mode-Protokollbeispiel

♦ **Delayed Request Mode**
Wurden Request Units im Request/Response Header als Requests vom Typ Definite Response Requested gekennzeichnet, so dürfen in der Halb-Session weitere Request Units gesendet werden, auch wenn die explizit verlangten Response Units noch ausstehen. Eine Ausnahme stellt der SNA-Befehl CHASE dar. Dieser Befehl verlangt, daß alle noch ausstehenden Normal Flow Response Units geschickt werden.

Ist der Sender im Delayed Request Mode, kann der Empfänger entweder den Immediate Response Mode oder den Delayed Response Mode nutzen.

♦ **Delayed Response Mode**
Response Units können in beliebiger Reihenfolge gesendet werden.

Im folgenden Bild verwendete Abkürzungen:

DRI	= Definite Response Indicator	REQ	= Request Unit
Norm	= Normal Flow	RSP	= Response Unit
OC	= Only Element of Chain	#X	= Sequenznummer

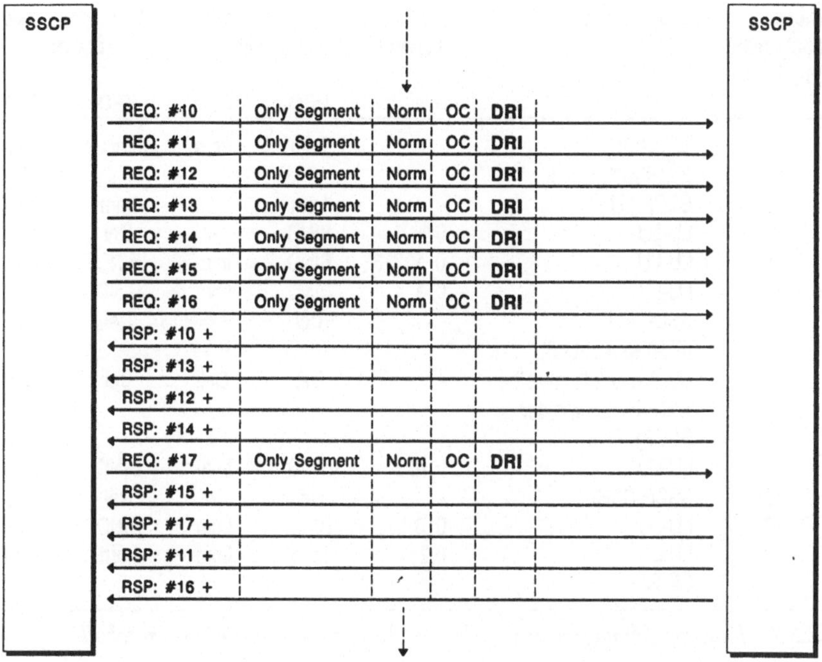

Bild 5.22 Delayed Request Mode und Delayed Response Mode-Protokollbeispiel

Für LU-LU Sessions definiert das Function Management (FM-) Profile nur teilweise
die Verwendung des Request/Response Mode-Protokolls. Die fehlenden Protokollparameter werden produktabhängig generiert und existieren in den Function Management Usage Fields (Byte 4 und 5) des BIND SESSION-Befehls. Die Tabelle in
Bild 5.23 zeigt den Zusammenhang zwischen den Function Management Profiles,
den Session-Typen, den LU-Typen und dem Request/Response Mode-Protokoll der
Halb-Session.

Die durch das FM-Profile vereinbarten Request/Response Modi sind mit Imm
(Immediate Request/Response Mode) und Del (Delayed Request/Response Mode)
abgekürzt. Für die produktabhängige Generierung wurde die Abkürzung BIND
verwendet.

Function Management (FM-) Profiles	Session-Typen	LU-Typen	Primary Halb-Session		Secondary Halb-Session	
			REQ	RSP	REQ	RSP
0	SSCP-PU (PU-Typ 1 oder 2)	-	Imm	Imm	Imm	Imm
	SSCP-LU	-	Imm	Imm	Imm	Imm
2	LU-LU	0	BIND	-	Del	Imm
3	LU-LU	0, 1, 2, 3	BIND	Imm	BIND	Imm
4	LU-LU	0, 1	BIND	Imm	BIND	Imm
5	SSCP-PU (PU-Typ 4 oder 5)	-	Del	-	Del	Del
6	SSCP-LU (LU im selben SNA-Knoten wie der SSCP)	-	Del	Del	Del	Del
7	LU-LU	0, 4, 7	BIND	Imm	BIND	Imm
17	SSCP-SSCP	-	Del	Del	Del	Del
18	LU-LU	0, 6.1	BIND	Imm	BIND	Imm
19	LU-LU CP-CP	6.2	Imm	Imm	Imm	Imm

Bild 5.23 Function Management Profiles und Request/Response Mode-Protokoll

SNA-Befehl des Request/Response Mode-Protokolls

Die erste Zeile der Befehlsbeschreibung ist wie folgt aufgebaut:

SNA-Befehl; Session-Typ, Datenfluß-Typ; Befehls-Kategorie (SNA-Befehl in Langform)

CHASE; LU⇨LU, Norm; DFC (CHASE)
  Mit dem SNA-Befehl CHASE fordert in einer Halb-Session die sendende Logical Unit vom Session-Partner alle noch ausstehenden Normal Flow Response Units an. Der Empfänger sendet daraufhin alle ausstehenden Normal Flow Response Units und die Response Unit auf den SNA-Befehl CHASE.

5.9 Bracketing-Protokoll

Das Bracketing-Protokoll (Klammern) faßt in einer LU-LU Session eine oder mehrere Chains, die im normalen Datenfluß (Normal Flow) gesendet werden, und die zugehörigen Response Units zu einer abgeschlossenen Transaktionseinheit zusammen. Innerhalb einer Bracket können die Request/Response Units (RU) in beide Flußrichtungen der Session gesendet werden. In einer Session können beide Logical Units (LU), in Abhängigkeit von den im SNA-Befehl BIND SESSION vereinbarten Regeln, eine Bracket öffnen und schließen. Hat eine Logical Unit eine Bracket geöffnet, so ist es der anderen untersagt, ebenfalls eine Bracket zu öffnen. Innerhalb einer Session darf zu jedem Zeitpunkt immer nur eine Bracket geöffnet sein. Eine Bracket wird durch den im Request/Response Header (RH) gesetzten Begin Bracket Indicator (BBI) geöffnet und durch den gesetzten End Bracket Indicator (EBI) geschlossen. Expedited Flow Request/Response Units sind von diesem Protokoll nicht betroffen.

- Im Zusammenhang mit Datenbankanwendungen wird z.B. eine Transaktion, die aus einer unbegrenzten Anzahl von Einzeldialogen bestehen kann, durch Brackets von den anderen Transaktionen der Session abgegrenzt. Eine Transaktion stellt innerhalb der Datenbankanwendung und der Session eine Recovery-Einheit dar.

- Das Bracketing-Protokoll kann innerhalb von Sessions jene Ressourcen im Netz, die mehrfach genutzt werden können, für den Zeitraum der geöffneten Bracket exklusiv reservieren. Dieses Verfahren findet z.B. Verwendung für Drucker, die an einem IBM 3174 Cluster Controller angeschlossen sind und sowohl Druckaufträge vom Host-System als auch Hardcopies der angeschlossenen Bildschirmarbeitsplätze entgegennehmen können.

Protokolldetails

Bracketing ist ein SNA-Protokoll der Data Flow Control (Funktionsschicht 5). Im SNA-Befehl BIND SESSION sind Regeln für das Öffnen und Schließen von Brackets spezifiziert. So wird im Byte 7 eine Logical Unit als First Speaker und die andere als Bidder definiert. Das Beispiel von Bild 5.24 zeigt, daß der First Speaker von sich aus eine Bracket öffnen kann, ohne den Session-Partner um Erlaubnis zu bitten.

Im folgenden Bild verwendete Abkürzungen:

BBI	= Begin Bracket Indicator	IPR	= Isolated Pacing Response
BC	= Begin of Chain	MC	= Middle Element of Chain
CDI	= Change Direction Indicator	Norm	= Normal Flow
DRI	= Definite Response Indicator	OC	= Only Element of Chain
EBI	= End Bracket Indicator	PI	= Pacing Indicator
EC	= End of Chain	REQ	= Request Unit
ERI	= Exception Response Indicator	RSP	= Response Unit
Exp	= Expedited Flow	#X	= Sequenznummer

PLU Bidder								SLU First Speaker
Pacing Window Size=3								Pacing Window Size=3
REQ: BIND	Only Segment	Exp	OC	DRI				
RSP: BIND +								
REQ: SDT	Only Segment	Exp	OC	DRI				
RSP: SDT +								
REQ: #1	Only Segment	Norm	BC	ERI	PI	BBI		1
REQ: #2	Only Segment	Norm	MC	ERI				2
RSP: IPR					PI			
REQ: #3	Only Segment	Norm	MC	ERI				3
REQ: #4	Only Segment	Norm	MC	ERI	PI			1
REQ: #5	Only Segment	Norm	MC	ERI				2
REQ: #6	Only Segment	Norm	EC	DRI			CDI	3
RSP: #6 +					PI			
1 REQ: #1	First Segment	Norm	BC	ERI	PI	EBI		
REQ: #1	Last Segment	Norm						
2 REQ: #2	Only Segment	Norm	MC	ERI				
3 REQ: #3	Only Segment	Norm	MC	ERI				
RSP: IPR					PI			
1 REQ: #4	Only Segment	Norm	EC	DRI	PI			
RSP: #4 +								

Bild 5.24 Öffnen einer Bracket durch den First Speaker

Im Beispiel von Bild 5.25 ist dargestellt, daß der Bidder erst eine Bracket öffnen darf, wenn er zuvor beim First Speaker die Erlaubnis dazu eingeholt hat. Dazu gibt es zwei Möglichkeiten:

- Der Bidder sendet dem First Speaker den SNA-Befehl BID. Wird der SNA-Befehl BID positiv quittiert, wartet der First Speaker auf das Öffnen einer Bracket durch den Bidder.

- Der Bidder sendet dem First Speaker eine Chain vom Typ Definite Response Requested der Kategorie Function Management Data (Endbenutzerdaten). In der ersten oder einzigen Request Unit der Chain ist der Begin Bracket Indicator im Request/Response Header gesetzt. Wird die Chain positiv quittiert, so ist die Bracket geöffnet.

Im folgenden Bild verwendete Abkürzungen:

BBI	= Begin Bracket Indicator	MC	= Middle Element of Chain
BC	= Begin of Chain	Norm	= Normal Flow
DRI	= Definite Response Indicator	OC	= Only Element of Chain
EBI	= End Bracket Indicator	REQ	= Request Unit
EC	= End of Chain	RSP	= Response Unit
ERI	= Exception Response Indicator	#X	= Sequenznummer

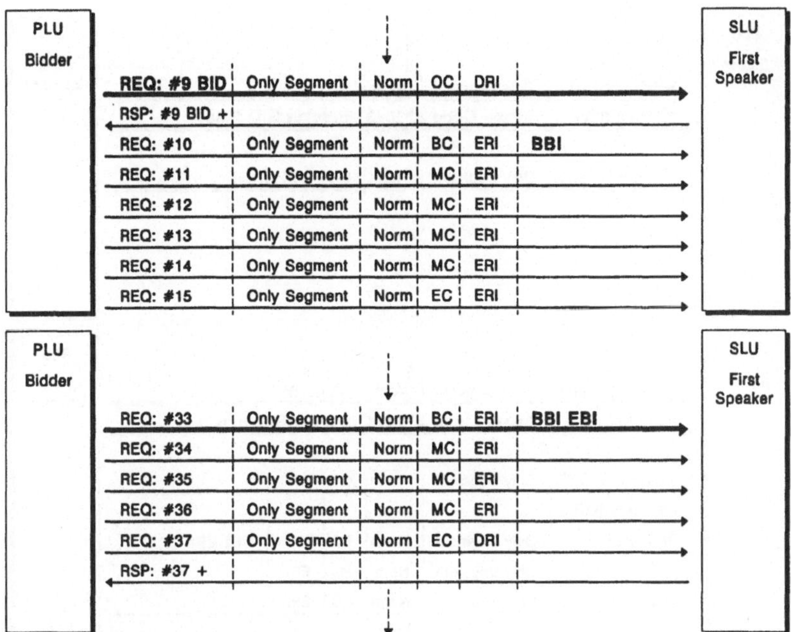

Bild 5.25 Öffnen einer Bracket durch den Bidder

Eine negative Response Unit verbietet dem Bidder, eine Bracket zu öffnen. Durch den Sense Code der negativen Response Unit ist die weitere Vorgehensweise festgelegt.

Sense Codes:

- **X'0813' Bracket BID Reject–No RTR Forthcoming**
  Der First Speaker verbietet das Öffnen einer Bracket und gibt keinen Hinweis, wann der Bidder eine Bracket öffnen darf. Deshalb muß der Bidder, falls er immer noch eine Bracket öffnen will, wiederholt den SNA-Befehl BID oder eine Request Unit mit gesetztem Begin Bracket Indicator im Request/Response Header absetzen.

- **X'0814' Bracket BID Reject–RTR Forthcoming**
  Das Öffnen der Bracket ist momentan verboten. Mit dem SNA-Befehl READY TO RECEIVE (RTR) informiert der First Speaker zu einem späteren Zeitpunkt den Bidder, daß er eine Bracket öffnen darf.

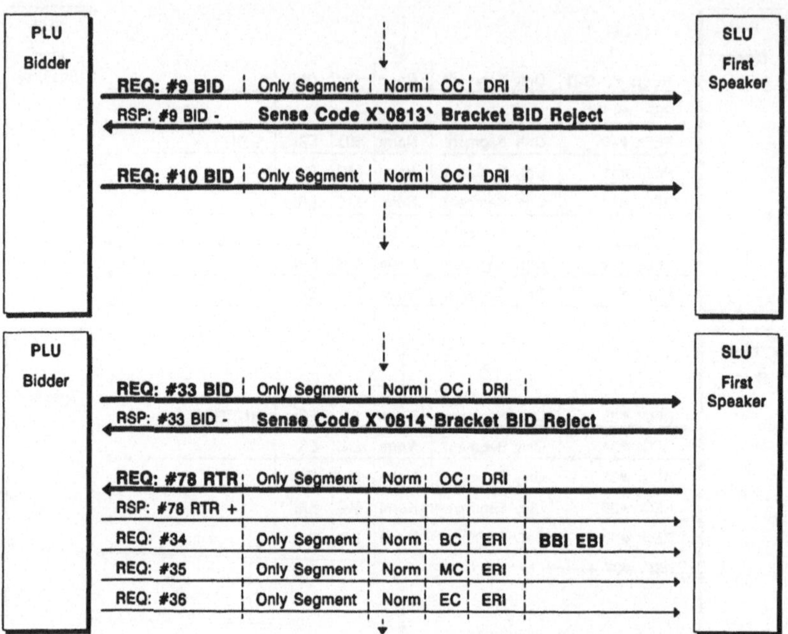

Bild 5.26 Öffnen einer Bracket durch den Bidder mit negativer Response Unit

Im Bild verwendete Abkürzungen:

BBI	= Begin Bracket Indicator	MC	= Middle Element of Chain
BC	= Begin of Chain	Norm	= Normal Flow
DRI	= Definite Response Indicator	OC	= Only Element of Chain
EBI	= End Bracket Indicator	REQ	= Request Unit
EC	= End of Chain	RSP	= Response Unit
ERI	= Exception Response Indicator	#X	= Sequenznummer

Die Function Management (FM-) Profiles 2, 3, 4, 7, 18 und 19 unterstützen das Bracketing-Protokoll. Das bedeutet, daß in allen LU-LU Session-Typen dieses Protokoll genutzt werden kann. In SSCP Sessions wird dieses Protokoll nicht verwendet.

In den Bytes 4, 5, 6 und 7 des BIND SESSION-Befehls werden die Details des Bracketing-Protokolls der beiden LU-LU Halb-Sessions vereinbart.

In der Praxis wird, aufgrund der begrenzten Pufferkapazität und der geringeren „Intelligenz", die Secondary Logical Unit (SLU) als First Speaker definiert.

Spezielle Bracketing-Protokollregeln

Bei der Anwendung des Begin Bracket Indicators und des End Bracket Indicators im Request/Response Header sind folgende Regeln zu beachten:

♦ Der Begin Bracket Indicator darf nur in der ersten oder einzigen Request Unit einer Chain gesetzt sein.

♦ Der End Bracket Indicator darf nur in der ersten oder einzigen Request Unit einer Chain oder im SNA-Befehl CANCEL gesetzt sein. Diese Chain ist dann die letzte Chain der Bracket. Wenn der End Bracket Indicator gesetzt ist, darf der Change Direction Indicator (CDI) nicht gesetzt sein.

♦ Der Begin Bracket Indicator und der End Bracket Indicator dürfen in der einzigen Request Unit einer Single Element Chain oder in der ersten Request Unit einer Multiple Element Chain gesetzt sein.

♦ Der Begin Bracket Indicator oder der End Bracket Indicator kann von beiden Halb-Sessions gesetzt werden, wenn die BIND SESSION-Parameter nichts anderes festlegen.

♦ Weder der Begin Bracket Indicator noch der End Bracket Indicator dürfen in Response Units oder in Expedited Flow Request Units gesetzt werden.

♦ Der Begin Bracket Indicator oder der End Bracket Indicator kann in Request Units der Kategorie Function Management Data (Endbenutzerdaten) gesetzt werden.

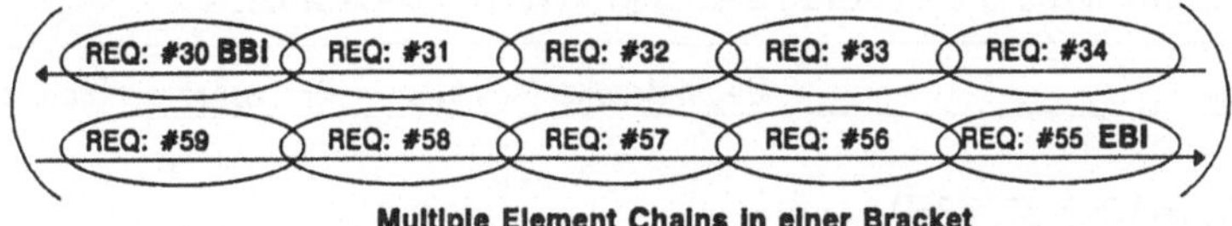

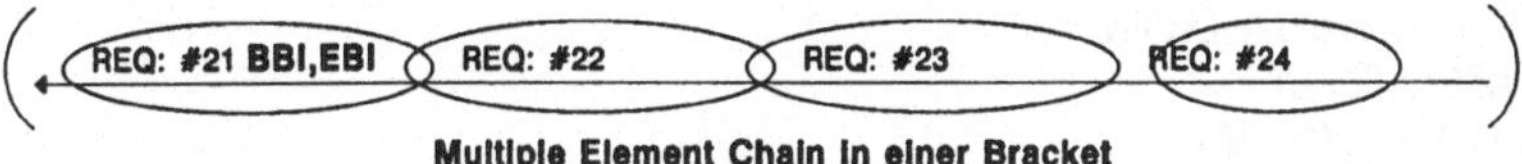

Bild 5.27 Spezielle Bracketing-Protokollregeln

- Der Bidder darf nur dann den Begin Bracket Indicator setzen, wenn keine Bracket geöffnet ist (Between Bracket-Status). Dazu muß er eine Chain mit dem Response-Typ Definite Response Requested verwenden. Wenn mit der gleichen Chain die Bracket auch beendet wird, dürfen auch die Response-Typen Exception Response Requested oder No Response Requested verwendet werden. Dieser Sachverhalt ist im Beispiel von Bild 5.25 unten dargestellt.

- Wenn der First Speaker den SNA-Befehl BID mit einer positiven Response Unit beantwortet hat oder nach dem Senden des SNA-Befehls READY TO RECEIVE eine positive Response Unit empfangen hat, muß er auf die Öffnung einer Bracket durch den Bidder warten. Er darf keine Request Units der Kategorie Function Management Data oder den SNA-Befehl READY TO RECEIVE senden. Dieser Sachverhalt ist in den Beispielen von Bild 5.25 oben und von Bild 5.26 unten dargestellt.

- In LU-LU Sessions vom Typ 6.2 wird statt des End Bracket Indicators der Conditional End Bracket Indicator (CEBI) verwendet. Dieser wird, im Gegensatz zum End Bracket Indicator, in der letzten oder einzigen Request Unit einer Chain gesetzt.

- Die Tabelle im Bild 5.28 zeigt, in welchen SNA-Befehlen der Kategorie Data Flow Control die Bracket-Indikatoren gesetzt werden können.

SNA-Befehl	Begin Bracket Indicator	End Bracket Indicator
BID	-	-
BRACKET INITIATION STOPPED	-	-
CANCEL	-	X
CHASE	-	X
LOGICAL UNIT STATUS	X	X
QUIESCE COMPLETE	-	X
QUIESCE AT END OF CHAIN	-	-
RELEASE QUIESCE	-	-
REQUEST SHUTDOWN	-	-
READY TO RECEIVE	-	-
STOP BRACKET INITIATION	-	-
SHUTDOWN COMPLETE	-	-
SHUTDOWN	-	-
SIGNAL	-	-

Bild 5.28 Zulässige Bracket-Indikatoren in SNA-Befehlen der Kategorie Data Flow Control

Bracket-Abbauregeln

Im Byte 6 des BIND SESSION-Befehls wird eine der beiden Bracket-Abbauregeln spezifiziert:

Regel 1: Conditional Termination

Ist in der ersten Request Unit einer Chain der Begin Bracket Indicator nicht gesetzt und der End Bracket Indicator gesetzt, so ist der Bracket-Abbau von den drei möglichen Chain Response-Typen abhängig.

- **Definite Response Requested**

  Die letzte Request Unit der Chain ist im Request/Response Header als Request vom Typ Definite Response Requested gekennzeichnet. Alle anderen Request Units sind im Request/Response Header als Request vom Typ Exception Response Requested markiert. Die Bracket wird erst geschlossen, wenn eine positive Response Unit auf die letzte Request Unit der Chain gegeben wurde. Eine negative Response Unit auf die letzte Request Unit der Chain erhält den In Bracket-Status aufrecht (die Bracket bleibt geöffnet).

  Wird innerhalb der Chain eine andere als die letzte Request Unit negativ quittiert, so liegt es im Ermessen des Chain-Senders, ob die Bracket geschlossen wird oder der In Bracket-Status erhalten bleibt. Der Chain-Sender kann z.B. mit dem SNA-Befehl CANCEL und gesetztem End Bracket Indicator im Request/Response Header die Chain und damit auch die Bracket schließen. Alternativ kann der Chain-Sender mit dem SNA-Befehl CANCEL und nicht gesetztem End Bracket Indicator die Chain, aber nicht die Bracket, schließen.

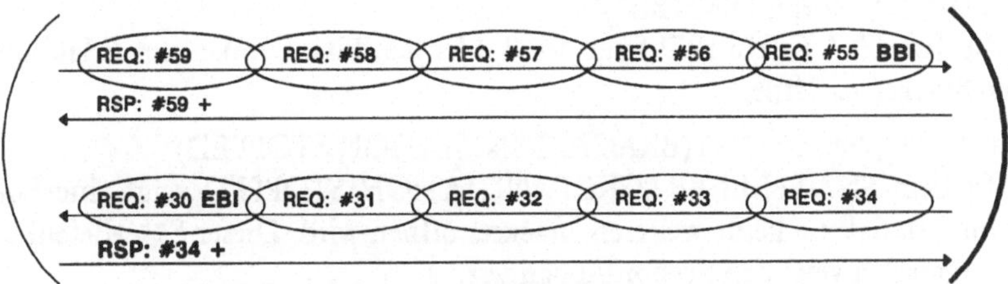

**Chain vom Typ Definite Response Requested mit positiver Response Unit
Bracket wird geschlossen**

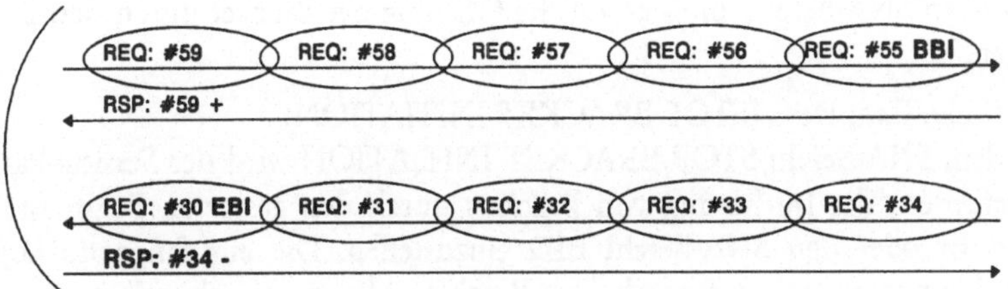

**Chain vom Typ Definite Response Requested mit negativer Response Unit
In Bracket-Status bleibt erhalten**

Bild 5.29 Bracket-Abbau mit einer Chain vom Typ Definite Response Requested

- **No Response Requested oder Exception Response Requested**
  Bei der Verwendung der Chain Response-Typen No Response Requested oder Exception Response Requested erfolgt der Bracket-Abschluß auf jeden Fall, wenn der End Bracket Indicator in der ersten Request Unit der Chain gesetzt war und die letzte Request Unit empfangen wurde.

Enthält eine Chain in der ersten Request Unit den gesetzten Begin Bracket Indicator und den gesetzten End Bracket Indicator, so wird ungeachtet der geforderten und der gegebenen Response Unit die Bracket nach der letzten Request Unit der Chain geschlossen.

Regel 2: Unconditional Termination

Die Bracket ist geschlossen, wenn die letzte Request Unit der Chain, die den gesetzten End Bracket Indicator enthielt, empfangen wurde. Der Response-Typ der Chain spielt dabei keine Rolle.

SNA-Befehle des Bracketing-Protokolls

Die erste Zeile der Befehlsbeschreibung ist wie folgt aufgebaut:

SNA-Befehl; Session-Typ, Datenfluß-Typ; Befehls-Kategorie (SNA-Befehl in Langform)

BID; LU⇨LU, Norm; DFC (BID)
  Mit dem SNA-Befehl BID fragt der Bidder den First Speaker um Erlaubnis, eine Bracket zu öffnen.

BIS; LU⇨LU, Norm; DFC (BRACKET INITIATION STOPPED)
  Mit dem SNA-Befehl BRACKET INITIATION STOPPED zeigt eine Logical Unit an, daß sie keine weiteren Brackets öffnen wird. Dieser SNA-Befehl bereitet typischerweise den Session-Abbau vor.

RTR; LU⇨LU, Norm; DFC (READY TO RECEIVE)
  Der First Speaker zeigt mit diesem SNA-Befehl dem Bidder an, daß er jetzt eine Bracket öffnen darf. Empfängt der First Speaker eine positive Response Unit auf diesen SNA-Befehl, muß er auf die Öffnung der Bracket durch den Bidder warten.

SBI; LU⇨LU, Exp; DFC (STOP BRACKET INITIATION)
  Mit dem SNA-Befehl STOP BRACKET INITIATION wird der Session-Partner aufgefordert, die Initiierung von Brackets durch den gesetzten Begin Bracket Indicator oder den SNA-Befehl BID einzustellen. Die empfangende Logical Unit kann die noch erforderlichen Brackets öffnen, bis sie selbst mit dem SNA-Befehl BRACKET INITIATION STOPPED antwortet.

5.10 Send/Receive Mode-Protokoll

Mit dem Send/Receive Mode-Protokoll wird zwischen den beiden Session-Partnern (Network Addressable Units) vereinbart, wer zu welchem Zeitpunkt das Senderecht für Request Units (RU) besitzt, die im normalen Datenfluß (Normal Flow) gesendet werden. Dabei werden zwei grundsätzliche Varianten unterschieden:

- **Duplex (Full Duplex, FDX)**
  Beide Network Addressable Units (NAU) einer Session können zur gleichen Zeit Normal Flow Request Units senden und empfangen. Die Session wird zeitgleich bidirektional genutzt.

- **Half Duplex (HDX)**
  Zu einem bestimmten Zeitpunkt ist nur eine der beiden Network Addressable Units einer Session berechtigt Normal Flow Request Units zu senden. Die andere ist im Empfangsstatus und muß sich auf das Senden der geforderten Response Units beschränken.

Das Send/Receive Mode-Protokoll regelt das logische Sende- und Empfangsverhalten auf Session-Ebene und ist unabhängig von der Duplex- oder Half Duplex-Fähigkeit des physischen Übertragungsabschnitts (Link). Eine Session ist im Prinzip ein Duplex-Kanal. Das logische Half Duplex-Protokoll kann z.B. dann erforderlich sein, wenn in einer LU-LU Session die Logical Unit (LU) eines peripheren Knotens nur einen Puffer für Sende- und Empfangsoperationen besitzt. Auch die Art des Anwendungsprogramms hat einen Einfluß auf das Send/Receive Mode-Protokoll (z.B. Dialog). Die meisten Anwendungen des Host-Systems, die mit einem peripheren SNA-Knoten kommunizieren, nutzen den Half Duplex-Betrieb.

Protokolldetails

Send/Receive Mode ist ein SNA-Protokoll der Data Flow Control (Funktionsschicht 5). Es steuert das Senderecht für Normal Flow Request Units und löst eventuelle Konfliktfälle (z.B. wenn beide Network Adressable Units in einer Half Duplex Session gleichzeitig senden wollen). Das Send/Receive Mode-Protokoll hat keinen Einfluß auf Response Units und auf Expedited Flow Request Units.

Im Byte 7 des BIND SESSION-Befehls werden die Details des Send/Receive Mode-Protokolls für eine LU-LU Session vereinbart.

5.10.1 Full Duplex (FDX)

Im Duplex-Betrieb fließen die Normal Flow Request Units der beiden Halb-Sessions aus der Sicht der Data Flow Control unabhängig voneinander. Die beiden

Network Adressable Units der Session können simultan Normal Flow Request Units senden und empfangen.

Die Function Management (FM-) Profiles 0, 2, 5, 6 und 17 definieren Full Duplex-Betrieb für alle SSCP Sessions und die LU-LU Session vom Typ 0.

5.10.2 Half Duplex (HDX)

Die Half Duplex-Protokollvariante kann nur für LU-LU Sessions vereinbart werden. Sie bietet drei Verwendungsmöglichkeiten.

♦ Half Duplex Flip Flop (HDX-FF) ohne Verwendung des Bracketing-Protokolls,

♦ Half Duplex Flip Flop (HDX-FF) mit Verwendung des Bracketing-Protokolls,

♦ Half Duplex Contention (HDX-CONT).

Die Function Management (FM-) Profiles 3, 4, 7 und 18 ermöglichen sowohl Half Duplex-Betrieb als auch Full Duplex-Betrieb. Das betrifft alle LU-LU Session-Typen, außer den LU-LU Sessions vom Typ 6.2. Für die LU 6.2 definiert das FM-Profile den Half Duplex Flip Flop-Betrieb.

Half Duplex Flip Flop (HDX-FF) ohne Verwendung des Bracketing-Protokolls

Durch den SNA-Befehl BIND SESSION wird eine Logical Unit als First Sender und die andere als First Receiver definiert. Das bedeutet, daß nach dem LU-LU Session-Aufbau der First Sender als erster das Senderecht für Normal Flow Request Units besitzt und der First Receiver nur die geforderten Response Units und Expedited Flow Request Units senden darf. Das Senderecht wird über den im Request/Response Header (RH) gesetzten Change Direction Indicator (CDI) an den Session-Partner abgegeben.

Eine Logical Unit, die momentan kein Senderecht hat, kann dies über den SNA-Befehl SIGNAL (SIG) vom Session-Partner anfordern. Der SNA-Befehl SIGNAL wird deshalb im vorrangigen Datenfluß (Expedited Flow) übertragen. Der Session-Partner übergibt das Senderecht auch in diesem Fall über den im Request/Response Header gesetzten Change Direction Indicator.

Im folgenden Bild verwendete Abkürzungen:

BC	= Begin of Chain	MC	= Middle Element of Chain
CDI	= Change Direction Indicator	Norm	= Normal Flow
DRI	= Definite Response Indicator	OC	= Only Element of Chain
EC	= End of Chain	PI	= Pacing Indicator
ERI	= Exception Response Indicator	REQ	= Request Unit
Exp	= Expedited Flow	RSP	= Response Unit
IPR	= Isolated Pacing Response	#X	= Sequenznummer

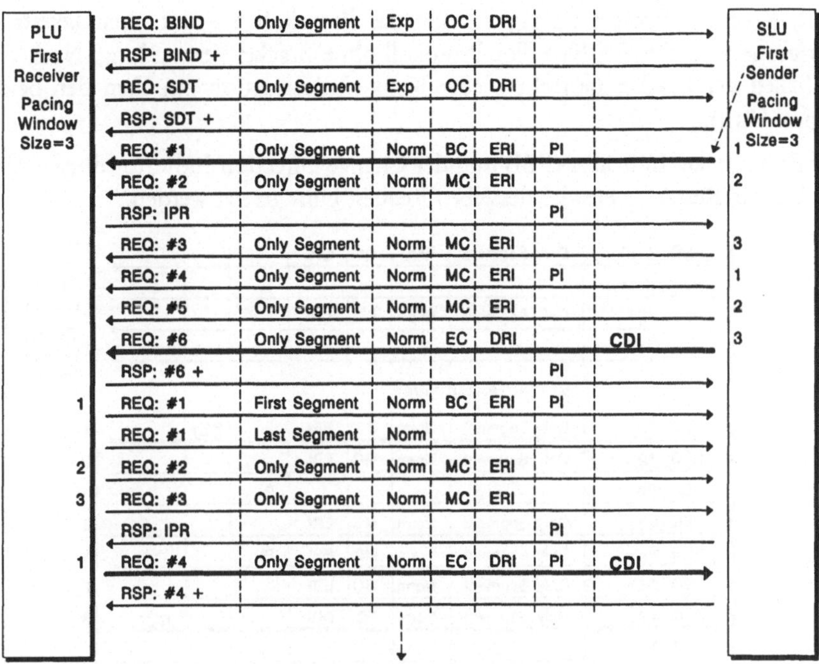

Bild 5.30 HDX-FF ohne Verwendung des Bracketing-Protokolls

Half Duplex Flip Flop (HDX-FF) mit Verwendung des Bracketing-Protokolls

Bei der gleichzeitigen Verwendung beider Protokolle müssen die Aktivitäten des Bracketing-Protokolls und des Half Duplex Flip Flop-Protokolls synchronisiert werden. Wie bereits im Kapitel Bracketing-Protokoll beschrieben, wird durch den SNA-Befehl BIND SESSION eine Logical Unit als First Speaker und die andere als Bidder definiert. In der Praxis wird, aufgrund der begrenzten Pufferkapazität und der geringeren „Intelligenz", die Secondary Logical Unit (SLU) als First Speaker definiert. Wenn in der Session keine Bracket geöffnet ist (Between Bracket-Status), konkurrieren beide Logical Units um das Senderecht für Normal Flow Request Units. Beide können prinzipiell eine Bracket öffnen und damit auch mit dem Senden von Normal Flow Request Units beginnen.

Der First Speaker kann von sich aus eine Bracket öffnen, ohne den Session-Partner um Erlaubnis zu bitten. Der Bidder darf erst eine Bracket öffnen, wenn er zuvor beim First Speaker die Erlaubnis dazu eingeholt hat.

Die Logical Unit, die zuerst eine Bracket öffnet und darauf keine negative Response Unit vom Session-Partner empfängt, hat das Senderecht in der Session. In Konfliktfällen ist der First Speaker der Gewinner (Contention Winner) und der Bidder der Verlierer (Contention Loser) dieser Konkurrenzsituation. Sobald eine Bracket geöffnet ist (In Bracket-Status), arbeitet das Protokoll wie das oben bereits beschriebene Half Duplex Flip Flop-Protokoll ohne Bracket-Verwendung. Nach dem Schließen der Bracket herrscht wieder Konkurrenzsituation zwischen den beiden Logical Units.

Der End Bracket Indicator (EBI) und der Change Direction Indicator dürfen nicht im Request/Response Header derselben Request Unit gesetzt werden.

PLU Bidder / Pacing Window Size=3   SLU First Speaker / Pacing Window Size=3

#	Message	Segment	Flow	Chain	Response	PI	Bracket	CDI	#
	REQ: BIND	Only Segment	Exp	OC	DRI				
	RSP: BIND +								
	REQ: SDT	Only Segment	Exp	OC	DRI				
	RSP: SDT +								
Konkurrenzsituation									
	REQ: #1	Only Segment	Norm	BC	ERI	PI	BBI		1
	REQ: #2	Only Segment	Norm	MC	ERI				2
	RSP: IPR					PI			
	REQ: #3	Only Segment	Norm	MC	ERI				3
	REQ: #4	Only Segment	Norm	MC	ERI	PI			1
	REQ: #5	Only Segment	Norm	MC	ERI				2
	REQ: #6	Only Segment	Norm	EC	DRI			CDI	3
	RSP: #6 +					PI			
1	REQ: #1	First Segment	Norm	BC	ERI	PI	EBI		
	REQ: #1	Last Segment	Norm						
2	REQ: #2	Only Segment	Norm	MC	ERI				
3	REQ: #3	Only Segment	Norm	MC	ERI				
	RSP: IPR					PI			
1	REQ: #4	Only Segment	Norm	EC	DRI	PI			
	RSP: #4 +								

Bild 5.31 HDX-FF mit Verwendung des Bracketing-Protokolls

Im Bild verwendete Abkürzungen:

BBI	= Begin Bracket Indicator	IPR	= Isolated Pacing Response
BC	= Begin of Chain	MC	= Middle Element of Chain
CDI	= Change Direction Indicator	Norm	= Normal Flow
DRI	= Definite Response Indicator	OC	= Only Element of Chain
EBI	= End Bracket Indicator	PI	= Pacing Indicator
EC	= End of Chain	REQ	= Request Unit
ERI	= Exception Response Indicator	RSP	= Response Unit
Exp	= Expedited Flow	#X	= Sequenznummer

Half Duplex Contention (HDX-CONT)

Beim Aufbau einer LU-LU Session wird durch den SNA-Befehl BIND SESSION eine Logical Unit als Contention Winner und die andere als Contention Loser definiert. In der Praxis wird, aufgrund der begrenzten Pufferkapazität und der geringeren „Intelligenz", die Secondary Logical Unit als Contention Winner definiert. Beide Logical Units können unabhängig voneinander mit dem Senden von Normal Flow Request Units beginnen. Sie konkurrieren um das Senderecht (Contention-Status). Die Logical Unit, die zu erst eine Normal Flow Request Unit sendet und darauf vom Session-Partner keine negative Response Unit empfängt, hat das Senderecht in der Session.

Wenn im Contention-Status beide Logical Units gleichzeitig Normal Flow Request Units senden, wird die Secondary Logical Unit (Contention Winner) eine negative Response Unit senden und damit den Sendewunsch der Primary Logical Unit (Contention Loser) zurückweisen. Die Primary Logical Unit (PLU) muß die empfangene Normal Flow Request Unit speichern und in den Empfangsmodus wechseln. Bei gleichzeitiger Verwendung des Bracketing-Protokolls ist der First Speaker der Contention Winner.

Beide Logical Units wechseln in den Contention-Status, wenn die letzte Request Unit einer Chain mit gesetztem End Chain Indicator im Request/Response Header übertragen wurde.

PLU Contention Looser Pacing Window Size=3						SLU Contention Winner Pacing Window Size=3
REQ: BIND	Only Segment	Exp	OC	DRI		
RSP: BIND +						
REQ: SDT	Only Segment	Exp	OC	DRI		
RSP: SDT +						
Konkurrenzsituation						
REQ: #1	Only Segment	Norm	BC	ERI	PI	
REQ: #1	Only Segment	Norm	BC	ERI	PI	1
RSP: #1 -						
REQ: #2	Only Segment	Norm	MC	ERI		2
REQ: #3	Only Segment	Norm	EC	DRI		3
RSP: #3 +					PI	
Konkurrenzsituation						
1 REQ: #2	First Segment	Norm	BC	ERI	PI	
REQ: #2	Last Segment	Norm				
2 REQ: #3	Only Segment	Norm	MC	ERI		
3 REQ: #4	Only Segment	Norm	EC	DRI		
RSP: #4 +					PI	
Konkurrenzsituation						

Bild 5.32 HDX-CONT ohne Verwendung des Bracketing-Protokolls

Im Bild verwendete Abkürzungen:

BC	= Begin of Chain	Norm	= Normal Flow
DRI	= Definite Response Indicator	OC	= Only Element of Chain
EC	= End of Chain	PI	= Pacing Indicator
ERI	= Exception Response Indicator	REQ	= Request Unit
Exp	= Expedited Flow	RSP	= Response Unit
MC	= Middle Element of Chain	#X	= Sequenznummer

Der Contention-Status kann durch entsprechende Programmierung des Anwendungsprogramms verhindert werden.

Der End Bracket Indicator und der Change Direction Indicator dürfen nicht im Request/Response Header der selben Request Unit gesetzt werden.

SNA-Befehl der Half Duplex-Protokollvariante

Die erste Zeile der Befehlsbeschreibung ist wie folgt aufgebaut:

SNA-Befehl; Session-Typ, Datenfluß-Typ; Befehls-Kategorie (SNA-Befehl in Langform)

SIG; LU⇨LU, Exp; DFC (SIGNAL)
   Mit dem SNA-Befehl SIGNAL wird in einer LU-LU Session eine Information (vier Bytes), im vorrangigen Datenfluß (Expedited Flow), zum Session-Partner gesendet. Dieser Befehl wird in der Half Duplex-Protokollvariante eingesetzt, um dem Session-Partner mitzuteilen, daß Normal Flow Request Units zum Senden anstehen und das gesetzte Change Direction Bit im Request/Response Header erwartet wird.

5.11 Quiesce-Protokoll

Das Quiesce-Protokoll (in den Ruhezustand versetzen) wird in einer LU-LU Session dazu verwendet, den Session-Partner daran zu hindern, weitere Normal Flow Request Units zu senden. Eingesetzt wird dieses Protokoll z.B., wenn die empfangende Logical Unit (LU) nicht mehr genügend (interne oder externe) Speicherkapazität zur weiteren Entgegennahme von Normal Flow Request Units zur Verfügung hat oder wenn sie beabsichtigt, die Session nach der gerade aktuell übertragenen Chain zu beenden.

Protokolldetails

Quiesce ist ein SNA-Protokoll der Data Flow Control (Funktionsschicht 5). Es ist symmetrisch, kann also von beiden Logical Units initiiert werden. Expedited Flow Request Units sind von diesem Protokoll nicht betroffen.

Mit folgenden SNA-Befehlen wird das Quiesce-Protokoll gesteuert:

- QUIESCE AT END OF CHAIN (QEC),

- QUIESCE COMPLETE (QC),

- RELEASE QUIESCE (RELQ).

In allen LU-LU Sessions werden Single Element Chains oder Multiple Element Chains übertragen. Zum besseren Verständnis der Protokollbeschreibung wird deshalb eine Logical Unit als momentaner Chain-Sender und die andere als momentaner Chain-Empfänger bezeichnet. Mit dem SNA-Befehl QUIESCE AT END OF CHAIN teilt der Chain-Empfänger dem Chain-Sender mit, daß er nach der Chain, die gerade übertragen wird, das Senden von Normal Flow Request Units einstellen soll. Sobald der Chain-Sender diesen SNA-Befehl empfangen hat, darf er keine weitere Chain mit Normal Flow Request Units senden.

Mit dem SNA-Befehl QUIESCE COMPLETE zeigt der Chain-Sender den Quiesce-Zustand an. Das bedeuted, daß der Chain-Sender bis zum Empfang des SNA-Befehls RELEASE QUIESCE keine weiteren Normal Flow Request Units senden wird.

Der Chain-Sender zeigt den Quiesce-Zustand aber erst an, wenn er auf die übertragene Chain bzw. auf den SNA-Befehl CHASE, eine positive Response Unit empfangen hat. CHASE ist ein SNA-Befehl der Kategorie Data Flow Control und fordert alle noch ausstehenden Normal Flow Response Units an (Kapitel Request/Response Mode-Protokoll).

Nur das Function Management (FM-) Profile 4 unterstützt das Quiesce-Protokoll. Das betrifft die LU-LU Sessions vom Typ 0 und 1. In den SSCP Sessions wird dieses Protokoll nicht verwendet.

Spezielle Quiesce-Protokollregeln

- Befindet sich eine Logical Unit im Quiesce-Zustand, so akzeptiert sie alle Normal Flow Request Units der Kategorien Function Management Data (FMD) und Data Flow Control (DFC) und sendet die geforderten Response Units zurück. Verlangt eine empfangene Normal Flow Request Unit ihrerseits das Senden einer Normal Flow Request Unit (Dialog), so darf diese nicht gesendet werden, da sich die Logical Unit im Quiesce-Zustand befindet. Dies kann durch eine vom SNA-Endbenutzer (z.B. Anwendungsprogramm) initiierte negative Response Unit (X'0828' Reply Not Allowed) angezeigt werden. Erst wenn mit dem SNA-Befehl RELEASE QUIESCE der Quiesce-Zustand aufgehoben wurde, können von dieser Logical Unit wieder Normal Flow Request Units gesendet werden.

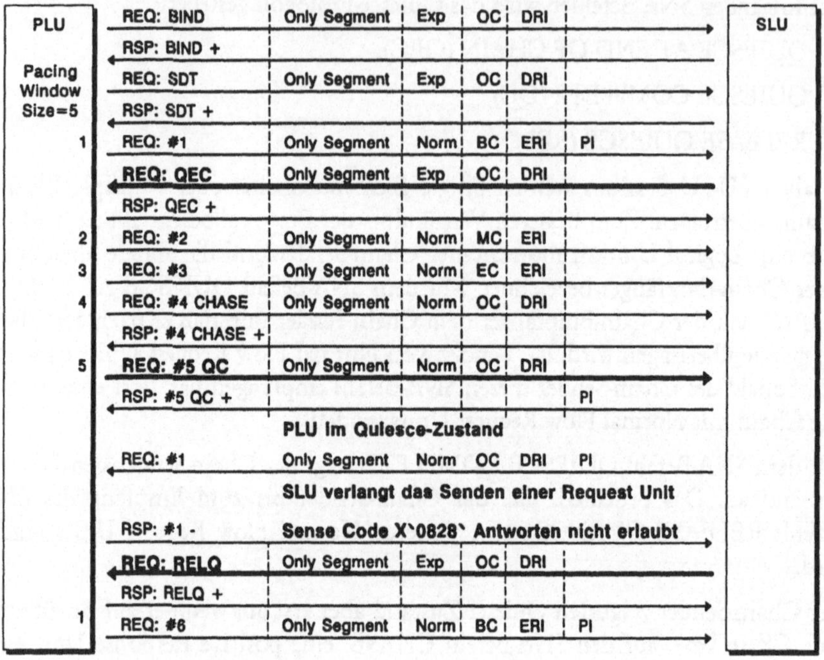

PLU							SLU
	REQ: BIND	Only Segment	Exp	OC	DRI		
	RSP: BIND +						
Pacing Window Size=5	REQ: SDT	Only Segment	Exp	OC	DRI		
	RSP: SDT +						
1	REQ: #1	Only Segment	Norm	BC	ERI	PI	
	REQ: QEC	Only Segment	Exp	OC	DRI		
	RSP: QEC +						
2	REQ: #2	Only Segment	Norm	MC	ERI		
3	REQ: #3	Only Segment	Norm	EC	ERI		
4	REQ: #4 CHASE	Only Segment	Norm	OC	DRI		
	RSP: #4 CHASE +						
5	REQ: #5 QC	Only Segment	Norm	OC	DRI		
	RSP: #5 QC +					PI	
	PLU im Quiesce-Zustand						
	REQ: #1	Only Segment	Norm	OC	DRI	PI	
	SLU verlangt das Senden einer Request Unit						
	RSP: #1 -	**Sense Code X'0828' Antworten nicht erlaubt**					
	REQ: RELQ	Only Segment	Exp	OC	DRI		
	RSP: RELQ +						
1	REQ: #6	Only Segment	Norm	BC	ERI	PI	

Bild 5.33 Quiesce-Protokollbeispiel

Im Bild verwendete Abkürzungen:

BC	= Begin of Chain	Norm	= Normal Flow
DRI	= Definite Response Indicator	OC	= Only Element of Chain
EC	= End of Chain	PI	= Pacing Indicator
ERI	= Exception Response Indicator	REQ	= Request Unit
Exp	= Expedited Flow	RSP	= Response Unit
MC	= Middle Element of Chain	#X	= Sequenznummer

♦ Empfängt eine Logical Unit, die nicht im Quiesce-Zustand ist, den SNA-Befehl
RELEASE QUIESCE, so sendet sie eine positive Response Unit zurück.

SNA-Befehle des Quiesce-Protokolls

Die erste Zeile der Befehlsbeschreibung ist wie folgt aufgebaut:

SNA-Befehl; Session-Typ, Datenfluß-Typ; Befehls-Kategorie (SNA-Befehl in Langform)

QC; LU⇨LU, Norm; DFC (QUIESCE COMPLETE)
Nach Empfang des SNA-Befehls QUIESCE AT END OF CHAIN zeigt eine
Logical Unit mit diesem SNA-Befehl den Quiesce-Zustand an.

QEC; LU⇨LU, Exp; DFC (QUIESCE AT END OF CHAIN)
Mit dem SNA-Befehl QUIESCE AT END OF CHAIN teilt die momentan empfangende Logical Unit der sendenden Logical Unit mit, daß sie nach der Chain, die gerade übertragen wird, das Senden von Normal Flow Request Units einstellen soll.

RELQ; LU⇨LU, Exp; DFC (RELEASE QUIESCE)
Der SNA-Befehl RELEASE QUIESCE hebt den Quiesce-Zustand der Partner-Logical Unit auf.

5.12 Shutdown-Protokoll

Das Shutdown-Protokoll (Stillegen) wird in einer LU-LU Session dazu verwendet, die Secondary Logical Unit (SLU) daran zu hindern, weitere Normal Flow Request Units zu senden. Eingesetzt wird dieses Protokoll z.B., um eine Session vor dem SNA-Befehl UNBIND SESSION ordentlich abzuschließen.

Protokolldetails

Shutdown ist ein SNA-Protokoll der Data Flow Control (Funktionsschicht 5). Nur die Primary Logical Unit (PLU) darf das Protokoll initiieren. Es wird deshalb als unsymmetrisch bezeichnet. Expedited Flow Request Units sind von diesem Protokoll nicht betroffen.

Mit folgenden SNA-Befehlen wird das Shutdown-Protokoll gesteuert:

- SHUTDOWN (SHUTD),
- SHUTDOWN COMPLETE (SHUTC),
- RELEASE QUIESCE (RELQ).

Mit dem SNA-Befehl SHUTDOWN fordert die Primary Logical Unit die Secondary Logical Unit auf, an der nächsten passenden Stelle das Senden von Normal Flow Request Units einzustellen. Welche Stelle passend ist, z.B. das Ende einer Bracket, entscheidet die Secondary Logical Unit.

Wenn die passende Stelle erreicht ist, sendet die Secondary Logical Unit den SNA-Befehl SHUTDOWN COMPLETE und zeigt damit die Bereitschaft zum Shutdown-Zustand an. Nach Erhalt der zugehörigen Response Unit befindet sich die Secondary Logical Unit im Shutdown-Zustand und darf keine weiteren Normal Flow Request Units senden. Die Primary Logical Unit kann mit dem SNA-Befehl RELEASE QUIESCE den Shutdown-Zustand wieder aufheben.

Der SNA-Befehl SHUTDOWN COMPLETE wird im Gegensatz zum QUIESCE COMPLETE im vorrangigen Datenfluß (Expedited Flow) gesendet. Es muß also verhindert werden, daß dieser Befehl die zuletzt gesendeten Normal Flow Request

Units überholt. Wäre dies der Fall, so würde die Secondary Logical Unit der Primary Logical Unit die Bereitschaft zum Shutdown-Zustand mitteilen, obwohl noch Daten auf dem Weg zur Primary Logical Unit sind. Dieser Konflikt kann auf zwei Arten verhindert werden:

- Die Primary Logical Unit verwendet den Immediate Response Mode. Das bedeutet, daß sie die geforderten Response Units in der Reihenfolge sendet, in der sie die zugehörigen Request Units empfangen hat. Die Secondary Logical Unit kennzeichnet die letzte Normal Flow Request Unit im Request/Response Header (RH) als Request vom Typ Definite Response Requested. Nach dem Empfang der zugehörigen Response Unit sendet die Secondary Logical Unit den SNA-Befehl SHUTDOWN COMPLETE.

- Nach der letzten Normal Flow Request Unit fordert die Secondary Logical Unit mit dem SNA-Befehl CHASE alle noch ausstehenden Normal Flow Response Units an. Die Primary Logical Unit sendet daraufhin alle ausstehenden Normal Flow Response Units und schließt den Vorgang mit der positiven Response Unit auf den SNA-Befehl CHASE ab. Nach dem Empfang dieser positiven Response Unit sendet die Secondary Logical Unit den SNA-Befehl SHUTDOWN COMPLETE.

Nur die Function Management (FM-) Profiles 3 und 4 unterstützen das Shutdown-Protokoll. Das betrifft die LU-LU Sessions vom Typ 0, 1, 2 und 3. In den SSCP Sessions wird dieses Protokoll nicht verwendet.

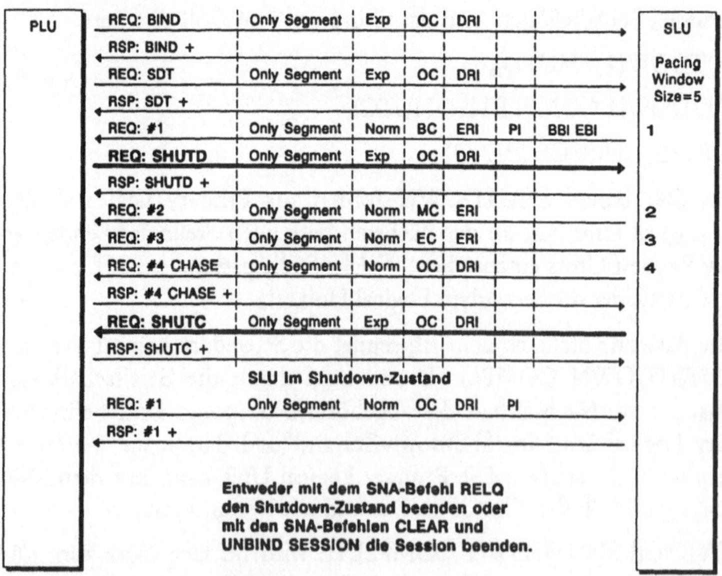

Bild 5.34 Shutdown-Protokollbeispiel

Im Bild verwendete Abkürzungen:

BBI	= Begin Bracket Indicator	MC	= Middle Element of Chain
BC	= Begin of Chain	Norm	= Normal Flow
DRI	= Definite Response Indicator	OC	= Only Element of Chain
EBI	= End Bracket Indicator	PI	= Pacing Indicator
EC	= End of Chain	REQ	= Request Unit
ERI	= Exception Response Indicator	RSP	= Response Unit
Exp	= Expedited Flow	#X	= Sequenznummer

Spezielle Shutdown-Protokollregeln

- Befindet sich die Secondary Logical Unit im Shutdown-Zustand, so akzeptiert sie alle Normal Flow Request Units der Kategorien Function Management Data (FMD) und Data Flow Control (DFC) und sendet die geforderten Response Units zurück. Verlangt eine empfangene Normal Flow Request Unit ihrerseits das Senden einer Normal Flow Request Unit (Dialog), so darf diese nicht gesendet werden. Dies kann durch eine vom SNA-Endbenutzer (z.B. Anwendungsprogramm) initiierte negative Response Unit (X'0828' Reply Not Allowed) angezeigt werden. Erst wenn mit dem SNA-Befehl RELEASE QUIESCE der Shutdown-Zustand aufgehoben wurde, können von der Secondary Logical Unit wieder Normal Flow Request Units gesendet werden.

- Empfängt die Secondary Logical Unit, obwohl sie nicht im Shutdown-Zustand ist, den SNA-Befehl RELEASE QUIESCE, so sendet sie eine positive Response Unit zurück.

SNA-Befehle des Shutdown-Protokolls

Die erste Zeile der Befehlsbeschreibung ist wie folgt aufgebaut:

SNA-Befehl; Session-Typ, Datenfluß-Typ; Befehls-Kategorie (SNA-Befehl in Langform)

SHUTC; SLU⇨PLU, Exp; DFC (SHUTDOWN COMPLETE)
Nach Empfang des SNA-Befehls SHUTDOWN zeigt die Secondary Logical Unit mit diesem SNA-Befehl den Shutdown-Zustand an.

SHUTD; PLU⇨SLU, Exp; DFC (SHUTDOWN)
Mit dem SNA-Befehl SHUTDOWN fordert die Primary Logical Unit die Secondary Logical Unit auf, an der nächsten passenden Stelle das Senden von Normal Flow Request Units einzustellen.

RELQ; LU⇨LU, Exp; DFC (RELEASE QUIESCE)
Der SNA-Befehl RELEASE QUIESCE hebt den Shutdown-Zustand der Secondary Logical Unit auf.

Gegenüberstellung von Quiesce- und Shutdown-Protokoll

Quiesce-Protokoll	Shutdown-Protokoll
Das Quiesce-Protokoll ist symmetrisch, kann also von beiden Logical Units initiiert werden.	Das Shutdown-Protokoll ist unsymmetrisch; nur die Primary Logical Unit kann das Protokoll initiieren.
Eingesetzt wird dieses Protokoll z.B., wenn die empfangende Logical Unit nicht mehr genügend (interne oder externe) Speicherkapazität zur weiteren Entgegennahme von Normal Flow Request Units zur Verfügung hat oder wenn sie beabsichtigt, die Session nach der gerade aktuell übertragenen Chain zu beenden.	Eingesetzt wird dieses Protokoll z.B., um eine Session vor dem SNA-Befehl UNBIND SESSION ordentlich abzuschließen.
Das Quiesce-Protokoll wird verwendet, wenn die Partner-Logical Unit nach der aktuell gesendeten Chain das Senden von weiteren Normal Flow Request Units einstellen soll.	Das Shutdown-Protokoll fordert die Secondary Logical Unit auf, an der nächsten passenden Stelle das Senden von Normal Flow Request Units einzustellen und sich auf den Session-Abbau vorzubereiten.
QUIESCE COMPLETE ist ein Normal Flow SNA-Befehl.	SHUTDOWN COMPLETE ist ein Expedited Flow SNA-Befehl.

Bild 5.35 Gegenüberstellung von Quiesce- und Shutdown-Protokoll

5.13 Compression-Protokoll

Mit dem Compression-Protokoll (Komprimieren) wird in einer LU-LU Halb-Session die Anzahl der zu übertragenden Zeichen und damit die Übertragungszeit reduziert. Die sendende Logical Unit (LU) komprimiert die Daten vor der Übertragung. Die empfangende Logical Unit dekomprimiert die Daten und gibt sie an den SNA-Endbenutzer weiter. Compression ist ein SNA-Protokoll des Function Management Data Services (Funktionsschicht 6). Es werden zwei Arten des Compression-Protokolls unterschieden:

♦ FMH-1 SCB Compression,

♦ Length-Checked Compression.

5.13.1 FMH-1 SCB Compression

Das FMH-1 SCB Compression-Protokoll basiert auf der Nutzung des Function Management Headers vom Typ 1 (FMH-1) und eines String Control Bytes (SCB).

Das benutzte Komprimierungsverfahren wird als Run-Length Encoding-Algorithmus (RLE-Algorithmus) bezeichnet.

Protokolldetails

Mit dem Run-Length Encoding-Algorithmus werden mehrere aufeinanderfolgende gleiche Zeichen zu einem bzw. zu zwei Byte komprimiert, z.B. Spaces, Nullen oder beliebige alphanumerische Zeichen. Dabei werden zwei Komprimierungsvarianten unterschieden:

- **Prime Character Compression**
  Für eine LU-LU Session wird das Zeichen (z.B. Space X'40'), das am häufigsten als aufeinanderfolgendes gleiches Zeichen in den Daten vorkommt, als Prime Compression Character vereinbart. Wenn in einer Halb-Session mehrere aufeinanderfolgende Prime Compression Characters übertragen werden sollen, werden sie von der sendenden Logical Unit aus dem Datenstrom entfernt und durch ein Steuerzeichen, das sogenannte String Control Byte ersetzt. Ein String Control Byte kann bis zu 63 Prime Compression Characters ersetzen. Wenn mehr als 63 aufeinanderfolgende Prime Compression Characters übertragen werden sollen, werden sie durch mehrere String Control Bytes ersetzt.

  Der standardmäßig vorgegebene Prime Compression Character ist das Space (X'40'). Andere Zeichen können im Function Management Header (FMH) vom Typ 3 als session-bezogener Prime Compression Character definiert werden. Der Datenstrom der LU-LU Sessions vom Typ 1 und 4 kann mit einem Function Management Header vom Typ 1 während der Übertragung auf unterschiedliche Geräte eines Cluster Controllers geschaltet werden. In diesem Fall kann für jedes Gerät ein eigener Prime Compression Character im Function Management Header vom Typ 2 vereinbart werden. Vor der Übertragung komprimierter Daten wird der entsprechende Function Management Header zur Partner-Logical Unit gesendet und diese damit über den verwendeten Prime Compression Character informiert. Der Prime Compression Character wird häufig auch als Master Character bezeichnet.

- **Nonprime Character Compression**
  In einer LU-LU Halb-Session können auch die übrigen Zeichen, die sogenannten Nonprime Compression Characters, komprimiert werden. Wenn in der Session mehrere aufeinanderfolgende gleiche Nonprime Compression Characters übertragen werden sollen, werden sie von der sendenden Logical Unit aus dem Datenstrom entfernt und durch ein String Control Byte ersetzt. Damit die empfangende Logical Unit weiß, welches Nonprime Compression Character komprimiert wurde, muß jedem String Control Byte ein Byte zur Zeichenspezifizierung folgen. Ein String Control Byte kann bis zu 63 Nonprime Compression Characters ersetzen. Wenn mehr als 63 aufeinanderfolgende glei-

che Nonprime Compression Characters übertragen werden sollen, werden sie durch mehrere String Control Bytes mit folgender Zeichenspezifizierung ersetzt. Die Nonprime Compression Characters werden häufig auch als Duplicate Characters bezeichnet.

Das Bild 5.36 zeigt die funktionellen Bits des String Control Bytes. Die Bits 0 und 1 stellen den SCB-Code z.B. Noncompression, Prime Character Compression oder Nonprime Character Compression dar. Die folgenden sechs Bits werden als SCB-Zähler genutzt. Da das String Control Byte auch im Compaction-Protokoll genutzt wird, ist der SCB-Code für dieses Protokoll im Bild mit aufgeführt.

SCB-Code	SCB-Zähler	Funktion
0 0	n n n n n n	Die folgenden Zeichen sind weder komprimiert noch gepackt. Der SCB-Zähler beinhaltet die Anzahl der Zeichen zwischen diesem SCB und dem nächsten SCB (max. 63 Bytes).
0 1	n n n n n n	Die folgenden Bytes beinhalten gepackte Zeichen. Der SCB-Zähler beinhaltet die Anzahl der gepackten Bytes zwischen diesem und dem nächsten SCB (max. 63 Bytes).
1 0	n n n n n n	Das String Control Byte ersetzt eine bestimmte Anzahl aufeinanderfolgender Prime Compression Characters. Der SCB-Zähler beinhaltet die Anzahl der komprimierten Prime Compression Characters (max. 63 Bytes). Das folgende Zeichen ist das nächste String Control Byte.
1 1	n n n n n n	Das String Control Byte ersetzt eine bestimmte Anzahl aufeinanderfolgender gleicher Nonprime Compression Characters. Der SCB-Zähler beinhaltet die Anzahl der komprimierten Nonprime Compression Characters (max. 63 Bytes). Das folgende Zeichen spezifiziert den Nonprime Compression Character. Darauf folgt das nächste String Control Byte.

Bild 5.36 Funktionelle Bits des String Control Bytes (SCB)

Wenn komprimierte bzw. gepackte Endbenutzerdaten übertragen werden, beginnt die erste Request Unit (RU) einer Chain mit einem String Control Byte. Zusätzlich folgt ein solches Byte jedem Function Management Header, der innerhalb der Chain genutzt wird. Die Anzahl weiterer String Control Bytes ist vom Datenstrom abhängig.

Die Function Management (FM-) Profiles 3, 4, 7 und 18 unterstützen das FMH-1 SCB Compression-Protokoll. Das betrifft die LU-LU Sessions vom Typ 1 und 4. In den SSCP Sessions wird dieses Protokoll nicht verwendet.

In den Bytes 4 und 5 des SNA-Befehls BIND SESSION wird für beide LU-LU Halb-Sessions vereinbart, ob das FMH-1 SCB Compression-Protokoll erlaubt ist. Ob in der jeweiligen Übertragung die Daten tatsächlich komprimiert sind, wird im Compression Indicator (CMI) des Function Management Headers vom Typ 1 definiert. Damit kann während einer Session die Funktion des FMH-1 SCB Compression-Protokolls zu- bzw. abgeschaltet werden.

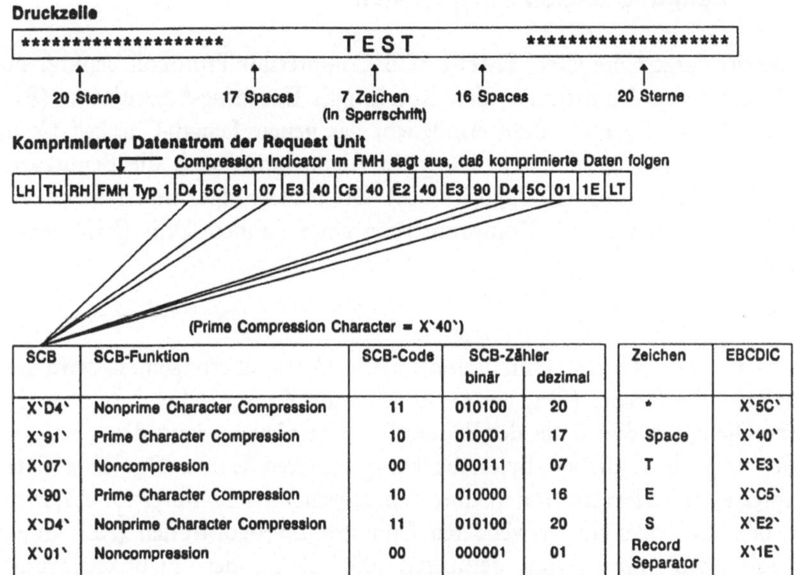

SCB	SCB-Funktion	SCB-Code	SCB-Zähler binär	SCB-Zähler dezimal	Zeichen	EBCDIC
X`D4`	Nonprime Character Compression	11	010100	20	*	X`5C`
X`91`	Prime Character Compression	10	010001	17	Space	X`40`
X`07`	Noncompression	00	000111	07	T	X`E3`
X`90`	Prime Character Compression	10	010000	16	E	X`C5`
X`D4`	Nonprime Character Compression	11	010100	20	S	X`E2`
X`01`	Noncompression	00	000001	01	Record Separator	X`1E`

Bild 5.37 FMH-1 SCB Compression-Protokollbeispiel

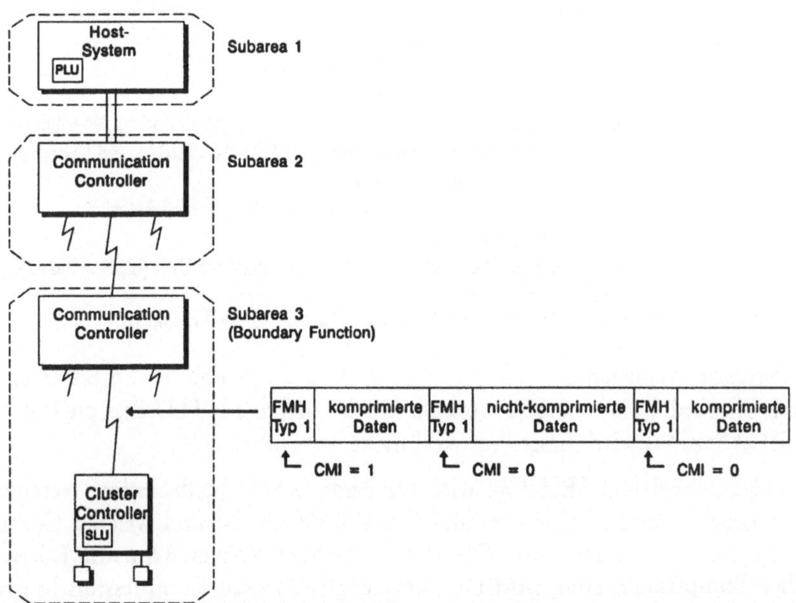

Bild 5.38 Übertragung komprimierter und nicht-komprimierter Datenströme in einer Session

5.13.2   Length-Checked Compression

Das bereits dargestellte ältere FMH-1 SCB Compression-Protokoll benutzt nur einen Compression-Algorithmus, den Run-Length Encoding-Algorithmus (RLE-Algorithmus). Im Gegensatz dazu ermöglicht das neuere Length-Checked Compression-Protokoll (LCC), zusätzlich zum RLE-Algorithmus auch die Benutzung des Lempel-Ziv-Algorithmus (LZ-Algorithmus). Die beiden Algorithmen können alternativ oder gemeinsam zur Komprimierung einer Request Unit (RU) verwendet werden.

Protokolldetails

Werden in einer Request Unit komprimierte Daten übertragen, so wird im Request/Response Header (RH) der Length-Checked Compression Indicator (LCCI) gesetzt. Die ersten drei Bytes der Request Unit beinhalten dann den Compression Header und die restlichen Bytes die komprimierten Daten. Das erste Byte des Compression Headers informiert über den verwendeten Compression-Algorithmus (RLE oder LZ) oder die verwendeten Compression-Algorithmen (RLE und LZ). Die folgenden zwei Bytes definieren die Länge der nicht-komprimierten (ursprünglichen) Request Unit.

Byte	Bits	Wert	Dekodierung
0	0-3		**Compression-Algorithmus**
		B'0001'	Run-Length Encoding-Algorithmus
		B'0010'	Lempel-Ziv-Algorithmus
		B'0011'	Lempel-Ziv-Algorithmus nach Run-Length Encoding-Algorithmus
	4-7		**nicht-komprimierter (ursprünglicher) Datentyp und Länge des Compression Headers**
		B'0001'	8 Bit Textdaten, Compression Header-Länge 3 Bytes (z.Zt. kein anderer Wert zulässig)
	1-2		**Länge der nicht-komprimierten Request Unit (binäre Darstellung)**

Bild 5.39 Compression Header des Length-Checked Compression-Protokolls

Die Function Management (FM-) Profiles 2, 3, 4, 7, 18 und 19 unterstützen das Length-Checked Compression-Protokoll. Das betrifft alle LU-LU Session-Typen. In den SSCP Sessions wird dieses Protokoll nicht verwendet.

Im SNA-Befehl BIND SESSION wird für beide LU-LU Halb-Sessions vereinbart, ob das Length-Checked Compression-Protokoll erlaubt ist und welcher Compression-Algorithmus benutzt wird. Ob in der jeweiligen Request Unit die Daten tatsächlich komprimiert sind, wird mit dem Length-Checked Compression Indicator im Request/Response Header angezeigt. Damit kann während einer Session die

Funktion des Length-Checked Compression-Protokolls zu- bzw. abgeschaltet werden.

Run-Length Encoding-Algorithmus

Der Run-Length Encoding-Algorithmus mit der Benutzung des String Control
Bytes wurde bereits im Kapitel FMH-1 SCB Compression beschrieben. Abweichend
gelten folgende Regeln:

- Der Length-Checked Compression Indicator im Request/Response Header
  zeigt an, ob in einer Request Unit komprimierte oder nicht-komprimierte Daten übertragen werden. Der Function Management Header vom Typ 1 wird für
  diese Funktion nicht benötigt.

- Das erste Byte hinter dem Compression Header ist zwingend ein String Control Byte.

- Der Prime Compression Character ist immer das Space X'40'.

- Wenn das letzte String Control Byte einer Request Unit nicht-komprimierte
  Zeichen kennzeichnet, dann müssen alle zugehörigen nicht-komprimierten
  Zeichen in dieser Request Unit existieren.

- Ein String Control Byte, das Prime Character Compression kennzeichnet,
  kann das letzte Byte einer Request Unit sein.

- Wenn das letzte String Control Byte einer Request Unit Nonprime Character
  Compression kennzeichnet, dann muß das unmittelbar folgende Byte das letzte Byte der Request Unit sein und den Nonprime Character spezifizieren.

Häufig wird der Prime Compression Character auch als Master Character und die
Nonprime Compression Characters auch als Duplicate Characters bezeichnet.

Lempel-Ziv-Algorithmus

Der Lempel-Ziv-Algorithmus (LZ-Algorithmus) ist ein dynamischer Komprimie-
rungsalgorithmus, der nach seinen Urhebern Lempel und Ziv benannt ist. Häufig
wird der Algorithmus auch als Wörterbuch-Methode bezeichnet. Bei diesem Algorithmus werden Zeichenketten ersetzt durch Verweise auf eine Komprimierungstabelle (Wörterbuch), die während der Komprimierung aufgebaut wird. In die
speicherresidente Komprimierungstabelle werden die aufgetretenen Zeichenketten
eingetragen und Neueinträge über entsprechende Verweise mit bereits eingetrage-
nen Teilketten verkettet. Die Komprimierungstabelle der sendenden Logical Unit
und die Entkomprimierungstabelle der empfangenden Logical Unit sind synchronisiert.

Die verschiedenen Varianten dieses Algorithmus unterscheiden sich primär in der
Dimensionierung der Komprimierungstabelle (9, 10 oder 12 Bit Zeichensatz) sowie

in der Vorgehensweise bei Erreichen der Tabellenkapazitätsgrenze. Je nach Notwendigkeit wird die Komprimierungstabelle für die Weiterverarbeitung unverändert benutzt, gelöscht und neu aufgebaut oder laufend weiteraktualisiert durch Ersetzen älterer Einträge. Dazu sendet die Primary Logical Unit (PLU) einen entsprechenden LZ-Befehl an die Secondary Logical Unit (SLU).

Der LZ-Algorithmus arbeitet mit einem erweiterten Zeichensatz in der Komprimierungstabelle. Der normale EBCDIC- bzw ASCII-Zeichensatz besteht aus 256 Zeichen. Jedes Zeichen wird mit 8 Bit repräsentiert. Der LZ-Algorithmus erweitert diesen Zeichensatz, indem er für die Darstellung jedes Zeichens 9, 10 oder 12 Bits vorsieht. Zum Beispiel werden bei einer Zeichendarstellung mit 9 Bits die ersten 256 Zeichen des Zeichensatzes mit den normalen EBCDIC- bzw. ASCII-Zeichen belegt (Kodierung 0 - 255). Die Kodierung 256 ist für den LZ-Befehl reserviert, und die restlichen 255 Zeichen werden zur Kodierung individueller Zeichenketten verwendet. Bei einer Zeichendarstellung mit 10 Bit können 767 individuelle Zeichenketten kodiert werden. Die individuellen Zeichenketten sind beim Start der Komprimierung noch nicht belegt.

In einem Beispiel soll der Text „wieder dieser Klaus" komprimiert werden. Den Anfangszustand der Komprimierungstabelle (Zeichendarstellung 9 Bit) zeigt das Bild 5.40. Der LZ-Algorithmus liest das erste Zeichen „w" und stellt fest, daß dieses Zeichen in seinem Zeichensatz enthalten ist („w" ist ein normales EBCDIC- bzw ASCII-Zeichen). Der Zeichensatz in der Komprimierungstabelle muß nicht erweitert werden. Der LZ-Algorithmus liest das nächste Zeichen „i", hängt es an das erste Zeichen „w" an und bildet so eine Zeichenkette „wi". Diese neue Zeichenkette ist momentan nicht in der Komprimierungstabelle enthalten. Der LZ-Algorithmus ergänzt die Komprimierungstabelle mit dieser Zeichenkette und stellt das Zeichen „w" in den Sendepuffer. Danach hängt er an das verbleibende Zeichen „i" das nächste Zeichen „e" an und bildet eine neue Zeichenkette „ie". Auch diese Zeichenkette ist momentan nicht in der Komprimierungstabelle enthalten. Der LZ-Algorithmus ergänzt die Komprimierungstabelle mit dieser Zeichenkette und ergänzt den Sendepuffer mit dem Zeichen „i". Das Bild 5.40 zeigt die Komprimierungstabelle nach dem Lesen des Wortes „wieder".

Bis zu diesem Zeitpunkt hat der LZ-Algorithmus noch keine Sendedaten komprimiert, da er noch den erweiterten Zeichensatz in der Komprimierungstabelle aufbauen muß. Sobald aber die in der Komprimierungstabelle schon vorhandenen Zeichenketten wiederholt auftreten, werden diese mit weniger Bits kodiert als die normale EBCDIC- bzw. ASCII-Darstellung erfordern würde.

Die Zeichenkette „ie" tritt in dem Wort „dieser" zum zweiten Mal auf. Der LZ-Algorithmus liest zum entsprechenden Zeitpunkt das Zeichen „e", hängt es an das erste Zeichen „i" an und bildet so eine Zeichenkette „ie". Diese Zeichenkette ist in der Komprimierungstabelle mit der Kodierung „258" enthalten. Der LZ-Algorithmus liest das nächste Zeichen „s", hängt es an die Kodierung „258" an und bildet so eine Zeichenkette „ies". Diese neue Zeichenkette ist momentan nicht in der Komprimierungstabelle enthalten. Der LZ-Algorithmus ergänzt die Komprimierungstabelle mit dieser Zeichenkette und stellt die Kodierung „258" in den Sendepuffer. Bis zum Ende dieses Textes kann der LZ-Algorithmus noch einmal von seinem erweiterten Zeichensatz gebrauch machen.

Komprimierungstabelle beim Start des LZ-Algorithmus

0		255	256	257		511
ASCII 0		ASCII 255	LZ-Befehl	leer		leer

Komprimierungstabelle und Sendepuffer nach der Bearbeitung des Wortes "wieder"

255	256	257	258	259	260	261	262
ASCII 255	LZ-Befehl	wi	ie	ed	de	er	r_

Sendepuffer: wieder

Komprimierungstabelle und Sendepuffer nach der Bearbeitung der Worte "wieder die"

255	256	257	258	259	260	261	262	263	264	265	266
ASCII 255	LZ-Befehl	wi	ie	ed	de	er	r_	_d	di	"258"s	leer

Sendepuffer: wieder d"258"

Komprimierungstabelle und Sendepuffer nach der Bearbeitung des Textes

266	267	268	269	270	271	272	273
se	"261"_	_K	Kl	la	au	us	s_

Sendepuffer: wieder d"258"s"261" Klaus

Bild 5.40 Erstellung der Komprimierungstabelle

Der LZ-Algorithmus zur Dekomprimierung arbeitet nach dem gleichen Prinzip. Faszinierend ist daran, daß der Empfänger den Ursprungstext nur aus dem komprimierten Text rekonstruieren kann, ohne die Komprimierungstabelle des Senders zu kennen. Der Empfänger bildet aus dem empfangenen Text seine eigene Komprimierungstabelle.

Allgemein gilt, je größer die Zeichendarstellung (9, 10 oder 12 Bit), desto effizienter arbeitet die Komprimierung. Die Zeichendarstellung wird mit dem SNA-Befehl BIND SESSION definiert. Der Algorithmus ist sehr effizient für Daten, die als Bytestrom übertragen werden und nicht weiter strukturiert sind. Die Effizienz ist jedoch anfänglich gering und steigt mit zunehmender Füllung der Komprimierungstabelle an. Der LZ-Algorithmus kann allein oder nach dem RLE-Algorithmus genutzt werden.

5.14 Compaction-Protokoll

Mit dem Compaction-Protokoll (Packen) werden in einer LU-LU Halb-Session jeweils zwei Zeichen durch ein Packverfahren auf ein Byte verdichtet. Ein gepacktes Zeichen belegt in einem Byte nur vier Bit. Das reduziert die Anzahl der zu übertragenden Bytes und damit die Übertragungszeit. Die sendende Logical Unit (LU) packt die Daten vor der Übertragung. Die empfangende Logical Unit entpackt die Daten und gibt sie an den SNA-Endbenutzer weiter.

Protokolldetails

Compaction ist ein SNA-Protokoll des Function Management Data Services (Funktionsschicht 6). Für das Packverfahren werden vom SNA-Endbenutzer (z.B. Job Entry Subsystem) max. 16 Zeichen als sogenannte Master Characters definiert. Das sollten die Zeichen sein, die mit hoher Häufigkeit im Datenstrom vorkommen (z.B. die Ziffern 0-9 bei Bankenanwendungen). Da das Packverfahren aber nur Master Character-Paare in ein Byte packen kann, sollten auch die Zeichen, die im Datenstrom immer wieder Master Character-Paare unterbrechen, zusätzlich als Master Characters definiert werden. Das sind z.B. bei Drucklisten, die Geldbeträge beinhalten, die Interpunktionszeichen Punkt und Komma. Die Master Characters werden als Compaction Table in den peripheren SNA-Knoten gespeichert. In batch-orientierten SNA-Datenstationen ist oft eine Default Compaction Table implementiert. Diese Compaction Table kann von der Primary Logical Unit durch das Senden des Function Management Headers (FMH) vom Typ 3 überschrieben werden. Dieser beinhaltet die vom SNA-Endbenutzer definierte Compaction Table.

Der Datenstrom der LU-LU Sessions vom Typ 1 und 4 kann, mit einem Function Management Header vom Typ 1, während der Übertragung auf unterschiedliche Geräte eines Cluster Controllers geschaltet werden. In diesem Fall kann für jedes Gerät eine eigene Compaction Table im Function Management Header vom Typ 2 vereinbart werden.

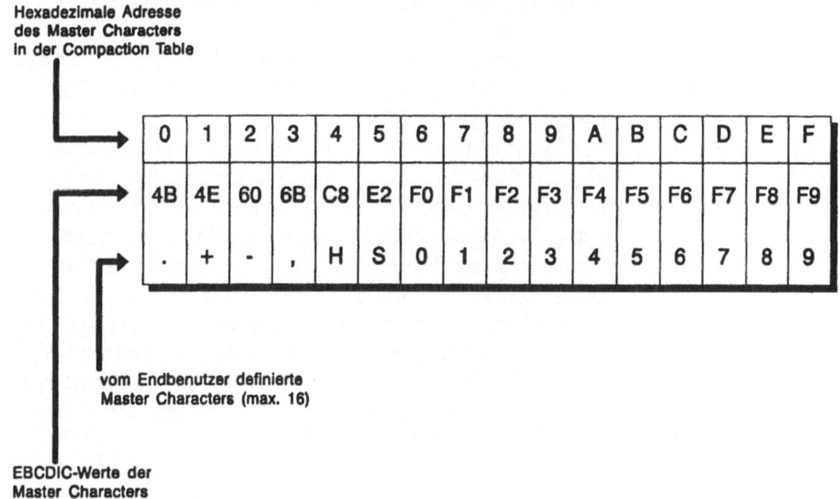

Bild 5.41 Compaction Table-Beispiel

Wenn in einer LU-LU Halb-Session Master Character-Paare übertragen werden sollen, werden sie von der sendenden Logical Unit aus dem Datenstrom entfernt und durch ein Steuerzeichen, das sogenannte String Control Byte (SCB), und den gepackten Daten ersetzt. Der Zähler im String Control Byte gibt an, wieviele nachfolgende Bytes anhand der Compaction Table ausgewertet werden müssen (max. 63). Im gepackten Datenstrom werden Halb-Bytes (vier Bits) betrachtet. Mit vier Bits können die Hexadezimalzahlen von 0 bis F (dezimal 0 - 15) dargestellt werden. Der Wert des Halb-Bytes adressiert den Master Character in der Compaction Table. Mit einem Byte können also zwei Adressen der Compaction Table (0 - 15) und somit zwei Master Character (ein Master Character-Paar) übertragen werden.

Das Bild 5.42 zeigt die funktionellen Bits des String Control Bytes. Die Bits 0 und 1 stellen den SCB-Code z.B. Noncompaction oder Compaction dar. Die folgenden sechs Bits werden als SCB-Zähler genutzt. Da das String Control Byte auch im FMH-1 SCB Compression-Protokoll genutzt wird, ist der SCB-Code für dieses Protokoll im Bild mit aufgeführt.

Wenn gepackte bzw. komprimierte Endbenutzerdaten übertragen werden, beginnt die erste Request Unit einer Chain mit einem String Control Byte, und zusätzlich folgt ein solches Byte jedem Function Management Header, der innerhalb der Chain genutzt wird. Die Anzahl weiterer String Control Bytes ist vom Datenstrom abhängig.

SCB-Code	SCB-Zähler	Funktion
00	n n n n n n	Die folgenden Zeichen sind weder komprimiert noch gepackt. Der SCB-Zähler beinhaltet die Anzahl der Zeichen zwischen diesem SCB und dem nächsten SCB (max. 63 Bytes).
01	n n n n n n	Die folgenden Bytes beinhalten gepackte Zeichen. Der SCB-Zähler beinhaltet die Anzahl der gepackten Bytes zwischen diesem und dem nächsten SCB (max. 63 Bytes).
10	n n n n n n	Das String Control Byte ersetzt eine bestimmte Anzahl aufeinanderfolgender Prime Compression Characters. Der SCB-Zähler beinhaltet die Anzahl der komprimierten Prime Compression Characters (max. 63 Bytes). Das folgende Zeichen ist das nächste String Control Byte.
11	n n n n n n	Das String Control Byte ersetzt eine bestimmte Anzahl aufeinanderfolgender gleicher Nonprime Compression Characters. Der SCB-Zähler beinhaltet die Anzahl der komprimierten Nonprime Compression Characters (max. 63 Bytes). Das folgende Zeichen spezifiziert den Nonprime Compression Character. Darauf folgt das nächste String Control Byte.

Bild 5.42 Funktionelle Bits des String Control Bytes (SCB)

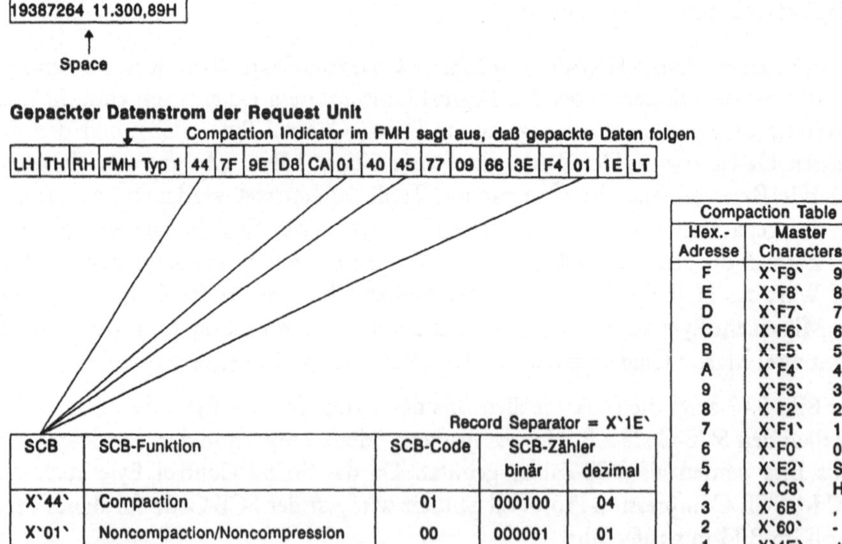

Bild 5.43 Compaction-Protokollbeispiel

Nur in den LU-LU Sessions vom Typ 1 und 4 kann das Compaction-Protokoll verwendet werden. In den SSCP Sessions wird dieses Protokoll nicht genutzt.

Im Byte 16 des SNA-Befehls BIND SESSION wird für die LU-LU Session vereinbart, ob das Compaction-Protokoll erlaubt ist. Ob in der jeweiligen Übertragung die Daten tatsächlich gepackt sind, wird im Compaction Indicator (CPI) des Function Management Headers vom Typ 1 definiert. Damit kann während einer Session die Funktion des Compaction-Protokolls zu- bzw. abgeschaltet werden.

Gleichzeitige Nutzung des Compaction- und des FMH-1 SCB Compression-Protokolls

Mit den beiden Bits Compaction und Compression Indicator des Function Management Headers vom Typ 1 können beide SNA-Protokolle in einer LU-LU Halb-Session aktiviert werden.

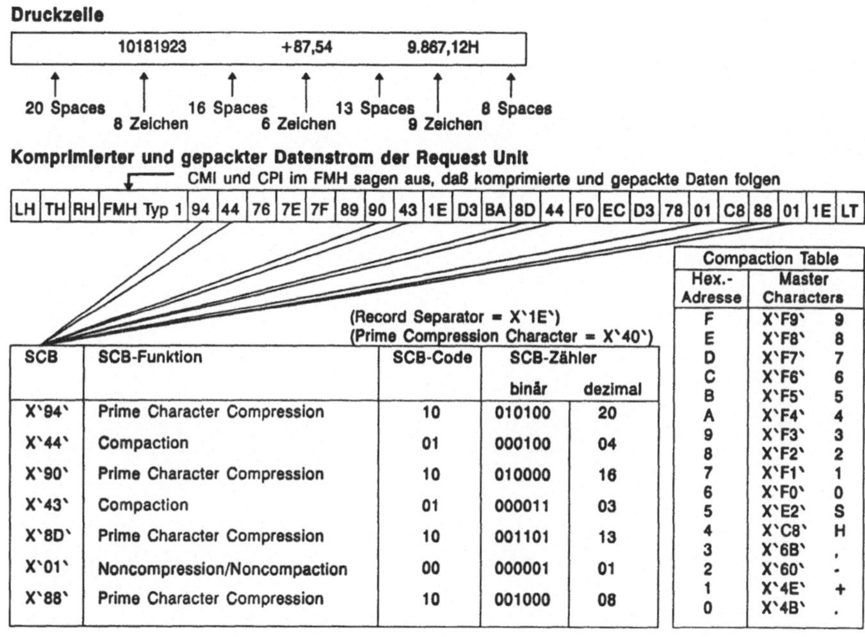

SCB	SCB-Funktion	SCB-Code	SCB-Zähler binär	dezimal
X`94`	Prime Character Compression	10	010100	20
X`44`	Compaction	01	000100	04
X`90`	Prime Character Compression	10	010000	16
X`43`	Compaction	01	000011	03
X`8D`	Prime Character Compression	10	001101	13
X`01`	Noncompression/Noncompaction	00	000001	01
X`88`	Prime Character Compression	10	001000	08

Compaction Table	
Hex.-Adresse	Master Characters
F	X`F9` 9
E	X`F8` 8
D	X`F7` 7
C	X`F6` 6
B	X`F5` 5
A	X`F4` 4
9	X`F3` 3
8	X`F2` 2
7	X`F1` 1
6	X`F0` 0
5	X`E2` S
4	X`C8` H
3	X`6B` ,
2	X`60` -
1	X`4E` +
0	X`4B` .

Bild 5.44 Gleichzeitige Nutzung des Compaction- und des FMH-1 SCB Compression-Protokolls

6 SNA-Profiles und Logical Unit Session-Typen

SNA-Profiles und Logical Unit Session-Typen klassifizieren die Kommunikationsfähigkeit von SNA-Knoten. Die Zielsetzung dabei ist, den VTAM/NCP-Generierungsaufwand einer Neuinstallation oder Veränderung zu minimieren. Die Klassifizierung bezieht sich sowohl auf die logische Kommunikation, als auch auf die verwendeten Datenströme der Sessions zwischen den Network Adressable Units (NAU). Dabei sind die folgenden Network Adressable Units betroffen:

- System Services Control Point (SSCP), Control Point (CP),

- Physical Unit (PU) und

- Logical Unit (LU).

Die logische Kommunikation in einer Session wird durch SNA-Protokolle geregelt. Durch die Protokolle sind detaillierte Kommunikationsabläufe, die Verwendung zugehöriger SNA-Befehle und der funktionellen Bits der SNA-Headers definiert.

Nicht in jedem SNA-Knoten sind alle SNA-Protokolle implementiert. Das Transmission Services (TS-) Profile, das Function Management (FM-) Profile und das Presentation Services (PS-) Profile definieren, welche SNA-Protokolle innerhalb einer LU-LU Session verwendet werden. Das TS-Profile definiert die Transportprotokolle der Transmission Control (Funktionsschicht 4), das FM-Profile die Datenflußprotokolle der Data Flow Control (Funktionsschicht 5) und das PS-Profile die Datenaufbereitungsprotokolle des Function Management Data Services (Funktionsschicht 6). Das PS-Profile ist identisch mit dem LU-LU Session-Typ, der häufig auch abgekürzt als LU Session-Typ bzw. LU-Typ bezeichnet wird. Die Profiles stellen eine grobe Vereinbarung dar. Detaillierte Protokollparameter (Protokolloptionen) sind in den zugehörigen Usage Fields definiert. Die vereinbarten SNA-Protokolle gelten für die Dauer einer Session.

Die Angaben in den einzelnen Profiles bzw. Usage Fields korrespondieren leider nicht immer mit den Aufgaben der zugehörigen Funktionsschichten. So wird z.B. die Verwendung des Compression-Protokolls (Datenkomprimierung), eine Aufgabe der Funktionsschicht 6, im FM-Profile vereinbart.

Auch in den SNA-Befehlen, die SSCP Sessions aufbauen (ACTIVATE CROSS-DOMAIN RESOURCE MANAGER, ACTIVATE PHYSICAL UNIT, ACTIVATE LOGICAL UNIT) werden TS-Profiles und FM-Profiles vereinbart. PS-Profiles sind hier nicht relevant.

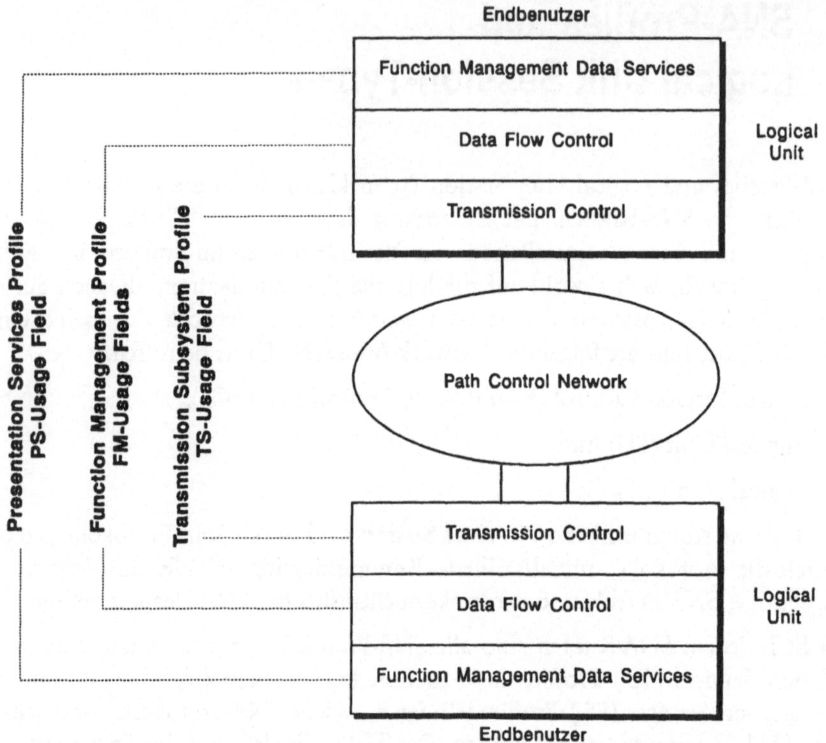

Bild 6.1   Profiles und Usage Fields definieren die SNA-Protokolle der Funktionsschichten

Der Logical Unit Session-Typ ist eine Nummer, die für LU-LU Sessions folgendes definiert:

♦   die zulässigen Transmission Subsystem Profiles,

♦   die zulässigen Function Management Profiles,

♦   den Datenstrom, inklusive der (Geräte-) Steuerzeichen (z.B. Bildschirmsteuerzeichen),

♦   die möglichen Function Management Header-Typen,

♦   die möglichen Fehlermeldungen (Sense Data).

Das Beispiel im Bild 6.2 zeigt die Herstellerbeschreibung der SNA-Implementierung einer 3270-Emulation. Das Original, der Cluster Controller 3274 bzw. 3174, unterstützt LU-LU Sessions vom Typ 2 für Bildschirmarbeitsplätze und die LU-LU Sessions vom Typ 1 und 3 für die angeschlossenen Drucker.

<table>
<tr><td colspan="2">SNA-Implementierung und -Unterstützung</td></tr>
<tr><td></td><td>Physical Unit-Typ 2</td></tr>
<tr><td>------></td><td>Logical Unit Session-Typen 1, 2 und 3</td></tr>
<tr><td></td><td>Es werden 255 Logical Units (LU) unterstützt</td></tr>
<tr><td></td><td>Session-Typen: SSCP-PU, SSCP-LU und LU-LU</td></tr>
<tr><td>SNA-Befehle:</td><td>ACTPU (ACTIVATE PHYSICAL UNIT)
DACTPU (DEACTIVATE PHYSICAL UNIT)
ACTLU (ACTIVATE LOGICAL UNIT)
DACTLU (DEACTIVATE LOGICAL UNIT)
BIND (BIND SESSION)
UNBIND (UNBIND SESSION)
SDT (START DATA TRAFFIC)
CLEAR
CANCEL
CHASE
LUSTAT (LOGICAL UNIT STATUS)
SHUTD (SHUTDOWN)
SHUTC (SHUTDOWN COMPLETE)
BID
SIG (SIGNAL)
REQMS (REQUEST MAINTENANCE STATISTICS)
RECFMS (RECORD FORMATTED MAINTENANCE STATISTICS)
NOTIFY</td></tr>
<tr><td>PACING:</td><td>Inbound und Outbound</td></tr>
</table>

Bild 6.2   Herstellerbeschreibung der SNA-Implementierung einer 3270-Emulation

6.1   Transmission Subsystem Profiles

SNA definiert zur Zeit sieben Transmission Subsystem (TS-) Profiles. Das TS-Profile stellt eine session-bezogene, grobe Vereinbarung für die SNA-Protokolle der Transmission Control (Funktionsschicht 4) dar. Detaillierte Protokollparameter (Protokolloptionen) müssen im zugehörigen TS-Usage Field definiert werden.

Für LU-LU Sessions wird das TS-Profile im Byte 3 des SNA-Befehls BIND SESSION vereinbart. Das zugehörige TS-Usage Field ist in den Bytes 8 - 13 enthalten.

Auch in den SNA-Befehlen, die SSCP Sessions aufbauen (ACTIVATE CROSS-DOMAIN RESOURCE MANAGER, ACTIVATE PHYSICAL UNIT, ACTIVATE LOGICAL UNIT) wird das TS-Profile im Byte 3 des jeweiligen Befehls vereinbart. Ein Usage Field wird aber nur für SSCP-SSCP Sessions benötigt.

Transmission Services (TS-) Profiles	Session-Typen	LU-Typen
1	SSCP-PU (PU-Typ 1 oder 2)	-
	SSCP-LU	-
2	LU-LU	0
3	LU-LU	0, 1, 2, 3
4	LU-LU	0, 1, 6.1
5	SSCP-PU (PU-Typ 4 oder 5)	-
7	LU-LU	0, 4, 6.2, 7
	CP-CP	-
17	SSCP-SSCP	-

Bild 6.3   Transmission Subsystem Profiles und deren Verwendung

Im einzelnen legen die TS-Profiles die, in den nächsten Abschnitten folgenden, Protokollregeln fest bzw. bestimmen die folgenden Protokolloptionen.

6.1.1 Transmission Subsystem Profile 1

Transmission Services (TS-) Profile	Session-Typ	LU-Typ
1	SSCP-PU (PU-Typ 1 oder 2)	-
	SSCP-LU	-

Bild 6.4   TS-Profile 1

Das Transmission Subsystem Profile 1 spezifiziert folgende Session-Regeln:

♦ Dieses Profile schließt Session-Level Pacing aus.

♦ Im normalen Datenfluß (Normal Flow) wird im Sequence Number Field des Transmission Headers (TH) eine eindeutige Identifikation eingetragen, die eine Zuordnung der Response Unit zur Request Unit ermöglicht (Response Request Correlation). Eine Sequenzkontrolle findet nicht statt.

♦ Die SNA-Befehle CLEAR, CRYPTOGRAPHY VERIFICATION (CRV), REQUEST RECOVERY (RQR), SET AND TEST SEQUENCE NUMBER (STSN) und START DATA TRAFFIC (SDT) werden nicht unterstützt.

♦ In der Session zwischen dem System Services Control Point (SSCP) und einer peripheren Logical Unit (LU) beträgt die maximale Request/Response Unit Size im Normal Flow 256 Bytes, falls nicht in der Response Unit des SNA-Befehls ACTIVATE LOGICAL UNIT (ACTLU) eine andere Länge spezifiziert wird.

♦ In der Halb-Session zwischen dem System Services Control Point und einer peripheren Physical Unit (PU) beträgt die maximale Request/Response Unit Size im Normal Flow 256 Bytes. In der umgekehrten Halb-Session beträgt dieser Wert 512 Bytes.

Protokolloptionen

In diesem Profile sind keine Protokolloptionen vorgesehen. Das TS-Usage Field wird nicht benutzt.

Das TS-Profile 1 wird in den Sessions zwischen dem System Services Control Point (SSCP) und den Logical Units (LU) bzw. den Physical Units (PU) von peripheren SNA-Knoten verwendet.

6.1.2 Transmission Subsystem Profile 2

Transmission Services (TS-) Profile	Session-Typ	LU-Typ
2	LU-LU	0

Bild 6.5   TS-Profile 2

Das Transmission Subsystem Profile 2 spezifiziert folgende Session-Regeln:

♦ In beiden Halb-Sessions wird der Datenfluß der Normal Flow Request Units (RU) durch Session-Level Pacing dosiert.

♦ In beiden Halb-Sessions wird jeder Request Unit, die im normalen Datenfluß (Normal Flow) gesendet wird, im Transmission Header (TH) eine eindeutige Sequenznummer zugeordnet. Damit wird die vollständige Übertragung in richtiger Reihenfolge sichergestellt (Ende-zu-Ende-Kontrolle) und die Zuordnung einer Response Unit zu der entsprechenden Request Unit realisiert (Response Request Correlation).

♦ Der SNA-Befehl CLEAR darf von der Primary Logical Unit gesendet werden.

♦ Die SNA-Befehle CRYPTOGRAPHY VERIFICATION (CRV), REQUEST RECOVERY (RQR), SET AND TEST SEQUENCE NUMBER (STSN) und START DATA TRAFFIC (SDT) werden nicht unterstützt.

Protokolloptionen

Die folgenden Protokolloptionen sind im TS-Usage Field zu vereinbaren:

♦ Die Pacing Window Sizes beider Halb-Sessions

♦ Die maximale Normal Flow Request/Response Unit Size beider Halb-Sessions

Das TS-Profile 2 wird nur in LU-LU Sessions vom Typ 0 verwendet.

6.1.3   Transmission Subsystem Profile 3

Transmission Services (TS-) Profile	Session-Typ	LU-Typ
3	LU-LU	0, 1, 2, 3

Bild 6.6   TS-Profile 3

Das Transmission Subsystem Profile 3 spezifiziert folgende Session-Regeln:

♦ In beiden Halb-Sessions wird der Datenfluß der Normal Flow Request Units (RU) durch Session-Level Pacing dosiert.

♦ In beiden Halb-Sessions wird jeder Request Unit, die im normalen Datenfluß (Normal Flow) gesendet wird, im Transmission Header (TH) eine eindeutige Sequenznummer zugeordnet. Damit wird die vollständige Übertragung in richtiger Reihenfolge sichergestellt (Ende-zu-Ende-Kontrolle) und die Zuordnung einer Response Unit zu der entsprechenden Request Unit realisiert (Response Request Correlation).

♦ Die SNA-Befehle CLEAR und START DATA TRAFFIC (SDT) dürfen von der Primary Logical Unit gesendet werden.

♦ Die SNA-Befehle REQUEST RECOVERY (RQR) und SET AND TEST SEQUENCE NUMBER (STSN) werden nicht unterstützt.

♦ Der SNA-Befehl CRYPTOGRAPHY VERIFICATION (CRV) wird unterstützt, wenn im SNA-Befehl BIND SESSION Session-Level Cryptography vereinbart wurde.

Protokolloptionen

Die folgenden Protokolloptionen sind im TS-Usage Field zu vereinbaren:

♦ Die Pacing Window Sizes beider Halb-Sessions

♦ Die maximale Normal Flow Request/Response Unit Size beider Halb-Sessions

Das TS-Profile 3 wird in den LU-LU Sessions vom Typ 0, 1, 2 und 3 verwendet. Das betrifft z.B. die LU-LU Sessions eines Cluster Controllers vom Typ 3174.

6.1.4   Transmission Subsystem Profile 4

Transmission Services (TS-) Profile	Session-Typ	LU-Typ
4	LU-LU	0, 1, 6.1

Bild 6.7   TS-Profile 4

Das Transmission Subsystem Profile 4 spezifiziert folgende Session-Regeln:

♦ In beiden Halb-Sessions wird der Datenfluß der Normal Flow Request Units (RU) durch Session-Level Pacing dosiert.

♦ In beiden Halb-Sessions wird jeder Request Unit, die im normalen Datenfluß (Normal Flow) gesendet wird, im Transmission Header (TH) eine eindeutige Sequenznummer zugeordnet. Damit wird die vollständige Übertragung in richtiger Reihenfolge sichergestellt (Ende-zu-Ende-Kontrolle) und die Zuordnung einer Response Unit zu der entsprechenden Request Unit realisiert (Response Request Correlation).

♦ Die SNA-Befehle CLEAR, REQUEST RECOVERY (RQR), SET AND TEST SEQUENCE NUMBER (STSN) und START DATA TRAFFIC (SDT) werden unterstützt.

♦ Der SNA-Befehl CRYPTOGRAPHY VERIFICATION (CRV) wird unterstützt, wenn im SNA-Befehl BIND SESSION Session-Level Cryptography vereinbart wurde.

Protokolloptionen

Die folgenden Protokolloptionen sind im TS-Usage Field zu vereinbaren:

♦ Die Pacing Window Sizes beider Halb-Sessions

♦ Die maximale Normal Flow Request/Response Unit Size beider Halb-Sessions

Das TS-Profile 4 wird in den LU-LU Sessions vom Typ 0, 1 und 6.1 verwendet. Das betrifft z.B. die LU-LU Session zwischen zwei CICS-Subsystems.

6.1.5 Transmission Subsystem Profile 5

Transmission Services (TS-) Profile	Session-Typ	LU-Typ
5	SSCP-PU (PU-Typ 4 oder 5)	-

Bild 6.8   TS-Profile 5

Das Transmission Subsystem Profile 5 spezifiziert folgende Session-Regeln:

♦ Dieses Profile schließt Session-Level Pacing aus.

♦ In beiden Halb-Sessions wird jeder Request Unit (RU), die im normalen Datenfluß (Normal Flow) gesendet wird, im Transmission Header (TH) eine eindeutige Sequenznummer zugeordnet. Damit wird die vollständige Übertragung in richtiger Reihenfolge sichergestellt (Ende-zu-Ende-Kontrolle) und die Zuordnung einer Response Unit zu der entsprechenden Request Unit realisiert (Response Request Correlation).

♦ Der SNA-Befehl START DATA TRAFFIC (STD) wird unterstützt.

♦ Die SNA-Befehle CLEAR, CRYPTOGRAPHY VERIFICATION (CRV), REQUEST RECOVERY (RQR) und SET AND TEST SEQUENCE NUMBER (STSN) werden nicht unterstützt.

♦ Die Länge der Request/Response Units, die im Normal Flow in beiden Halb-Sessions gesendet werden, ist nicht spezifiziert.

Protokolloptionen

In diesem Profile sind keine Protokolloptionen vorgesehen. Das TS-Usage Field wird nicht benutzt.

Das TS-Profile 5 wird in den Sessions zwischen dem System Services Control Point (SSCP) und den Physical Units (PU) von Subarea-Knoten verwendet.

6.1.6   Transmission Subsystem Profile 7

Transmission Services (TS-) Profile	Session-Typ	LU-Typ
7	LU-LU CP-CP	0, 4, 6.2, 7 -

Bild 6.9   TS-Profile 7

Das Transmission Subsystem Profile 7 spezifiziert folgende Session-Regeln:

♦ In beiden Halb-Sessions kann der Datenfluß der Normal Flow Request Units (RU) durch Session-Level Pacing dosiert werden.

♦ In beiden Halb-Sessions wird jeder Request Unit, die im normalen Datenfluß (Normal Flow) gesendet wird, im Transmission Header (TH) eine eindeutige Sequenznummer zugeordnet. Damit wird die vollständige Übertragung in richtiger Reihenfolge sichergestellt (Ende-zu-Ende-Kontrolle) und die Zuordnung einer Response Unit zu der entsprechenden Request Unit realisiert (Response Request Correlation).

♦ Die SNA-Befehle CLEAR, REQUEST RECOVERY (RQR), SET AND TEST SEQUENCE NUMBER (STSN) und START DATA TRAFFIC (SDT) werden nicht unterstützt.

♦ Der SNA-Befehl CRYPTOGRAPHY VERIFICATION (CRV) wird unterstützt, wenn im SNA-Befehl BIND SESSION Session-Level Cryptography vereinbart wurde.

Protokolloptionen

Die folgenden Protokolloptionen sind im TS-Usage Field zu vereinbaren:

♦ die Pacing Window Sizes beider Halb-Sessions,

♦ die maximale Normal Flow Request/Response Unit Size beider Halb-Sessions.

Das TS-Profile 7 wird in den LU-LU Sessions vom Typ 0, 4 und 7 verwendet. Das betrifft z.B. die LU-LU Session zwischen einer AS/400 und einem Datensichtgerät 5251.

6.1.7 Transmission Subsystem Profile 17

Transmission Services (TS-) Profile	Session-Typ	LU-Typ
17	SSCP-SSCP	-

Bild 6.10 TS-Profile 17

Das Transmission Subsystem Profile 17 spezifiziert die folgenden Session-Regeln:

♦ In beiden Halb-Sessions wird der Datenfluß der Normal Flow Request Units (RU) durch Session-Level Pacing dosiert.

♦ Im normalen Datenfluß (Normal Flow) wird im Sequence Number Field des Transmission Headers eine eindeutige Identifikation eingetragen, die eine Zuordnung der Response Unit zur Request Unit ermöglicht (Response Request Correlation). Eine Sequenzkontrolle findet nicht statt.

♦ Die SNA-Befehle CLEAR, REQUEST RECOVERY (RQR) und START DATA TRAFFIC (SDT) werden unterstützt.

♦ Die SNA-Befehle CRYPTOGRAPHY VERIFICATION (CRV) und SET AND TEST SEQUENCE NUMBER (STSN) werden nicht unterstützt.

♦ Die Länge der Request/Response Units, die im Normal Flow in beiden Halb-Sessions gesendet werden, ist nicht spezifiziert.

Protokolloptionen

Die folgenden Protokolloptionen sind im TS-Usage Field zu vereinbaren:

♦ die Pacing Window Sizes beider Halb-Sessions.

Das TS-Profile 17 wird nur in SSCP-SSCP Sessions verwendet.

6.2   Function Management Profiles

SNA definiert zur Zeit zehn Function Management (FM-) Profiles. Das FM-Profile stellt eine session-bezogene, grobe Vereinbarung für die SNA-Protokolle der Data Flow Control (Funktionsschicht 5) dar. Detaillierte Protokollparameter (Protokolloptionen) müssen in den zugehörigen FM-Usage Fields definiert werden.

Für LU-LU Sessions wird das FM-Profile im Byte 2 des SNA-Befehls BIND SESSION vereinbart. Die zugehörigen FM-Usage Fields sind in den Bytes 4 - 7 enthalten. Es existieren die drei folgenden FM-Usage Fields:

♦ FM-Usage Field der Primary Logical Unit,

♦ FM-Usage Field der Secondary Logical Unit,

♦ FM-Usage Field für beide Logical Units.

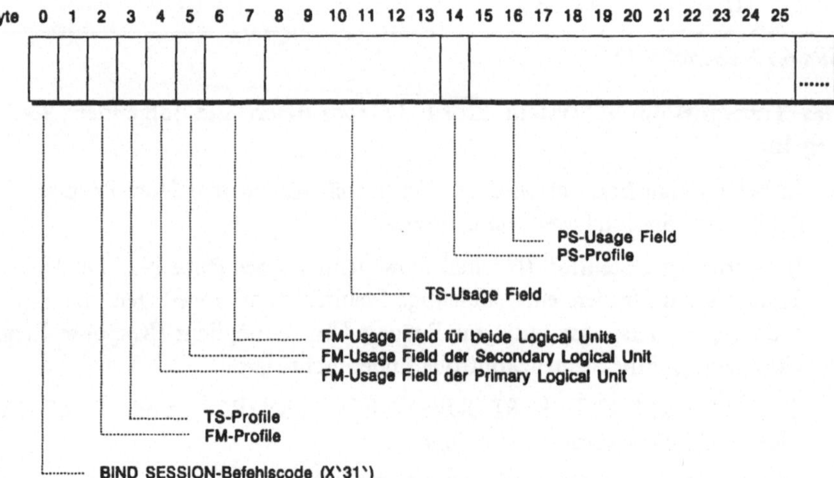

Bild 6.11 Profiles und Usage Fields im SNA-Befehl BIND SESSION

Auch in den SNA-Befehlen, die SSCP-Sessions aufbauen (ACTIVATE CROSS-DOMAIN RESOURCE MANAGER, ACTIVATE PHYSICAL UNIT, ACTIVATE LOGICAL UNIT) wird das FM-Profile im Byte 2 des jeweiligen Befehls vereinbart. FM-Usage Fields werden in diesen SNA-Befehlen nicht verwendet.

Function Management (FM-) Profiles	Session-Typen	LU-Typen
0	SSCP-PU (PU-Typ 1 oder 2)	-
	SSCP-LU	-
2	LU-LU	0
3	LU-LU	0, 1, 2, 3
4	LU-LU	0, 1
5	SSCP-PU (PU-Typ 4 oder 5)	-
6	SSCP-LU (LU im selben SNA-Knoten wie der SSCP)	-
7	LU-LU	0, 4, 7
17	SSCP-SSCP	-
18	LU-LU	0, 6.1
19	LU-LU	6.2
	CP-CP	

Bild 6.12 Function Management Profiles und deren Verwendung

Im einzelnen legen die FM-Profiles die folgenden Protokollregeln fest bzw. bestimmen die folgenden Protokolloptionen.

6.2.1   Function Management Profile 0

Function Management (FM-) Profile	Session-Typ	LU-Typ
0	SSCP-PU (PU-Typ 1 oder 2)	-
	SSCP-LU	-

Bild 6.13 FM-Profile 0

Das Function Management Profile 0 spezifiziert folgende Session-Regeln:

◆ In beiden Halb-Sessions wird der Immediate Request Mode und der Immediate Response Mode benutzt.

◆ Die Chains dürfen jeweils nur aus einer Request Unit (RU) bestehen; es sind nur Single Element Chains erlaubt.

◆ In beiden Halb-Sessions werden Chains vom Typ Definite Response Requested verwendet.

◆ Die Boundary Function kann Chains vom Typ No Response Requested oder Definite Response Requested verwenden.

◆ Das Compression-Protokoll wird nicht benutzt.

◆ Die Primary Half Session sendet keine SNA-Befehle der Kategorie Data Flow Control (Funktionsschicht 5).

♦ Es werden keine Function Management Header (FMH) benutzt.

♦ Das Bracketing-Protokoll wird nicht verwendet.

♦ In allen Request/Response Units wird der gleiche Code (z.B. EBCDIC) verwendet. Innerhalb der Session kann der Code nicht gewechselt werden.

♦ Das Send/Receive Mode-Protokoll benutzt die Protokollvariante Full Duplex (FDX).

Protokolloptionen

In diesem Profile sind keine Protokolloptionen vorgesehen. FM-Usage Fields werden in SSCP-Sessions nicht verwendet.

Das FM-Profile 0 wird in den Sessions zwischen dem System Services Control Point (SSCP) und den Logical Units (LU) bzw. den Physical Units (PU) von peripheren SNA-Knoten verwendet.

6.2.2　　Function Management Profile 2

Function Management (FM-) Profile	Session-Typ	LU-Typ
2	LU-LU	0

Bild 6.14 FM-Profile 2

Das Function Management Profile 2 spezifiziert folgende Session-Regeln:

♦ Die Secondary Logical Unit Half Session benutzt den Delayed Request Mode und den Immediate Response Mode.

♦ Die Chains dürfen jeweils nur aus einer Request Unit (RU) bestehen; es sind nur Single Element Chains erlaubt.

♦ Die Secondary Logical Unit Half Session verwendet Chains vom Typ No Response Requested.

♦ Die Compression-Protokollvariante, die den Function Management Header vom Typ 1 und String Control Bytes verwendet (FMH-1 SCB Compression), wird nicht benutzt.

♦ Die Compression-Protokollvariante Length-Checked Compression kann benutzt werden.

♦ Es werden keine SNA-Befehle der Kategorie Data Flow Control (Funktionsschicht 5) benutzt.

♦ Es werden keine Function Management Header benutzt.

♦ Wenn das Bracketing-Protokoll verwendet wird, gelten die folgenden Vereinbarungen:
  - Die Secondary Logical Unit ist der First Speaker.
  - Die Bracket-Abbauregel 2 (Unconditional Termination) wird verwendet.
  - Die Primary Logical Unit Half Session schließt die verwendeten Brackets.
  - Die Secondary Logical Unit Half Session schließt keine Brackets.

♦ Das Send/Receive Mode-Protokoll benutzt die Protokollvariante Full Duplex (FDX).

♦ Die Primary Logical Unit Half Session ist für Error Recovery verantwortlich.

Protokolloptionen

Die folgenden Protokolloptionen sind im FM-Usage Field der Primary Logical Unit zu definieren:

♦ Benutzung des Request Mode-Protokolls (Immediate Request Mode, Delayed Request Mode)

♦ Verwendung der Chain Response-Typen (Exception Response Requested, Definite Response Requested)

♦ No Response Requested ist nicht zugelassen.

Die folgenden Protokolloptionen werden im FM-Usage Field für beide Logical Units definiert:

♦ Benutzung des Bracketing-Protokolls und des zugehörigen Reset-Status (erlaubt, nicht erlaubt)

♦ Benutzung unterschiedlicher Codes (z.B. ASCII/EBCDIC-Code-Wechsel erlaubt, nicht erlaubt)

Das FM-Profile 2 wird nur in LU-LU Sessions vom Typ 0 verwendet.

6.2.3   Function Management Profile 3

Function Management (FM-) Profile	Session-Typ	LU-Typ
3	LU-LU	0, 1, 2, 3

Bild 6.15 FM-Profile 3

Das Function Management Profile 3 spezifiziert folgende Session-Regeln:

♦ In beiden Halb-Sessions wird der Immediate Response Mode verwendet.

♦ In beiden Halb-Sessions werden die folgenden SNA-Befehle der Kategorie Data Flow Control (Funktionsschicht 5) unterstützt:

CANCEL
SIGNAL
LOGICAL UNIT STATUS (LUSTAT)   (nur von der Secondary zur Primary
    Logical Unit)
CHASE
SHUTDOWN (SHUTD)
SHUTDOWN COMPLETE (SHUTC)
REQUEST SHUTDOWN (RSHUTD)
BID   (nur wenn Bracketing-Protokoll benutzt wird)
READY TO RECEIVE (RTR)   (nur wenn Bracketing-Protokoll benutzt wird)

♦ Die Compression-Protokollvariante Length-Checked Compression kann benutzt werden.

Protokolloptionen

Die folgenden Protokolloptionen sind sowohl im FM-Usage Field der Primary Logical Unit als auch im FM-Usage Field der Secondary Logical Unit zu definieren:

♦ Benutzung des Chaining-Protokolls (Single Element Chains, Multiple Element
  Chains),

♦ Benutzung des Request Mode-Protokolls (Immediate Request Mode, Delayed
  Request Mode),

♦ Verwendung der Chain Response-Typen (No Response Requested, Exception
  Response Requested, Definite Response Requested),

♦ Benutzung der Compression-Protokollvariante, die den Function Management
  Header vom Typ 1 und String Control Bytes (FMH-1 SCB Compression) verwendet (nicht benutzt, kann benutzt werden),

♦ Benutzung des End Bracket Indicators (EBI) im Request/Response Header
  (RH) (Primary Logical Unit und/oder Secondary Logical Unit kann Brackets
  schließen).

Die folgenden Protokolloptionen werden im FM-Usage Field für beide Logical
Units definiert:

♦ Benutzung von Function Management Headers (FMH) (erlaubt, nicht erlaubt),

♦ Benutzung des Bracketing-Protokolls und dem zugehörigen Reset-Status
  (erlaubt, nicht erlaubt),

♦ Benutzung der Bracket-Abbauregel (Conditional Termination, Unconditional
  Termination),

♦ Benutzung unterschiedlicher Codes (z.B. ASCII/EBCDIC-Code-Wechsel erlaubt, nicht erlaubt),

◆ Benutzung des Send/Receive Mode-Protokolls (Full Duplex, Half Duplex Flip Flop, Half Duplex Contention),

◆ Verantwortung für Error Recovery (Contention Loser, symmetrische Verantwortung),

◆ Definition Contention Winner bzw. Loser, wenn im Send/Receive Mode-Protokoll Half Duplex Contention verwendet wird (Primary Logical Unit, Secondary Logical Unit),

◆ Definition First Sender bzw. First Receiver, wenn im Send/Receive Mode-Protokoll Half Duplex Flip Flop verwendet wird (Primary Logical Unit, Secondary Logical Unit).

Das FM-Profile 3 wird in den LU-LU Sessions vom Typ 0, 1, 2 und 3 verwendet. Das betrifft z.B. die LU-LU Sessions eines Cluster Controllers vom Typ 3174.

6.2.4   Function Management Profile 4

Function Management (FM-) Profile	Session-Typ	LU-Typ
4	LU-LU	0, 1

Bild 6.16 FM-Profile 4

Das Function Management Profile 4 spezifiziert folgende Session-Regeln:

◆ In beiden Halb-Sessions wird der Immediate Response Mode verwendet.

◆ In beiden Halb-Sessions werden die folgenden SNA-Befehle der Kategorie Data Flow Control (Funktionsschicht 5) unterstützt:
CANCEL
SIGNAL
LOGICAL UNIT STATUS (LUSTAT)
CHASE
SHUTDOWN (SHUTD)
SHUTDOWN COMPLETE (SHUTC)
REQUEST SHUTDOWN (RSHUTD)
QUIESCE AT END OF CHAIN (QEC)
QUIESCE COMPLETE (QC)
RELEASE QUIESCE (RELQ)
BID   (nur, wenn Bracketing-Protokoll benutzt wird)
READY TO RECEIVE (RTR) (nur, wenn Bracketing-Protokoll benutzt wird)

◆ Die Compression-Protokollvariante Length-Checked Compression kann benutzt werden.

Protokolloptionen

Die folgenden Protokolloptionen sind sowohl im FM-Usage Field der Primary Logical Unit als auch im FM-Usage Field der Secondary Logical Unit zu definieren:

♦ Benutzung des Chaining-Protokolls (Single Element Chains, Multiple Element Chains),

♦ Benutzung des Request Mode-Protokolls (Immediate Request Mode, Delayed Request Mode),

♦ Verwendung der Chain Response-Typen (No Response Requested, Exception Response Requested, Definite Response Requested),

♦ Benutzung der Compression-Protokollvariante, die den Function Management Header vom Typ 1 und String Control Bytes (FMH-1 SCB Compression) verwendet (nicht benutzt, kann benutzt werden),

♦ Benutzung des End Bracket Indicators (EBI) im Request/Response Header (RH) (Primary Logical Unit und/oder Secondary Logical Unit kann Brackets schließen).

Die folgenden Protokolloptionen werden im FM-Usage Field für beide Logical Units definiert:

♦ Benutzung von Function Management Headers (FMH) (erlaubt, nicht erlaubt),

♦ Benutzung des Bracketing-Protokolls und des zugehörigen Reset-Status (erlaubt, nicht erlaubt),

♦ Benutzung der Bracket-Abbauregel (Conditional Termination, Unconditional Termination),

♦ Benutzung unterschiedlicher Codes (z.B. ASCII/EBCDIC-Code-Wechsel erlaubt, nicht erlaubt),

♦ Benutzung des Send/Receive Mode-Protokolls (Full Duplex, Half Duplex Flip Flop, Half Duplex Contention),

♦ Verantwortung für Error Recovery (Contention Loser, symmetrische Verantwortung),

♦ Definition Contention Winner bzw. Loser, wenn im Send/Receive Mode-Protokoll Half Duplex Contention verwendet wird (Primary Logical Unit, Secondary Logical Unit),

♦ Definition First Sender bzw. First Receiver, wenn im Send/Receive Mode-Protokoll Half Duplex Flip Flop verwendet wird (Primary Logical Unit, Secondary Logical Unit).

Das FM-Profile 4 wird in den LU-LU Sessions vom Typ 0 und 1 verwendet.

6.2.5   Function Management Profile 5

Function Management (FM-) Profile	Session-Typ	LU-Typ
5	SSCP-PU (PU-Typ 4 oder 5)	-

Bild 6.17 FM-Profile 5

Das Function Management Profile 5 spezifiziert folgende Session-Regeln:

♦ In der Primary Halb-Session wird der Delayed Request Mode benutzt.

♦ In der Secondary Halb-Session werden der Delayed Request Mode und der Delayed Response Mode benutzt.

♦ Die Chains dürfen jeweils nur aus einer Request Unit (RU) bestehen; es sind nur Single Element Chains erlaubt.

♦ In der Primary Halb-Session werden Chains vom Typ Definite Response Requested verwendet.

♦ In der Secondary Halb-Session werden Chains vom Typ Definite Response Requested oder No Response Requested verwendet.

♦ Das Compression-Protokoll wird nicht benutzt.

♦ In beiden Halb-Sessions werden keine SNA-Befehle der Kategorie Data Flow Control (Funktionsschicht 5) gesendet.

♦ Es werden keine Function Management Header (FMH) benutzt.

♦ Das Bracketing-Protokoll wird nicht verwendet.

♦ In allen Request/Response Units wird der gleiche Code (z.B. EBCDIC) verwendet. Innerhalb der Session kann der Code nicht gewechselt werden.

♦ Das Send/Receive Mode-Protokoll benutzt die Protokollvariante Full Duplex (FDX).

Protokolloptionen

In diesem Profile sind keine Protokolloptionen vorgesehen. FM-Usage Fields werden in SSCP-Sessions nicht verwendet.

Das FM-Profile 5 wird in den Sessions zwischen dem System Services Control Point (SSCP) und Physical Units (PU) von Subarea-Knoten verwendet.

6.2.6   Function Management Profile 6

Function Management (FM-) Profile	Session-Typ	LU-Typ
6	SSCP-LU (LU im selben SNA-Knoten wie der SSCP)	-

Bild 6.18 FM-Profile 6

Das Function Management Profile 6 spezifiziert folgende Session-Regeln:

♦ In beiden Halb-Sessions wird der Delayed Request Mode und der Delayed Response Mode benutzt.

♦ Die Chains dürfen jeweils nur aus einer Request Unit (RU) bestehen; es sind nur Single Element Chains erlaubt.

♦ In beiden Halb-Sessions werden Chains vom Typ Definite Response Requested, Exception Response Requested oder No Response Requested verwendet.

♦ Das Compression-Protokoll wird nicht benutzt.

♦ Die Primary Half Session sendet keine SNA-Befehle der Kategorie Data Flow Control (Funktionsschicht 5).

♦ Es werden keine Function Management Header (FMH) benutzt.

♦ Das Bracketing-Protokoll wird nicht verwendet.

♦ In allen Request/Response Units wird der gleiche Code (z.B. EBCDIC) verwendet. Innerhalb der Session kann der Code nicht gewechselt werden.

♦ Das Send/Receive Mode-Protokoll benutzt die Protokollvariante Full Duplex (FDX).

Protokolloptionen

In diesem Profile sind keine Protokolloptionen vorgesehen. FM-Usage Fields werden in SSCP-Sessions nicht verwendet.

Das FM-Profile 6 wird in den Sessions zwischen dem System Services Control Point (SSCP) und den Logical Units (LU), die im selben SNA-Knoten wie der SSCP sind, benutzt.

6.2.7 Function Management Profile 7

Function Management (FM-) Profile	Session-Typ	LU-Typ
7	LU-LU	0, 4, 7

Bild 6.19 FM-Profile 7

Das Function Management Profile 7 spezifiziert die folgenden Session-Regeln:

- In beiden Halb-Sessions wird der Immediate Response Mode verwendet.

- In beiden Halb-Sessions werden die folgenden SNA-Befehle der Kategorie Data Flow Control (Funktionsschicht 5) unterstützt:
CANCEL
SIGNAL
LOGICAL UNIT STATUS (LUSTAT)
REQUEST SHUTDOWN (RSHUTD)

- Die Compression-Protokollvariante Length-Checked Compression kann nur in der LU-LU Session vom Typ 0 benutzt werden.

Protokolloptionen

Die folgenden Protokolloptionen sind sowohl im FM-Usage Field der Primary Logical Unit als auch im FM-Usage Field der Secondary Logical Unit zu definieren:

- Benutzung des Chaining-Protokolls (Single Element Chains, Multiple Element Chains),

- Benutzung des Request Mode-Protokolls (Immediate Request Mode, Delayed Request Mode),

- Verwendung der Chain Response-Typen (No Response Requested, Exception Response Requested, Definite Response Requested),

- Benutzung der Compression-Protokollvariante, die den Function Management Header vom Typ 1 und String Control Bytes (FMH-1-SCB Compression) verwendet (nicht benutzt, kann benutzt werden),

- Benutzung des End Bracket Indicators (EBI) im Request/Response Header (RH) (Primary Logical Unit und/oder Secondary Logical Unit kann Brackets schließen).

Die folgenden Protokolloptionen werden im FM-Usage Field für beide Logical Units definiert:

- Benutzung von Function Management Headers (FMH) (erlaubt, nicht erlaubt),

- Benutzung des Bracketing-Protokolls und dem zugehörigen Reset-Status (erlaubt, nicht erlaubt),

- Benutzung der Bracket-Abbauregel (Conditional Termination, Unconditional Termination),

- Benutzung unterschiedlicher Codes (z.B. ASCII/EBCDIC-Code-Wechsel erlaubt, nicht erlaubt),

- Benutzung des Send/Receive Mode-Protokolls (Full Duplex, Half Duplex Flip Flop, Half Duplex Contention),

- Verantwortung für Error Recovery (Contention Loser, symmetrische Verantwortung),

- Definition Contention Winner bzw. Loser, wenn im Send/Receive Mode-Protokoll Half Duplex Contention verwendet wird (Primary Logical Unit, Secondary Logical Unit),

- Definition First Sender bzw. First Receiver, wenn im Send/Receive Mode-Protokoll Half Duplex Flip Flop verwendet wird (Primary Logical Unit, Secondary Logical Unit).

Das FM-Profile 7 wird in den LU-LU Sessions vom Typ 0, 4 und 7 verwendet.

6.2.8   Function Management Profile 17

Function Management (FM-) Profile	Session-Typ	LU-Typ
17	SSCP-SSCP	-

Bild 6.20 FM-Profile 17

Das Function Management Profile 17 spezifiziert folgende Session-Regeln:

- In beiden Halb-Sessions wird der Delayed Request Mode und der Delayed Response Mode benutzt.

- Die Chains dürfen jeweils nur aus einer Request Unit (RU) bestehen; es sind nur Single Element Chains erlaubt.

- In beiden Halb-Sessions werden Chains vom Typ Definite Response Requested verwendet.

- Das Compression-Protokoll wird nicht benutzt.

- Die Primary Half Session sendet keine SNA-Befehle der Kategorie Data Flow Control (Funktionsschicht 5).

- Es werden keine Function Management Header (FMH) benutzt.

- Das Bracketing-Protokoll wird nicht verwendet.

- In allen Request/Response Units wird der gleiche Code (z.B. EBCDIC) verwendet. Innerhalb der Session kann der Code nicht gewechselt werden.

- Das Send/Receive Mode-Protokoll benutzt die Protokollvariante Full Duplex (FDX).

Protokolloptionen

In diesem Profile sind keine Protokolloptionen vorgesehen. FM-Usage Fields werden in SSCP-Sessions nicht verwendet.

Das FM-Profile 17 wird nur in SSCP-SSCP Sessions verwendet.

6.2.9 Function Management Profile 18

Function Management (FM-) Profile	Session-Typ	LU-Typ
18	LU-LU	0, 6.1

Bild 6.21 FM-Profile 18

Das Function Management Profile 18 spezifiziert folgende Session-Regeln:

- In beiden Halb-Sessions wird der Immediate Response Mode verwendet.

- In beiden Halb-Sessions werden die folgenden SNA-Befehle der Kategorie Data Flow Control (Funktionsschicht 5) unterstützt:
  CANCEL
  SIGNAL
  LOGICAL UNIT STATUS (LUSTAT)
  CHASE
  BID   (nur wenn Bracketing-Protokoll benutzt wird)
  READY TO RECEIVE (RTR)   (nur wenn Bracketing-Protokoll benutzt wird)
  BRACKET INITIATION STOPPED (BIS)   (nur wenn Bracketing-Protokoll benutzt wird)
  STOP BRACKET INITIATION (SBI)   (nur wenn Bracketing-Protokoll benutzt wird)

- Die Compression-Protokollvariante Length-Checked Compression kann benutzt werden.

Protokolloptionen

Die folgenden Protokolloptionen sind sowohl im FM-Usage Field der Primary Logical Unit als auch im FM-Usage Field der Secondary Logical Unit zu definieren:

- Benutzung des Chaining-Protokolls (Single Element Chains, Multiple Element Chains),

- Benutzung des Request Mode-Protokolls (Immediate Request Mode, Delayed Request Mode),

- Verwendung der Chain Response-Typen (No Response Requested, Exception Response Requested, Definite Response Requested),

- Benutzung der Compression-Protokollvariante, die den Function Management Header vom Typ 1 und String Control Bytes (FMH-1 SCB Compression) verwendet (nicht benutzt, kann benutzt werden),

- Benutzung des End Bracket Indicators (EBI) im Request/Response Header (RH) (Primary Logical Unit und/oder Secondary Logical Unit kann Brackets schließen).

Die folgenden Protokolloptionen werden im FM-Usage Field für beide Logical Units definiert:

- Benutzung von Function Management Headers (FMH) (erlaubt, nicht erlaubt),

- Benutzung des Bracketing-Protokolls und dem zugehörigen Reset-Status (erlaubt, nicht erlaubt),

- Benutzung der Bracket-Abbauregel (Conditional Termination, Unconditional Termination),

- Benutzung unterschiedlicher Codes (z.B. ASCII/EBCDIC-Code-Wechsel erlaubt, nicht erlaubt),

- Benutzung des Send/Receive Mode-Protokolls (Full Duplex, Half Duplex Flip Flop, Half Duplex Contention),

- Verantwortung für Error Recovery (Contention Loser, symmetrische Verantwortung),

- Definition Contention Winner bzw. Loser, wenn im Send/Receive Mode-Protokoll Half Duplex Contention verwendet wird (Primary Logical Unit, Secondary Logical Unit),

- Definition First Sender bzw. First Receiver, wenn im Send/Receive Mode-Protokoll Half Duplex Flip Flop verwendet wird (Primary Logical Unit, Secondary Logical Unit).

Das FM-Profile 18 wird in den LU-LU Sessions vom Typ 0 und 6.1 verwendet. Das betrifft z.B. die LU-LU Session zwischen zwei CICS-Subsystems.

6.2.10   Function Management Profile 19

Function Management (FM-) Profile	Session-Typ	LU-Typ
19	LU-LU CP-CP	6.2

Bild 6.22 FM-Profile 19

Das Function Management Profile 19 spezifiziert folgende Session-Regeln:

♦ In beiden Halb-Sessions werden der Immediate Request Mode und der Immediate Response Mode verwendet.

♦ In beiden Halb-Sessions dürfen die Chains aus einer oder mehreren Request Units (RU) bestehen; es sind sowohl Single Element Chains als auch Multiple Element Chains erlaubt.

♦ In beiden Halb-Sessions werden Chains vom Typ Definite Response Requested oder Exception Response Requested verwendet.

♦ Die Compression-Protokollvariante, die den Function Management Header vom Typ 1 und String Control Bytes (FMH-1 SCB Compression) verwendet, wird nicht benutzt.

♦ Die Compression-Protokollvariante Length-Checked Compression kann benutzt werden.

♦ Das Bracketing-Protokoll wird verwendet.

♦ Es werden nur die Function Management Header vom Typ 5, 7 und 12 benutzt.

♦ Beide Halb-Sessions können mit dem Conditional End Bracket Indicator (CEBI) im Request/Response Header (RH) Brackets schließen.

♦ Das Send/Receive Mode-Protokoll benutzt die Protokollvariante Half Duplex Flip Flop (HDX-FF).

♦ Der Half Duplex Flip Flop Reset-Status definiert die Primary Logical Unit Half Session als First Sender und die Secondary Logical Unit Half Session als First Receiver.

♦ Beide Halb-Sessions (symmetrisch) sind für Error Recovery verantwortlich.

♦ Mit dem SNA-Befehl BIND SESSION wird für das Send/Receive Mode-Protokoll der Contention Winner und der Contention Loser verhandelt. Der First Speaker ist der Contention Winner.

♦ In beiden Halb-Sessions werden die folgenden SNA-Befehle der Kategorie Data
  Flow Control (Funktionsschicht 5) unterstützt:
  SIGNAL
  LOGICAL UNIT STATUS (LUSTAT)
  READY TO RECEIVE (RTR) (nur wenn Bracketing-Protokoll benutzt wird)
  BRACKET INITIATION STOPPED (BIS) (nur wenn Bracketing-Protokoll
    benutzt wird)

Protokolloptionen

Die folgenden Protokolloptionen werden im FM-Usage Field für beide Logical
Units definiert:

♦ Benutzung unterschiedlicher Codes (z.B. ASCII/EBCDIC-Code-Wechsel erlaubt, nicht erlaubt)

Definite Response 1 Indicator	DR2I Response 2 Indicator	Exception Response Indicator	Change Direction Indicator	Conditional End Bracket Indicator
1	0	1	1	0
0	1	1	1	0
1	1	1	1	0
0	1	0	1	0
1	1	0	1	0
1	0	1	0	1
1	0	0	0	1
0	1	0	0	1
1	1	0	0	1
1	0	0	0	0
0	1	0	0	0
1	1	0	0	0

*Bild 6.23 Erlaubte Kombinationen der funktionellen Bits im Request/Response Header in
der letzten Request Unit einer Chain*

Das FM-Profile 19 wird in den LU-LU Sessions vom Typ 6.2 verwendet.

6.3   Logical Unit Session-Typen

Der LU-LU Session-Typ, der häufig auch abgekürzt als LU-Session-Typ bzw. LU-
Typ bezeichnet wird, ist identisch mit dem Presentation Services (PS-) Profile.
Diese Begriffe können synonym verwendet werden. Die Logical Unit Session-Typen
klassifizieren die Kommunikationsfähigkeit von Logical Units (LU). Ein LU-Typ
beschreibt die erlaubten Transmission Subsystem (TS-) Profiles, die erlaubten Function Management (FM-) Profiles, die erlaubten Datenströme der Session, die be-

nutzten Function Management Header (FMH) und die möglichen Fehlermeldungen (Sense Data). Die Tabelle im Bild 6.7 gibt einen Überblick über die LU-Typen und den beschriebenen Zusammenhang.

LU-Type	TS-Profiles	FM-Profiles	FMH	Datenstrom
0	2, 3, 4, 7	2, 3, 4, 7, 18	benutzer- definiert	benutzerdefinierter Datenstrom
1	3, 4	3, 4	1, 2, 3	SNA-Character String (SCS)
2	3	3	keine	SNA-3270-Datenstrom
3	3	3	keine	SNA-3270-Datenstrom
4	7	7	1, 2, 3	SNA-Character String Office Information Interchange Level 2 (OII)
6.1	4	18	4,5,6,7,8,10	SNA-Character String (SCS) SNA-3270-Datenstrom Logical Messages Services Data Stream benutzerdefinierter Datenstrom
6.2	7	19	5, 7, 12	SNA-General Data Stream (GDS) benutzerdefinierter Datenstrom
7	7	7	keine	SNA-5250-Datenstrom

Bild 6.24 LU-LU Session-Typen

6.3.1   LU-Typ 0

Der LU-LU Session-Typ 0 diente schon immer der SNA-gerechten Realisierung von Sonderlösungen. Das erklärt auch die Vielfalt der Transmission Subsystem (TS-) Profiles und der Function Management (FM-) Profiles innerhalb dieses LU-Typs. Es werden nur die Kommunikationsregeln für die Transmission Control (Funktionsschicht 4) und die Data Flow Control (Funktionsschicht 5) beschrieben. Im Bereich des Function Management Data Services (Funktionsschicht 6) können der Datenstrom und die Benutzung von Function Management Headers (FMH) frei vereinbart werden. Ein Beispiel für den LU-LU Session-Typ 0 sind die Sessions zwischen einer 4700-Bankensteuereinheit und dem Information Management System (IMS) im Host-System.

Halb-Session-Charakteristik

Die folgenden Profiles sind in diesem LU-LU Session-Typ erlaubt:

♦ Transmission Subsystem Profile 2, 3, 4 und 7,

♦ Function Management Profile 2, 3, 4, 7 und 18.

Der Datenstrom und die Benutzung von Function Management Headers ist frei vereinbar.

Sense Data

Es können alle Sense Codes verwendet werden, die zwischen den Session-Partnern vereinbart sind – sie sollten aber den SNA-Regeln entsprechen.

6.3.2   LU-Typ 1

Der LU-LU Session-Typ 1 ist historisch aus den Kommunikationsanforderungen in einer Remote Job Entry (RJE-) Umgebung entstanden und eignet sich daher für die Kommunikation zwischen einem Anwendungsprogramm und mehreren Endgeräten (Kartenleser, Kartenstanzer, Konsole und Drucker), die gemeinsam von einer Primary Logical Unit (PLU) verwaltet werden. Heute wird der LU-Typ 1 auch in Sessions zu modernen Druckern (z.B. 3812, 4224 usw.) oder in Distributed Data Processing (DDP-) Umgebung eingesetzt.

Halb-Session-Charakteristik

Die folgenden Profiles sind in diesem LU-LU Session-Typ erlaubt:

♦ Transmission Subsystem Profile 3, 4,

♦ Function Management Profile 3, 4.

Als Datenstrom wird der SNA-Character String verwendet. Die Function Management Header (FMH) vom Typ 1, 2 und 3 können im Datenstrom benutzt werden.

Sense Data

Die folgenden Sense Data sind in diesem LU-LU Session-Typ erlaubt:

Kategorie Request Reject (X'08')

0802   Intervention gefordert (z.B. ein Bedienereingriff ist erforderlich).

0805   Session Limit überschritten.

080A   Genehmigung zurückgewiesen (Empfänger hat eine Request Unit des Senders verweigert).

080B   Fehler im Bracketing-Protokoll (beide Logical Units wollen gleichzeitig eine Bracket öffnen oder schließen).

0811   Unterbrechung (Aufforderung an den Chain-Sender, die aktuelle Chain mit dem SNA-Befehl CANCEL oder durch eine Request Unit der Kategorie Function Management Data mit gesetztem End Chain Indicator zu beenden).

0812   Nicht genügend Ressourcen.

0813 Öffnen einer Bracket oder SNA-Befehl BID zurückgewiesen – es folgt kein SNA-Befehl READY TO RECEIVE (RTR).

0814 Öffnen einer Bracket oder SNA-Befehl BID zurückgewiesen – es folgt ein SNA-Befehl READY TO RECEIVE (RTR).

081B Empfänger im Sendemodus (Normal Flow Request Unit empfangen, obwohl die Logical Unit nicht im Empfangsstatus war).

081C Request Unit (RU) nicht ausführbar.

0821 Protokollparameter im SNA-Befehl BIND SESSION für die Secondary Logical Unit (SLU) ungültig.

0825 Komponente nicht verfügbar (Function Management Header adressiert ein nicht verfügbares Gerät).

082B Verlust der Integrität im Arbeitsbereich der Funktionsschicht 6 (Function Management Data Presentation Services) (z.B. Parity-Fehler im Puffer, Wechsel in die SSCP-LU Session durch den SNA-Endbenutzer).

0831 Angesprochene Logical Unit-Komponente nicht verfügbar (z.B. Endgerät ausgeschaltet).

0845 Genehmigung zurückgewiesen (Empfänger hat eine Request Unit des Senders verweigert, der SSCP wird mit dem SNA-Befehl NOTIFY informiert).

0860 Geforderte Funktion wird nicht unterstützt – die Session wird fortgeführt.

0862 Recovery im Arbeitsbereich der Funktionsschicht 6 (Function Management Data Presentation Services).

0863 Lokaler Character Set Identifier (LCID) nicht gefunden.

0871 Read Partition-Statusfehler.

Kategorie Request Error (X'10')

1001 Request Unit-Datenfehler.

1002 Request Unit-Längenfehler.

1003 Funktion wird nicht unterstützt.

1005 Parameterfehler.

1008 Falscher Function Management Header (FMH)

Kategorie State Error (X'20').

2001 Fehlerhafte Sequenznummer.

2002 Fehler im Chaining-Protokoll.

2003 Fehler im Bracketing-Protokoll.

2004   Senderichtungsfehler (Normal Flow Request Unit empfangen, obwohl die Logical Unit nicht im Empfangsstatus war).

2005   Datenverkehrstatus zurückgesetzt (z.B. Normal Flow Request Unit empfangen, obwohl der SNA-Befehl START DATA TRAFFIC noch nicht übertragen wurde).

2006   Datenverkehr im Ruhezustand (Quiesce).

2007   Datenverkehrstatus nicht zurückgesetzt (z.B. SNA-Befehl SET AND TEST SEQUENCE NUMBERS empfangen, obwohl der SNA-Befehl CLEAR noch nicht gesendet wurde).

2008   Gesetzter Begin Bracket Indicator (BBI) im Request/Response Header (RH) unzulässig.

2009   Protokollverletztung der Funktionsschicht Session Control.

6.3.3   LU-Typ 2

Der LU-LU Session-Typ 2 beschreibt die Regeln zur Kommunikation zwischen einer Secondary Logical Unit (SLU), die ein 3270-Datensichtgerät repräsentiert, und einer Primary Logical Unit (PLU), die ein Anwendungsprogramm im Host-System repräsentiert (z.B. unter CICS). Typische Geräte der peripheren Seite sind Datensichtgeräte vom Typ 3191, 3192, 3194 oder kompatible Endgeräte.

Halb-Session-Charakteristik

Die folgenden Profiles sind in diesem LU-LU Session-Typ erlaubt:

◆ Transmission Subsystem Profile 3,

◆ Function Management Profile 3.

Es wird der SNA-3270-Datenstrom ohne Function Management Header (FMH) verwendet.

Sense Data

Die folgenden Sense Data sind in diesem LU-LU Session-Typ erlaubt:

Kategorie Request Reject (X'08')

0801   Ressource nicht verfügbar.

0802   Intervention gefordert (z.B. ein Bedienereingriff ist erforderlich).

0807   Ressource nicht verfügbar – es folgt der SNA-Befehl LOGICAL UNIT STATUS (LUSTAT).

080A Genehmigung zurückgewiesen (Empfänger hat eine Request Unit des Senders verweigert).

080B Fehler im Bracketing-Protokoll (beide Logical Units wollen gleichzeitig eine Bracket öffnen oder schließen).

0813 Öffnen einer Bracket oder SNA-Befehl BID zurückgewiesen – es folgt kein SNA-Befehl READY TO RECEIVE (RTR).

0814 Öffnen einer Bracket oder SNA-Befehl BID zurückgewiesen – es folgt ein SNA-Befehl READY TO RECEIVE (RTR).

081B Empfänger im Sendemodus (Normal Flow Request Unit empfangen, obwohl die Logical Unit nicht im Empfangsstatus war).

081C Request Unit (RU) nicht ausführbar.

0821 Protokollparameter im SNA-Befehl BIND SESSION für die Secondary Logical Unit (SLU) ungültig.

0829 Umschalten der Senderichtung verlangt.

082A Arbeitsbereich der Funktionsschicht 6 (Function Management Data Presentation Services) vom SNA-Endbenutzer verändert (z.B. Die Tastatur ist freigeschaltet, obwohl die Secondary Logical Unit nicht im Sendestatus ist. Die empfangene Request Unit wurde ausgeführt).

082B Verlust der Integrität im Arbeitsbereich der Funktionsschicht 6 (Function Management Data Presentation Services) (z.B. Parity-Fehler im Puffer, Wechsel in die SSCP-LU Session durch den SNA-Endbenutzer).

082D Logical Unit (LU) beschäftigt (z.B. während des Eintreffens einer Nachricht aus der LU-LU Session wird das Datensichtgerät innerhalb der SSCP-LU Session benutzt).

082E Intervention vom angeschlossenen Gerät gefordert (z.B. ein Bedienereingriff ist erforderlich).

082F Request Unit (RU) vom angeschlossenen Gerät nicht ausführbar.

0831 Angesprochene Logical Unit-Komponente nicht verfügbar (z.B. Endgerät ausgeschaltet).

0833 Ungültiger Parameter in der Request Unit.

0843 Erforderliche Synchronisation wurde nicht geliefert (z.B. die Secondary Logical Unit empfängt eine Request Unit vom Typ Exception Response Requested mit gesetztem Start Printer Bit und der Change Direction Indicator ist nicht gesetzt).

0845 Genehmigung zurückgewiesen (Empfänger hat eine Request Unit des Senders verweigert, der SSCP wird mit dem SNA-Befehl NOTIFY informiert).

084A   Arbeitsbereich der Funktionsschicht 6 (Function Management Data Presentation Services) vom SNA-Endbenutzer verändert (z.B. Die Tastatur ist freigeschaltet, obwohl die Secondary Logical Unit nicht im Sendestatus ist. Die empfangene Request Unit wurde nicht ausgeführt).

084C   Permanent nicht genügend Ressourcen verfügbar.

0863   Lokaler Character Set Identifier (LCID) nicht gefunden.

0868   Keine Panels für den Bildschirm geladen.

0869   Gewünschtes Panel für den Bildschirm nicht geladen.

0871   Read Partition-Statusfehler.

Kategorie Request Error (X'10')

1001   Request Unit-Datenfehler.

1003   Funktion wird nicht unterstützt.

1005   Parameterfehler.

1007   Request Unit-Kategorie wird nicht unterstützt.

1009   Formatgruppe nicht ausgewählt.

Kategorie State Error (X'20')

2001   Fehlerhafte Sequenznummer.

2002   Fehler im Chaining-Protokoll.

2003   Fehler im Bracketing-Protokoll.

2004   Senderichtungsfehler (Normal Flow Request Unit empfangen, obwohl die Logical Unit nicht im Empfangsstatus war).

2005   Datenverkehrstatus zurückgesetzt (z.B. Normal Flow Request Unit empfangen, obwohl der SNA-Befehl START DATA TRAFFIC noch nicht übertragen wurde).

2006   Datenverkehr im Ruhezustand (Quiesce).

2007   Datenverkehrstatus nicht zurückgesetzt (z.B. SNA-Befehl SET AND TEST SEQUENCE NUMBERS empfangen, obwohl der SNA-Befehl CLEAR noch nicht gesendet wurde).

2008   Gesetzter Begin Bracket Indicator (BBI) im Request/Response Header (RH) unzulässig.

2009   Protokollverletzung der Funktionsschicht Session Control.

6.3.4 LU-Typ 3

Der LU-LU Session-Typ 3 beschreibt die Regeln zur Kommunikation zwischen einer Secondary Logical Unit (SLU), die einen 3270-Drucker repräsentiert, und einer Primary Logical Unit (PLU), die ein Anwendungsprogramm im Host-System repräsentiert (z.B. unter CICS). Typische Geräte der peripheren Seite sind Drucker vom Typ 3268, 3287, 3289 oder kompatible Endgeräte.

Halb-Session-Charakteristik

Die folgenden Profiles sind in diesem LU-LU Session-Typ erlaubt:

- Transmission Subsystem Profile 3,

- Function Management Profile 3.

Es wird der SNA-3270-Datenstrom ohne Function Management Header (FMH) verwendet.

Sense Data

Die folgenden Sense Data sind in diesem LU-LU Session-Typ erlaubt:

Kategorie Request Reject (X'08')

0801   Ressource nicht verfügbar.

0802   Intervention gefordert (z.B. ein Bedienereingriff ist erforderlich).

080A   Genehmigung zurückgewiesen (Empfänger hat eine Request Unit des Senders verweigert).

0814   Öffnen einer Bracket oder SNA-Befehl BID zurückgewiesen – es folgt ein SNA-Befehl READY TO RECEIVE (RTR).

081B   Empfänger im Sendemodus (Normal Flow Request Unit empfangen, obwohl die Logical Unit nicht im Empfangsstatus war).

081C   Request Unit (RU) nicht ausführbar.

0821   Protokollparameter im SNA-Befehl BIND SESSION für die Secondary Logical Unit (SLU) ungültig.

082B   Verlust der Integrität im Arbeitsbereich der Funktionsschicht 6 (Function Management Data Presentation Services) (z.B. Parity-Fehler im Puffer, Wechsel in die SSCP-LU Session durch den SNA-Endbenutzer).

082D   Logical Unit (LU) beschäftigt (z.B. während des Eintreffens einer Nachricht aus der LU-LU Session wird das Datensichtgerät innerhalb der SSCP-LU Session benutzt).

0831   Angesprochene Logical Unit-Komponente nicht verfügbar (z.B. Endgerät ausgeschaltet).

0843   Erforderliche Synchronisation wurde nicht geliefert (z.B. die Secondary Logical Unit empfängt eine Request Unit vom Typ Exception Response Requested mit gesetztem Start Printer Bit und der Change Direction Indicator ist nicht gesetzt).

0845   Genehmigung zurückgewiesen (Empfänger hat eine Request Unit des Senders verweigert, der SSCP wird mit dem SNA-Befehl NOTIFY informiert).

084C   Permanent nicht genügend Ressourcen verfügbar.

0863   Lokaler Character Set Identifier (LCID) nicht gefunden.

Kategorie Request Error (X'10')

1001   Request Unit-Datenfehler.

1003   Funktion wird nicht unterstützt.

1005   Parameterfehler.

1007   Request Unit-Kategorie wird nicht unterstützt.

Kategorie State Error (X'20')

2001   Fehlerhafte Sequenznummer.

2002   Fehler im Chaining-Protokoll.

2003   Fehler im Bracketing-Protokoll.

2004   Senderichtungsfehler (Normal Flow Request Unit empfangen, obwohl die Logical Unit nicht im Empfangsstatus war).

2005   Datenverkehrstatus zurückgesetzt (z.B. Normal Flow Request Unit empfangen, obwohl der SNA-Befehl START DATA TRAFFIC noch nicht übertragen wurde).

2006   Datenverkehr im Ruhezustand (Quiesce).

2007   Datenverkehrstatus nicht zurückgesetzt (z.B. SNA-Befehl SET AND TEST SEQUENCE NUMBERS empfangen, obwohl der SNA-Befehl CLEAR noch nicht gesendet wurde).

2008   Gesetzter Begin Bracket Indicator (BBI) im Request/Response Header (RH) unzulässig.

2009   Protokollverletzung der Funktionsschicht Session Control.

6.3.5 LU-Typ 4

Der LU-LU Session-Typ 4 regelt die Kommunikation zwischen Logical Units von Anwendungsprogrammen in Host-Systemen (z.B. unter CICS) und Secondary Logical Units, die einzelne oder mehrere Endgeräte repräsentieren (z.B. im IBM-Information Distributer 6670) und der Textverarbeitung, Dialoganwendungen oder der Stapelverarbeitung in verteilten DV-Umgebungen dienen.

Zusätzlich regelt der LU-LU Session-Typ 4 die Kommunikation dieser Geräte (z.B. 6670) untereinander.

Halb-Session-Charakteristik

Die folgenden Profiles sind in diesem LU-LU Session-Typ erlaubt:

- Transmission Subsystem Profile 7,

- Function Management Profile 7.

Es können die folgenden Datenströme verwendet werden:

- SNA-Character String (SCS),

- Office Information Interchange (OII) Level 2.

Die Function Management Header (FMH) vom Typ 1, 2 und 3 können im Datenstrom benutzt werden. Der LU-LU Session-Typ 4 bietet Unterstützung für Daten- (z.B. Lochkarten) und Textverarbeitungsmedien (z.B. Disketten).

Sense Data

Die folgenden Sense Data sind in diesem LU-LU Session-Typ erlaubt:

Kategorie Request Reject (X'08')

0801   Ressource nicht verfügbar.

0802   Intervention gefordert (z.B. ein Bedienereingriff ist erforderlich).

0809   Modus-Inkonsistenz (im momentanen Status kann die Request Unit nicht unterstützt werden).

080A   Genehmigung zurückgewiesen (Empfänger hat eine Request Unit des Senders verweigert).

080D   Network Addressable Unit (NAU) in Konkurrenzsituation.

080E   Network Addressable Unit (NAU) nicht autorisiert.

080F   Endbenutzer nicht autorisiert.

0811   Unterbrechung (Aufforderung an den Chain-Sender, die aktuelle Chain mit dem SNA-Befehl CANCEL oder durch eine Request Unit der Kategorie Function Management Data mit gesetztem End Chain Indicator zu beenden).

0812   Nicht genügend Ressourcen.

0813   Öffnen einer Bracket oder SNA-Befehl BID zurückgewiesen – es folgt kein SNA-Befehl READY TO RECEIVE (RTR).

0815   Funktion aktiv (geforderte Funktion ist bereits aktiv).

081C   Request Unit (RU) nicht ausführbar.

0821   Protokollparameter im SNA-Befehl BIND SESSION für die Secondary Logical Unit (SLU) ungültig.

0824   Aktivitäten der Logical Unit (LU) abgebrochen.

0825   Komponente nicht verfügbar (Function Management Header adressiert ein nicht verfügbares Gerät).

0827   Temporärer Fehler – Wiederholung erwünscht.

0829   Umschalten der Senderichtung verlangt.

082D   Logical Unit (LU) beschäftigt (z.B. während des Eintreffens einer Nachricht aus der LU-LU Session wird das Datensichtgerät innerhalb der SSCP-LU Session benutzt).

Kategorie Request Error (X'10')

1001   Request Unit-Datenfehler.

1002   Request Unit-Längenfehler.

1005   Parameterfehler.

1008   Falscher Function Management Header (FMH).

Kategorie State Error (X'20')

2001   Fehlerhafte Sequenznummer.

2002   Fehler im Chaining-Protokoll.

2003   Fehler im Bracketing-Protokoll.

2004   Senderichtungsfehler (Normal Flow Request Unit empfangen, obwohl die Logical Unit nicht im Empfangsstatus war).

2005   Datenverkehrstatus zurückgesetzt (z.B. Normal Flow Request Unit empfangen, obwohl der SNA-Befehl START DATA TRAFFIC noch nicht übertragen wurde).

2006   Datenverkehr im Ruhezustand (Quiesce).

2007   Datenverkehrstatus nicht zurückgesetzt (z.B. SNA-Befehl SET AND TEST SEQUENCE NUMBERS empfangen, obwohl der SNA-Befehl CLEAR noch nicht gesendet wurde).

2008   Gesetzter Begin Bracket Indicator (BBI) im Request/Response Header (RH) unzulässig.

2009   Protokollverletzung der Funktionsschicht Session Control.

6.3.6 LU-Typ 6.1

Der LU-LU Session-Typ 6.1 wurde für die Programm-zu-Programm-Kommunikation entwickelt. Er wird in den Sessions zwischen den Anwendungsprogrammen, die unter den Subsystems IMS und CICS laufen, eingesetzt.

Halb-Session-Charakteristik

Die folgenden Profiles sind in diesem LU-LU Session-Typ erlaubt:

♦   Transmission Subsystem Profile 4,

♦   Function Management Profile 18.

Es können die folgenden Datenströme verwendet werden:

♦   SNA-Character String,

♦   SNA-3270-Datenstrom,

♦   Strukturierte Felder,

♦   Logical Message Services Data Stream,

♦   Benutzerdefinierter Datenstrom.

Die Function Management Header (FMH) vom Typ 4, 5, 6, 7, 8 und 10 können im Datenstrom benutzt werden. Der LU-LU Session-Typ 6.1 bietet Unterstützung für Programm-zu-Programm-Kommunikation und für die Behandlung von Warteschlangen, Dateien und Datenbanken.

Sense Data

Die folgenden Sense Data sind in diesem LU-LU Session-Typ erlaubt:

Kategorie Request Reject (X'08')

080F   Endbenutzer oder Logical Unit nicht autorisiert.

0812   Nicht genügend Ressourcen.

0813   Öffnen einer Bracket oder SNA-Befehl BID zurückgewiesen – es folgt kein SNA-Befehl READY TO RECEIVE (RTR).

0814 Öffnen einer Bracket oder SNA-Befehl BID zurückgewiesen – es folgt ein SNA-Befehl READY TO RECEIVE (RTR).

0819 SNA-Befehl READY TO RECEIVE (RTR) ist nicht erforderlich.

081C Request Unit (RU) nicht ausführbar.

0824 Aktivitäten der Logical Unit (LU) abgebrochen.

0826 Geforderte Funktion der Funktionsschicht Function Management Data Services wird nicht unterstützt.

0829 Umschalten der Senderichtung verlangt.

0846 Error Recovery Procedure (ERP-) Nachricht folgt.

084B Angeforderte Ressource nicht verfügbar.

0864 Funktionsabbruch (durch wiederholte Ausführung wird Endlosschleife erzeugt).

0865 Funktionsabbruch (Sender ist verantwortlich für die Entdeckung der Endlosschleife).

0866 Funktionsabbruch (Empfänger ist verantwortlich für die Entdeckung der Endlosschleife).

Kategorie Request Error (X'10')

1003 Funktion wird nicht unterstützt.

1008 Falscher Function Management Header (FMH).

Kategorie State Error (X'20')

2001 Fehlerhafte Sequenznummer.

2002 Fehler im Chaining-Protokoll.

2003 Fehler im Bracketing-Protokoll.

2004 Senderichtungsfehler (Normal Flow Request Unit empfangen, obwohl die Logical Unit nicht im Empfangsstatus war).

2005 Datenverkehrstatus zurückgesetzt (z.B. Normal Flow Request Unit empfangen, obwohl der SNA-Befehl START DATA TRAFFIC noch nicht übertragen wurde).

2006 Datenverkehr im Ruhezustand (Quiesce).

2007 Datenverkehrstatus ist nicht zurückgesetzt (z.B. SNA-Befehl SET AND TEST SEQUENCE NUMBERS empfangen, obwohl der SNA-Befehl CLEAR noch nicht gesendet wurde).

2008 Gesetzter Begin Bracket Indicator (BBI) im Request/Response Header (RH) unzulässig.

2009 Protokollverletztung der Funktionsschicht Session Control.

6.3.7 LU-Typ 6.2

Der LU-LU Session-Typ 6.2 stellt eine Weiterentwicklung des LU-LU Session-Typs 6.1 dar und dient wie dieser zur Programm-zu-Programm-Kommunikation. Im Unterschied zum LU-Typ 6.1 sind die Logical Unit-Funktionen produktunabhängig definiert. So kommuniziert z.B. das Anwendungsprogramm (Transaktionsprogramm) mit der Logical Unit über Verben. Diese sind gänzlich unabhängig vom verwendeten SNA-Knoten und der zugehörigen Software. Der LU-Typ 6.2 stellt die Basis für Advanced Program-to-Program Communication (APPC) dar. Deshalb wird dieser Begriff auch häufig synonym verwendet. LU-LU Sessions vom Typ 6.2 ermöglichen die Kommunikation zwischen Programmen, die in unterschiedlichen SNA-Knoten existieren (z.B. zwei Anwendungsprogramme unter CICS, die in unterschiedlichen Host-Systemen existieren, oder ein Anwendungsprogramm unter CICS mit einem Anwendungsprogramm einer IBM AS/400 oder zwei Anwendungsprogramme auf unterschiedlichen OS/2-Systemen).

Halb-Session-Charakteristik

Die folgenden Profiles sind in diesem LU-LU Session-Typ erlaubt:

♦ Transmission Subsystem Profile 7,

♦ Function Management Profile 19.

Es wird der SNA-General Data Stream (GDS) unter Nutzung von strukturierten Feldern oder ein benutzerdefinierter Datenstrom verwendet. Die Function Management Header (FMH) vom Typ 5, 7 und 12 können im Datenstrom benutzt werden. Advanced Program-to-Program Communication (APPC) bietet Synchronisationspunkt-Protokolle und Session Limit Management.

Sense Data

Die folgenden Sense Data sind in diesem LU-LU Session-Typ erlaubt:

Kategorie Request Reject (X'08')

0801 Ressource nicht verfügbar.

0805 Session Limit überschritten.

0806 Ressource unbekannt.

0809   Modus-Inkonsistenz (im momentanen Status kann die Request Unit nicht unterstützt werden).

080F   Endbenutzer oder Logical Unit nicht autorisiert.

0813   Öffnen einer Bracket oder SNA-Befehl BID zurückgewiesen – es folgt kein SNA-Befehl READY TO RECEIVE (RTR).

0814   Öffnen einer Bracket oder SNA-Befehl BID zurückgewiesen – es folgt ein SNA-Befehl READY TO RECEIVE (RTR).

0815   Funktion aktiv (geforderte Funktion ist bereits aktiv).

0819   SNA-Befehl READY TO RECEIVE (RTR) ist nicht erforderlich.

081A   Request Unit-Sequenzfehler.

081D   Ungültige Stations- oder SSCP-Identifikation.

0820   Control Vector-Fehler.

0822   Link Procedure-Ausfall.

0823   Unbekannter Control Vector.

0824   Aktivitäten der Logical Unit (LU) abgebrochen.

0835   Ungültige Parameter.

0836   Spezifikationen der Primary Logical Unit (PLU) und der Secondary Logical Unit (SLU) nicht verträglich.

0837   Queueing Limit überschritten.

0839   LU-LU oder SSCP-LU Session wird beendet.

083A   Logical Unit nicht bereit.

0842   SSCP-SSCP Session nicht aktiv.

0846   Error Recovery Procedure (ERP-) Nachricht folgt.

0848   Verschlüsselungsfunktion nicht betriebsbereit.

084B   Angeforderte Ressource nicht verfügbar.

084C   Permanent nicht genügend Ressourcen verfügbar.

084D   Ungültige Session Parameter der Boundary Function (BF).

084E   Ungültige Session Parameter der Primary Logical Unit (PLU).

0852   Doppelte Session-Aktivierungs-Request Unit.

0856   SSCP-SSCP Session nicht verfügbar (Cross-Domain Session ist nicht verfügbar).

0857   SSCP-LU Session nicht aktiv.

0859   Datenlängenfehler im SNA-Befehl REQUEST ECHO TEST (REQECHO).

0861   Ungültiger Class-of-Service-Name.

0864   Funktionsabbruch (durch wiederholte Ausführung wird Endlosschleife erzeugt).

0877   Ressourcen nicht verträglich.

0889   Transaktionsprogrammfehler.

088B   Öffnen einer Bracket nicht akzeptiert – der SNA-Befehl BRACKET INITIATION STOPPED (BIS) wird als Reaktion erwartet.

Kategorie Request Error (X'10')

1001   Request Unit-Datenfehler.

1002   Request Unit-Längenfehler.

1003   Funktion wird nicht unterstützt.

1005   Parameterfehler.

1007   Request Unit-Kategorie wird nicht unterstützt.

1008   Falscher Function Management Header (FMH).

Kategorie State Error (X'20')

2001   Fehlerhafte Sequenznummer.

2002   Fehler im Chaining-Protokoll.

2003   Fehler im Bracketing-Protokoll.

2004   Senderichtungsfehler (Normal Flow Request Unit empfangen, obwohl die Logical Unit nicht im Empfangsstatus war).

2008   Gesetzter Begin Bracket Indicator (BBI) im Request/Response Header (RH) unzulässig.

2009   Protokollverletztung der Funktionsschicht Session Control.

200A   Fehler im Immediate Request Mode.

200B   Queued Response-Fehler.

200E   Fehler der Request/Response Correlation.

200F   Fehler im Request/Response Mode-Protokoll.

2010   BRACKET INITIATION STOPPED-Fehler.

2011   Fehler im Pacing-Protokoll.

2012   Empfangener Sense Code fehlerhaft.

Kategorie Request Header Usage Error (X'40')

4003   Gesetzter Begin Bracket Indicator (BBI) nicht erlaubt.

4004   Gesetzter Conditional End Bracket Indicator (CEBI) oder End Bracket Indicator (EBI) nicht erlaubt.

4005   Unvollständiger Request/Response Header (RH).

4006   Exception Response Requested nicht erlaubt.

4007   Definite Response Requested nicht erlaubt.

4008   Pacing-Protokoll wird nicht unterstützt.

4009   Gesetzter Change Direction Indicator (CDI) nicht erlaubt.

400A   No Response Requested nicht erlaubt.

400B   Chaining-Protokoll wird nicht unterstützt.

400C   Bracketing-Protokoll wird nicht unterstützt.

400D   Change Direction wird nicht unterstützt.

400F   Format Indicator (FI) wurde falsch verwendet.

4010   Code-Wechsel wird nicht unterstützt.

4011   Request Unit-Kategorie falsch spezifiziert.

4012   Request Code falsch spezifiziert.

4013   Response Typ Indicator (RTI) oder der Sense Data Indicator (SDI) falsch spezifiziert.

4014   Falsche Nutzung der Definite Response Indicators (DR1I, DR2I) oder des Exception Response Indicator (ERI).

4015   Falsche Nutzung des Queued Response Indicator (QRI).

4017   Falsche Nutzung des Padded Data Indicator (PDI).

4018   Falsche Nutzung des Queued Response Indicator (QRI) beim Öffnen einer Bracket durch den Bidder.

4019   Falsche Nutzung von Indicators im letzten Element einer Chain.

4021   Queued Response Indicator war in der Request Unit anders gesetzt als in der Response Unit.

Kategorie Path Error (X'80')

8003   Network Addressable Unit (NAU) nicht betriebsbereit.

8004   Unbekanntes Ziel.

8005   Keine Session.

8006   Ungültige Format Identification (FID) im Transmission Header (TH).

8007   Fehler im Segmenting-Protokoll.

800A   Path Information Unit (PIU) zu lang.

800B   Unvollständiger Transmission Header (TH.

800F   Ungültige Adreßkombination.

8010   Längenfehler in segmentierter Request/Response Unit (RU).

8013   Class of Service (COS) nicht verfügbar.

6.3.8   LU-Typ 7

Der LU-LU Session-Typ 7 beschreibt die Regeln zur Kommunikation zwischen einer Secondary Logical Unit (SLU), die ein 5251-Datensichtgerät repräsentiert, und einer Primary Logical Unit (PLU), die ein Anwendungsprogramm auf einem System /36 oder AS/400 repräsentiert.

Halb-Session-Charakteristik

Die folgenden Profiles sind in diesem LU-LU Session-Typ erlaubt:

♦   Transmission Subsystem Profile 7,

♦   Function Management Profile 7.

Es wird der 5250-Datenstrom ohne Function Management Header verwendet.

Sense Data

Die folgenden Sense Data sind in diesem LU-LU Session-Typ erlaubt:

Kategorie Request Reject (X'08')

0801   Ressource nicht verfügbar.

0813   Öffnen einer Bracket oder SNA-Befehl BID zurückgewiesen – es folgt kein SNA-Befehl READY TO RECEIVE (RTR).

0815   Funktion aktiv (geforderte Funktion ist bereits aktiv).

081C   Request Unit (RU) nicht ausführbar.

0821   Protokollparameter im SNA-Befehl BIND SESSION für die Secondary Logical Unit (SLU) ungültig.

0829   Umschalten der Senderichtung verlangt.

082D   Logical Unit (LU) beschäftigt (z.B. während des Eintreffens einer Nachricht aus der LU-LU Session wird das Datensichtgerät innerhalb der SSCP-LU-Session benutzt).

0831   Angesprochene Logical Unit-Komponente nicht verfügbar (z.B. Endgerät ausgeschaltet).

Kategorie Request Error (X'10')

1003   Funktion wird nicht unterstützt.

1005   Parameterfehler.

Kategorie State Error (X'20')

2001   Fehlerhafte Sequenznummer.

2002   Fehler im Chaining-Protokoll.

2003   Fehler im Bracketing-Protokoll.

2004   Senderichtungsfehler (Normal Flow Request Unit empfangen, obwohl die Logical Unit nicht im Empfangsstatus war).

2005   Datenverkehrstatus zurückgesetzt (z.B. Normal Flow Request Unit empfangen, obwohl der SNA-Befehl START DATA TRAFFIC noch nicht übertragen wurde).

2006   Datenverkehr im Ruhezustand (Quiesce).

2007   Datenverkehrstatus nicht zurückgesetzt (z.B. SNA-Befehl SET AND TEST SEQUENCE NUMBERS empfangen, obwohl der SNA-Befehl CLEAR noch nicht gesendet wurde).

2008   Gesetzter Begin Bracket Indicator (BBI) im Request/Response Header (RH) unzulässig.

2009   Protokollverletzung der Funktionsschicht Session Control.

6.4.1   Dekodierung des SNA-Befehls BIND SESSION am Beispiel einer 3770-Datenstation

Am Beispiel einer Remote Job Entry (RJE-) Anwendung, einer Session zwischen dem Job Entry Subsystem (JES3) und einer 3770-Datenstation, sollen die SNA-Profiles mit den Usage Fields und dem LU-LU Session-Typ verdeutlicht werden.

| TH | RH | 31010303A3A3708000068585060001102000B100C0000001004000007D1C5E2F3C1D3E300 |

Bild 6.25 Request Unit des SNA-Befehls BIND SESSION

Byte	Bits	Wert	Dekodierung
0	0-7	X'31'	Befehlskodierung des SNA-Befehls BIND SESSION
1	0-7	X'01'	Nicht verhandelbarer SNA-Befehl BIND SESSION
2	0-7	X'03"	FM-Profile FM-Profiles, die ungleich 3 sind, werden von der 3770-Datenstation zurückgewiesen. Das FM-Profile 3 definiert die folgenden Session-Bedingungen: - In beiden Halb-Sessions wird der Immediate Response Mode verwendet. - In beiden Halb-Sessions werden die folgenden SNA-Befehle der Kategorie Data Flow Control (Funktionsschicht 5) unterstützt: CANCEL SIGNAL LOGICAL UNIT STATUS (LUSTAT) (nur von der SLU zur PLU) CHASE SHUTDOWN (SHUTD) SHUTDOWN COMPLETE (SHUTC) REQUEST SHUTDOWN (RSHUTD) BID (nur wenn Bracketing-Protokoll benutzt wird) READY TO RECEIVE (RTR) (nur wenn Bracketing-Protokoll benutzt wird) - Die Compression-Protokollvariante Length-Checked Compression kann benutzt werden.
3	0-7	X'03'	TS-Profile TS-Profiles, die ungleich 3 sind, werden von der 3770-Datenstation zurückgewiesen. Das TS-Profile 3 definiert die folgenden Session-Bedingungen: - In beiden Halb-Sessions wird der Datenfluß der Normal Flow Request Units (RU) durch Session-Level Pacing dosiert. Mit dem Pacing-Protokoll (Tempo bestimmen) dosiert der Request Unit-Empfänger die Transferrate des Senders und paßt sie an die session-bezogene Empfangspufferkapazität sowie an die eigene Verarbeitungsgeschwindigkeit an. Pacing ist immer dann sinnvoll, wenn die Request Unit-Rate des Senders größer als die Verarbeitungsgeschwindigkeit des Empfängers ist. Die Pacing Window Sizes werden im TS-Usage Field in den Bytes 8, 9, 12 und 13 definiert. - In beiden Halb-Sessions wird jeder Request Unit, die im normalen Datenfluß (Normal Flow) gesendet wird, im Transmission Header (TH) eine eindeutige Sequenznummer zugeordnet. Damit wird die vollständige Übertragung in richtiger Reihenfolge sichergestellt (Ende-zu-Ende-Kontrolle) und die Zuordnung einer Response Unit zu der entsprechenden Request Unit realisiert (Response Request Correlation).

Fortsetzung auf der nächsten Seite

Byte	Bits	Wert	Dekodierung
			- Die SNA-Befehle CLEAR und START DATA TRAFFIC (SDT) dürfen von der Primary Logical Unit (PLU) gesendet werden.
			- Die SNA-Befehle REQUEST RECOVERY (RQR) und SET AND TEST SEQUENCE NUMBER (STSN) werden nicht unterstützt.
			- Der SNA-Befehl CRYPTOGRAPHY VERIFICATION (CRV) wird unterstützt, wenn im SNA-Befehl BIND SESSION Session-Level Cryptography vereinbart wurde. Die 3770-Datenstation läßt keine verschlüsselte Übertragung zu. Ein entsprechender SNA-Befehl BIND SESSION würde zurückgewiesen.
4	0-7	X'A3'	FM-Usage Field der Primary Logical Unit (PLU)
	0	B'1'	PLU kann Single und Multiple Element Chains senden
	1	B'0'	PLU benutzt Immediate Request Mode
	2-3	B'10'	PLU verwendet den Chain Response-Typ Definite Response Requested
	4-5	B'00'	Reserviert
	6	B'1'	PLU kann die Compression-Protokollvariante FMH-1 SCB Compression verwenden
	7	B'1'	PLU kann den End Bracket Indicator (EBI) setzen
5	0-7	X'A3'	FM-Usage Field der Secondary Logical Unit (SLU)
	0	B'1'	SLU kann Single und Multiple Element Chains senden
	1	B'0'	SLU benutzt Immediate Request Mode
	2-3	B'10'	SLU verwendet den Chain Response-Typ Definite Response Requested
	4-5	B'00'	Reserviert
	6	B'1'	SLU kann die Compression-Protokollvariante FMH-1 SCB Compression verwenden
	7	B'1'	SLU kann den End Bracket Indicator (EBI) setzen FM-Usage Field für beide Logical Units (Bytes 6 - 7)
6	0-7	X'70'	
	0	B'0'	Segmenting-Protokoll wird unterstützt
	1	B'1'	Function Management Header werden benutzt
	2	B'1'	Bracketing-Protokoll wird benutzt
	3	B'1'	Bracket-Abbauregel 1 wird verwendet
	4	B'0'	Code kann innerhalb der Session nicht gewechselt werden
	5-6	B'00'	Reserviert
	7	B'0'	Response Unit des SNA-Befehls BIND SESSION darf nicht verzögert werden (Queue)
7	0-7	X'80'	
	0-1	B'10'	Send/Receive Mode-Protokoll benutzt den Half Duplex Flip Flop Mode (HDX-FF)
	2	B'0'	Contention Loser trägt die Verantwortung für Error Recovery

Fortsetzung auf der nächsten Seite

Byte	Bits	Wert	Dekodierung
	3	B'0'	PLU ist Contention Loser
	4-5	B'00'	Reserviert
	6	B'0'	SNA-Befehl BIND SESSION enthält keine Control Vectors
	7	B'0'	SLU ist First Sender im Half Duplex Flip Flop Mode
			TS-Usage Field (Bytes 8 - 13)
8	0-7	X'00'	
	0	B'0'	Pacing von der SLU zur PLU in einer Stufe
	1	B'0'	Reserviert
	2-7	B'nnnnnn'	Pacing Window Size - Secondary Send (0 = kein Pacing)
9	0-7	X'06'	
	0	B'0'	Adaptive Session-Level Pacing wird nicht unterstützt
	1	B'0'	Reserviert
	2-7	B'nnnnnn'	Pacing Window Size - Secondary Receive = 6
10	0-7	X'85'	Maximum Request Unit Size (RU) von der SLU zur PLU ($8*2^5=256$)
11	0-7	X'85'	Maximum Request Unit Size (RU) von der PLU zur SLU ($8*2^5=256$)
12	0-7	X'06'	
	0	B'0'	Pacing von der SLU zur PLU in einer Stufe
	1	B'0'	Reserviert
	2-7	B'nnnnnn'	Pacing Window Size - Primary Send = 6
13	0-7	X'00'	
	0-1	B'00'	Reserviert
	2-7	B'nnnnnn'	Pacing Window Size - Primary Receive = 0
14	0-7	X'01'	PS-Usage Field (LU-LU Session-Typ)
	0	B'0'	Basis Format
	1-7	B'0000001'	LU-LU Session-Typ 1

Die weiteren Bytes des SNA-Befehls BIND SESSION sind für die Betrachtung in diesem Kapitel nicht relevant.

7   NCP- und VTAM-Generierung

Die Implementierung eines umfangreichen Netzwerks ist ein komplexes Projekt. Sie erfordert ein großes Team von qualifizierten Mitarbeitern mit unterschiedlichen Fähigkeiten, wie z.B. Telekommunikationsexperten, Hardware-Spezialisten, Systemprogrammierer und Netzwerk-Operatoren. Die Hauptphasen der Implementierung beinhalten die Planung und das Design der Hardware- und Software-Komponenten, das Installieren der Hardware, die Generierung der System-Software und das Testen aller Komponenten.

Dieses Kapitel beschäftigt sich mit der Generierung der Software, die für die Implementierung eines SNA-Netzwerks notwendig ist.

7.1   NCP-Generierung

Der Netzwerkverantwortliche generiert für jeden im Netzwerk existierenden Communication Controller Node mindestens ein Network Control Program (NCP). Eine Ausnahme stellt der Communication Controller Node IBM 3745 dar, der gleichzeitig zwei NCPs betreiben kann. Dazu werden mit NCP-Makros z.B. die Eigenschaften des Communication Controller Nodes, die angeschlossenen Leitungen sowie die Physical Units (PU) und die Logical Units (LU) definiert. Die NCP-Generierung wird auf dem Host-System durchgeführt und die erstellte Software als NCP-Lademodul auf eine am Host-System angeschlossene Magnetplatte geschrieben. Diese Software muß in den Communication Controller Node geladen werden (download), bevor dieser die zugehörige Subarea verwalten kann. Da das NCP und die zugehörige Subarea zu einer Virtual Telecommunications Access Method (VTAM-) Domain gehören, wird zusätzlich eine Kopie der NCP-Makros im Quellformat in der VTAM-Systembibliothek gespeichert. Das Bild 7.1 verdeutlicht diesen Vorgang. Die VTAM-Systembibliothek wird zur Ausführungszeit von VTAM interpretiert und in ein intern verwendbares Maschinenformat konvertiert.

Zusätzlich enthalten NCP-Makros bestimmte Parameter, die nur für VTAM bestimmt sind und vom NCP ignoriert werden. Solche Parameter werden in den folgenden Erläuterungen als „VTAM-only" bezeichnet.

Die NCP-Makros können in die drei folgenden Hauptkategorien eingeteilt werden:

- Einleitende Makros,

- Konfigurationsmakros,

- Endemakro.

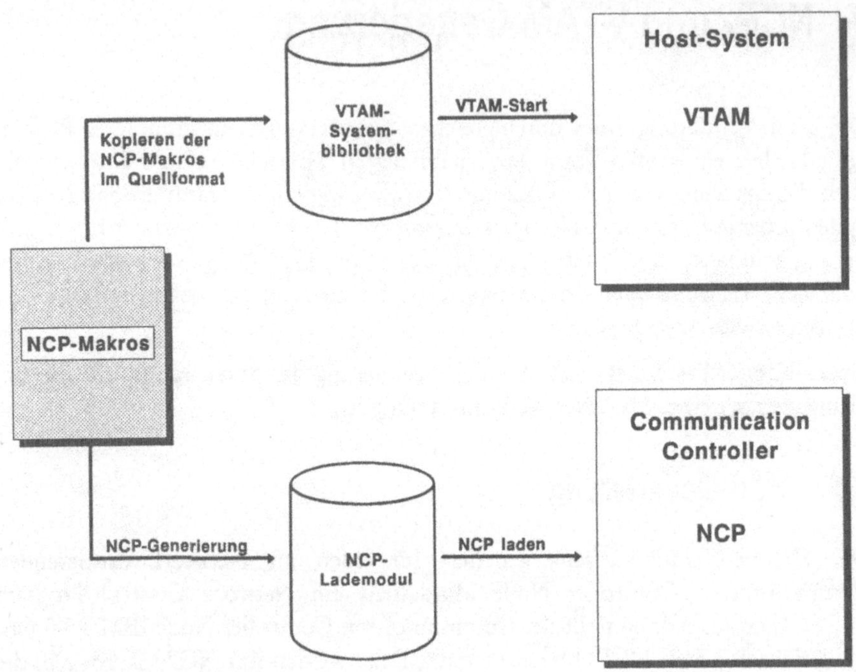

Bild 7.1   NCP-Generierung

Die Reihenfolge, in der die NCP-Makros kodiert werden, ist entscheidend und wird im NCP-Installation Reference Manual beschrieben.

7.1.1   Einleitende Makros

Die einleitenden Makros beschreiben Network Control Program- (NCP-), Virtual Telecommunications Access Method- (VTAM-) Eigenschaften und den Ablauf der NCP-Generierung. Die wichtigsten Makros dieser Kategorie sind PCCU, BUILD, HOST, PUDRPOOL, LUDRPOOL und PATH.

PCCU-Makro

Das PCCU-Makro ist ein „VTAM-only"-Makro. Es definiert die Kommunikation zwischen dem VTAM im Host Node und dem NCP im Communication Controller Node, die NCP-Initialisierung und Ausnahmebedingungen, so z.B. das VTAM-Verhalten beim NCP-Zusammenbruch. Im Bild 7.2 sind einige Parameter des PCCU-Makros dargestellt.

```
PCCU      CUADDR=OCF,
          SUBAREA=1,
          MAXDATA=4800,
            :
            :
```

Bild 7.2   Parameterbeispiel des PCCU-Makros

◆ **CUADDR**
Systemkanaladresse. Über diese Systemkanaladresse kann VTAM das NCP erreichen.

◆ **SUBAREA**
Subarea-Adresse des VTAM.

◆ **MAXDATA**
Maximale Path Information Unit- (PIU-) Länge, die das VTAM an das NCP
übertragen kann (Outbound).
Eine Path Information Unit beinhaltet den Transmission Header (TH), den
Request/Response Header (RH) und die Request/Response Unit (RU).

BUILD-Makro

Mit den Parametern des BUILD-Makros wird die Hardware des Communication
Controller Node und die Kommunikation zwischen dem Communication Controller Node und dem Host Node beschrieben. Zusätzlich werden bestimmte NCP-
Eigenschaften und Informationen über den gewünschten Ablauf der NCP-Generierung spezifiziert. Im Bild 7.3 sind einige Parameter des BUILD-Makros dargestellt.

```
            :
            :
BUILD     MODEL=3745,
          TYPGEN=NCP,
          SUBAREA=5,
          BFRS=128,
          SLODOWN=12,
          LTRACE=2,
          TYPSYS=MVS,
          NEWNAME=NCP05,
            :
            :
```

Bild 7.3   Parameterbeispiel des BUILD-Makros

◆ **MODEL**
Modellbezeichnung des Communication Controller Node.

♦ **TYPGEN**
Typ der Communication Controller Software, z.B. lokales NCP (NCP), remote
NCP (NCP-R) oder ein Partitioned Emulation Program (PEP).

♦ **SUBAREA**
Subarea-Adresse des NCP.

♦ **BFRS**
Größe eines NCP-Puffers im Message Buffer Pool.

♦ **SLODOWN**
Prozentzahl der Mindestreserve an freier Pufferkapazität. Wird dieser Wert un-
terschritten, stoppt das NCP das Polling und versucht durch Ausgabeoperatio-
nen in Richtung Host Node die freie Pufferkapazität wieder zu vergrößern.

♦ **LTRACE**
Anzahl gleichzeitig durchführbarer Leitungs-Traces.

♦ **TYPSYS**
Betriebssystem unter dem der Generierungsprozeß durchgeführt wird, z.B.
MVS, VSE, VM.

♦ **NEWNAME**
Name des NCP-Lademoduls.

Andere Parameter des BUILD-Makros definieren die Häufigkeit der E/A-Interrupts
und Timeout-Werte des Systemkanals sowie die maximale Datenmenge, die in einer E/A-Operation zum Host Node übertragen werden kann. In einer SNA-SNA
Gateway-Konfiguration werden noch Parameter über das Gateway spezifiziert.

HOST-Makro

Dieses Makro regelt die Kommunikation zwischen dem NCP im Communication
Controller Node und dem VTAM im Host Node. Es sind ein oder mehrere HOST-
Makros zugelassen. Im Bild 7.4 sind einige Parameter des HOST-Makros darge-
stellt.

```
          :
          :
HOST      SUBAREA=1,
          UNITSZ=128,
          MAXBFRU=38,
          INBFRS=8,
          :
          :
```

Bild 7.4   Parameterbeispiel des HOST-Makros

♦ **SUBAREA**
Subarea-Adresse des VTAM.

♦ **UNITSZ**
Größe einer Puffereinheit im VTAM-Puffer-Pool.

♦ **MAXBFRU**
Maximale Anzahl der Puffer, die VTAM für den Empfang von Request Units
(RU) vom NCP bereitstellt (Inbound).

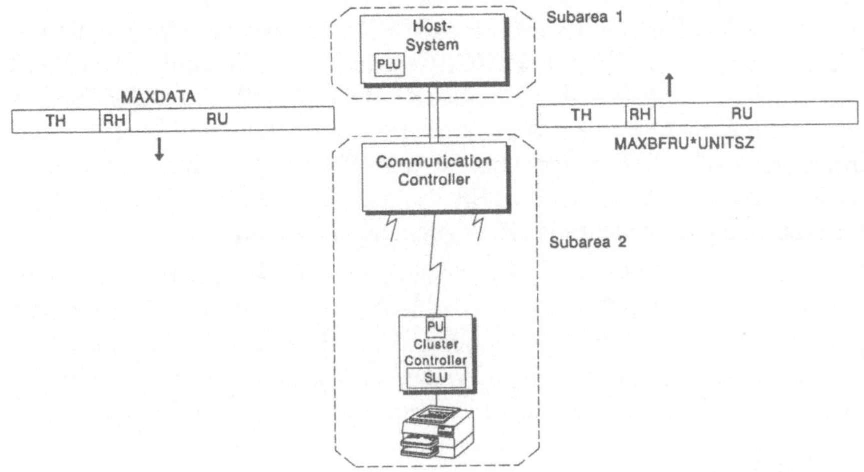

Bild 7.5   Maximale Path Information Unit-Länge

Die Multiplikation MAXBFRU*UNITSZ ergibt die größte einzelne Path Information Unit (PIU), die das NCP an das VTAM übertragen kann. Das NCP
darf keine Path Information Unit vom Netzwerk entgegennehmen, die größer
als dieser Wert ist. Eine Path Information Unit beinhaltet den Transmission
Header (TH), den Request/Response Header (RH) und die Request/Response
Unit (RU).

♦ **INBFRS**
Anzahl der Puffer, die das NCP dem Host Node (Outbound) zur Verfügung
stellt. Reicht die Anzahl nicht aus, wird die gleiche Anzahl erneut zugeordnet.

PUDRPOOL- und LUDRPOOL-Makro

In den frühen NCP-Releases war es unmöglich, die NCP-Generierung zu verändern, ohne einen Teil des vom NCP gesteuerten Netzwerks herunterzufahren. Da
die Netzwerke der Kunden gewachsen sind und deren Abhängigkeit vom Netzwerk
gestiegen ist, ist es wichtig geworden, daß der Kunde Netzkonfigurationen ändern

kann, ohne das Netzwerk herunterfahren zu müssen. Mit jedem neuen Release seiner Produkte hat IBM die Fähigkeiten zur dynamischen Rekonfigurierung des Netzwerkes verbessert. Die Makros zur dynamischen Rekonfigurierung beschreiben einen Physical Unit Dynamic Reconfiguration Pool (PUDRPOOL) und einen Logical Unit Dynamic Reconfiguration Pool (LUDRPOOL). Die Definitionen in diesen Pools sind Dummy-Definitionen (Platzhalterdefinitionen).

Zusätzlich zu diesen Makros muß der Netzwerkverantwortliche noch das Dynamic Reconfiguration Data Set (DRDS) kodieren, um diese Ressourcen tatsächlich den spezifischen Leitungen zuzuordnen. Diese Datei wird im Rahmen der VTAMGenerierung definiert und bezieht sich auf die Definitionen der Dynamic Reconfiguration Pools, die im Verlauf der NCP-Generierung erstellt wurden. Die DRDSDatei besteht im Grunde aus einer Reihe von ADD-, MOVE- und DELETE-Anweisungen. Die ADD-Anweisung kann verwendet werden, um eine Physical Unit zu einer Leitung oder eine Logical Unit zu einer Physical Unit hinzuzufügen. Die DELETE-Anweisung kann verwendet werden, um Physical Units (PU) und Logical Units (LU) aus einer bestehenden Konfiguration zu entfernen.

Die dynamischen VTAM- und NCP-Definitionen beziehen sich nur auf Physical Units und Logical Units. Sie erlauben keine dynamische Aufnahme von zusätzlichen Leitungen oder Nicht-SNA-Ressourcen. Allerdings kann der Netzwerkverantwortliche zusätzliche Ressourcen im Voraus in der Generierung definieren und diese aktivieren, wenn die Ressourcen im Netzwerk installiert worden sind.

PATH-Makro

In einem Multiple Domain Network sind die Communication Controller Nodes mehrfach miteinander verbunden. In einem solchen Netzwerk gibt es alternative Pfade, um Sessions von einer Subarea zu einer anderen Subarea zu führen. Alle Daten einer Session müssen einen bestimmten Pfad nutzen. Der Pfad wird beim Session-Aufbau über die Session-Parameter und eine Class of Service-Tabelle ausgewählt und gilt für die Dauer der Session. Wird eine Session abgebrochen, weil z.B. der Pfad durch den Ausfall einer physischen Verbindung unterbrochen ist, kann bei erneutem Session-Aufbau ein alternativer Pfad zugeordnet werden. Die möglichen alternativen Pfade müssen vom Netzwerkverantwortlichen in der Class of Service-Tabelle vorgesehen werden.

Für die Definition verwendet der Netzwerkverantwortliche zwei Begriffe. Die virtuelle Route ist ein bidirektionaler Kommunikationskanal zwischen zwei Subarea Nodes. Die explizite Route ist ein bidirektionaler physischer Pfad zwischen zwei direkt benachbarten Subarea Nodes. Mit der PATH-Definition im VTAM wird eine virtuelle Route einer expliziten Route zugeordnet. Die explizite Route muß in allen betroffenen SNA-Knoten im Rahmen der NCP-Generierung, durch das PATH-Makro definiert werden.

```
          ⋮
          ⋮
PATH      DESTSA=1,ER0=(1,1),
          ⋮
          ⋮
```

Bild 7.6   Parameterbeispiel des PATH-Makros

Im Bild 7.6 sind die Parameter des PATH-Makros für ein lokal an ein Host-System angeschlossenes NCP dargestellt.

♦ **DESTSA**
  Subarea-Adresse des Endpunkts der virtuellen Route.

♦ **ER0**
  Definition der expliziten Route 0. Die explizite Route 0 führt in diesem Beispiel zur direkt benachbarten Subarea 1 des Host Nodes und dabei wird die Transmission Group 1, der Systemkanal, genutzt.

7.1.2   Konfigurationsmakros

Konfigurationsmakros definieren das Netzwerk. Sie beschreiben Links, Physical Units (PU) und Logical Units (LU), die am Communication Controller Node angeschlossen sind. Die bisherigen Network Control Program- (NCP-) Makros waren weitgehend unabhängig voneinander. Jedes Makro wurde durch seine eigenen Parameter ergänzt und lieferte so eine vollständige Information über gewisse Hardware- oder Software-Eigenschaften. Konfigurationsmakros stehen im Gegensatz dazu in einer gewissen Abhängigkeit voneinander. Diese Abhängigkeit hat formale Folgen in der Schreibweise der Makroparameter. Konfigurationsmakros müssen in einer hierarchischen Reihenfolge definiert werden.

In einer Gruppe zusammengehöriger Konfigurationsmakros ist es möglich, Parameter, die z.B. für mehrere Logical Units gleich sind, aus dem LU-Makro herauszunehmen und in das hierarchisch höher angesiedelte PU-Makro aufzunehmen. Auf diese Weise können

♦ Line-Parameter in das GROUP-Makro geschrieben werden; diese beziehen sich dann auf alle LINE-Makros dieser Leitungsgruppe.

♦ Physical Unit- oder Logical Unit-Parameter in das GROUP-Makro geschrieben werden; diese beziehen sich dann auf alle PU- bzw. LU-Makros dieser Leitungsgruppe.

♦ Physical Unit- oder Logical Unit-Parameter in das LINE-Makro geschrieben werden; diese beziehen sich dann auf alle PU- bzw. LU-Makros dieser einen Leitung.

♦ Logical Unit-Parameter im PU-Makro verwendet werden; diese sind dann für
  alle Logical Units, die zu dieser Physical Unit gehören, gültig.

Ebenso ist es möglich, Parameter, die in einem hierarchisch höher angesiedelten
Makro definiert wurden, in einem untergeordneten Makro gezielt zu überschrei-
ben.

```
            PCCU      ...
            BUILD     ...
            HOST      ...
            PUDRPOOL  ...
            LUDRPOOL  ...
            PATH      ...
              :
              :
              :
(Label)     GROUP     ...
(Label)     LINE      ...
            SERVICE   ...
(Label)     PU        ...
(Label)     LU        ...
              :
(Label)     GROUP     ...
(Label)     LINE      ...
            SERVICE   ...
(Label)     PU        ...
(Label)     LU        ...
              :
              :
              :
```

Bild 7.7   Hierarchische Reihenfolge der Konfigurationsmakros

GROUP-Makro

Mit dem Makro GROUP wird eine Gruppe gleichartiger Leitungen beschrieben.
Alle Leitungen dieser Gruppe müssen entweder Stand- oder Wählleitungen sein,
das gleiche Übertragungsprotokoll verwenden und die gleichen Time Out-Werte
für die Leitungen nutzen. Daraus resultiert, daß in einer NCP-Generierung mehrere GROUP-Makros verwendet werden können. Im Bild 7.8 sind einige Parameter
des GROUP-Makros dargestellt.

```
                :
                :
                :
(Label)     GROUP  LNCTL=SDLC,
                   DIAL=NO,
                   REPLYTO=1,
                   NPARSC=YES,
                :
                :
```

Bild 7.8   Parameterbeispiel des GROUP-Makros

♦ **LNCTL**
Verwendetes Übertragungsprotokoll (z.B. SDLC).

♦ **DIAL**
Standleitung (NO) oder Wählleitung (YES).

♦ **REPLYTO**
Time Out-Wert nach dem Polling.

♦ **NPARSC**
Spezifiziert, ob diese Leitungsgruppe durch den Network Performance Analyzer (NPA) überwacht werden soll.

LINE-Makro

Das LINE-Makro beschreibt die Hardware-Eigenschaften eines Leitungsanschlusses und die zugehörige Software-Steuerung. Im Bild 7.9 sind einige Parameter des LINE-Makros dargestellt.

```
                :
                :
(Label)     LINE  ADDRESS=(3,HALF),
                  SPEED=9600,
                  CLOCKING=EXT,
                  NPACOLL=YES,
                  NRZI=YES,
                  RETRIES=(5,1,3),
                  TRANSFER=521,
                  ISTATUS=ACTIVE,
                :
                :
```

Bild 7.9   Parameterbeispiel des LINE-Makros

♦ **ADDRESS**
Relative Adresse des physischen Ports am Communication Controller Node. Die Anzahl der verfügbaren Ports hängt vom jeweiligen Hardware-Modell ab.

Der HALF/FULL-Operand des ADDRESS-Parameters spezifiziert, ob die Leitung im Voll- oder Halbduplex-Modus betrieben werden soll. Für die Vollduplex-Kommunikation reserviert das NCP zwei Port-Adressen für diese Leitung.

◆ **SPEED**
Übertragungsrate der Leitung.
Für synchrone Leitungen wird die Übertragungsrate der Leitung durch den Takt der Datenübertragungseinrichtung (z.B. Modem) bestimmt. In diesem Fall dient dieser Parameter nur dokumentarischen Zwecken.

◆ **CLOCKING**
Taktgeber der Leitung.
Dieser Parameter spezifiziert, ob der Takt für die Übertragungsrate der Leitung extern (EXT) durch die Datenübertragungseinrichtung (z.B. Modem) oder intern (INT) durch den Communication Controller Node zur Verfügung gestellt wird.

◆ **NPACOLL**
Nutzung des Network Performance Analyzer (NPA) zur Speicherung von leitungsbezogenen statistischen Daten.

◆ **NRZI**
Bit-Encoding-Verfahren.
Das Bit-Encoding-Verfahren wird durch die angeschlossene Datenübertragungseinrichtung (z.B. Modem) bestimmt.

◆ **RETRIES**
Verhalten bei Übertragungsfehlern.
Im Beispiel vom Bild 7.9 wird bei Übertragungsfehlern der Übertragungsblock bis zu fünfmal wiederholt (Wiederholsequenz). Sollte der Übertragungsfehler weiterhin bestehen, wird nach einer Pause von einer Sekunde die nächste Wiederholsequenz eingeleitet. Es werden maximal drei Wiederholsequenzen durchgeführt. Besteht der Fehler am Ende der Wiederholsequenzen immer noch, so wird er als permanent eingestuft und das NCP sendet die entsprechende Fehlermeldung an die Virtual Telecommunications Access Method (VTAM). VTAM übergibt die Fehlermeldung an die Netzwerkmanagement-Software (z.B. NetMaster, NetView). Es liegt dann am NetMaster- oder NetView-Operator, weitere Recovery-Maßnahmen zu ergreifen.

◆ **TRANSFER**
Maximale Path Information Unit-Länge auf dieser Leitung.
Eine Path Information Unit (PIU) beinhaltet den Transmission Header (TH), den Request/Response Header (RH) und die Request/Response Unit (RU). Der Wert muß groß genug sein, um für die größte Path Information Unit auf der Leitung Platz zu bieten. Er darf aber nicht größer sein als die größte Path In-

formation Unit, die an den Host Node transferiert werden kann (jeder Host Node hat eine Grenze für die Path Information Unit-Länge, die er vom Netzwerk entgegen nimmt – siehe UNITSZ und MAXBFRU im Host-Makro). Jede Path Information Unit, die diese Spezifikation übersteigt, würde mit einem entsprechenden Sense Code zurückgewiesen.

♦ **ISTATUS**
Zustand des Leitungsanschlusses nach dem NCP-Start.
Die Aktivierung des Leitungsanschlusses erfolgt automatisch oder manuell durch den Operator.
ISTATUS ist ein „VTAM-only"-Parameter.

SERVICE-Makro

Für jede Standleitung, an der mehr als ein Cluster Controller Node betrieben wird, muß eine Service Order Tabelle definiert werden. Im Parameter ORDER wird spezifiziert, in welcher Reihenfolge das NCP die Cluster Controller Nodes bedient.

PU-Makro

An einer mit dem LINE-Makro beschriebenen Leitung sind eine oder mehrere Physical Units (PU) angeschlossen. Mit einem PU-Makro werden die Eigenschaften der Physical Unit und bestimmte Parameter des Übertragungsprotokolls beschrieben. Die PU-Makros für alle peripheren Knoten einer Leitung müssen nach dem LINE- und dem SERVICE-Makro definiert werden. Unmittelbar nach jedem PU-Makro folgen die zugehörigen LU-Makros. Im Bild 7.10 sind einige Parameter des PU-Makros dargestellt.

```
(Label)     PU     ADDR=C1,
                   MAXDATA=521,
                   MAXOUT=7,
                   PUDR=NO,
                   PUTYPE=2,
                      :
                      :
                   DISCNT=NO,
                   ISTATUS=INACTIVE,
                      :
                      :
```

Bild 7.10 Parameterbeispiel des PU-Makros

♦ **ADDR**
PU-Adresse des Übertragungsprotokolls (z.B. SDLC-Adresse)
Diese Adresse muß leitungsbezogen eindeutig sein.

- **MAXDATA**
  Maximale Segmentlänge der Physical Unit.
  Periphere SNA-Knoten besitzen, durch die Hardware bedingt, eine begrenzte
  E/A-Pufferkapazität. Durch Segmentieren wird die Übertragungsblocklänge an
  die maximale E/A-Pufferkapazität eines peripheren SNA-Knotens angepaßt.

- **MAXOUT**
  Window Size des Übertragungsprotokolls.
  Die Window Size spezifiziert, nach wieviel gesendeten Übertragungsblöcken
  das Übertragungsprotokoll (z.B. SDLC) zwingend auf eine Quittung wartet.

- **PUDR.**
  Spezifiziert, ob diese Physical Unit mit Hilfe der dynamischen Rekonfigurierungsfunktionen gelöscht werden kann.

- **PUTYPE**
  Physical Unit-Typ.

- **DISCNT**
  Spezifiziert, ob diese Physical Unit deaktiviert werden soll, wenn alle Logical
  Units dieser Physical Unit ihre LU-LU Sessions beendet haben.
  DISCNT ist ein „VTAM-only"-Parameter.

- **ISTATUS**
  Zustand der Physical Unit nach der Leitungsaktivierung.
  Die Aktivierung der Physical Unit erfolgt gleichzeitig mit der Leitung oder
  manuell durch den Operator.
  ISTATUS ist ein „VTAM-only"-Parameter.

LU-Makro

Für jede zur Physical Unit zugehörigen Logical Unit, muß ein LU-Makro spezifiziert werden. Die Logical Unit ist die Schnittstelle zwischen dem SNA-Endbenutzer
und dem Netzwerk. Im Bild 7.11 sind einige Parameter des LU-Makros dargestellt.

```
(Label)      LU     LOCADDR=1,
                    LUDR=NO,
                      :
                      :
                    DLOGMOD=BAT13790,
                    ISTATUS=ACTIVE,
                    LOGAPPL=JESA,
                    VPACING=4,
                    PACING=2,
                      :
                      :
```

Bild 7.11 Parameterbeispiel des LU-Makros

- **LOCADDR**
  Lokale Adresse der Logical Unit.
  Dieser Parameter definiert die lokale Identifikation der Logical Unit, die im Transmission Header (TH) vom FID-Typ 2 im Destination Address Field (DAF) bzw. im Origin Address Field (OAF) benutzt wird.

- **LUDR**
  Spezifiziert, ob diese Logical Unit mit Hilfe der dynamischen Rekonfigurierungsfunktionen gelöscht werden kann.

- **DLOGMOD**
  Name der VTAM-Tabelle, die die Parameter für den SNA-Befehl BIND SESSION für diese Logical Unit beinhaltet.
  Das VTAM benutzt diese BIND SESSION-Parameter für Sessions mit dieser Logical Unit, wenn in der Logon-Message keine andere VTAM-Tabelle (Logonmodetable) verlangt wird.
  DLOGMOD ist ein „VTAM-only"-Parameter.

- **ISTATUS**
  Zustand der Logical Unit nach der Aktivierung der zugehörigen Physical Unit.
  Die Aktivierung der Logical Unit erfolgt gleichzeitig mit der zugehörigen Physical Unit oder manuell durch den Operator.
  ISTATUS ist ein „VTAM-only"-Parameter.

- **LOGAPPL**
  Automatisches Logon zu der im Makro angegebenen Primary Logical Unit (PLU).
  Das VTAM führt nach der Aktivierung der Secondary Logical Unit (SLU) automatisch ein Logon an die Applikation im Host-System aus.
  LOGAPPL ist ein „VTAM-only"-Parameter.

- **VPACING**
  VTAM-Pacing Window Size.
  Diese Pacing Window Size wird zwischen der Primary Logical Unit und dem Subarea-Knoten, der die Boundary Function für den peripheren Knoten zur Verfügung stellt, genutzt.
  VPACING ist ein „VTAM-only"-Parameter.

- **PACING**
  Pacing Window Size.
  Diese Pacing Window Size wird zwischen dem Subarea-Knoten mit Boundary Function und der Secondary Logical Unit genutzt.

7.1.3   Endemakro

Die Network Control Program- (NCP-) Generierung schließt mit dem GENEND-Makro ab.

7.2   VTAM-Generierung

Virtual Telecommunication Access Method (VTAM) benötigt mehr Informationen als das Network Control Program (NCP). So muß VTAM z.B. Kenntnis über die lokal an das Host-System angeschlossenen Ressourcen haben und alle im Host-System laufenden Subsystems kennen. Diese unterschiedlichen Elemente werden in VTAM-Tabellen mittels VTAM-Makros definiert. Die VTAM-Tabellen können in drei funktionelle Bereiche untergliedert werden:

♦ **Domain-Tabellen**
  Diese listen Ressourcen auf, die in der VTAM-Domäne existieren und beinhalten Definitionen von NCPs, Host Subsystems, lokal am Host-System angeschlossenen SNA-Ressourcen und Wählleitungsverbindungen.

♦ **Cross-Domain-Tabellen**
  Diese Tabellen definieren Cross-Domain Logical Units (LU) im Netzwerk.

♦ **andere Systemtabellen und Listen**
  Diese beinhalten Routing-Tabellen, Tabellen für die Übersetzung von Logon-Messages, Tabellen mit dem Image der SNA-Befehle BIND SESSION, dynamische Rekonfigurierungsanweisungen, Checkpoint-Definitionen für „Warm Restarts" und VTAM-Startinformationen für das Hochfahren des Netzwerkes.

Manche der oben genannten Tabellen sind assembliert und werden in einem Objektcode-Format gespeichert, die meisten jedoch werden in der VTAM-Systembibliothek im Sourcecode gespeichert.

7.2.1   VTAM-Major und VTAM-Minor Nodes

Virtual Telecommunication Access Method (VTAM) kann in seiner Domäne fünf Ressourcentypen haben:

♦ Network Control Programs (NCP) mit den angeschlossenen Netzwerken,

♦ Host Subsystems wie CICS, JES, TSO, IMS, POWER etc., die Logical Units (LU) im Host-System repräsentieren,

♦ lokal am Host-System angeschlossene SNA-Ressourcen,

♦ lokal am Host-System angeschlossene Nicht-SNA-Ressourcen,

♦ an Wählleitungen angeschlossene Ressourcen.

Jeder dieser Ressourcentypen wird als VTAM-Major Node bezeichnet. Die Verwendung des Begriffs VTAM-Major Node besitzt keine Beziehung zu dem Begriff SNA-Node. Ein SNA-Node ist als Synonym zum Begriff PU-Typ zu sehen, ein VTAM-Major Node stellt die Beschreibung eines Ressourcentyps dar. Der Name des VTAM-Major Nodes ist der Name einer Datei in der VTAM-Systembibliothek, die Definitionen zur Systemgenerierung enthält.

Individuelle Ressourcen innerhalb eines VTAM-Major Nodes werden als VTAM-Minor Nodes bezeichnet. Zum Beispiel werden für ein VTAM mit fünf zugehörigen NCPs fünf NCP-Major Nodes definiert. Für jedes NCP wird jede der zugehörigen Leitungen, Physical Units (PU) oder Logical Units einen Minor Node darstellen. Nach diesem Prinzip wird jedes Host Subsystem im Applications Major Node definiert. Jede Logical Unit eines Subsystems wird als Applications Minor Node bezeichnet. Alle Major Node-Anweisungen werden in der VTAM-Systembibliothek im Sourcecode (unassembliert) gespeichert.

NCP-Major Nodes

NCP-Major Nodes werden dadurch erstellt, daß eine Kopie der NCP-Generierungsmakros in der VTAM-Systembibliothek gespeichert wird.

Applications Major Nodes

Mit dem Applications Major Node werden die unterschiedlichen Host Subsystems mit den zugehörigen Logical Units gegenüber dem VTAM identifiziert. Im Bild 7.12 ist ein Beispiel des Applications Major Node dargestellt.

```
          :
          :
(Label)   VBUILD   TYPE=APPL
IMS01     APPL     ....
CICS01    APPL     ....
TSO01     APPL     ....
TSO02     APPL     ....
TSO03     APPL     ....
JES01     APPL     ....
          :
          :
```

Bild 7.12 Definitionsbeispiel des Applications Major Node

♦ **VBUILD**
  Markiert den Anfang eines VTAM-Major Nodes.
  Der Parameter TYPE=APPL kennzeichnet einen Applications Major Node.

Für jede Logical Unit des Host-Systems muß ein APPL-Parameter folgen. Die Anzahl der benötigten APPL-Parameter richtet sich nach Anzahl und Typ der definierten Subsystems. Subsystems wie CICS und IMS benötigen nur einen APPL-Parameter (d.h. sie sind als eine einzige Logical Unit definiert). Im Gegensatz dazu benötigt TSO für jeden Benutzer einen APPL-Parameter. Das IBM-Produkt Net-View benötigt ebenfalls mehrere APPL-Parameter.

Channel-Attached (local) SNA-Resources Major Node

Im Channel-Attached (local) SNA-Resources Major Node werden lokal am Host-System angeschlossene SNA-Ressourcen definiert. Im Bild 7.13 ist ein Beispiel des Channel-Attached (local) SNA-Resources Major Node dargestellt.

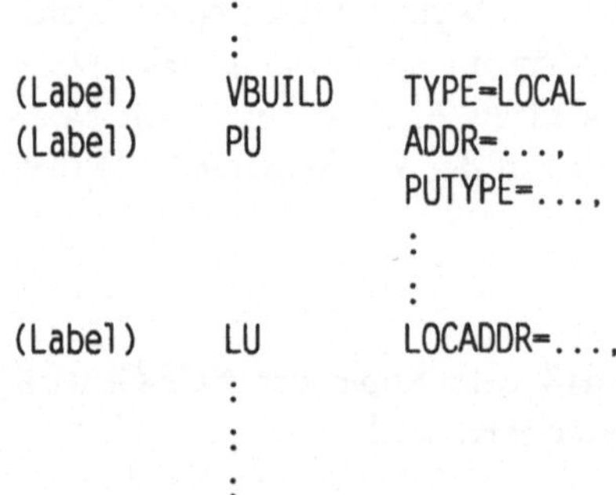

```
              :
              :
(Label)    VBUILD    TYPE=LOCAL
(Label)    PU        ADDR=...,
                     PUTYPE=...,
                       :
                       :
(Label)    LU        LOCADDR=...,
              :
              :
              :
```

Bild 7.13 Definitionsbeispiel des Channel-Attached (local) SNA-Resources Major Node

♦ **VBUILD**
   Markiert den Anfang eines VTAM-Major Nodes.
   Der Parameter TYPE=LOCAL kennzeichnet einen Channel-Attached (local) SNA-Resources Major Node.

♦ **PU**
   Beschreibt die Eigenschaften der angeschlossenen Physical Unit.
   Der ADDR-Parameter definiert die lokale Adresse des Cluster Controllers. Nur Physical Units vom Typ 2 sind als lokal am Host-System angeschlossene SNA-Ressourcen erlaubt.

♦ **LU**
   Beschreibt die Eigenschaften einer Logical Unit.
   Dem PU-Makro folgen die zugehörigen LU-Makros. Die LU-Parameter sind weitgehend identisch mit den LU-Parametern der NCP-Generierung.

Channel-Attached (local) Non-SNA-Resources Major Node

Im Channel-Attached (local) Non-SNA-Resources Major Node werden lokal am Host-System angeschlossene Nicht-SNA-Ressourcen definiert.

Switched Major Node

Im Switched Major Node werden Wählleitungen definiert. NCP-Generierungstabellen beinhalten keine vollständigen Informationen zur Unterstützung von Wählleitungen. Teile dieser Informationen werden während der VTAM-Systemgenerierung spezifiziert und bei der Aktivierung einer Wählleitung an das NCP übergeben. In Bild 7.14 ist ein Beispiel des Switched Major Node dargestellt.

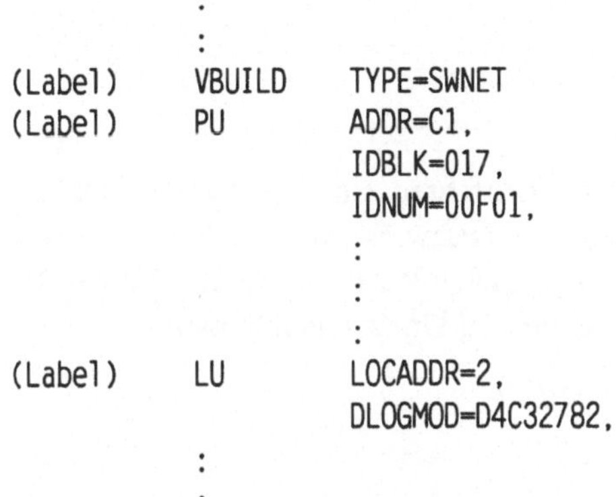
```
            :
            :

(Label)     VBUILD    TYPE=SWNET
(Label)     PU        ADDR=C1,
                      IDBLK=017,
                      IDNUM=00F01,
                          :
                          :
                          :

(Label)     LU        LOCADDR=2,
                      DLOGMOD=D4C32782,
            :
            :
```

Bild 7.14 Definitionsbeispiel des Switched Major Node

♦ **VBUILD**
   Markiert den Anfang eines VTAM-Major Nodes.
   Der Parameter TYPE=SWNET kennzeichnet einen Switched Major Node.

♦ **PU**
   Beschreibt die Eigenschaften der angeschlossenen Physical Unit.
   Der ADDR-Parameter definiert die PU-Adresse des Übertragungsprotokolls (z.B. SDLC-Adresse). Die Parameter IDBLK und IDNUM definieren eine Identifikation, die das Übertragungsprotokoll beim logischen Verbindungsaufbau verwendet.

♦ **LU**
   Beschreibt die Eigenschaften einer Logical Unit.
   Dem PU-Makro folgen die zugehörigen LU-Makros. Die LU-Parameter, sind weitgehend identisch mit den LU-Parametern der NCP-Generierung.

7.2.2　VTAM-Start- und -Konfigurationslisten

Eine Startliste enthält Informationen, die Virtual Telecommunication Access Method (VTAM) für die eigene Konfigurierung beim VTAM-Start benötigt. Es können mehrere Startlisten definiert werden, aber nur eine kann beim VTAM-Start aktiv sein. Der Name der Startliste in der VTAM-Systembibliothek muß mit der Notation ATCSTR*xx* übereinstimmen, wobei *xx* einer beliebigen alphanumerischen Zeichenkette entspricht.

Eine Konfigurationsliste beinhaltet alle Major Nodes, die beim VTAM-Start aktiviert werden sollen. Es können mehrere Konfigurationslisten definiert werden. Der Name der Konfigurationsliste in der VTAM-Systembibliothek muß mit der Notation ATCCON*xx* übereinstimmen, wobei *xx* einer beliebigen alphanumerischen Zeichenkette entspricht.

7.2.3   VTAM-Start

Anhand des folgenden Beispiels wird das Hochfahren eines Netzwerkes aus der VTAM-Sicht dargestellt. Das Bild 7.15 zeigt das Netzwerk. Im Host-System existieren die Subsystems IMS, TSO und JES. Am Systemkanal ist ein lokaler Cluster Controller mit einer Physical Unit und drei Logical Units angeschlossen.

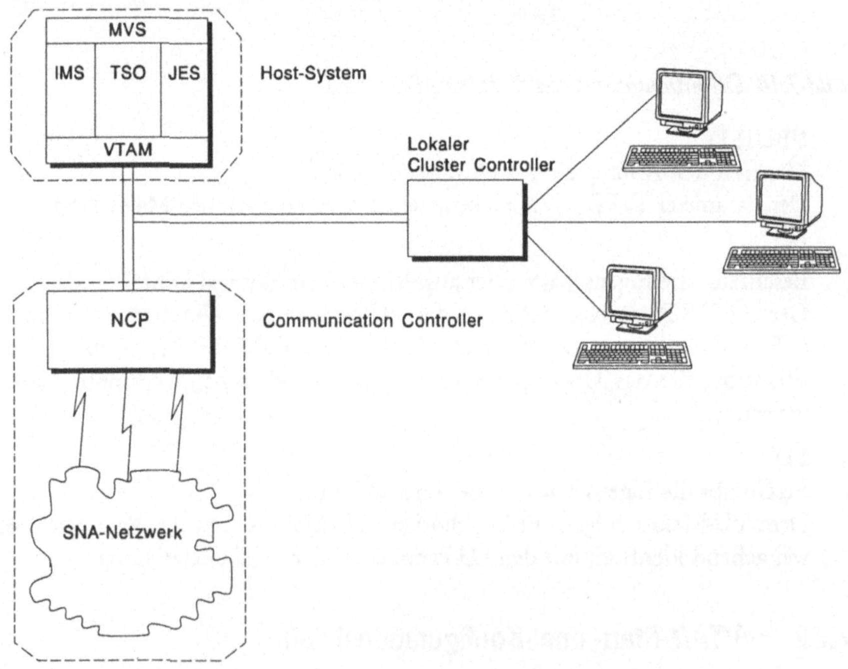

Bild 7.15 Netzwerkbeispiel

Der Netzwerkverantwortliche hat in der VTAM-Systembibliothek des Bildes 7.16 folgende VTAM-Major Nodes erstellt.

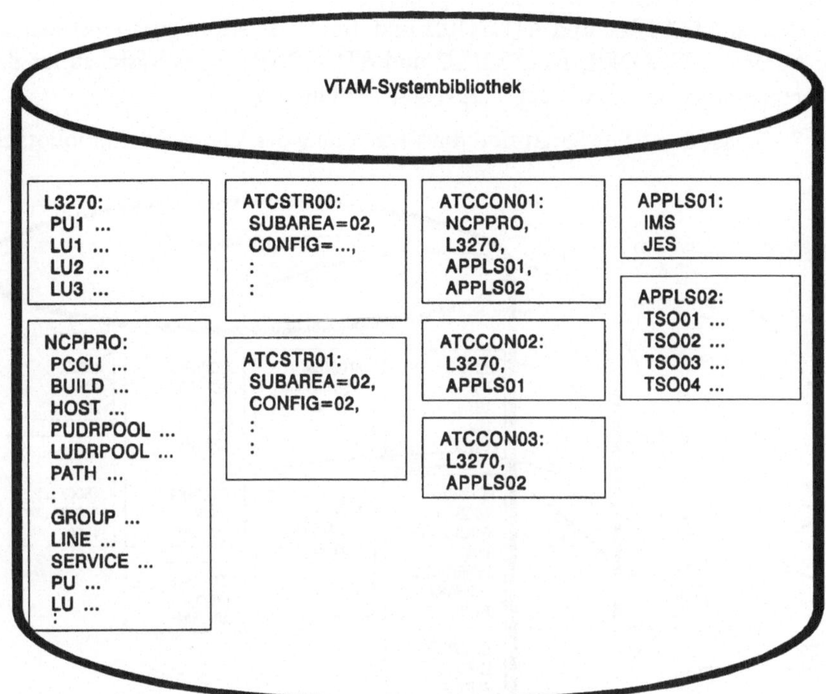

Bild 7.16 VTAM-Systembibliothek

♦ **APPLS01**
Dieser Applications Major Node definiert zwei Minor Nodes (zwei Logical Units), IMS und JES.

♦ **APPLS02**
Dieser Applications Major Node definiert vier TSO-Minor Nodes (vier Logical Units).
Der Netzwerkverantwortliche hat sich in diesem Beispiel für zwei getrennte Applications Major Nodes entschieden. Beide Definitionen hätten auch in einem Applications Major Node realisiert werden können.

♦ **L3270**
Dieser Channel-Attached (local) SNA-Resources Major Node definiert eine Physical Unit und drei Logical Units.

♦ **NCPPRO**
Mit den NCP-Makros wird im NCP-Major Node das physische Netzwerk definiert.

Zusätzlich existieren in der VTAM-Systembibliothek zwei VTAM-Startlisten mit den Namen ATCSTR00 und ATCSTR01 und drei VTAM-Konfigurationslisten mit den Namen ATCCON01, ATCCON02 und ATCCON03. Jedes Kästchen im Bild 7.16 repräsentiert eine Datei der VTAM-Systembibliothek.

Bild 7.17 zeigt den VTAM-Start und die Verwendung der VTAM-Systembibliothek.

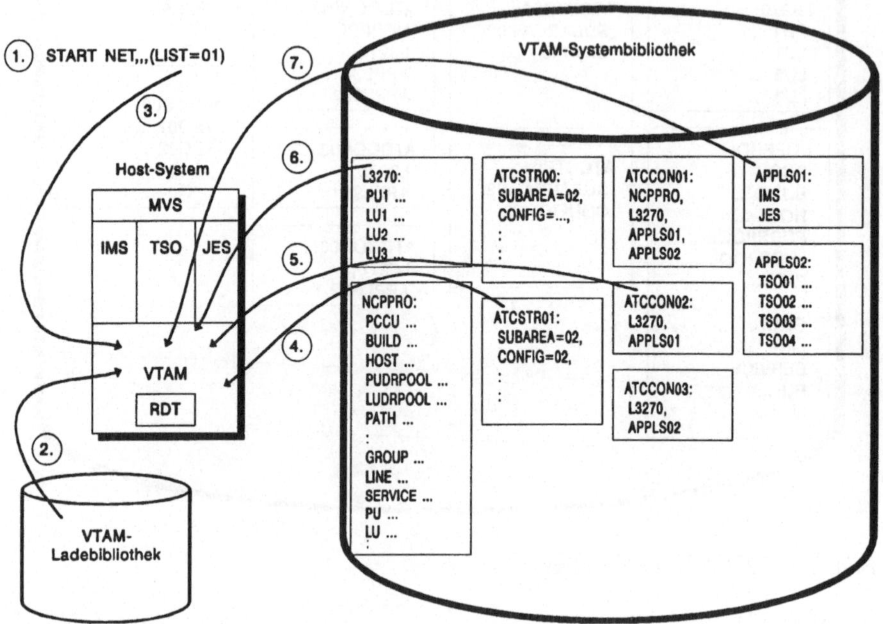

Bild 7.17 VTAM-Start

Der VTAM-Start läuft wie folgt ab:

♦ Der Netzwerkverantwortliche initiiert den VTAM-Start durch ein Kommando. In unserem Beispiel lautet das Kommando für ein MVS-Betriebssystem START NET,,,(LIST=01).

♦ Das MVS-Betriebssystem lädt eine VTAM-Kopie aus der VTAM-Ladebibliothek.

♦ Der LIST-Parameter des START-Kommandos spezifiziert die zu verwendende VTAM-Startliste (LIST = 01). Der Suffix 01 verweist in unserem Beispiel auf die VTAM-Startliste ATCSTR01.

♦ VTAM liest die Startliste aus der VTAM-Systembibliothek und weist sich selbst die dort definierte Subarea-Nummer zu. Unter den Informationen in der Startliste befindet sich auch die Identifikation der VTAM-Konfigurationsliste,

CONFIG = 02 (ATCCON02), die die Namen der zu aktivierenden Major Nodes enthält.

♦ VTAM liest die Datei ATCCON02 aus der VTAM-Systembibliothek und aktiviert, aufgrund der darin aufgeführten Anweisungen, die Major Nodes L3270 und APPLS01.

♦ Dazu liest VTAM die Dateien L3270 und APPLS01 aus der VTAM-Systembibliothek, übersetzt sie in eine maschinenlesbare Form und erstellt eine Ressourcen-Definitionstabelle im Hauptspeicher. Die Einträge in der Ressourcen-Definitionstabelle, im Bild 7.17 als RDT bezeichnet, repräsentieren die Domäne aus der VTAM-Sicht.

Als nächstes prüft VTAM die ISTATUS- und LOGAPPL-Parameter der PU- und LU-Makros und aktiviert automatisch die Sessions, die entsprechend beschrieben sind. Wenn die Verbindung zu den Subsystems IMS und JES existiert, kann VTAM die Logons der Logical Units bearbeiten.

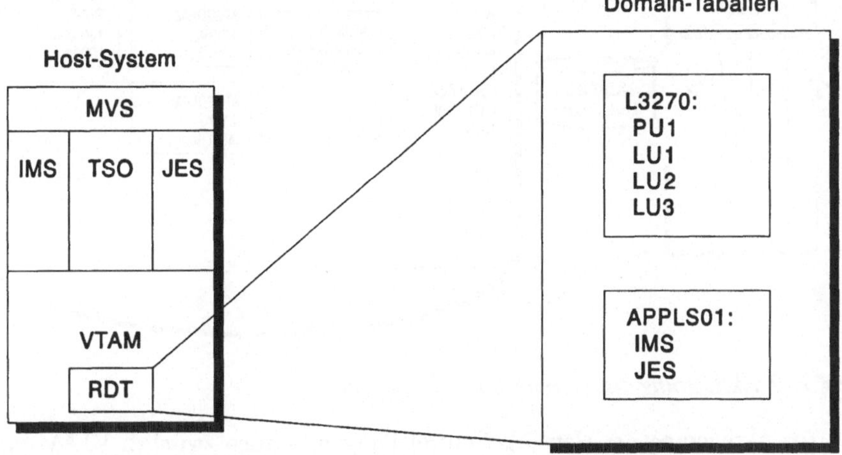

Bild 7.18 VTAM-Domäne nach der Nutzung der Startliste ATCSTR01

Im bisherigen Beispiel wurde das NCP nicht aktiviert. Natürlich hätte man den NCP-Major Node in die VTAM-Konfigurationsliste aufnehmen können. Um zu zeigen, wie Ressourcen manuell aktiviert werden, betrachten wir in Bild 7.19 die NCP-Aktivierung als einen gesonderten Schritt.

♦ Der Netzwerkverantwortliche startet den Vorgang mit dem Befehl VARY NET,ACT,ID=NCPPRO. Mit dem VARY-Befehl kann der Status der angegebenen Ressource verändert (aktiviert bzw. deaktiviert) werden.

♦ Das VTAM prüft die Ressourcen-Definitionstabellen (RDT), um festzustellen, ob NCPPRO bereits existiert aber noch inaktiv ist. In unserem Beispiel ist das NCPPRO in den Ressourcen-Definitionstabellen noch nicht existent.

♦ Das VTAM lädt aus der VTAM-Systembibliothek die Definitionen des NCP-Major Node NCPPRO und fügt diese den Ressourcen-Definitionstabellen hinzu.

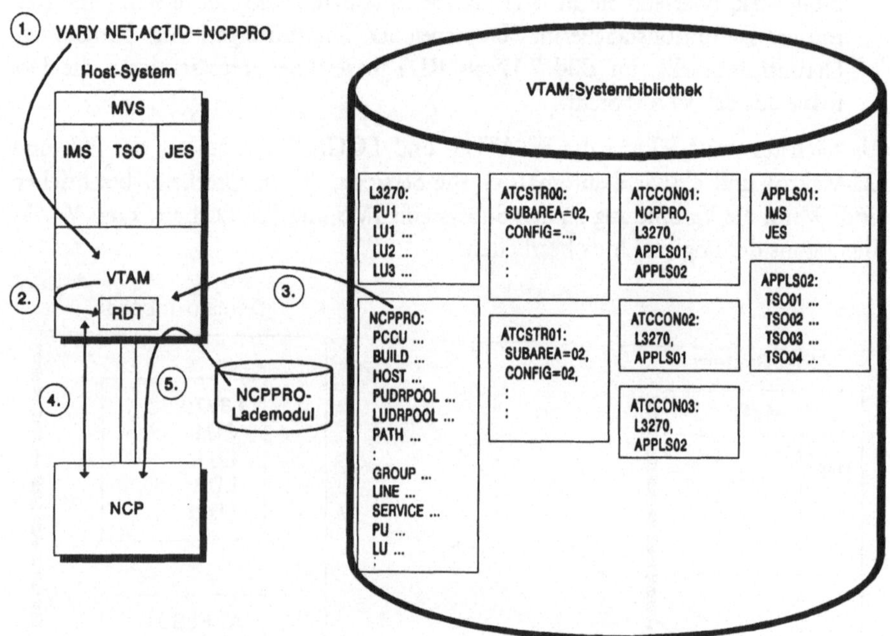

Bild 7.19 Aktivierung des Network Control Program

♦ Zur Aktivierung des Network Control Program werden zwischen VTAM und NCP einige Request/Response Units ausgetauscht.

♦ Es ist möglich, daß der Communication Controller Node noch nicht hochgefahren oder noch nicht mit dem NCP geladen wurde. In diesem Fall würde die NCP-Aktivierung scheitern. In Abhängigkeit von der VTAM-Generierung oder dem VTAM-Startbefehl kann das NCP noch einmal geladen und die Aktivierung wiederholt werden.

Als nächstes prüft VTAM die ISTATUS- und LOGAPPL-Parameter der PU- und LU-Makros und aktiviert automatisch die Sessions, die entsprechend beschrieben sind. Zu diesem Zeitpunkt ist die NCP-Aktivierung abgeschlossen.

Während des LU-LU Session-Aufbaus werden noch weitere Tabellen (z.B. Formatted System Services-Tabelle (FSS), Unformatted System Services-Tabelle (USS), Class of Service-Tabelle (COS), Logonmode-Tabelle) benötigt. Diese VTAM-Tabellen wurden bereits im Kapitel Session Control beschrieben.

8 System- und Netzwerkmanagement

In früheren Jahren stellte das Rechenzentrumsmanagement ein Spiegelbild des traditionellen, hierarchischen Netzwerkkonzepts dar. Eine große Anzahl homogener Systeme wurde mittels zentralisierter Werkzeuge verwaltet. Das Netzwerkmanagement war das Hilfsmittel, um die Kommunikationsverbindungen zu überwachen.

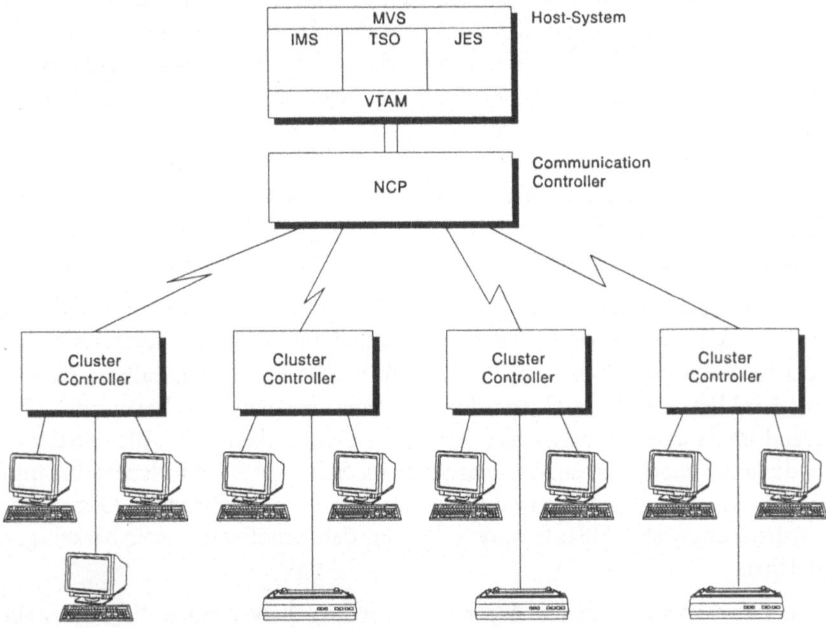

Bild 8.1   Grundstruktur eines traditionellen, hierarchischen SNA-Netzes

Die heutigen Systeme und Netzwerke lassen sich nicht mehr in dieses Schema pressen. Nahezu alle Systeme und Netzwerke nutzen unterschiedliche Hardware-Plattformen, die wiederum von einer Vielzahl von Herstellern geliefert werden. Zusätzlich ist ein großer Teil der Verarbeitungskapazität verteilt worden und wird einerseits für globale Operationen und andererseits direkt am Arbeitsplatz des Endbenutzers genutzt. Höhere Verarbeitungsgeschwindigkeit der Host-Systeme und kleinere Abmessungen, gesteigerte Übertragungsraten und geringere Kosten, die Verfügbarkeit von Local Area Networks (LAN) und die hohe Leistung von Workstations – all diese Einflüsse haben eine Vielzahl von Ressourcenkombinationen erzeugt, die verwaltet werden müssen. Nicht zu vergessen ist, daß die Grenzen zwischen Systemen und Netzwerken durchlässig geworden sind und an Schärfe verloren haben, so daß der Bedarf nach einem integrierten System-und Netzwerkmanagement zunimmt.

Dies hat zu einer veränderten Verwaltung der vielen Rechenzentrumsressourcen geführt. Es gibt heute keinen Hersteller, der den Markt für System- und Netzwerkmanagement dominiert. Die Neigung der Anwender hat sich deutlich verringert, bei einem bestimmten Hersteller zu bleiben. Das Gegenteil ist der Fall. Die Unternehmen streben danach, ihren EDV-Investitionswert zu maximieren.

In den letzten Jahren haben Größe und Komplexität der Systeme und Netzwerke ständig zugenommen. Im gleichen Maße stiegen die Anforderungen an ihre Verfügbarkeit, Reaktionsschnelligkeit und Sicherheit. Von den EDV-Managern werden heute permanent verfügbare und extrem zuverlässige Systeme mit hoher Funktionalität erwartet. Sehr häufig werden Servicegrad-Vereinbarungen zwischen der EDV-Abteilung und dem Endbenutzer geschlossen. Die vom Rechenzentrum verwalteten Ressourcen stellen einen entscheidenden Faktor für den Unternehmenserfolg dar. Entsprechend wichtig sind die Managementfunktionen, um solche permanent verfügbaren, reaktionsschnellen und sicheren Systeme zu realisieren.

Die Verwaltung der anfallenden Informationen ist dabei eine primäre Aufgabe. Zu diesem Zweck ist es sinnvoll, daß eine Unternehmenssicht des Rechenzentrums und der EDV-Ressourcen existiert. Diese Sicht muß sicherstellen, daß die Ressourcen im Hinblick auf ihren Unternehmensnutzen optimal verwaltet werden. Entscheidend ist dabei ein zuverlässiger Service für den Endbenutzer. Alle Glieder der Kette, die aus Host-Systemen, Betriebssystemen, Subsystems und Netzwerkkomponenten besteht und diesen Service liefert, müssen dazu verfügbar sein. Dazu ist die Automatisierung vieler Abläufe notwendig, um den benötigten Verfügbarkeitsgrad zu erreichen.

Um die vielen angesprochenen Aspekte abzudecken, haben einige EDV-Hersteller Strukturen und Konzepte für das System- und Netzwerkmanagement definiert. Die von der IBM vorgeschlagene Strategie heißt SystemView und umfaßt ein breites Spektrum von Funktionen für unternehmensweite Informationssysteme. Die Firma Systems Center hat sich auf die Bereitstellung von Anwendungslösungen für das System- und Netzwerkmanagement spezialisiert und bietet mit seinen Produkten eine einheitliche Befehls- und Steuerungsarchitektur für unterschiedliche Plattformen. Viele Merkmale der SystemsView-Architektur stammen aus der Systems Application Architecture (SAA) sowie aus IBMs veröffentlichter Philosophie über das Open Network Management. Systems Centers Produktlinie Advanced Systems Management umfaßt unter anderem NET/MASTER, SYS/MASTER und INFO/MASTER und repräsentiert das gegenwärtige Produktangebot auf der Basis dieser Architekturen. Diese Anwendungen fügen sich gut in die SystemView-Struktur ein.

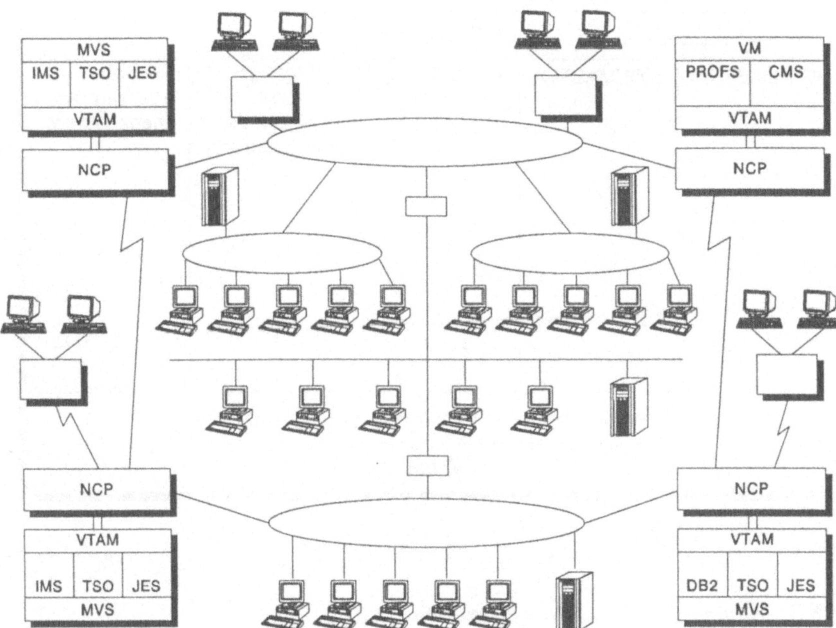

Bild 8.2   Modernes SNA-Netz

Am Beispiel der Produktlinie Advanced Systems Management werden in diesem Buch die Möglichkeiten des modernen System- und Netzwerkmanagements dargestellt.

8.1   Advanced Systems Management-Konzept

Das Advanced Systems Management-Konzept beschreibt eine Software-Familie für umfassendes System- und Netzwerkmanagement. Die zugehörigen Produkte können einzeln oder gemeinsam in das Host-System implementiert werden. Jedes einzelne Produkt deckt bestimmte System- oder Netzwerkmanagementanforderungen in Ein- und Mehrdomänennetzwerken ab. So werden der NET/MASTER für Netzwerküberwachung und -steuerung, der SYS/MASTER für automatisierte Systemüberwachung und -steuerung und der INFO/MASTER für Informationsmanagement eingesetzt. Zusätzliche Produkte sind für Zugangs- und Sicherungsmanagement sowie für dateiorientierte Datenübertragung verantwortlich.

An das heutige System- und Netzwerkmanagement werden folgende Anforderungen gestellt:

MVS, VM oder VSE				
NET/MASTER	SYS/MASTER	INFO/MASTER	Zugangs- und Sicherheits- management	Daten- übertragungs- management
Advanced Systems Management-Basiskomponente				
VTAM				

Bild 8.3   Advanced Systems Management-Konzept

System- und Netzwerkmanagement

- System-Operating
- Subsystemoperating
- Netzwerk-Operating
- Remote Operating
- Ressourcenüberwachung
- Antwortzeitüberwachung
- Session-Überwachung
- Kaufmännische Abrechnungsdaten

Automatisierung

- Regelbasiert
- Ereignisgesteuert
- Zeitgesteuert

Informationsmanagement

♦ Konfigurationsmanagement
Bestimmung physischer Ressourcen
Bestimmung logischer Beziehungen

♦ Problemmanagement
Problembestimmung
Problemdiagnose
Problemlösung

♦ Änderungsmanagement
Software-Änderung
Hardware-Änderung
Microcode-Änderung

♦ Berichtsgenerator

Zugangs- und Sicherheitsmanagement

♦ Netzwerkzugangskontrolle

♦ Netzwerksicherheit

♦ Gestaltung von Benutzeroberflächen

♦ Schneller Session-Wechsel (Session-Umschaltung)

♦ Broadcasting

♦ Elektronische Post

Datenübertragungsmanagement

♦ File Transfer

♦ Softwareverteilung

Alle Produkte des Advanced Systems Management-Konzepts nutzen eine gemeinsame Basiskomponente, zu der u.a. die folgenden Elemente gehören:

♦ **Operator Control Services**
Operator Control Services (OCS) bietet eine einheitliche Konsolanzeige für die Steuerung der Betriebssysteme, der Subsysteme und des Netzwerkes. Damit kann der System- und Netzwerkverantwortliche auf alle Ereignisse in seinem Verantwortungsbereich reagieren. In einem Mehrdomänennetzwerk können auch die fremden Domänen über eine zentrale OCS-Konsole erreicht werden. Zusätzlich bietet das Werkzeug Filter für Subsystems- und VTAM-Meldungen. Damit können bestimmte Meldungen direkt an Network Control Language-Prozeduren weitergereicht, dort analysiert und automatisch beantwortet werden.

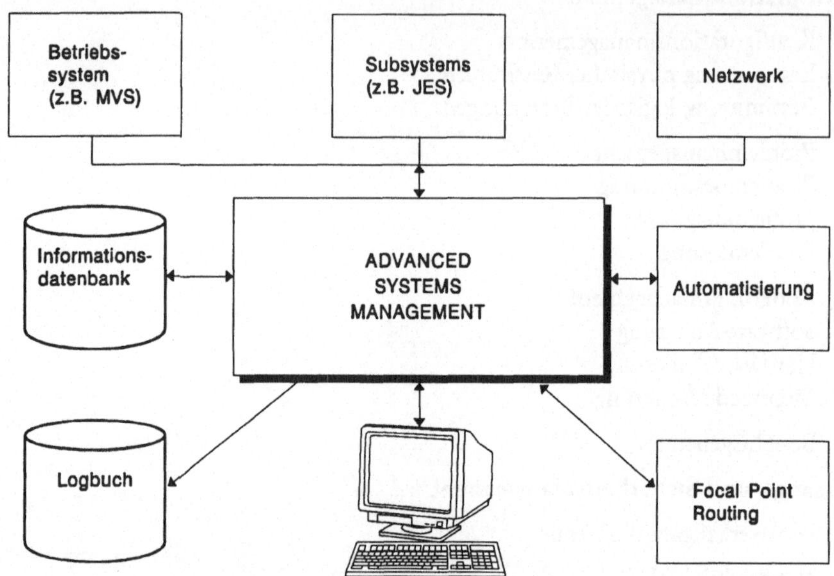

Bild 8.4   Kontrolle über alle System- und Netzwerkereignisse

♦ **Network Control Language**

Die Network Control Language (NCL) ist eine Programmiersprache der 4. Generation, die speziell für Systemprogrammierer konzipiert wurde. NCL unterstützt VSAM-Dateien und liefert Funktionen zur dynamischen Erstellung von Bildschirmmasken. Desweiteren werden Funktionen der Boolschen Algebra, Debugging- und Trace-Möglichkeiten sowie die Zuordnung zwischen Befehl und Rückmeldecode angeboten. Damit können beispielsweise NCL-Prozeduren entwickelt werden, die zeitraubende Aktivitäten des System- und Netzwerkverantwortlichen für Betriebssysteme, Subsystems und Virtual Telecommunications Access Method (VTAM) automatisieren. Ebenso sind kundenspezifische Anpassungen des System- und Netzwerkmanagements realisierbar.

♦ **User Access Maintenance System**

Das User Access Maintenance System (UAMS) überwacht und steuert den Netzwerkzugang der Endbenutzer und legt fest, welche Funktionen der jeweilige Endbenutzer durchführen darf. Dazu steht eine eigene interne Sicherheitsdatenbank oder eine Schnittstelle zu marktüblichen Produkten wie z.B. Remote Access Control Facility (RACF) zur Verfügung.

♦ **Panels und Edit Services**
Mit diesem Werkzeug können Bildschirmmasken interaktiv erzeugt und an die Bedürfnisse unterschiedlicher Benutzer oder Benutzergruppen angepaßt werden.

♦ **Broadcast Services**
Vom zentralen System- und Netzwerkmanagementarbeitsplatz oder von einer Network Control Language-Prozedur können Meldungen an CICS-, TSO- und andere Endbenutzer im Netzwerk übertragen werden. Die Meldungen lassen sich auch automatisch durch bestimmte Netzwerkereignisse auslösen.

♦ **Activity Logging**
Dieses Werkzeug erstellt eine Liste aller System- und Netzwerkereignisse sowie der Benutzeraktivitäten.

♦ **Cross Domain Services**
Die Cross Domain Services ermöglichen in einem Mehrdomänennetzwerk die Kommunikation von einem Host-System zu einem anderen. Damit können Betriebssystem-, Subsystems- und Netzwerkbefehle sowie Dateien übertragen werden.

♦ **Online-Hilfefunktionen**
Advanced Systems Management bietet Online-Hilfefunktionen für die eigenen Produkte sowie für Betriebssysteme (z.B. MVS), Subsystems (z.B. CICS) und für Virtual Telecommunications Access Method.

♦ **Interne und externe Sicherheitsdienste**
Dieses Werkzeug beinhaltet Funktionen für die interne und externe Sicherheit.

Die Elemente der Basiskomponente besitzen direkte Schnittstellen zum Betriebssystem, den Subsystems und der Virtual Telecommunications Access Method.

8.2 SNA-Netzwerkmanagement-Architekturmodell

Das SNA-Netzwerkmanagement-Architekturmodell unterscheidet zwischen Entry Point, Service Point und Focal Point.

Der Entry Point existiert in einem SNA-Knoten und liefert die Netzwerkmanagementdaten der zugehörigen SNA-Ressourcen zum Focal Point. Die Kommunikation zwischen Focal Point und Entry Point basiert auf SNA-Befehlen der Kategorie Function Management Data Network Services.

Service Points unterstützen das zentrale Netzwerkmanagement von Nicht-SNA-Ressourcen. Sie sammeln Netzwerkmanagementdaten von Nicht-SNA-Ressourcen, konvertieren die Daten in SNA-Netzwerkmanagementdaten und leiten diese zum Focal Point weiter. Die Kommunikation zwischen Focal Point und Service Point basiert auf SNA-Befehlen der Kategorie Function Management Data Network Services. Die Kommunikation zwischen dem Service Point und den Nicht-SNA-Ressourcen unterliegt keinen SNA-Regeln.

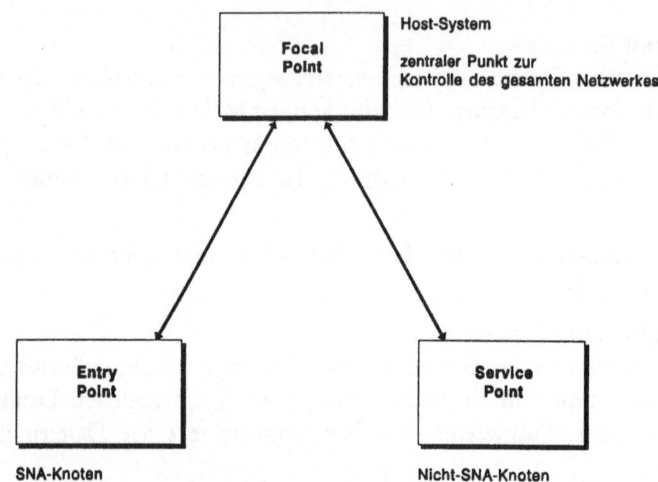

Bild 8.5   SNA-Netzwerkmanagement-Architekturmodell

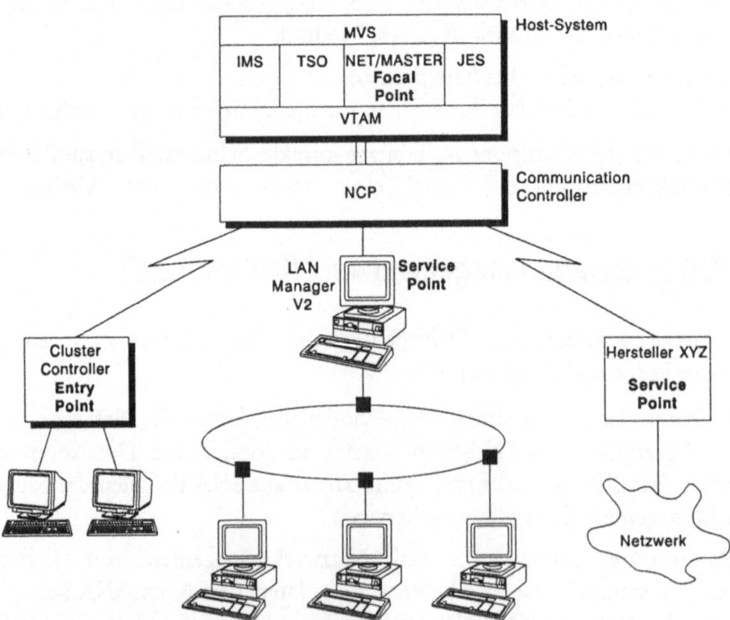

Bild 8.6   NET/MASTER als Focal Point

Der Focal Point residiert üblicherweise in einem Host-System. Er stellt den zentralen Netzwerkmanagementprogrammen vorbereitete und bereinigte Netzwerkmanagementdaten zur Verfügung. Systems Center's NET/MASTER oder IBM's NetView sind Implementierungen eines solchen Focal Points.

8.3 NET/MASTER

Netzwerkmanagementprodukte bieten Lösungen zur Netzwerkautomatisierung, -statusüberwachung und -steuerung sowie für Session-Fehlerdiagnose und kaufmännische Abrechnung. Im Advanced Systems Management-Konzept ist für diesen Themenbereich der NET/MASTER verantwortlich. Mit dem NET/MASTER können viele komplexe Aktivitäten im Bereich des VTAM-Operating automatisiert werden. Das Netzwerk kann in mehrere Bereiche unterteilt und so von verschiedenen System- und Netzwerkverantwortlichen verwaltet werden. Ein Informationssystem liefert Erläuterungen zu allen Netzwerkmeldungen.

Netzwerkautomatisierung und Statusüberwachung

Die Statusüberwachung liefert in Echtzeit eine dynamische Bildschirmanzeige von Ressourcen aus einer oder mehreren Domänen, wobei jede Domäne in einem eigenen Fenster angezeigt wird und die betreffenden Ressourcen durch den System- und Netzwerkverantwortlichen selektiert werden können. Die Bildschirmanzeige wird mit jeder Statusänderung einer Ressource aktualisiert. Eine Verfügbarkeitsanzeige zeigt exakte Informationen darüber, wie lange eine Ressource während eines definierten Zeitraumes verfügbar war. VTAM-Befehlskenntnisse sind für die Bedienung des NET/MASTER nicht zwingend erforderlich.

Die Statusüberwachung verwendet eine einfache, auf Regeln basierende Methode, um Aktionen (z.B. Recovery) zu definieren. Sobald eine Ressource ihren Status ändert, wird automatisch nach der vorher definierten Regel verfahren. So wird z.B. das Recovery einer Netzwerkressource automatisch eingeleitet, sobald der zugehörige SNA-Knoten inaktiv wird und die entsprechende Statusänderung empfangen wurde.

Um eine konsistente Behandlung von wiederkehrenden Netzwerkproblemen sicherzustellen, können Network Language-Prozeduren geschrieben werden, die ein Problem automatisch an das Problemmanagement des INFO/MASTER übergeben.

Session-Fehlerdiagnose

NET/MASTER besitzt Werkzeuge für die Session-Fehlerdiagnose in Ein- und Mehrdomänennetzwerken.

```
NMT31 ---------------------- NODE DISPLAY-PU --------------------------------------------
Node NAME ===> C100020          COMMAND ===>                SCROLL ===> PAGE
NM   NAME ===> NMT31

                                        NET ID..    N/A
    LOGICAL UNITS:(16)          HOST    SUBAREA.    26
    D10ESS00 ACT/S =>                   VTAM...     3.1.1
    D10ESS01 ACTIV              ESSEN   OP SYS..    MVSXA
    D10ESS02 ACT/S
    D10ESS03 ACT/S                      STATUS..    ACTIV       ADJND...   N17L1P1
    D10ESS04 ACT/S             PU T4/5  DESIRED.    ACTIV       ADJND...   N17L1P1
    D10ESS05 ACT/S =>                   SUBAREA.    10          TRACE...   NONE
    D10ESS06 ACT/S             N10R1P1  ADJND...    N17L1P1     VR......   0
    D10ESS07 ACT/S
    D10ESS08 ACT/S                      STATUS..    ACTIV       PRCOL...   SDLC
    D10ESS09 ACTIV              LINE    DESIRED.    ACTIV
    D10ESS10 ACT/S =>                   LNTYP...    LEASED
    D10ESS11 ACT/S             L10002   LNGRP...    G1031
    D10ESS12 ACT/S
    D10ESS13 ACT/S                      STATUS..    ACTIV
    D10ESS14 ACT/S              PU      DESIRED.    ACTIV
    D10ESS15 ACT/S =>                   TRACE...    NONE
  **END**                     C100020
```

Bild 8.7   Statusüberwachung

Der System- und Netzwerkverantwortliche kann auf die Spezifikationen aktiver
und früherer Sessions (Session-Historie) zugreifen. Dazu gehören Angaben über die
Session-Partner, den Session-Typ, Zeitpunkt des Session-Beginns/-Endes, die SNA-
Knotenhierarchie und die Einträge der zugehörigen Class of Service-Tabellen.

Desweiteren wird die Session-Fehlerdiagnose durch einen interaktiven Session
Trace unterstützt. Die Trace-Daten umfassen die SNA-Funktionsschichten 3 - 7
und werden direkt am Arbeitsplatz des System- und Netzwerkverantwortlichen
dargestellt. Damit werden der Transmission Header (TH), der Request/Response
Header (RH), der Function Management Header (FMH) und die Re-
quest/Response Unit (RU) jeder Path Information Unit (PIU) zur Analyse bereit-
gestellt. Als wichtige Ergänzung werden die Parameter des SNA-Befehls BIND auf
dem Bildschirm analysiert.

TH	RH	FMH	RU

Bild 8.8   Path Information Unit

Alle Trace-Daten können zusätzlich mit der Network Control Language verarbeitet
werden. Durch diese Unterstützung können das Session Tracing automatisiert und
kundenspezifisch angepaßt sowie Berichte hinzugefügt werden.

Für weitere Analysen liefert ein Response Time Monitor die Anzahl der Transaktionen und die Antwortzeiten für jede Session.

Kaufmännische Abrechnungsdaten

NET/MASTER liefert aus einem Ein- oder Mehrdomänennetzwerk die notwendigen Informationen für die kaufmännische Abrechnung. Die Daten können z.B. Beginn und Ende einer Session, Anzahl der Path Information Units, Anzahl der Bytes und die durchschnittliche Länge der Request/Response Unit beinhalten. Aufgrund dessen kann eine detaillierte Abrechnung erfolgen.

Grafische Bedieneroberfläche

Innerhalb des Advanced Systems Management-Konzepts stellt der NET/MONITOR eine grafische Schnittstelle für das Netzwerkmanagement dar. Die NET/MONITOR-Workstation kommuniziert mit dem NET/MASTER und stellt die Informationen der Netzwerksteuerung und -überwachung in grafischer Form dar.

LAN-Management

Local Area Networks (LAN) gehören heute wie selbstverständlich zur EDV-Infrastruktur eines Unternehmens. Entsprechend wichtig ist die Einbeziehung in das Netzwerkmanagement. Der NET/MASTER bietet eine vierteilige LAN-Managementstrategie.

♦ Der NET/MASTER bietet die Kommunikation mit dem IBM-LAN-Manager V2, der eine zentrale Netzwerküberwachung und -steuerung für den IBM-Token-Ring oder ein IBM-Breitbandnetzwerk ermöglicht. Der LAN-Manager basiert auf dem Betriebssystem OS/2EE.

♦ Der NET/MASTER unterstützt jedes LAN-Managementsystem, das einen IBM-Service Point darstellt. Zu dieser Kategorie gehören u.a. NetView/PC, der AIX Service Point oder das SNA-Gateway der Firma Novell. Zwischen dem NET/MASTER und dem Service Point ist bidirektionale Kommunikation möglich. Sowohl Meldungen vom LAN, als auch Befehle an das LAN werden übertragen.

♦ Auf der Basis der Advanced Program to Program Communication (APPC, LU 6.2) ermöglicht der NET/MASTER die Kommunikation mit jedem LAN-Managementsystem, das diesen LU-Typ unterstützt. Die Logical Unit (LU) vom Typ 6.2 ermöglicht die Verteilung von Verarbeitungsfunktionen auf die beiden gleichberechtigten Kommunikationspartner.

♦ Darüber hinaus kann der NET/MASTER mit weiteren LAN-Managementsystemen unterschiedlicher Hersteller kommunizieren.

Diese Strategie erlaubt sowohl die Zentralisierung als auch die Verteilung des LAN-Managements.

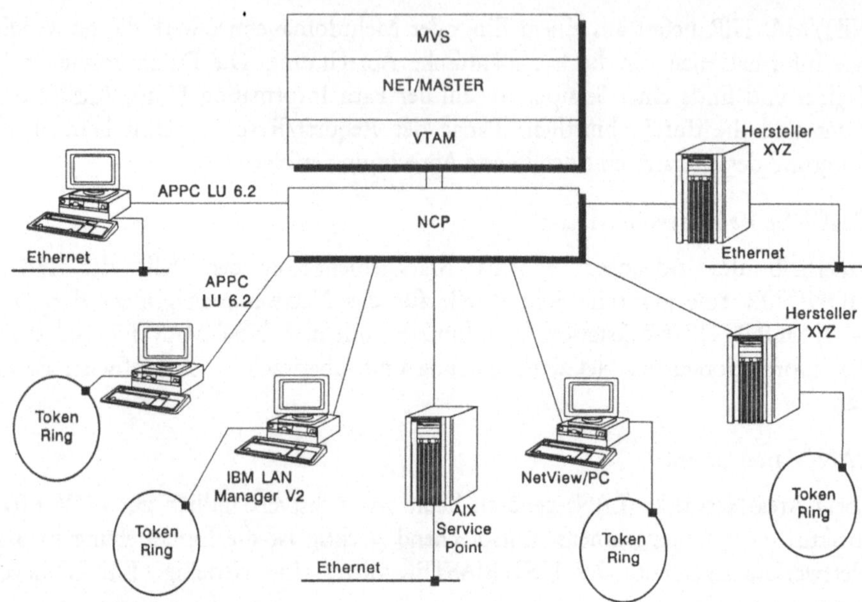

Bild 8.9   LAN-Management

8.4   SYS/MASTER

Systemmanagementprodukte vereinfachen und verbessern die Verwaltung und Steuerung komplexer Host-Systemabläufe. Dabei steht die Automatisierung der Bedienung im Vordergrund. Unternehmen gehen diese Automatisierung in der Regel in drei Stufen an:

♦ Die Automatisierungswerkzeuge erweitern und verbessern die Bedienungsoberfläche. Damit können Kurzbefehle, gefilterte Betriebssystemmeldungen, remote Operating und ein gemeinsamer EDV-Arbeitsplatz für System- und Netzwerkmanagement, in Ein- und Mehrdomänennetzwerken, realisiert werden.

♦ Einfache, sich wiederholende Aufgaben werden automatisiert. Dazu gehört, daß gespeicherte Befehle oder Befehlssequenzen zeitgesteuert abgesetzt werden können und bestimmte Betriebssystemmeldungen zu einer automatischen Routinereaktion führen.

♦ Die letzte Automatisierungsstufe ist vielschichtiger. Zu diesem Zeitpunkt werden die Betriebssystemmeldungen unterschiedlichen Alarmstufen und automatischen Reaktionen zugeordnet. Zusätzlich wird mit Datenbankunterstützung das Konfigurations-, Problem- und Änderungsmanagement weitgehenst automatisiert.

SYS/MASTER bietet die notwendigen Automatisierungswerkzeuge.

System- und Netzwerkmanagement an einem EDV-Arbeitsplatz

Mit SYS/MASTER und NET/MASTER kann der System- und Netzwerkverantwortliche das gesamte Ein- oder Mehrdomänennetzwerk, die Betriebssysteme und die Subsystems von einem einzigen EDV-Arbeitsplatz aus verwalten. Der Standort dieses Arbeitsplatzes ist innerhalb des Netzwerkes frei wählbar. Das Ziel einer solchen Implementierung ist das remote Operating mehrerer Host-Systeme in einem Mehrdomänennetzwerk.

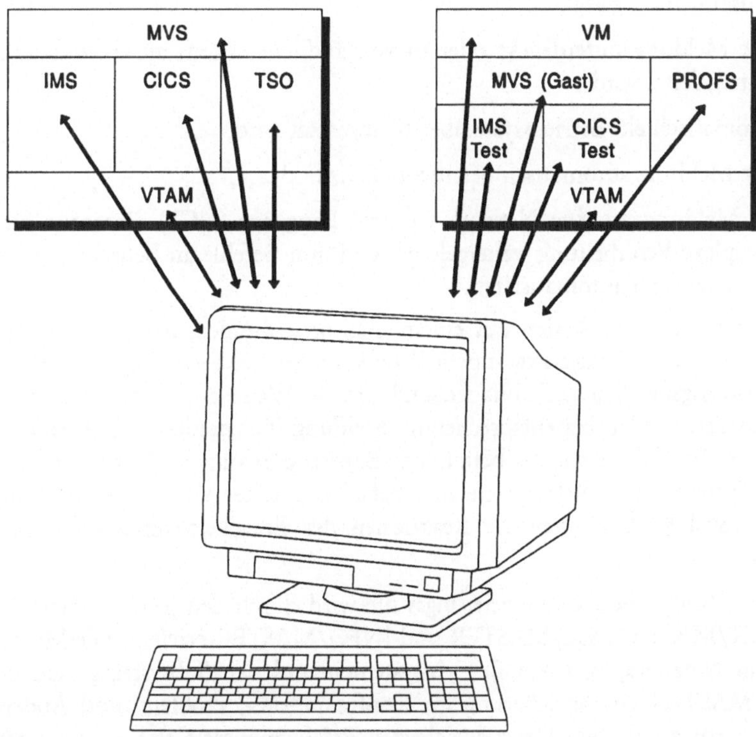

Bild 8.10 System- und Netzwerkmanagement an einem Arbeitsplatz

Kurzbefehle

Kurzbefehle können auf der Basis von Network Control Language (NCL) -Prozeduren erstellt werden. Im einfachsten Fall ist das der Aufruf einer gespeicherten

Befehlssequenz. Komplexere Prozeduren starten asynchrone Hintergrund-Tasks, um unterschiedlichen Anforderungen gerecht zu werden. Diese Tasks laufen parallel und leiten die Antworten an die auslösende Prozedur weiter oder enden sobald die Arbeit abgeschlossen ist. Die NCL-Prozeduren können Befehle an Betriebssysteme, Subsystems, Virtual Telecommunications Access Method (VTAM) und an das Network Control Program (NCP) absetzen, wenn sie mit anderen Produkten des Advanced System Management-Konzepts verwendet werden.

Automatisierung

Das Produkt SYS/MASTER filtert alle Betriebssystemmeldungen und kann dadurch viele Routineaufgaben, die bisher von den System- und Netzwerkverantwortlichen durchgeführt wurden, automatisieren. Mittels Entscheidungstabellen wird am Bildschirm festgelegt, ob:

♦ eine Meldung unterdrückt oder in verständlicher Form an einen Bildschirm weitergeleitet wird,

♦ automatisch ein Betriebssystembefehl abgesetzt wird,

♦ eine Meldung automatisch beantwortet wird oder

♦ die Meldung an eine Network Control Language (NCL) -Prozedur für eine komplexe Verarbeitung weitergeleitet wird, um Befehle an Betriebssysteme und Subsystems zu automatisieren.

Die Automatisierung basiert auf einem nichtprozeduralen, regelbasierten System. Der System- und Netzwerkverantwortliche kann sein Expertenwissen in Form von Entscheidungstabellen auf einfache und präzise Weise am Bildschirm eingeben. Die Tabellen werden bei entsprechender Meldung interpretiert und arbeiten dann in der gleichen Weise, wie der betreffende Experte dies tun würde, wenn er sich mit einem System- oder Netzwerkereignis befassen müßte. Vor der Ausführung im Produktionsbetrieb können die Reaktionen der Entscheidungstabellen simuliert werden.

Die höchstmögliche Automatisierungsstufe wird durch den gemeinsamen Einsatz von NET/MASTER, SYS/MASTER und INFO/MASTER erreicht. Die Meldungen aus dem Netzwerk, von den Betriebssystemen und den Subsystems werden dem INFO/MASTER zur Speicherung im Konfigurations-, Problem- und Änderungsmanagement angeboten. Die gespeicherten Erfahrungswerte stehen aber auch für qualifizierte Reaktionen auf Meldungen zur Verfügung.

```
NMT31  ------------------------ AOM/ESF: Message Validation ----------------------------------
COMMAND ===>                                                    STATUS ===> ACTIVE

MESSAGE RECOGNITION TRIGGER Generic term (*) and wildcards (?) accepted

MESSAGE ID ===> IFB060E          JOB NAME ===>             JOB ID ===>

ENVIRONMENTAL RESTRICTIONS       SYSTEM ID ===>            (Message Prefix)

              MON TUE WED THU FRI SAT SUN
ON DAYS --->   Y   Y   Y   Y   Y   Y   Y
RANGE1-BETWEEN TIME1===> 00.00.01    RANGE2-BETWEEN  TIME3===>
               TIME2===> 24.00.00                    TIME4===>

MESSAGE TEXT ANALYSIS(Default scan is on entire msg text, def operand in AND)

    Start     Word      Scan      Identify the Relationship eg: (1 and 3) or (2 and 4)
    Pos       Number    Text      RELID ===> 1 AND 2 AND 3
1             002       SYS1.LOGREC
2             003       NEAR
3             004       FULL C100020
4
5
```

Bild 8.11 Regelbasierte Automatisierung

8.5 INFO/MASTER

Systeme und Netzwerke werden immer größer und komplexer. Daher ist ein Zugriff auf alle zugehörigen, aktuellen Informationen notwendig, um die gesamte EDV-Umgebung effizient zu verwalten. Neben dem Management der Konfigurationen (Configuration Management), Probleme (Problem Management) und Änderungen (Change Management) ist dabei die alltägliche Unterstützung des System- und Netzwerkverantwortlichen eine wichtige Aufgabe. Idealerweise sollte das dazu benötigte, datenbankorientierte Informationssystem vollständig mit den System- und Netzwerkmanagementprogrammen integriert sein.

INFO/MASTER liefert den Benutzern dieses Informationssystem mit entsprechenden Anwendungsprogrammen. Damit Abläufe in den Betriebssystemen, den Subsystems und im Netzwerk automatisiert und optimal gesteuert werden können, ist INFO/MASTER nahtlos mit SYS/MASTER und NET/MASTER integriert. Wenn alle drei Anwendungen zusammen eingesetzt werden, bieten sie einen direkten Zugriff auf System- und Netzwerkdaten, die für das Konfigurations-, Problem- und Änderungsmanagement genutzt werden können. INFO/MASTER besitzt einen leistungsfähigen Berichtsgenerator (Report Writer), mit dem die umfangreichen Informationen der Datenbanken organisiert und in aussagekräftiger Form dargestellt werden können.

Konfigurationsmanagement

Das Konfigurationsmanagement dient der Inventarisierung physikalischer Netzwerkkomponenten und deren logischer Beziehung in Ein- und Mehrdomänennetzwerken. Dazu werden Informationen wie z.B. Hersteller, Lieferant, Modell, Standort, Telefonnummer und Wartungsstatus erfaßt und in der Konfigurationsdatenbank gespeichert. Mit der Unterstützung durch Network Control Language-Prozeduren kann INFO/MASTER automatisch die Konfigurationsdatenbank, mit bereits in den Systemen und im Netzwerk definierten Informationen, aktualisieren. Zum Beispiel können mit SNA-Befehlen Konfigurationsdaten von Physical Units (PU) im Netzwerk abgerufen und zur Aktualisierung der Datenbank verwendet werden.

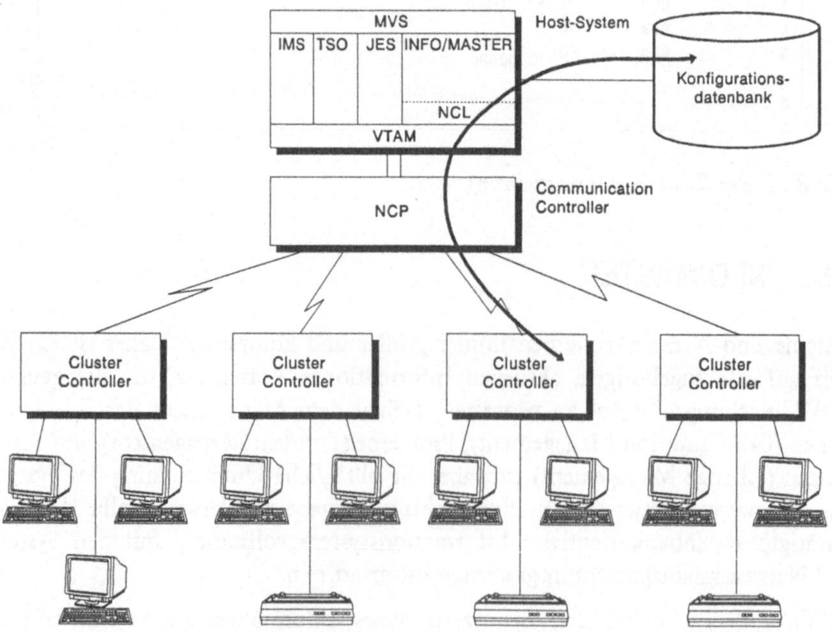

Bild 8.12 Dynamische Aktualisierung der Konfigurationsdatenbank

Problemmanagement

Das Problemmanagement sammelt Fehler- und Diagnosedaten aus dem System- und Netzwerkbereich in der Problemdatenbank und stellt passende Lösungsvorschläge zur Verfügung. Aufgrund der vollständigen Integration mit SYS/MASTER und NET/MASTER werden alle Probleme protokolliert, jedoch werden Problemmeldungen nur für diejenigen Probleme erzeugt, die nicht automatisch gelöst werden. Die Problemmeldungen können nach Schwierigkeit, Art, Datum, Zeit und weiteren Kriterien aufgelistet und ausgewertet werden.

Änderungsmanagement

Das Änderungsmanagement befaßt sich mit dem Grund, der Planung, der Realisierung, der Berechtigung und der Protokollierung der Hard- und Software-Änderungen in System- und Netzwerkkonfigurationen. Es kann in das Konfigurations- und Problemmanagement integriert werden.

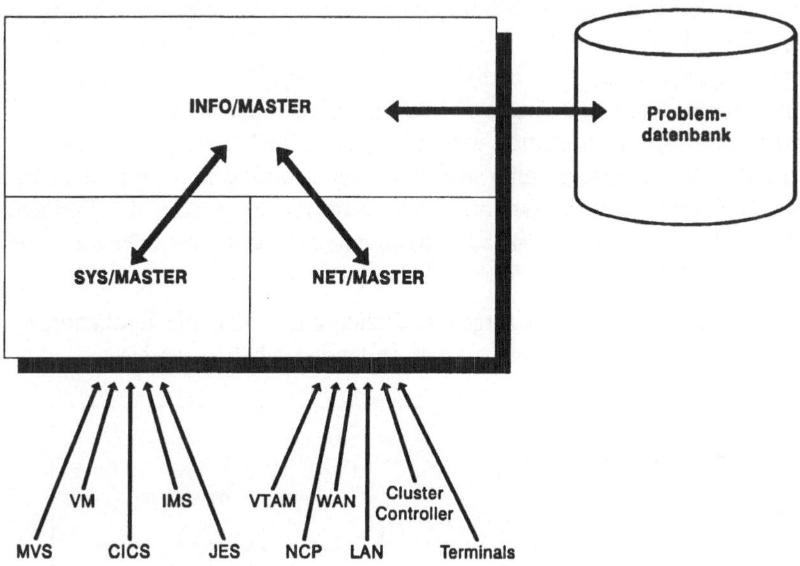

Bild 8.13 Erfassung der System- und Netzwerkprobleme

8.6 Zugangs- und Sicherheitsmanagement

Mit der Ausdehnung des Systems und des Netzwerkes steigt die Anzahl der Anwendungsprogramme und das Potential des illegalen Netzzugriffs. Damit wird der gesicherte Netzwerkzugang ein wichtiges Thema.

In vielen Fällen können die Endbenutzer direkt versuchen, ein Anwendungsprogramm bzw. Subsystem zu nutzen, ohne Software-Sicherheitssysteme passieren zu müssen. Das Erraten der notwendigen Namen im Host-Systemumfeld wird häufig einfach gemacht. Sicherheit bietet hier die Eingabe einer gültigen Benutzeridentifikation und eines Paßwortes. Konträr dazu steht der Wunsch der Endbenutzer, möglichst einfach, z.B. menügesteuert, die gewünschten Anwendungsprogramme und Subsystems zu nutzen.

Mit dem Zugangs- und Sicherheitsmanagement vereinfacht das Advanced Systems Management-Konzept den Zugang in das Netzwerk; gleichzeitig wird das Netzwerk vor Endbenutzern ohne Zugangsberechtigung geschützt. Die Sicherheitsüberwachung erfolgt durch die zugehörige Sicherheitsdatenbank oder durch marktübliche Sicherheitssysteme wie z.B. Remote Access Control Facility (RACF) oder TOP SECRET.

Jedem Endbenutzer wird, basierend auf seinem Zugangsberechtigungsprofil, ein Menü aller Anwendungen und Subsystems zur Auswahl angezeigt, auf die er zugreifen darf. Dieses Menü ist individuell auf einzelne Endbenutzer oder Benutzergruppen zugeschnitten und enthält nur die Anwendungsprogramme und Subsystems, die aufgrund der Zugangsberechtigung auf lokalen oder externen (Cross Domain) Host-Systemen genutzt werden können. Das Menü gibt die Alias-Namen für die Anwendungsprogramme und Subsystems und den jeweiligen Status an. Durch Betätigen einer Programmfunktionstaste (PF-Taste) kann der Endbenutzer ein Anwendungsprogramm, ein Subsystem, eine Hilfefunktion oder die optionale elektronische Post auswählen.

Die Broadcasting-Funktionen sorgen zusätzlich dafür, daß die Endbenutzer über den System- und Netzwerkstatus auf dem laufenden gehalten werden.

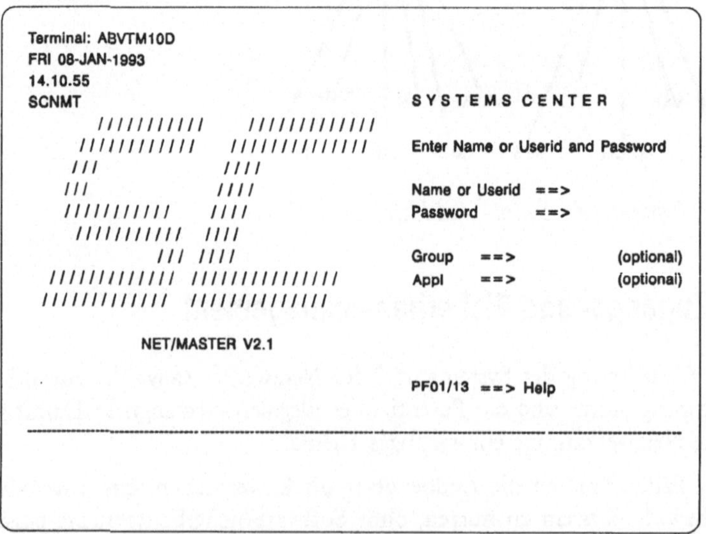

Bild 8.14 Schutz vor Endbenutzern ohne Zugangsberechtigung

```
Terminal: ABVTM10D        PFkey     Application     Status

Date: FRI 08-JAN-1993
                          01/13     HELP            ACTIVE
Time: 14.11.20            02/14     TSO             ACTIVE
                          03/15     LOGOFF          ACTIVE
User: BC08
                          04/16     PROFS           ACTIVE
Name: Hans Schuhmacher    05/17     TSOTEST         82/200
                          06/18     IMS             ACTIVE

                          07/19     CICS            ACTIVE
                          08/20     JES             ACTIVE
                          09/21     MASYS           ACTIVE
       SYSTEMS CENTER
                          10/22     BBNEWS          ACTIVE
       NET/MASTER         11/23     CHG-PSWD        ACTIVE
                          12/24     MAILBOX         POSTED


There will be a scheduled system outage on January 11, 1993 from 22:00 to 23:30
```

Bild 8.15 Anwendungsorientiertes Menü

Berechtigten Endbenutzern wird die Möglichkeit geboten, durch Betätigung einer einzelnen, vordefinierten Taste zwischen mehreren gleichzeitig aktiven Sessions hin und her zuschalten. Damit ist ein schneller Session-Wechsel ohne zeitaufwendige An- und Abmeldeprozeduren möglich.

Die Endbenutzer können über die optionale elektronische Post miteinander kommunizieren. Diese Anwendung läuft direkt unter Virtual Telecommunications Access Method (VTAM); eine Anmeldung bei Time Sharing Option (TSO), Customer Information and Control System (CICS) oder Conversational Monitoring System (CMS) ist deshalb nicht erforderlich. Mit Hilfe der elektronischen Post können die Endbenutzer Briefe schreiben, Kommentare zu Briefen hinzufügen und das Ganze an bestimmte Endbenutzer oder Verteilergruppen senden.

8.7 Datenübertragungsmanagement

Dateiorientierte Datenübertragung gehört heute zum Standard eines Rechenzentrums. Problematisch aber wird es immer dann, wenn Daten zwischen unterschiedlichen Betriebssystemen mit unterschiedlicher Dateiorganisation ausgetauscht werden sollen.

Das Datenübertragungsprogramm des Advanced Systems Management-Konzepts bietet eine schnelle und effiziente Übertragung von großen Datenbeständen in einem Ein- oder Mehrdomänennetzwerk. Es kann von der Network Control Language (NCL) gesteuert werden, um den gesamten Ablauf der Übertragung zu automatisieren und bei Bedarf bedienerlos zu gestalten.

Die Datenübertragung ist für unterschiedliche Plattformen wie z.B. MVS, VM, VSE, VMS, OS/400, OS/2, MS-DOS und Tandem Guardian realisiert. Die eventuell notwendige Konvertierung bei der Übertragung zwischen ungleichen Betriebssystemen wird vom Datenübertragungsprogramm durchgeführt. Der Endbenutzer kann durch entsprechende Befehle den Zeitpunkt der Übertragung definieren und damit eine tarifgünstige Zeit wählen. Zeitkritische Netzwerkaktivitäten wie z.B. die Übertragung großer Dateien, Anwendungsprogramme oder Jobs können zeitgesteuert automatisiert und damit auf unkritische Zeitpunkte verlegt werden. Während der Übertragung werden Checkpoints aufgezeichnet, die im Falle von Übertragungsproblemen für Recovery- bzw. Restart-Funktionen genutzt werden. Das Datenübertragungsprogramm kann bis zu 32 gleichzeitige Mehrfachverbindungen aufbauen und verwalten.

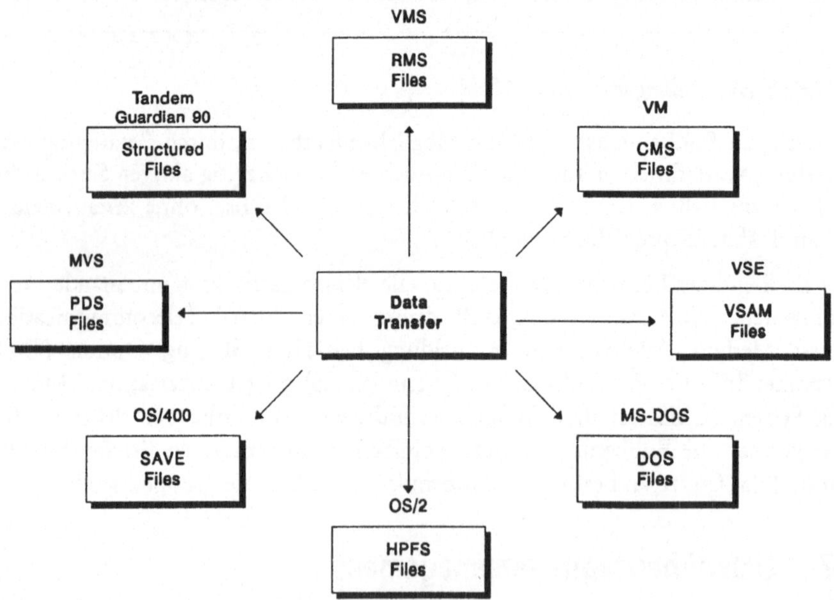

Bild 8.16 Datenübertragung zwischen unterschiedlichen Betriebssystemen

Alle Übertragungsaktivitäten werden in entsprechenden Statistiken für Sicherheits-, Revisions- und Buchhaltungszwecke festgehalten. Damit die Daten während der Übertragung geschützt sind und die Integrität gewahrt ist, arbeitet das Datenübertragungsprogramm mit den marktüblichen Sicherheits-Subsystems wie z.B. Remote Access Control Facility (RACF) zusammen. Die Sicherheits-Subsystems können über Exit Points auf Funktionen und Daten des Programms zugreifen. Desweiteren werden alle versuchten Sicherheitsverletzungen protokolliert.

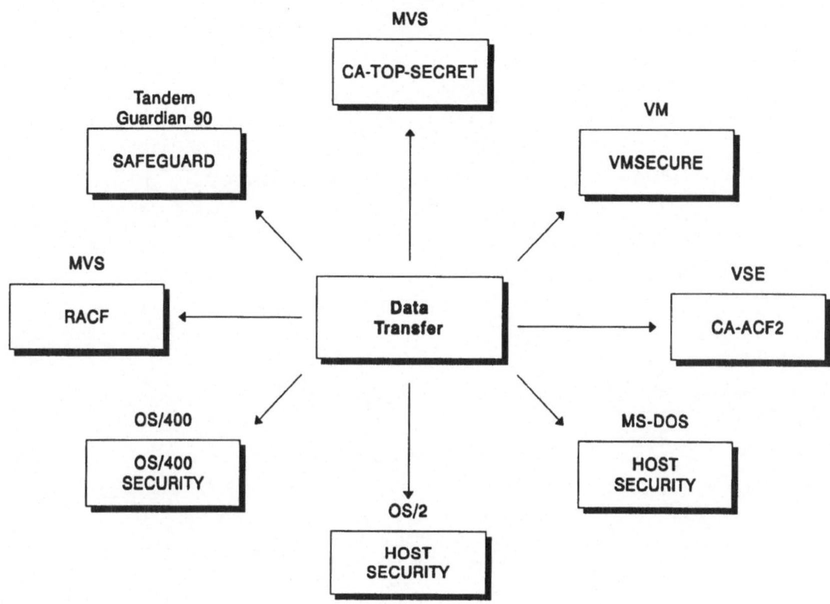

Bild 8.17 Zusammenarbeit mit den marktüblichen Sicherheits-Subsystems

9 APPC und Logical Unit 6.2

Bisher haben wir das SNA-Netzwerk als ein am zentralen Host Node orientiertes Netzwerk kennengelernt. Solch ein hierarchisches Netzwerk ist durch folgende Eigenschaften geprägt:

- Der Host Node ist innerhalb einer SNA-Domäne verantwortlich für die Steuerung und Überwachung des gesamten Netzwerkes. Die Zugriffsmethode VTAM nimmt über SSCP-Control Sessions diese Aufgabe wahr. Nichts passiert in einem SNA-Netzwerk ohne Zustimmung und Wissen von VTAM. Ein peripherer Knoten muß jede Zustandsänderung über eine Control Session an VTAM melden.

- Eine Anwendungs-Session ist nur zwischen einer Logical Unit des Host Nodes und einer Logical Unit eines peripheren Knotens möglich. Die Primary Logical Unit (PLU), die eine LU-LU-Session auf- und abbauen darf, residiert im Host Node. Die LU eines peripheren Knotens ist grundsätzlich eine Secondary Logical Unit (SLU) und kann von sich aus keine Sessions aktivieren.

- Die SNA-Endbenutzer, die über eine PLU-SLU-Session miteinander kommunizieren, sind nicht gleichberechtigt. Bei den SNA-Endbenutzern des Host Nodes handelt es sich um „intelligente" Anwendungsprogramme, die SNA-Endbenutzer peripherer Knoten sind in der Regel Geräte (mit oder ohne Bediener) wie Bildschirme, Drucker oder Diskettenstationen. Dies spiegelt sich auch in den verwendeten LU-Session-Typen wieder.

- Die in einem hierarchischen SNA-Netzwerk verwendeten LU-Session-Typen definieren gerätebezogene Datenströme. Die bei den LU-Session-Typen 1 und 3 benutzten Datenströme werden bei batch-orientierter Kommunikation zwischen Host-Applikationen und entfernt stehenden Geräten benutzt (z.B. JES-Druckdaten, die auf dem Drucker einer RJE-Datenstation ausgegeben werden). Der SNA Character Stream (SCS) wird bei Sessions vom LU-Typ 1 verwendet und der 3270-Datenstrom für Drucker bei Sessions vom LU-Typ 3. Der Datenstrom beim LU-Session-Typ 2 ist der 3270-Datenstrom, der für die Kommunikation zwischen einer Host-Applikation und einem 3270-Bildschirm verwendet wird.

- Da Logical Units peripherer Knoten nur Sessions mit LUs eines Host Nodes eingehen können, ist es für die SNA-Endbenutzer zweier peripherer Knoten unmöglich, direkt miteinander zu kommunizieren.

- Periphere Knoten vom PU-Typ 2.0 können nur eine Leitung (Link) in Richtung Host Node bedienen. Entweder sind diese Knoten über den Kanal direkt mit dem Host Node verbunden oder über einen SDLC-Link mit einem Communication Controller Node. Ein peripherer Knoten kann weder Sessions noch die Leitungsverbindung aktiv aufbauen. In einem Knoten vom PU-Typ 2.0 residiert immer die Secondary Link Station (SDLC-Slave). Die Primary Link Station (SDLC-Master) findet man im Communication Controller Node.

Heute werden immer weniger die klassischen Gerätesteuereinheiten (Cluster Controller Nodes), sondern programmierbare Computersysteme wie PCs und Workstations als periphere SNA-Knoten eingesetzt. Für die Kommunikation mit dem Host Node wird per Software das Verhalten der entsprechenden Gerätesteuereinheiten nachgebildet (emuliert). Mit dem Einsatz „intelligenter" Systeme vor Ort wurden bei den Anwendern natürlich auch entsprechende Wünsche nach erweiterten Kommunikationsmöglichkeiten innerhalb der SNA-Netzwerkarchitektur geweckt:

♦ Kommunikation zwischen SNA-Endbenutzern unterschiedlicher peripherer Knoten,

♦ Links zwischen peripheren Knoten,

♦ Kommunikation ohne zentrale Kontrolle des Host Nodes,

♦ Aufbau eines Netzwerkes ohne Host Node und gleichberechtigte Kommunikation,

♦ keine gerätebezogene Kommunikation, sondern echte Programm-zu-Programm Kommunikation mit dem Ziel der verteilten Datenverarbeitung (Distributed Transaction Processing).

Um diesen Anforderungen gerecht zu werden, wurde ein neuer SNA-Knoten-Typ und ein neuer LU-Typ definiert. Diese SNA-Architekturerweiterungen, die auch unter dem Namen Advanced Program To Program Communications (APPC) bekannt sind, wurden 1984 vorgestellt.

9.1   Knoten vom Typ 2.1 und Logical Unit vom Typ 6.2

Der Knoten vom Typ 2.1 (T 2.1 Node) ist ein Peripheral Node, der jedoch im Unterschied zu Knoten vom Typ 2.0 (Cluster Controller Node) auch direkte Leitungsverbindungen (Links) zu anderen peripheren Knoten vom Typ 2.1 unterhalten kann. Ein T2.1 Node ist nicht abhängig von der Unterstützung und Kontrolle durch die Boundary Function eines Subarea Nodes. Ein T2.1 Node kann, und das ist ein wichtiger Unterschied zu Knoten vom Typ 2.0, gleichzeitig mehrere Links zu anderen Knoten haben. Damit können Knoten vom Typ 2.1 miteinander ohne die Unterstützung und Kontrolle des zentralen Host Nodes kommunizieren und es können Netzwerke ohne Host Node und Communication Controller Nodes konfiguriert werden.

Die Logical Unit vom Typ 6.2 (LU 6.2) unterstützt nicht mehr die gerätebezogene Kommunikation, sondern ausschließlich die gleichberechtigte Programm-zu-Programm Kommunikation. Die wichtigsten Ziele bei der Entwicklung der LU 6.2 waren:

- Unterstützung vollständiger und gleichberechtigter Programm-zu-Programm Kommunikation und zwar unabhängig von dem Typ der miteinander kommunizierenden SNA-Knoten,

- in die LU integrierte Programmierschnittstelle (API; Application Program Interface), über die Anwendungsprogramme auf die Dienste der LU 6.2 zugreifen können,

- ein vollständig definierter Satz von Aufrufen (Verbs), die alle Kommunikationsanforderungen der Anwendungsprogramme befriedigen (Starten von Programmen, Senden, Empfang, Recovery, Accounting, Unterbrechung etc.),

- hohe Abstraktionsstufe, damit Anwendungsprogramme frei von „SNA-Internas" entwickelt werden können,

- Zugriff auf die Programmierschnittstelle der LU 6.2 über höhere Programmiersprachen wie COBOL oder C,

- Möglichkeit der effizienten Implementierung auf unterschiedlichster Hardware- und Betriebssystemplattform,

- Aufteilen des vollen LU 6.2-Funktionsumfanges auf funktionale Subsets, um unterschiedlichen Kommunikationsanforderungen gerecht zu werden,

- Definition eines einheitlichen Basisfunktionsumfanges, den jede LU 6.2-Implementierung aufweisen muß.

9.2 APPC und LU 6.2

Gemäß der SNA-Architektur werden die Funktionen der LU 6.2 durch die obersten vier SNA-Funktionsschichten Transmission Control (TC), Data Flow Control (DFC), Presentation Services (PS) und Transaction Services (TS) definiert. SNA-Endbenutzer, die auf die Dienste der LU 6.2 zugreifen, sind ausschließlich Anwendungsprogramme.

Distributed Transaction Processing

Durch die logische Kommunikation zwischen Anwendungsprogrammen, die entweder innerhalb eines Knotens oder auf unterschiedlichen und über das Netzwerk miteinander verbundenen Knoten ablaufen, eröffnet sich die Möglichkeit der verteilten Transaktionsverarbeitung (Distributed Transaction Processing).

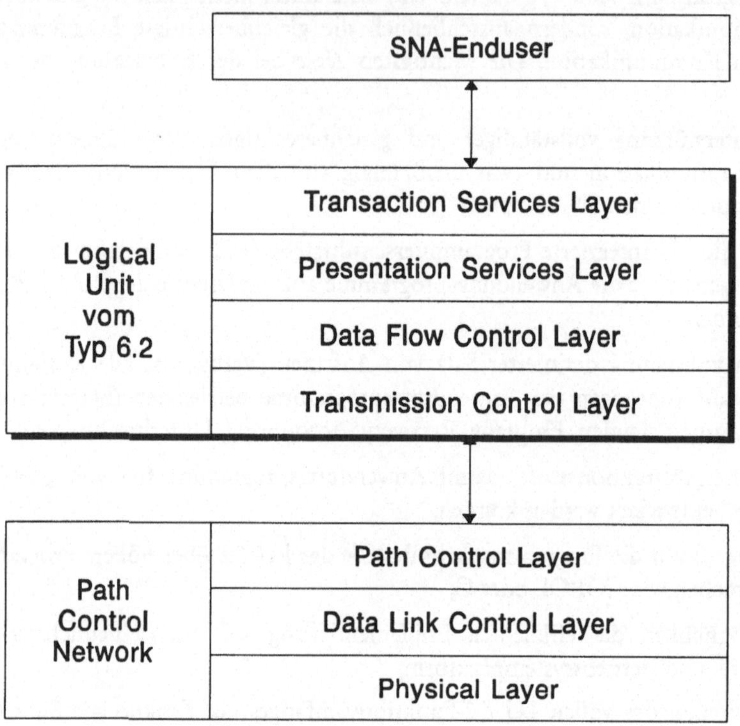

Bild 9.1   LU 6.2-Funktionsschichten

Innerhalb einer verteilten Transaktion wird eine definierte Aufgabe vollständig abgearbeitet. Die an der Ausführung beteiligten Programme sind im Netzwerk verteilt. Für die Realisierung der gewünschten Funktion arbeitet das lokale Programm mit seinen eigenen lokalen Ressourcen (Terminals, Datenbanken, Dateien etc.) und kooperiert mit anderen Programmen, um auf deren Ressourcen zugreifen zu können. Zu diesem Zweck wird zwischen den an der Transaktion beteiligten Programmen eine (beliebige) Menge von Informationen, Anforderungen und Statusmeldungen ausgetauscht. Sind an einer Transaktion mehrere im Netz verteilte Programme beteiligt, so spricht man auch von Distributed Data Processing.

Ein einfaches Beispiel für eine verteilte Transaktion ist der Zugriff eines Terminal-Operators auf eine remote gelegene Datenbank. Die Transaktion ist erst vollständig durchgeführt, wenn der Operator die Antwort auf seine Abfrage auf dem Bildschirm hat. Um das zu erreichen, müssen im lokalen und entfernten System mehrere Verarbeitungsschritte abgearbeitet werden.

Die Abfrage des Terminal-Operators muß vom lokalen Programm entgegengenommen und zum Partner-Programm transportiert werden. Dieses ist für den

Datenbankzugriff verantwortlich. Ist die gesuchte Information gefunden, so wird sie an das lokale Programm gesendet. Das lokale Programm gibt im letzten Schritt der Transaktion die Information auf dem Bildschirm aus.

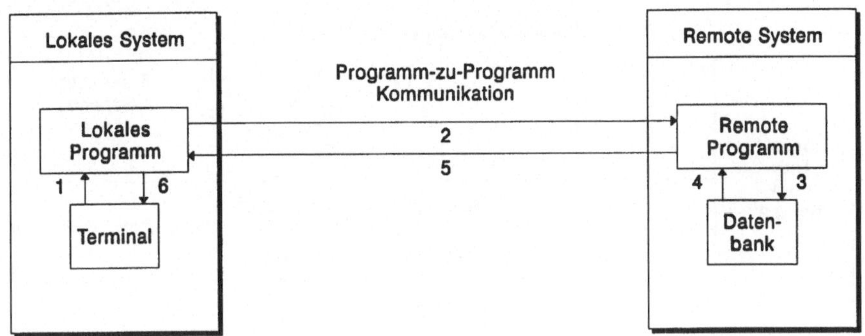

Bild 9.2　Distributed Transaction Processing

Transaction Program

Anwendungsprogramme, die auf die Dienste der LU 6.2 zugreifen, werden Transaktionsprogramme (Transaction Program) genannt. Es werden zwei Gruppen von Transaktionsprogrammen (TP) unterschieden, Application Transaction Programs (ATP) und SNA-Service Transaction Programs (STP).

SNA-Service Transaction Programs stellen erweiterte Netzwerkdienste zur Verfügung, auf die endbenutzerorientierte Anwendungsprogramme zugreifen können. Service Transaction Programs sind fest in SNA definiert und realisieren im SNA-Schichtenmodell die Funktionsschicht der Transaction Services (Layer 7). Ein Service Transaction Program setzt entweder direkt auf den Presentation Services der LU 6.2 oder auf der Schnittstelle zu einem weiteren Service Transaction Program auf. Von der IBM definierte SNA-STPs sind z.B. SNADS (SNA Distribution Services), DIA (Document Interchange Architecture) und DDM (Distributed Data Management).

Ein Application Transaction Program ist ein Programm, das in der Regel in einer höheren Programmiersprache geschrieben ist und entweder direkt auf den Presentation Services der LU 6.2 oder auf einem Service Transaction Program aufsetzt. Ein Application Transaction Program stellt gemäß dem SNA-Schichtenmodell den SNA-Endbenutzer dar.

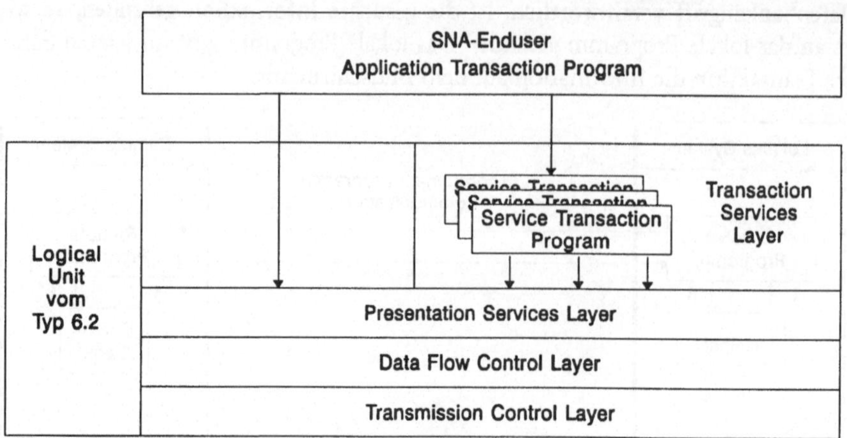

Bild 9.3   LU 6.2-Transaction Program

Die LU 6.2 stellt Dienste zur Verfügung, die von Transaktionsprogrammen genutzt werden, um eine verteilte Transaktion zu realisieren:

♦ Kommunikation: Die LU 6.2 bietet einem Transaktionsprogramm alle Dienste an, die notwendig sind, um mit anderen Transaktionsprogrammen zu kommunizieren.

♦ Verteiltes Fehler-Management: Die LU 6.2 unterstützt Transaktionsprogramme beim verteilten Fehler-Management (Error Recovery). Die in der LU 6.2 implementierten Protokolle gewährleisten die Informationsintegrität über einen Multi-Resource-Bereich und reagieren im Falle eines Kommunikationsfehlers.

♦ Resource Management: Die LU 6.2 koordiniert den Zugriff von Programmen auf Ressourcen, die innerhalb der verteilten Transaktion benötigt werden. Solche Ressourcen können z.B. Terminals, Datenbanken, Message-Queues und Sessions zu anderen Logical Units sein.

LU 6.2-Application Program Interface

Integraler Bestandteil der LU 6.2 ist eine Programmschnittstelle (Application Program Interface), über die Transaktionsprogramme auf die LU 6.2 zugreifen können. Dabei kann eine LU 6.2 gleichzeitig mehrere Transaktionsprogramme unterstützen. Jede Implementierung der LU 6.2 stellt einen fest definierten und durch SNA standardisierten Satz von Aufrufen zur Verfügung. Diese Aufrufe, über die Transaktionsprogramme mit der LU 6.2 kommunizieren, werden LU 6.2-Verbs genannt.

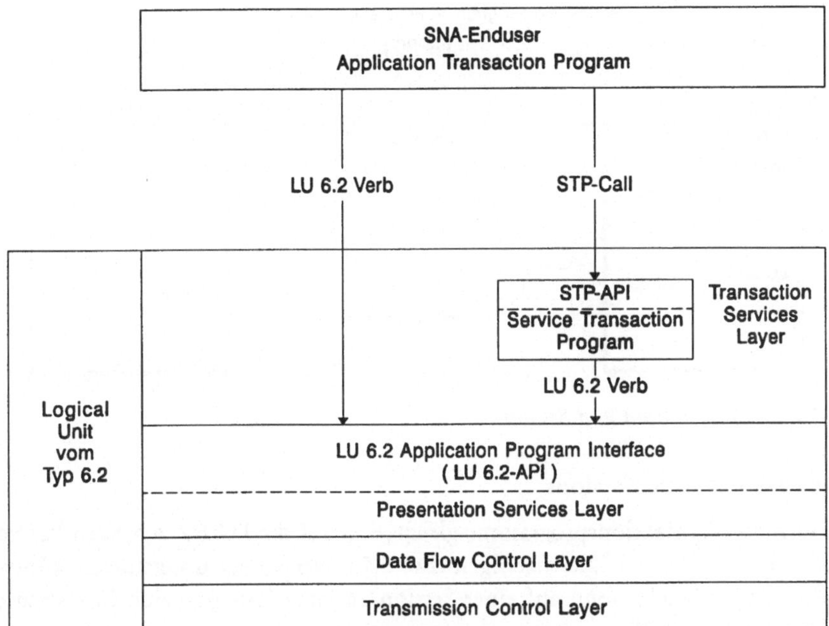

Bild 9.4   LU 6.2-Application Program Interface

Die LU 6.2 ermöglicht über ihr integriertes Application Program Interface (LU 6.2-API) die Kommunikation zwischen Transaktionsprogrammen. Da die LU 6.2 ausschließlich Programm-zu-Programm Kommunikation unterstützt, spricht man in diesem Zusammenhang von Advanced Program To Program Communication (APPC). In der Literatur wird das LU 6.2-API deswegen auch oft APPC-API genannt. Ein weiteres Synonym für die Schnittstelle zwischen Transaktionsprogramm und LU 6.2 ist der Begriff LU 6.2-Protocol Boundary.

Die logische Kommunikation zwischen zwei Transaktionsprogrammen wird **Conversation** genannt. Damit die Conversation zustandekommen kann, muß zwischen den beiden LUs, auf denen die Transaktionsprogramme aufsetzen, eine **SNA-Session** bestehen. Eine Conversation wird von der LU 6.2 auf eine SNA-Session (d.h. auf SNA-Protokolle) abgebildet. Eine LU 6.2-Session kann zu einer Zeit nur eine Conversation unterstützen. Um die Session für diese eine Conversation zu reservieren, wird das Bracketing-Protokoll benutzt. Startet ein Transaktionsprogramm eine Conversation, so wird dies von der LU 6.2 auf Session-Level durch das Öffnen einer Bracket (Begin Bracket) angezeigt. Wird die Conversation zwischen den Transaktionsprogrammen beendet, so wird die Klammer geschlossen, und die Session ist frei für die nächste Conversation.

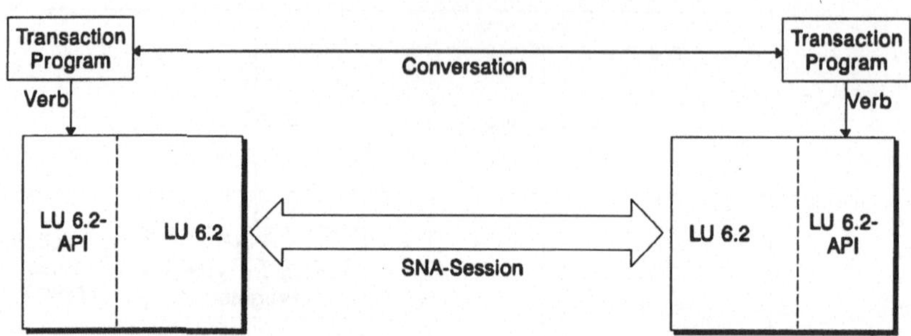

Bild 9.5   *Conversation und Session*

Conversations und Sessions

Da mehrere Transaktionsprogramme gleichzeitig auf die LU 6.2 zugreifen können, muß die LU 6.2 auch gleichzeitig mehrere Conversations unterstützen können. Wie ist das möglich, wenn auf einer Session zu einer Zeit nur eine Conversation gefahren werden kann?

Eine Logical Unit vom Typ 6.2 kann gleichzeitig mehrere Sessions zu ein und derselben oder zu unterschiedlichen Logical Units vom Typ 6.2 unterhalten. Dabei spricht man von Parallel oder Multiple Sessions. Jede LU 6.2 kann sowohl die Funktion der Primary Logical Unit (PLU) als auch die der Secondary Logical Unit (SLU) annehmen. Somit kann eine LU 6.2 den BIND SESSION Request senden und aktiv eine LU-LU-Session aufbauen, sie kann aber auch den BIND SESSION Request von einer anderen LU 6.2 empfangen. Es fallen also die alten Beschränkungen des hierarchischen SNA-Netzwerkes weg, daß eine PLU nur im Host residieren darf und eine SLU nur eine Session zu einer Zeit unterstützen kann.

Für jede LU 6.2 wird definiert, wieviele LU 6.2-Session sie aktiv als PLU aufbauen darf und wieviele Session-Anforderungen sie als SLU entgegennimmt. Somit steht für Conversations der Transaktionsprogramme ein Pool von Sessions zur Verfügung. Ob diese Sessions mit dem Start des Systems oder erst bei Bedarf aktiviert werden, ist abhängig von der Konfiguration des Systems.

Für den Aufbau von Sessions verwendet die LU 6.2 den BIND SESSION Request vom Typ **negotiable**. Ein solcher BIND ist verhandelbar. Eine SLU sendet auf den empfangenen BIND SESSION Request vom Typ negotiable nicht nur eine positive oder negative SNA-Response und akzeptiert oder verwirft damit eindeutig die empfangenen Session-Parameter. Eine SLU vom Typ 6.2 sendet in der BIND SESSION Response Unit ebenfalls einen kompletten Satz BIND-Parameter an die PLU zurück.

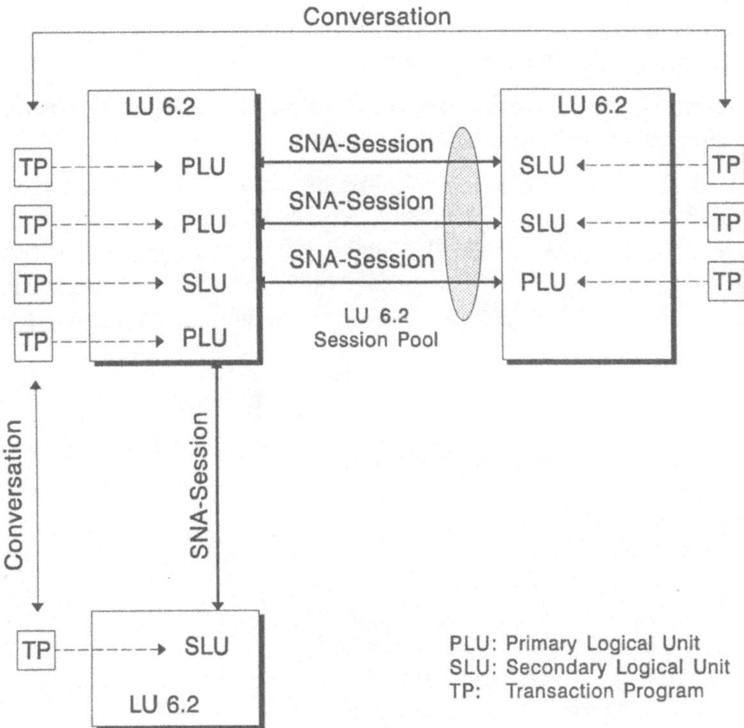

Bild 9.6   Multiple Sessions

Entsprechen die Fähigkeiten der SLU nicht in allen Punkten den Session-Definitionen, die von der PLU im BIND SESSION Request gefordert werden, so wird keine negative Response (wie beim nonnegotiable BIND) gesendet und damit der Aufbau der LU-LU-Session auch nicht unterbunden. Die SLU sendet in diesem Fall eine positive BIND-Response und übergibt in der Response Unit der PLU ihren eigenen Satz BIND-Parameter und somit ihre Session-Definitionen. Nun ist es an der PLU, zu entscheiden, ob sie die Session nach den Vorgaben der SLU führen kann. Ist dies der Fall, so ist die Session aktiviert. Ist dies nicht der Fall, so wird von der PLU der UNBIND SESSION Request gesendet, und die Session kommt nicht zustande.

LU 6.2 Layer-Spezifikation

Die Kommunikation zwischen paarigen Funktionsschichten (Layers) wird natürlich auch bei der LU 6.2 architekturgerecht durch SNA-Protokolle geregelt. Das Bild 9.7 zeigt die Schichtenstruktur der LU 6.2 und deren Beziehung zu Transaktionsprogrammen und dem Path Control Network. Das LU 6.2-API liegt eingebettet in dem Presentation Layer der LU 6.2. Die Schnittstelle zwischen LU und TP wird als LU 6.2-Protocol Boundary bezeichnet.

Verbs, die von einem Transaktionsprogramm an die LU 6.2 abgesetzt werden, führt die Funktionsschicht der Presentation Services aus.

Die LU 6.2 als Einheit stellt eine Schnittstelle zwischen Transaktionsprogramm und dem SNA-Path Control Network (PCN) dar. Durch die Dienste der LU 6.2 sind Transaktionsprogramme von den physischen Eigenschaften des Netzwerkes entkoppelt. Transaktionsprogramme müssen die Protokolle auf Conversation-Level einhalten und sind vollkommen unabhängig von Session- und Datenübertragungsprotokollen.

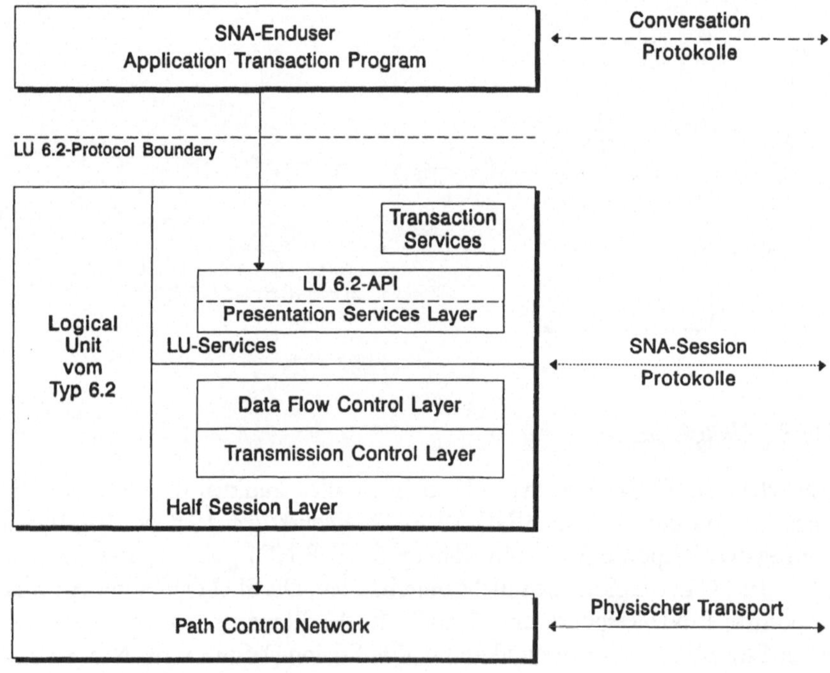

Bild 9.7   LU 6.2-Session Protocols

LU 6.2 Half Session Layer

Der Half Session Layer enthält die SNA-Funktionsschichten Data Flow Control (DFC) und Transmission Control (TC). Durch die entsprechenden SNA-Protokolle wird die Kommunikation zwischen zwei LUs auf Session-Level geregelt. In der Verantwortung dieser Funktionsschichten liegen z.B. die Protokolle Chaining, Bracketing und Session-Level-Pacing. Ebenso ist der Half Session Layer zuständig für die

Vergabe und Kontrolle der Sequenznummern, für die Cryptography auf Session-Level und für das Generieren und Verarbeiten des Request/Response Headers (RH).

Bei der LU 6.2 wird die Kommunikation zwischen den paarigen Funktionsschichten Data Flow Control und Transmission Control durch das Function Management Profile mit der Nummer 19 (FM-Profile 19) und das Transmission Services Profile mit der Nummer 7 (TS-Profile 7) definiert (vgl. Kapitel 6). Beim Session-Aufbau werden die Nummern des TS- und FM-Profiles in den BIND-Parametern dem Session-Partner übergeben.

LU 6.2-Presentation Services Layer

Die Presentation Services (PS) der LU 6.2 ermöglichen einem Transaktionsprogramm (unabhängig vom physischen Netzwerk) die logische Kommunikation mit anderen Transaktionsprogrammen. Die Presentation Services übernehmen folgende Aufgaben:

- Akzeptieren und Verarbeiten der vom TP abgegebenen Verbs,

- Rückgabe des Verbs mit einem entsprechenden Return Code an das Transaktionsprogramm,

- Identifikation von Transaktionsprogrammen,

- Starten und Ausführung von Transaktionsprogrammen,

- Management des Conversation-Protokollstatus (z.B. Sende-/Empfangsstatus),

- Puffern von TP-Daten,

- Erzeugen und Interpretieren des SNA-gerechten Datenstroms (GDS: Generalized Data Stream),

- Beheben von Fehlersituationen,

- Session-spezifische Eingriffe eines Operators ermöglichen (z.B. Auf-/Abbau von Sessions),

- Verwaltung lokaler Ressourcen, die nicht vom TP selbst verwaltet werden.

Transaction Services

Die Funktionsschicht der Transaction Services stellt ein Novum in der SNA-Schichtenstruktur dar. Mit dieser Funktionsschicht werden dem SNA-Endbenutzer, also dem Application Transaction Program, erweiterte Netzwerkdienste zur Verfügung gestellt. Diese Netzwerkdienste sind fest definierter Bestandteil von SNA. Der SNA-Endbenutzer kann entweder direkt auf der SNA-Funktionsschicht 6 (Presentation Services) aufsetzen oder auf der Schnittstelle zu einem Transaction

Service. Realisiert sind die Transaction Services durch einen Satz von SNA-Service Transaction Programs (STP).

9.3 Transaktionsprogramme und SNA-Sessions

Als Conversation wird die logische Kommunikation zwischen zwei Transaktionsprogrammen bezeichnet. Physisch kommuniziert ein TP jedoch mittels Verbs ausschließlich mit der lokalen LU 6.2. Diese bildet dann die Aktivitäten des Transaktionsprogramms auf eine SNA-Session und auf entsprechende SNA-Session-Protokolle ab.

Verbs, die ein TP an die LU 6.2 absetzt, werden von den Presentation Services der LU verarbeitet und danach mit einem entsprechenden Return Code an das TP zurückgegeben. Solange ein Verb von der LU abgearbeitet wird, ist das entsprechende Transaktionsprogramm suspendiert.

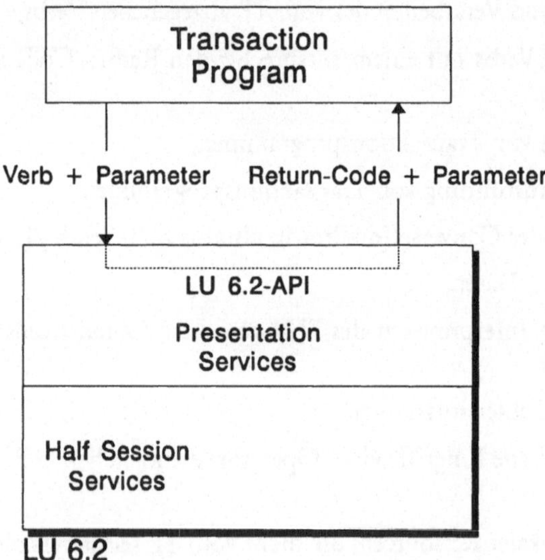

Bild 9.8   Ausführen von LU 6.2-Verbs

Gibt die LU das Verb und damit die Steuerung an das Transaktionsprogramm zurück, so können weitere Verarbeitungsschritte durchgeführt und z.B. das nächste Verb an die LU abgesetzt werden.

Zu jedem LU 6.2-Verb gehört ein fester Satz von Übergabeparametern, die vom Transaktionsprogramm gesetzt werden müssen. Über diese Parameter werden Daten und Informationen vom Transaktionsprogramm der LU übergeben. Nach der

Verarbeitung durch die LU gibt diese das Verb mit einem Return Code und zusätzlichen Rückgabeparametern an das Transaktionsprogramm zurück. In diesen Rückgabeparametern übergibt die LU Daten und Statusinformationen an das TP.

Daten und Informationen, die von einem Transaktionsprogramm über Verb-Parameter der LU übergeben werden, haben meist keine direkten Online-Aktivitäten auf Session- oder gar Link-Level zur Folge. Daten und Informationen werden von der LU interpretiert, auf entsprechende SNA-Protokolle abgebildet und die erzeugten Datenstrukturen erst einmal im Sendepuffer der LU hinterlegt. Die LU sendet den Inhalt ihres Sendepuffers erst, wenn es unbedingt notwendig ist. Das ist der Fall, wenn die zum Senden anstehenden Daten die Kapazität des Sendepuffers oder die für die Session definierte maximale RU-Size übersteigen. Das Leeren des Sendepuffers kann auch vom Transaktionsprogramm durch entsprechende Verbs (z.B. FLUSH) angefordert werden.

Entsprechendes gilt auch für die Empfangsrichtung. Die von der LU empfangenen Daten werden zuerst in den Empfangspuffer gestellt und erst dem Transaktionsprogramm übergeben, wenn ein entsprechendes Verb (z.B. RECEIVE-AND-WAIT) vom TP die Daten von der LU anfordert.

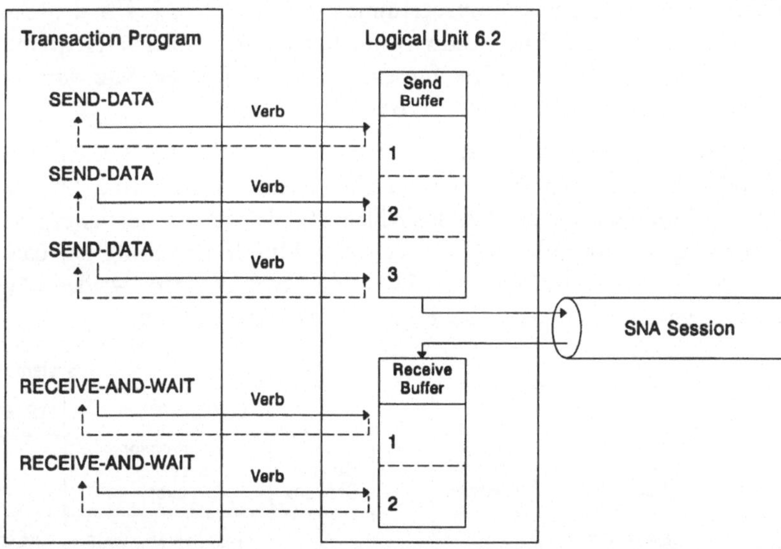

Bild 9.9   LU 6.2 Sende-/Empfangspuffer

Das Transaktionsprogramm kommuniziert mittels der LU 6.2-Verbs also nicht direkt mit dem Partner-TP, sondern mit der lokalen Logical Unit. Diese transportiert die Verbs auch nicht in einer Eins-zu-Eins-Abbildung zur Partner-LU (und damit auch nicht zum Partner-TP), sondern interpretiert die empfangenen Verbs, bildet sie auf entsprechende SNA-Session-Aktivitäten ab und gibt das Verb mit einem Return Code an das Transaktionsprogramm zurück.

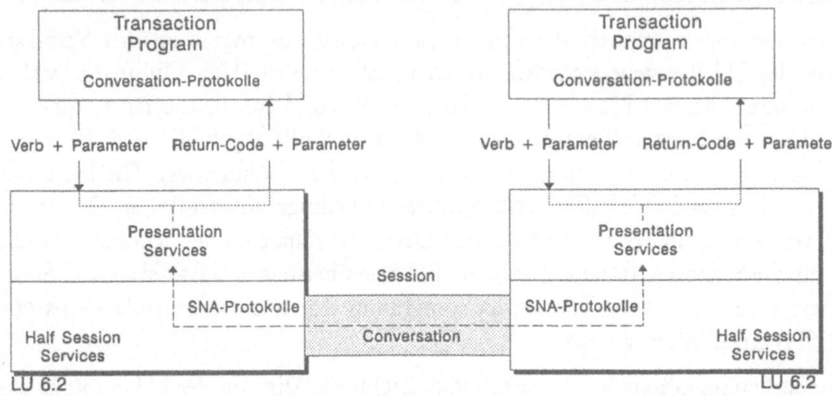

Bild 9.10 LU 6.2-Verbs und Sessions

Das LU 6.2-Application Program Interface definiert semantisch und funktional die Interaktion zwischen Transaktionsprogrammen und der LU 6.2. Für den Zugriff auf die Schnittstelle wird eine Syntax benutzt, die einer höheren Programmiersprache ähnlich ist. SNA definiert für das LU 6.2-API einen Satz von Verbs, Übergabe-/Rückgabeparametern und Conversation-Status.

Was SNA jedoch nicht definiert, ist die Programmiersprache, die Bezeichnung der Aufrufe oder der Compiler, über den das LU 6.2-API realisiert wird. Das ist bei jeder LU 6.2-Implementierung unterschiedlich und hängt von der jeweiligen System-Umgebung ab. Anforderung an eine LU 6.2-Implementierung ist, daß die Aufrufe eines Transaktionsprogrammes in LU 6.2-Verbs umgesetzt werden können und die LU gemäß der verlangten LU 6.2-Funktionen agieren kann.

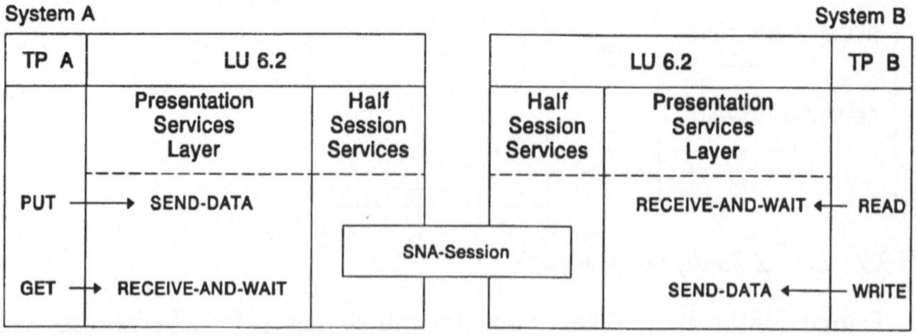

Bild 9.11 API und LU 6.2-Implementierung

Damit LU 6.2-Implementierungen auf unterschiedlichen Systemen kompatibel sind, ist ein Basisfunktionsumfang der LU 6.2 definiert. Jede LU 6.2-Implementierung muß einen Mindestumfang von Verbs, das Base Set of Verbs, zur Verfügung stellen. Dadurch ist sichergestellt, daß Transaktionsprogramme, die auf sonst inkompatiblen Systemen entwickelt wurden, auf jeden Fall über das Base Set of Verbs eine Conversation realisieren können.

Optionale Funktionen der LU 6.2 (z.B. Recovery-Mechanismen, Security oder Syncpointing) werden in unterschiedliche Option Sets of Verbs zusammengefaßt. Jedes Option Set realisiert eine in sich abgeschlossene LU 6.2-Funktion und muß in einer LU 6.2 entweder vollständig oder überhaupt nicht implementiert sein.

Basic und Mapped Conversation

Zwei Typen von Conversations repräsentieren unterschiedliche Einsatzbereiche von Transaktionsprogrammen, unterschiedliche Komplexität der Programmierung und unterschiedliche Datenstrukturen, die zwischen Transaktionsprogramm und LU verwendet werden.

Die Basic Conversation wird über Basic Conversation Verbs realisiert und stellt ein Low-Level-API zur LU 6.2 dar, das dem Programmierer mehr Kontroll- und Steuermöglichkeiten bezüglich der Conversation bietet. Basic Conversation Verbs werden in der Regel von SNA-Service Transaction Programs verwendet, um möglichst nahe an der LU 6.2 programmieren zu können.

Die Mapped Conversation wird über Mapped Conversation Verbs realisiert und stellt eine High-Level-API zu LU 6.2 dar, das dem Programmierer den einfachen Umgang mit der Schnittstelle ermöglicht. Die Mapped Conversation wird in der Regel von Application Transaction Program verwendet.

Für Mapped und Basic Conversations stehen (funktional) die gleichen Verbs zur Verfügung. Die Verbs an sich unterscheiden sich jedoch in den Parametern und den Datenstrukturen, die von den Transaktionsprogrammen verwendet werden müssen. Auch unterscheiden sich Mapped Conversation Verbs von den Basic Conversation Verbs dadurch, daß sie vor ihrem Namen das Prefix MC_ stehen haben. So heißt z.B. das Basic Conversation Verb, mit dem ein TP eine Conversation von der LU 6.2 anfordert, ALLOCATE, das entsprechende Mapped Conversation Verb heißt MC_ALLOCATE. Eine Conversation muß eindeutig als Mapped oder Basic Conversation geführt werden. Es ist nicht erlaubt innerhalb einer Conversation Mapped und Basic Conversation Verbs gemischt einzusetzen.

Es gibt Verbs, die gleichermaßen für Mapped und Basic Conversation gelten. Diese Type Independent Verbs haben identische Syntax und führen auch in einer Mapped Conversation kein MC_-Prefix.

Die vierte Gruppe von Verbs, sind die Control Operator Verbs. Über diese Verbs kann ein Control Operator Transaction Program (COTP) auf die LU 6.2 zugreifen und deren Eigenschaften verändern. So können z.B. zusätzliche Sessions gestartet, Sessions deaktiviert oder die maximale Anzahl verfügbarer Sessions verändert werden. Hat das Control Operator Transaction Program eine Schnittstelle zum Endbenutzer (Bildschirm), so können diese Eingriffe auch von einem Netzwerk-Operator durchgeführt werden.

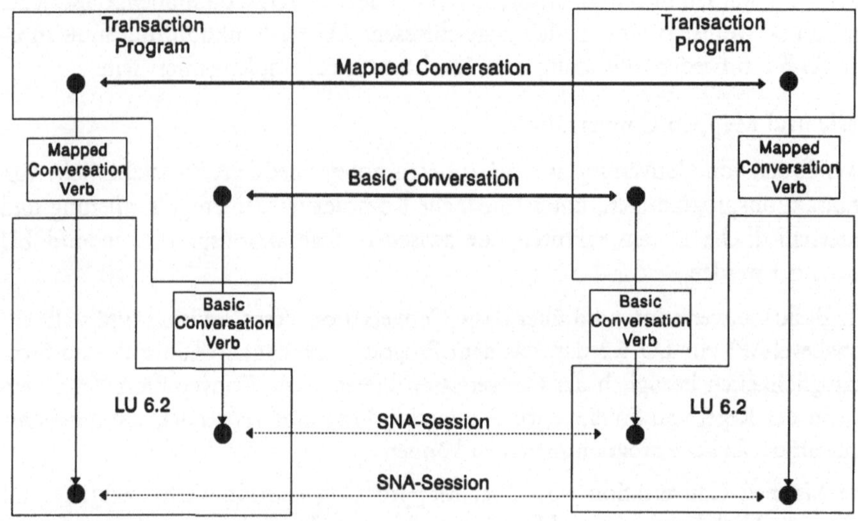

Bild 9.12 Basic und Mapped Conversation

Mapped Conversation Verbs

MC_ALLOCATE	Base Set of Verbs
MC_CONFIRM	Base Set of Verbs
MC_CONFIRMED	Base Set of Verbs
MC_DEALLOCATE	Base Set of Verbs
MC_FLUSH	Option Set of Verbs
MC_GET-ATTRIBUTES	Option Set of Verbs
MC_POST-ON-RECEIPT	Option Set of Verbs
MC_PREPARE-TO-RECEIVE	Option Set of Verbs
MC_RECEIVE-AND-WAIT	Base Set of Verbs
MC_RECEIVE-IMMEDIATE	Option Set of Verbs
MC_REQUEST-TO-SEND	Base Set of Verbs
MC_SEND-DATA	Base Set of Verbs
MC_SEND-ERROR	Base Set of Verbs
MC_TEST	Option Set of Verbs

Basic Conversation Verbs

ALLOCATE	Base Set of Verbs
CONFIRM	Base Set of Verbs
CONFIRMED	Base Set of Verbs
DEALLOCATE	Base Set of Verbs
FLUSH	Option Set of Verbs
GET-ATTRIBUTES	Option Set of Verbs
POST-ON-RECEIPT	Option Set of Verbs
PREPARE-TO-RECEIVE	Option Set of Verbs
RECEIVE-AND-WAIT	Base Set of Verbs
RECEIVE-IMMEDIATE	Option Set of Verbs
REQUEST-TO-SEND	Base Set of Verbs
SEND-DATA	Base Set of Verbs
SEND-ERROR	Base Set of Verbs
TEST	Option Set of Verbs

Type Independent Verbs

BACKOUT	Option Set of Verbs
GET-TYPE	Option Set of Verbs
SYNCPT	Option Set of Verbs
WAIT	Option Set of Verbs

Control Operator Verbs

CHANGE-SESSION-LIMIT	Option Set of Verbs
INITIALIZE-SESSION-LIMIT	Base Set of Verbs
RESET-SESSION-LIMIT	Base Set of Verbs
PROCESS-SESSION-LIMIT	Base Set of Verbs
ACTIVATE-SESSION	Option Set of Verbs
DEACTIVATE-SESSION	Option Set of Verbs
DEFINE-LOCAL-LU	Option Set of Verbs
DEFINE-REMOTE-LU	Option Set of Verbs
DEFINE-MODE	Option Set of Verbs
DEFINE-TP	Option Set of Verbs
DISPLAY-LOCAL-LU	Option Set of Verbs
DISPLAY-REMOTE-LU	Option Set of Verbs
DISPLAY-MODE	Option Set of Verbs
DISPLAY-TP	Option Set of Verbs
DELETE	Option Set of Verbs

Kurzbeschreibung

Die von dem Base Set of Verbs angeforderten LU 6.2-Dienste sollen hier kurz beschrieben werden.

ALLOCATE fordert von der lokalen LU eine Conversation mit einem Partner-TP an. Die LU hat die Aufgabe, eine freie Session zu der LU, die das Partner-TP verwaltet, für die Conversation zu reservieren. Ist keine Session frei, so wird die lokale LU versuchen, eine Session zur remote LU aufzubauen (falls das definierte Session-Limit das erlaubt).
Auf diese Session wird von der LU letztendlich die Conversation zwischen dem lokalen und dem remote TP abgebildet. Falls das remote TP beim Conversation-Aufbau noch nicht aktiv ist, wird es von der remote LU nachträglich gestartet. Das Verb ALLOCATE bewirkt in diesem Fall also einen Programm-Start auf einem entfernten System.
Die wichtigsten Parameter, die vom Transaktionsprogramm im ALLOCATE-Verb an die LU übergeben werden müssen, sind der Name des remote TPs und der Synchronisations-Level, mit dem die Conversation geführt werden soll. Eine Beschreibung aller Parameter finden Sie im nächsten Kapitel.

CONFIRM wird benutzt, um von einem remote TP eine Confirmation-Bestätigung zu erhalten. Kommt diese Bestätigung, so wird angenommen, daß sich das remote Transaktionsprogramm und die von ihm verwalteten Ressourcen in einem konsistenten Zustand befinden und alle Verarbeitungsschritte ordnungsgemäß durchgeführt wurden. Ist das CONFIRM vom Transaktionsprogramm an seine lokale LU abgesetzt worden, so ist das TP so lange suspendiert, bis die Confirmation-Bestätigung vom Partner eingetroffen ist. Über dieses Verb können das lokale und remote TP ihre Verarbeitung synchronisieren.

CONFIRMED wird von einem TP, das eine Confirmation-Aufforderung empfangen hat, an seine LU abgesetzt, um dem Partner-TP die Confirmation-Bestätigung zu geben.

DEALLOCATE baut eine bestehende Conversation ab. Von der LU wird nach Abbau der Conversation die Session freigegeben.

RECEIVE-AND-WAIT wird von einem Transaktionsprogramm an die lokale LU gesendet, um Daten und Statusinformationen aus dem Empfangs-Puffer der LU 6.2 zu lesen. Sind noch keine Informationen oder Daten für das TP im Empfangspuffer vorhanden, so steht das Verb solange bei der LU an, bis Daten oder Statusinformationen für das TP vorliegen. Erst dann wird das Verb von der LU an das TP zurückgegeben. Mit diesem Verb wechselt auch ein TP vom Sende- in den Empfangszustand.

REQUEST-TO-SEND wird von einem TP, das sich im Empfangszustand befindet, an die lokale LU abgesetzt, um vom Partner-TP die Sendeerlaubnis anzufordern.

SEND-DATA ermöglicht es einem TP, der lokalen LU Sendedaten zu übergeben. Diese werden zuerst von den Presentation Services der LU zu einem SNA-Datenstrom aufbereitet, im Sende-Puffer der LU gespeichert und dann als Request Unit auf Session-Level zur Partner-LU gesendet.

SEND-ERROR wird von einem TP verwendet, um dem Partner-TP einen Fehler auf Anwendungsebene mitzuteilen. Kann z.B. ein TP keine positive Bestätigung auf eine Confirmation-Aufforderung senden, so wird mit dem SEND-ERROR-Verb reagiert.

LU 6.2-Datenstrom

Der Datenstrom, der von der LU 6.2 verwendet wird, um Conversation-Daten in einer SNA-Session zu transportieren, ist der **Generalized Data Stream (GDS)**. Die Presentation Services der LU 6.2 bereiten die Daten, die vom Transaktionsprogramm übergeben werden, zum Generalized Data Stream auf. Request Units, die zwischen Logical Units vom Typ 6.2 ausgetauscht werden, enthalten demzufolge den GDS.

Der Generalized Data Stream besteht aus mehreren Dateneinheiten, den GDS-Variablen. Jede GDS-Variable besteht aus einem GDS-Header, dem die eigentlichen GDS-Daten folgen. Der GDS-Header ist vier Bytes groß. Er enthält zwei Bytes Längeninformation (LL), wobei der Header selbst mit in die Längenangabe eingeht. Die nächsten zwei Bytes enthalten eine Identifikation (ID), die den Typ der GDS-Variable spezifiziert. So enthält z.B. das ID-Feld einer GDS-Variable, die innerhalb einer Mapped Conversation Anwenderdaten transportiert die Kennung X'12FF'.

Bei der Verwendung von Basic Conversation Verbs übergibt das Transaktionsprogramm (TP) seiner LU einen sogenannten **Logical Record**. Ein Logical Record ist ähnlich einer GDS-Variablen, enthält aber nach der Längenangabe (LL) kein ID-Feld. Das TP ist verantwortlich für das Generieren des Längenfeldes. Verwendet das TP in den folgenden zwei Bytes eine ID, so ist das Partner-TP für die Interpretation der ID verantwortlich. Die maximale Länge eines Logical Record sind 32 KBytes (inklusive LL-Feld).

Bei der Mapped Conversation muß sich der Programmierer keine Gedanken über das Format des Datenstroms oder die maximale Länge der GDS-Variable machen. Hier übergibt das TP der LU einen sogenannten **Data Record** und in einem weiteren Parameter die Längenangabe. Inhalt und Format des Data Record wird von der LU nicht interpretiert. Die Presentation Services der LU 6.2 transformieren den Data Record in eine GDS-Variable, indem Längenfeld und ID-Feld generiert und vor den Datensatz gestellt werden. Sprengt der Data Record die maximale Länge einer GDS-Variable, so wird er von der LU in mehrere GDS-Variable aufgespalten und der Partner-LU mit einer entsprechenden Information gesendet.

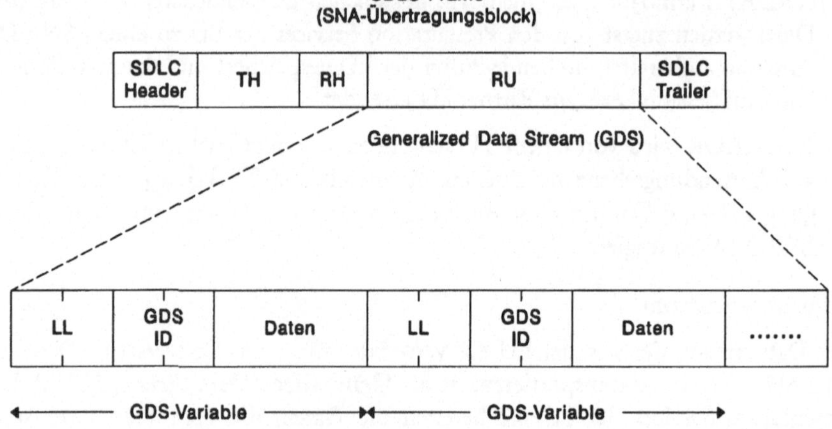

Bild 9.13 Generalized Data Stream

Synchronisations-Level

Die Logical Unit vom Typ 6.2 erlaubt Transaktionsprogrammen drei Stufen der Synchronisation. Unter Synchronisation versteht man Mechanismen, die Transaktionsprogrammen bei aufgetretenen Verarbeitungsfehlern (in der verteilten Transaktion) die Wiederherstellung (Recovery) der Conversation und das ordnungsgemäße Weiterarbeiten ermöglichen. Durch das Setzen von Synchronisationspunkten (Syncpointing) werden innerhalb der Conversation Wiederaufsetzpunkte markiert. Zu diesem Zeitpunkt sind alle an der Conversation beteiligten Ressourcen (Programme, Sessions, Dateien, Datenbanken etc.) synchron und in einem konsistenten Zustand. Im Falle eines nachfolgenden Fehlers, kann auf einem früher definierten Synchronisationspunkt aufgesetzt werden.

♦ **Synchronisations-Level: NONE**
   Diese Stufe der Synchronisation gehört zum Base Set of Verbs. Conversations, die mit dem Synchronisations-Level NONE gestartet wurden, können selbst keine Recovery durchführen und von der LU 6.2 auch keine Unterstützung für

die Recovery anfordern. Dieser Level der Synchronisation ist geeignet für Conversations, in denen keine Datenbestände verändert werden.

♦ **Synchronisations-Level: CONFIRM**
Diese Stufe der Synchronisation gehört ebenfalls zum Base Set of Verbs. Bei diesem Synchronisations-Level liegt die Verantwortung für die Recovery vollständig bei den Transaktionsprogrammen. Die LU selbst bietet keine Unterstützung beim Syncpointing. Das lokale Transaktionsprogramm kann vom Partner-TP eine Confirmation anfordern, indem das Verb CONFIRM an die lokale LU abgesetzt wird. Das TP ist nun solange suspendiert, bis von der lokalen LU das Verb mit einem Return Code an das TP zurückgegeben wird. Die lokale LU sendet als Reaktion auf ein empfangenes CONFIRM eine entsprechende SNA-Information in der Session zur Partner-LU. Diese gibt die Aufforderung zur Confirmation in einem speziellen Return Code an das Partner-TP weiter. Es liegt nun am Partner-TP, auf diese Aufforderung zu reagieren. Soll eine positive Bestätigung gegeben werden, so wird das Verb CONFIRMED abgesetzt, anderenfalls das Verb SEND-ERROR. Als Reaktion sendet nun die remote LU eine entsprechende SNA-Information (z.B. eine positive Response) an die lokale LU. Diese interpretiert die empfangene Information und gibt das CONFIRM mit einem entsprechenden Return Code an das lokale TP zurück.
In der Zeit zwischen der Abgabe des CONFIRM an die LU und der Rückgabe mit Return Code ist die Conversation im Confirmation-Zustand (Confirmation State) und kann nicht beendet werden.
Dieser Synchronisations-Level erlaubt es Anwendungsprogrammen, eigene Synchronisationsmechanismen zu benutzen.

♦ **Synchronisations-Level: SYNCPT**
Der Synchronisations-Level Syncpointing gehört zum Option Set 108. Es ist die höchste Stufe der Synchronisation und sie liegt vollkommen unter der Verantwortung der Logical Unit vom Typ 6.2. Eine LU, die Syncpointing unterstützt, hat einen Satz von Syncpointing- und Commitment-Protokollen implementiert. Sie bietet den an der verteilten Transaktion beteiligten TPs einen kompletten Satz von Syncpoint-Funktionen als Service an. Die Transaktionsprogramme greifen auf diesen Service der LU 6.2 über einen Satz fest definierter Verbs (z.B. SYNCPT) zu.

Conversation-Status

Bei der Entwicklung des LU 6.2-API wurde Wert darauf gelegt, das Transaktionsprogramm logisch von SNA-Mechanismen zu entkoppeln. SNA-Protokolle wie Request/Response Correlation, Request/Response Header-Informationen oder die DFC-Protokolle (Bracketing, Chaining) müssen dem Programmierer eines TPs nicht bekannt sein.

Innerhalb einer Conversation werden natürlich ebenfalls Kommunikationsprotokolle verwendet, die jedoch nicht von SNA, sondern von der Anwendung selbst definiert werden. Protokolle auf Conversation-Level stehen voll unter der Verantwortung der an der verteilten Transaktion beteiligten Transaktionsprogramme.

Eine Eigenart der LU 6.2 muß aber bei der Entwicklung von Transaktionsprogrammen auf jeden Fall berücksichtigt werden, nämlich das Einhalten des Sende- und Empfangszustandes. Die Kommunikation zwischen Transaktionsprogrammen unterliegt einer strengen Sende-/Empfangsbeziehung. Mit dem Herstellen einer Conversation muß sich ein TP im Sendezustand (Send State) und das andere im Empfangszustand (Receive State) befinden. Dieses Verhältnis gilt solange, bis das sendende TP die Sendeberechtigung an den Partner abgibt. Über das Absetzen bestimmter Verbs (z.B RECEIVE-AND-WAIT) wird die Sendeerlaubnis dem Partner-TP übergegeben. Ist ein TP im Receive State, so kann die Sendeerlaubnis über das Verb REQUEST-TO-SEND angefordert werden.

Diese Mechanismen entsprechen auf SNA-Session-Level dem Half Duplex Flip/Flop-Protokoll. Die Umsetzung der Verbs auf die entsprechenden SNA-Protokolle ist Aufgabe der LU 6.2.

Ein Transaktionsprogramm kann sich in acht unterschiedlichen Zuständen befinden:

- **Reset State**
  Befindet sich ein TP im Reset State, so kann es über das Verb ALLOCATE eine Conversation mit einem Partner-TP anfordern.

- **Send State**
  Im Send State darf ein TP Daten senden, eine Confirmation oder Syncpointing anfordern.

- **Receive State**
  Im Receive State kann das TP Daten und Statusinformationen empfangen.

- **Confirm State**
  Im Confirm State muß das TP eine Antwort auf eine empfangene Confirmation-Aufforderung geben.

- **Defer State**
  Der Defer State ist ein Zwischenstatus, der nach Abarbeiten der geforderten Zusatzfunktionen entweder in den Reset oder Receive State übergeht. In diesen Status versetzt sich ein TP, indem es die Verbs PREPARE-TO-RECEIVE oder DEALLOCATE an die LU absetzt. Mit diesen Verbs kann zusätzlich die Funktion der Confirmation, des Syncpointing oder Leeren des Sendepuffers von der LU angefordert werden.

♦ **Sync Point State**

Wird innerhalb einer Conversation mit dem Synchronisations-Level Syncpointing gearbeitet, so kann ein TP in diesem Status auf eine von der LU empfangene Syncpointing-Aufforderung antworten.

♦ **Backed Out State**

Wird innerhalb einer Conversation mit dem Synchronisations-Level Syncpointing gearbeitet, so wird das Zurücksetzen der Conversation auf einen früheren Synchronisationspunkt dem TP durch die Backed Out-Anzeige mitgeteilt. In diesem Zustand kann ein TP auf diese Anzeige antworten.

♦ **Deallocate State**

In diesem Zustand befindet sich ein TP, das die Deallocate-Anzeige empfangen hat. Nun kann das TP seinerseits die Conversation lokal mit dem DEAL-LOCATE-Verb (Typ: LOCAL) beenden.

9.4 Mapped Conversation Verbs

Zu jedem Mapped Conversation Verb ist ein fest definierter Satz von Übergabe- und Rückgabeparametern definiert. Die Übergabeparameter sind vom Transaktionsprogramm zu setzen, die Rückgabeparameter werden von der LU gesetzt.

Die Funktion und Syntax des Base Set of Verbs sind in den folgenden Tabellen beschrieben. Die Beschreibung jedes Verbs umfaßt den **Namen des Verbs,** die zum Verb gehörenden **Parameter** und die möglichen Belegungswerte (**Argumente**) der Verb-Parameter. Die Anzahl der Verb-Parameter und der Argumente pro Verb-Parameter ist vom jeweiligen Verb abhängig.

9.4.1   MC_ALLOCATE

Übergabeparameter

```
LUNAME           ( Variable )
MODENAME         ( Variable )
TPNAME           ( Variable )
RETURN-CONTROL   ( WHEN SESSION ALLOCATED )
                 ( DELAYED ALLOCATION PERMITTED )
                 ( IMMEDIATE )
SNYC-LEVEL       ( NONE )
                 ( CONFIRM )
                 ( SYNCPT)
SECURITY         ( NONE )
```

```
                    ( SAME )
                    ( PGM   ( USER-ID   ( Variable )
                             PASSWORD  ( Variable )
                             PROFILE   ( Variable ) ) )

PIP                 ( NO )
                    ( YES ( PIP1 PIP2 ... PIPn ) )
```

Rückgabeparameter

```
RESOURCE-ID       ( Variable )
RETURN-CODE       ( Variable )
```

MC_ALLOCATE fordert von der lokalen LU eine Conversation mit dem remote TP an. Der Mapped Conversation wird eine Resource-ID zugewiesen, die als eindeutige Kennziffer dient und mit der das TP auf die Conversation zugreifen kann.

Dieses Verb wird von dem TP, das eine Conversation initiieren will, immer als erstes Verb abgesetzt.

Übergabeparameter

LUNAME enthält den Namen der remote LU, die das remote TP verwaltet. Mit diesem LU-Namen identifiziert das Transaktionsprogramm die remote LU, um eine Mapped Conversation aufzubauen. Die lokale LU wandelt dann diesen Namen, der nur lokale Bedeutung hat, in einen dem Netzwerk bekannten Namen um. Es liegt nun in der Verantwortung der LU, eine Session zur remote LU für die Conversation zu belegen. Ist keine Session frei oder verfügbar, so wird die LU durch das Senden des BIND SESSION Request versuchen, eine neue Session zur gewünschten LU aufzubauen. Dies ist allerdings nur dann möglich, wenn das für die LU definierte Session Limit noch nicht erreicht ist. Das Session Limit gibt die Anzahl der maximalen Sessions an, die die LU gleichzeitig führen kann.

MODENAME spezifiziert eine Gruppe von gleichartigen Sessions. Innerhalb dieser Gruppe führen alle Sessions mit identischen Session-Eigenschaften zu einer Partner-LU. Die lokale LU wird eine freie Session aus dieser Gruppe benutzen oder evtl. eine neue Session aufbauen, um die Conversation realisieren zu können.

TPNAME gibt den Namen des remote TPs an. Der TP-Name muß sowohl auf der lokalen als auch auf der remote Station bekannt sein. Wenn ein TP-Name beim MC_ALLOCATE übergeben wird, der nicht auf beiden Stationen hinterlegt ist, wird dem Anwenderprogramm ein entsprechender Fehler-Code übergeben.

RETURN-CONTROL gibt an, wann die lokale LU die Kontrolle an das TP zurückgibt.

- WHEN-SESSION-ALLOCATED bedeutet, daß die Kontrolle an das lokale Programm erst wieder zurückgegeben wird, nachdem eine Session für die Conversation reserviert wurde. Ist keine freie Session verfügbar oder kann keine neue Session zur Partner-LU aufgebaut werden, so wird das Verb mit einem Fehler an das TP zurückgegeben.

- DELAYED-ALLOCATION-PERMITTED bedeutet, daß von der LU das Verb sofort an das TP zurückgegeben werden kann und das Zuweisen einer Session nachträglich erfolgt. Ist keine Session verfügbar, so wird dieser Status in den Rückgabeparametern eines späteren Verbs dem TP mitgeteilt.

- IMMEDIATE heißt, daß sofort eine Session für die Conversation reserviert werden muß. Das Verb wird sofort an das TP zurückgegeben und enthält im RETURN-CODE eine Information, ob das Zuweisen einer Session erfolgreich war.

SYNC-LEVEL gibt an, auf welchen Synchronisations-Level das lokale und das remote TP die Mapped Conversation führen.

- NONE bedeutet, daß die TPs weder Confirmation- noch Syncpointing-Verarbeitung benutzen. Die Programme führen keine Verbs aus und verarbeiten keine Parameter, die sich auf einen Synchronisations-Level CONFIRM oder SYNCPT beziehen.

- CONFIRM bedeutet, daß das TP die Verarbeitung von Confirmation-Prozessen bei der Mapped Conversation unterstützt.

- SYNCPT bedeutet, daß das Transaktionsprogramm die Synchronisation von im Netz verteilten Ressourcen von der LU anfordern kann. Die LU 6.2 muß demzufolge Syncpointing unterstützen.

SECURITY spezifiziert die Informationen, die von der remote LU benutzt werden, um die Identität des SNA-Endbenutzers überprüfen zu können. Die Informationen für den Zugriffsschutz bestehen aus der USER-ID, einem PASS-WORD und einem PROFILE.

- NONE bedeutet, daß in diesem MC_ALLOCATE keine SECURITY-Informationen enthalten sind.

- SAME bedeutet, daß die USER-ID und das PROFILE aus dem ALLOCA-TE-Aufruf benutzt werden, mit dem der Start des lokalen TP veranlaßt wurde. Ein PASSWORD wird nicht benutzt.

- PGM bedeutet, daß die SECURITY-Informationen vom Programm übergeben werden. In diesem Fall müssen USER-ID, PASSWORD und PROFI-LE vom TP gesetzt werden.

PIP gibt die Program Initialization Parameter für das remote TP an.

- ◆ NO bedeutet, daß keine PIP-Daten vorhanden sind.

- ◆ YES bedeutet, daß PIP-Daten vorhanden sind.

Rückgabeparameter

RESOURCE-ID ist der Parameter, in den die LU 6.2 nach der Ausführung des MC_ALLOCATE-Verbs die Resource-ID der Conversation stellt. Die Resource-ID ist das eindeutige Kennzeichen, über das ein TP auf eine bestimmte Conversation zugreifen kann. Die Resource-ID hat für die Dauer einer Mapped Conversation Gültigkeit und ist in jedem Verb, das dem ALLOCATE folgt, anzugeben.

RETURN-CODE ist der Parameter, in welchem die lokale LU dem Transaktionsprogramm das Ergebnis der Ausführung des Verbs anzeigt. Sind keine Fehler aufgetreten, so ist der Status OK. Unterschiedliche Fehlerbilder werden dem TP durch unterschiedliche Fehler-Codes angezeigt.

Anmerkungen

- ◆ Die Allocation-Aufforderung wird so lange im Sende-Puffer der lokalen LU gehalten, bis der Sende-Puffer aufgrund eines entsprechenden Verbs geleert werden muß oder bis so viele Daten im Sendepuffer der LU gespeichert sind, daß die LU den Pufferinhalt leeren muß.

- ◆ Es kann vorkommen, daß zwei LUs, die durch eine Session miteinander in Verbindung stehen, gleichzeitig eine Mapped Conversation aufbauen wollen. Diese Situation wird **Contention** genannt. Das Problem wird dadurch gelöst, daß eine LU per BIND SESSION Parametern zum Contention Winner und die andere LU zum Contention Loser der Session bestimmt ist. Die Contention Winner LU baut auf einer Session eine Mapped Conversation auf, indem eine Bracket geöffnet wird. Umgekehrt bittet die Contention Loser LU bei der Contention Winner LU um Erlaubnis, auf der Session eine Bracket öffnen und somit eine Mapped Conversation aufbauen zu dürfen. Die Contention Winner LU kann die Aufforderung entweder akzeptieren oder zurückweisen.

9.4.2   MC_CONFIRM

Übergabeparameter

```
RESOURCE-ID     ( Variable )
```

Rückgabeparameter

```
RETURN-CODE     ( Variable )
REQUEST-TO-SEND-RECEIVED ( Variable )
```

MC_CONFIRM sendet dem remote TP eine Confirmation-Anforderung und wartet auf eine Antwort. Mit diesem Verb können die lokalen und remote TPs ihre Verarbeitung synchronisieren. Dieses Verb bewirkt, daß die lokale LU ihren Sende-Puffer leert. Die Verantwortung für den Confirmation-Prozeß liegt voll bei den miteinander kommunizierenden Transaktionsprogrammen.

Übergabeparameter

RESOURCE-ID ist der Parameter, in den die LU 6.2 nach der Ausführung des MC_ALLOCATE-Verbs die Resource-ID der Conversation stellt. Die Resource-ID ist das eindeutige Kennzeichen, über das ein TP auf eine bestimmte Conversation zugreifen kann. Die Resource-ID hat für die Dauer einer Mapped Conversation Gültigkeit und ist in jedem Verb, das dem ALLOCATE folgt, anzugeben.

Rückgabeparameter

RETURN-CODE ist der Parameter, in welchem die lokale LU dem Transaktionsprogramm das Ergebnis der Ausführung des Verbs anzeigt. Sind keine Fehler aufgetreten, so ist der Status OK. Unterschiedliche Fehlerbilder werden dem TP durch unterschiedliche Fehler-Codes angezeigt.

REQUEST-TO-SEND-RECEIVED zeigt an, ob das remote TP das Verb REQUEST-TO-SEND abgesetzt hat. REQUEST-TO-SEND-RECEIVED kann entweder die Werte YES oder NO annehmen.

- YES bedeutet, daß das remote TP ein REQUEST-TO-SEND geschickt hat, um beim lokalen TP um Sende-Erlaubnis zu bitten. Das lokale TP muß sich in den Empfangs-Status begeben.

- NO bedeutet, daß das remote TP kein REQUEST-TO-SEND abgesetzt hat.

Anmerkungen

Das Transaktionsprogramm verwendet dieses Verb, um Verarbeitungsschritte auf der Anwendungsebene zu synchronisieren:

- Das Programm kann dieses Verb unmittelbar nach MC_ALLOCATE absetzen, um festzustellen, ob der Aufbau der Mapped Conversation erfolgreich verlaufen ist.

- Das Programm kann dieses Verb im Sinne einer Confirmation-Aufforderung für gesendete Datensätze absetzen. Das remote TP kann auf die Aufforderung mit dem Verb MC_CONFIRMED antworten, wenn es die Daten fehlerfrei entgegengenommen und verarbeitet hat. Wenn es jedoch einen Fehler entdeckt hat, kann es mit dem Verb MC_SEND-ERROR antworten.

♦ Wenn der Parameter REQUEST-TO-SEND-RECEIVED mit YES empfangen
wurde, bittet das remote TP um die Sende-Berechtigung. Das lokale TP muß in
den Empfangs-Status wechseln. Ein Programm kann sich mit Hilfe der Verbs
MC_PREPARE-TO-RECEIVE oder MC_RECEIVE-AND-WAIT in den Empfangs-Status versetzen.

9.4.3   MC_CONFIRMED

Übergabeparameter

```
RESOURCE-ID      ( Variable )
```

Rückgabeparameter

```
RETURN-CODE      ( Variable )
```

MC_CONFIRMED signalisiert dem remote TP eine positive Confirmation-Ant-
wort. Mit diesem Verb können das lokale und das remote TP ihre Verarbeitung
synchronisieren. Das lokale TP muß dieses Verb absetzen, wenn es eine Confirmation-Aufforderung positiv quittiert. Nur in einer Fehler-Situation darf das Verb
MC_SEND-ERROR abgesetzt werden.

Übergabeparameter

RESOURCE-ID ist der Parameter, in den die LU 6.2 nach der Ausführung des
MC_ALLOCATE-Verbs die Resource-ID der Conversation stellt. Die Resource-
ID ist das eindeutige Kennzeichen, über das ein TP auf eine bestimmte Con-
versation zugreifen kann. Die Resource-ID hat für die Dauer einer Mapped
Conversation Gültigkeit und ist in jedem Verb, das dem ALLOCATE folgt,
anzugeben.

Rückgabeparameter

RETURN-CODE ist der Parameter, in welchem die lokale LU dem Transaktionsprogramm das Ergebnis der Ausführung des Verbs anzeigt. Sind keine Fehler
aufgetreten, so ist der Status OK. Unterschiedliche Fehlerbilder werden dem
TP durch unterschiedliche Fehler-Codes angezeigt.

Anmerkungen:

♦ Das Programm kann dieses Verb nur als Antwort auf eine Confirmation-Aufforderung absetzen. Das Verb darf sonst zu keinem anderen Zeitpunkt ausgeführt werden.

9.4.4   MC_DEALLOCATE

Übergabeparameter

```
RESOURCE-ID        ( Variable )
TYPE               ( SYNC-LEVEL )
                   ( FLUSH )
                   ( LOCAL )
                   ( CONFIRM )
                   ( ABEND )
```

Rückgabeparameter

```
RETURN-CODE        ( Variable )
```

MC_DEALLOCATE baut die durch die Resource-ID identifizierte Mapped Conversation ab.

Übergabeparameter

RESOURCE-ID ist der Parameter, in den die LU 6.2 nach der Ausführung des MC_ALLOCATE-Verbs die Resource-ID der Conversation stellt. Die Resource-ID ist das eindeutige Kennzeichen, über das ein TP auf eine bestimmte Conversation zugreifen kann. Die Resource-ID hat für die Dauer einer Mapped Conversation Gültigkeit und ist in jedem Verb, das dem ALLOCATE folgt, anzugeben.

TYPE gibt den Deallocate-Typ an, mit dem die Mapped Conversation abgebaut werden soll.

- ◆ SYNC-LEVEL gibt an, daß der Conversation-Abbau auf dem Synchronisations-Level stattfinden soll, der beim Aufbau der Mapped Conversation durch MC_ALLOCATE festgelegt wurde:

  SYNC-LEVEL=NONE bewirkt ein Entleeren des Sende-Puffers mit anschließendem Abbau der Mapped Conversation.

  SYNC-LEVEL=CONFIRM verlangt vom Partner-TP die Ausführung des Verbs MC_CONFIRMED. Beim Empfang eines positiven Return-Codes wird die Mapped Conversation beendet. Bekommt das lokale TP keinen positiven Return-Code, so wird der Status der Mapped Conversation durch eine entsprechende Information im Return-Code festgelegt.

  SYNC-LEVEL=SYNCPT verzögert den Abbau der Conversation, bis das TP entweder das Verb SYNCPT, MC_CONFIRM oder MC_FLUSH abgesetzt und den entsprechenden positiven Return-Code erhalten hat.

- FLUSH bewirkt ein Entleeren des Sende-Puffers mit anschließendem normalen Abbau der Mapped Conversation.

- CONFIRM verlangt vom Partner-TP die Ausführung des Verbs MC_CONFIRMED. Beim Empfang eines positiven Return-Codes wird die Mapped Conversation normal beendet. Bekommt das lokale TP keinen positiven Return-Code zurück, so wird der Status der Mapped Conversation durch eine entsprechende Information im Return-Code festgelegt.

- LOCAL bewirkt, daß die Mapped Conversation lokal beendet wird. Dieser Deallocate-Typ darf dann (und nur dann!) benutzt werden, wenn sich die Mapped Conversation im DEALLOCATE-State befindet. Dieser Status tritt ein, wenn im Parameter WHAT-RECEIVED des zuvor abgesetzten Verbs MC_RECEIVE-AND-WAIT eine DEALLOCATE-Anzeige empfangen wurde, der die Beendigung der Mapped Conversation durch das Partner-TP signalisiert.

- ABEND bewirkt das Senden des LU-Sendepuffers und das anschließende abnormale Beenden der Conversation.

Rückgabeparameter

RETURN-CODE ist der Parameter, in welchem die lokale LU dem Transaktionsprogramm das Ergebnis der Ausführung des Verbs anzeigt. Sind keine Fehler aufgetreten, so ist der Status OK. Unterschiedliche Fehlerbilder werden dem TP durch unterschiedliche Fehler-Codes angezeigt.

Anmerkungen

- Ist der Synchronisations-Level NONE, wird die Mapped Conversation bedingungslos abgebaut.

- Ist der Synchronisations-Level CONFIRM, wird die Mapped Conversation erst abgebaut, wenn das remote TP die Confirmation-Aufforderung mit dem Verb MC_CONFIRMED beantwortet hat. Die Mapped Conversation bleibt erhalten, wenn das remote TP auf die Confirmation-Aufforderung mit einem Fehler antwortet, indem es das Verb MC_SEND-ERROR absetzt.

- Der Deallocate-Typ FLUSH wird vom TP dazu benutzt, um die Mapped Conversation unabhängig von ihrem Synchronisations-Level zu beenden.

- Der Deallocate-Typ LOCAL wird vom TP dazu benutzt, um den Conversation-Abbau des TPs zu vervollständigen, nachdem es im Parameter WHAT-RECEIVED des Verbs MC_RECEIVE-AND-WAIT einen entsprechenden Deallocate-Indikator des Partner-TPs erhalten hat.

9.4.5   MC_RECEIVE-AND-WAIT

Übergabeparameter

```
RESOURCE-ID        ( Variable )
DATA-LENGTH        ( Variable )
```

Rückgabeparameter

```
RETURN-CODE        ( Variable )
DATA-LENGTH        ( Variable )
DATA-BUFFER        ( Variable )
WHAT-RECEIVED      ( DATA COMPLETE )
                   ( DATA INCOMPLETE)
                   ( DEALLOCATE )
                   ( SEND )
                   ( CONFIRM-REQUEST)
                   ( CONFIRM-SEND )
                   ( DEALLOCATE-CONFIRM )
REQUEST-TO-SEND-RECEIVED ( Variable )
```

MC_RECEIVE-AND-WAIT bleibt solange unter der Kontrolle der LU, bis Informationen für das TP vorhanden sind. Falls Informationen bereits im Empfangspuffer der LU verfügbar sind, wird das Verb sofort mit den Daten an das Programm zurückgegeben. Bei den Informationen kann es sich um einen Datensatz (Data Record), einen Mapped Conversation Status oder um eine Confirmation-Aufforderung handeln. Die Kontrolle wird dem Programm zusammen mit den jeweiligen Status-Informationen zurückgegeben.

Das Programm kann dieses Verb nicht nur im Empfangs-, sondern auch im Sendezustand absetzen. Befindet sich das TP im Sendezustand, werden von der LU alle im Sendepuffer gespeicherten Informationen zusammen mit dem SEND-Indikator an die remote LU geschickt. Dies bewirkt, daß das TP vom Sende- in den Empfangszustand wechselt. Danach wartet die LU auf ankommende Informationen und das remote TP kann dem lokalen TP Daten senden.

Übergabeparameter

RESOURCE-ID ist der Parameter, in den die LU 6.2 nach der Ausführung des MC_ALLOCATE-Verbs die Resource-ID der Conversation stellt. Die Resource-ID ist das eindeutige Kennzeichen, über das ein TP auf eine bestimmte Conversation zugreifen kann. Die Resource-ID hat für die Dauer einer Mapped Conversation Gültigkeit und ist in jedem Verb anzugeben, das dem ALLO-CATE folgt.

DATA-LENGTH enthält die maximale Länge eines Datensatzes (Data Record), die vom Programm empfangen werden kann.

Rückgabeparameter

RETURN-CODE ist der Parameter, in welchem die lokale LU dem Transaktionsprogramm das Ergebnis der Ausführung des Verbs anzeigt. Sind keine Fehler aufgetreten, so ist der Status OK. Unterschiedliche Fehlerbilder werden dem TP durch unterschiedliche Fehler-Codes angezeigt. Im RETURN-CODE können auch (abhängig vom Sende- und Empfangszustand) Status-Informationen übergeben werden:

- OK,

- DEALLOCATE-ABEND empfangen,

- DEALLOCATE-NORMAL empfangen.

DATA-LENGTH enthält die tatsächliche Größe des empfangenen Datensatzes, nachdem die Kontrolle dem Programm zurückgegeben wurde.

DATA-BUFFER ist der Parameter, in dem der empfangene Datensatz (Data Record) an das Programm übergeben wird. Werden keine Daten empfangen, sondern andere Informationen (vgl. WHAT-RECEIVED-Indikatoren), wird in diesem Parameter nichts hinterlegt.

WHAT-RECEIVED ist ein Parameter, über den das Programm genauere Informationen über die Art der empfangenen Daten erhält. Die Variable muß vom TP nur untersucht werden, wenn dem Programm ein positiver Return-Code zurückgegeben wird, da ansonsten in dieser Variable kein Wert hinterlegt wird. WHAT-RECEIVED kann z.B. folgende Werte annehmen:

- WHAT-RECEIVED = DATA-COMPLETE bedeutet, daß das Programm einen vollständigen Datensatz (Data Record) oder den letzten Teil eines gesplitteten Datensatzes von der LU empfangen hat. Jedem komplett empfangenen Datensatz steht ein Verb MC_SEND-DATA des Partner-TPs gegenüber.

- WHAT-RECEIVED = DATA-INCOMPLETE bedeutet, daß das Programm keinen vollständigen Datensatz empfangen hat und die lokale LU den Rest des Datensatzes im Empfangspuffer zurückgehalten hat. Das Programm kann den Rest des Datensatzes erhalten, indem es ein weiteres MC_RECEIVE-AND-WAIT absetzt.

- WHAT-RECEIVED = SEND bedeutet, daß sich das remote TP in den Empfangs-Status begeben und dem lokalen TP das Senderecht übergeben hat. Das lokale TP darf jetzt das Verb SEND-DATA absetzen.

◆ WHAT-RECEIVED = CONFIRM bedeutet, daß das remote TP ein Verb mit der Funktion der Confirmation-Aufforderung oder das Verb MC_CONFIRM selbst abgesetzt hat. Das lokale TP muß den Empfang der Information(en) mit dem Verb MC_CONFIRMED bestätigen. Anstatt das Verb MC_CONFIRMED abzusetzen, kann es aber auch das Verb MC_SEND-ERROR ausführen, falls es einen Fehler entdeckt hat.

◆ WHAT-RECEIVED = CONFIRM-SEND bedeutet, daß das remote TP das Verb MC_PREPARE-TO-RECEIVE vom Typ CONFIRM ausgeführt hat. Das lokale TP erhält somit die Sendeberechtigung, muß aber den Empfang der Information(en) zuerst mit dem Verb MC_CONFIRMED bestätigen. Anstatt das Verb MC_CONFIRMED abzusetzen, kann es aber auch im Fehlerfall mit dem Verb MC_SEND-ERROR reagieren.

◆ WHAT-RECEIVED = CONFIRM-DEALLOCATE bedeutet, daß das remote TP das Verb MC_DEALLOCATE vom Typ CONFIRM ausgeführt hat. Das lokale TP muß den Empfang der Information(en) mit dem Verb MC_CONFIRMED bestätigen oder im Fehlerfall mit MC_SEND-ERROR reagieren..

REQUEST-TO-SEND-RECEIVED zeigt an, ob das remote TP das Verb REQUEST-TO-SEND abgesetzt hat. REQUEST-TO-SEND-RECEIVED kann entweder die Werte YES oder NO annehmen.

◆ YES bedeutet, daß das remote TP ein REQUEST-TO-SEND geschickt hat, um beim lokalen TP um Sende-Erlaubnis zu bitten. Das lokale TP muß sich in den Empfangs-Status begeben.

◆ NO bedeutet, daß das remote TP kein REQUEST-TO-SEND abgesetzt hat.

Anmerkungen

◆ Die Mapped Conversation Protocol Boundary stellt das Senden und den Empfang von Datensätzen (Data Records) sicher. Im Gegensatz zu den logischen Sätzen (Logical Record), die für die Basic Conversation Protocol Boundary definiert sind, beinhalten Datensätze nur Daten. Sie enthalten nicht das Längenfeld des logischen Satzes.

◆ Das Verb MC_RECEIVE-AND-WAIT kann nur so viele Daten empfangen, wie durch den Parameter DATA-LENGTH definiert sind. Der Parameter WHAT-RECEIVED zeigt an, ob das Programm einen vollständigen oder unvollständigen Datensatz empfangen hat.

◆ WHAT-RECEIVED = DATA-COMPLETE wird angezeigt, wenn das Programm einen vollständigen Datensatz oder den letzten Teil eines Datensatzes erhalten hat. Die Länge des Datensatzes oder des letzten Teiles des Datensatzes ist kleiner oder gleich der Länge, die im Parameter DATA-LENGTH festgelegt wurde.

♦ WHAT-RECEIVED = DATA-INCOMPLETE wird angezeigt, wenn das Programm nur einen Teil eines Datensatzes erhalten hat. Der Datensatz ist unvollständig, weil die Länge des Datensatzes größer ist als die Länge, die im Parameter DATA-LENGTH festgelegt wurde. Die empfangene Datenlänge entspricht dem im Parameter DATA-LENGTH festgelegten Wert.

♦ Ist im Parameter DATA-LENGTH der Wert 0 eingestellt, so werden keine Anwenderdaten aus dem Empfangspuffer der LU übernommen. Der Typ der verfügbaren Information wird durch die Parameter RETURN-CODE und WHAT-RECEIVED signalisiert. Obwohl evtl. Daten für das TP im Empfangspuffer der LU vorhanden sind, kann das Programm keine Daten empfangen.

9.4.6   MC_REQUEST-TO-SEND

Übergabeparameter:

```
RESOURCE-ID    ( Variable )
```

Rückgabeparameter:

```
RETURN-CODE    ( Variable )
```

MC_REQUEST-TO-SEND setzt das remote TP darüber in Kenntnis, daß das lokale TP um Sendeerlaubnis innerhalb der Mapped Conversation bittet. Die Mapped Conversation wechselt in den SEND-Status, wenn das lokale TP nachfolgend einen SEND-Indikator vom remote TP erhält.

Übergabeparameter

RESOURCE-ID ist der Parameter, in den die LU 6.2 nach der Ausführung des MC_ALLOCATE-Verbs die Resource-ID der Conversation stellt. Die Resource-ID ist das eindeutige Kennzeichen, über das ein TP auf eine bestimmte Conversation zugreifen kann. Die Resource-ID hat für die Dauer einer Mapped Conversation Gültigkeit und ist in jedem Verb, das dem ALLOCATE folgt, anzugeben.

Rückgabeparameter

RETURN-CODE ist der Parameter, in welchem die lokale LU dem Transaktionsprogramm das Ergebnis der Ausführung des Verbs anzeigt. Sind keine Fehler aufgetreten, so ist der Status OK. Unterschiedliche Fehlerbilder werden dem TP durch unterschiedliche Fehler-Codes angezeigt.

Anmerkungen

♦ Das remote TP erkennt über den Rückgabeparameter REQUEST-TO-SEND-RECEIVED, ob das lokale TP das Verb MC_REQUEST-TO-SEND abgesetzt

hat. Ist der Indikator REQUEST-TO-SEND-RECEIVED beim remote TP gesetzt, so ist dieses dazu angehalten, in den Empfangs-Status zu wechseln, um
damit dem lokalen TP den Sende-Status zu ermöglichen. Ein Programm kann
sich mittels der Verbs MC_PREPARE-TO-RECEIVE oder MC_RECEIVE-
AND-WAIT in den Empfangs-Status versetzen. Das lokale Programm bekommt
die Sendeerlaubnis mitgeteilt, indem es z.B. MC_RECEIVE-AND-WAIT so
lange absetzt, bis es im Parameter WHAT-RECEIVED den Indikator SEND
erhält.

9.4.7   MC_SEND-DATA

Übergabeparameter

```
RESOURCE-ID        ( Variable )
DATA-BUFFER        ( Variable )
DATA-LENGTH        ( Variable )
```

Rückgabeparameter

```
RETURN-CODE        ( Variable )
REQUEST-TO-SEND-RECEIVED ( Variable )
```

Mit MC_SEND-DATA übergibt ein Transaktionsprogramm einen Datensatz (Data
Record) mit Anwenderdaten der LU. Diese hat nun die Aufgabe, den Datensatz zu
einer SNA-Request Unit (Generalized Data Stream) aufzubereiten, die Request
Unit in den Sendepuffer zu stellen und zu entsprechender Zeit der Partner-LU zu
senden.

Übergabeparameter

RESOURCE-ID ist der Parameter, in den die LU 6.2 nach der Ausführung des
MC_ALLOCATE-Verbs die Resource-ID der Conversation stellt. Die Resource-
ID ist das eindeutige Kennzeichen, über das ein TP auf eine bestimmte Con-
versation zugreifen kann. Die Resource-ID hat für die Dauer einer Mapped
Conversation Gültigkeit und ist in jedem Verb, das dem ALLOCATE folgt,
anzugeben.

DATA-BUFFER ist der Parameter, in dem das TP einen Datensatz (Data Record)
an die LU übergibt. Betrachtet man die logische Kommunikation, so wird der
Datensatz innerhalb der Conversation an das Partner-TP gesendet. Physisch
werden die Daten jedoch der Lokalen LU zum Transport übergeben. Soll das
Partner-TP die Daten auch empfangen, so muß es sich im Empfangszustand
befinden und ein entsprechendes Verb mit Empfangsfunktion (z.B.
MC_RECEIVE-AND-WAIT) abgesetzt haben. Die Länge des Datensatzes ist
durch den Parameter DATA-LENGTH festgelegt.

DATA-LENGTH ist der Parameter, der die Länge des zu sendenden Datensatzes enthält. Die Länge kann 0 oder größer sein. Ist die Länge 0, so wird ein leerer Datensatz (Null Data Record) gesendet.

Rückgabeparameter

RETURN-CODE ist der Parameter, in welchem die lokale LU dem Transaktionsprogramm das Ergebnis der Ausführung des Verbs anzeigt. Sind keine Fehler aufgetreten, so ist der Status OK. Unterschiedliche Fehlerbilder werden dem TP durch unterschiedliche Fehler-Codes angezeigt.

REQUEST-TO-SEND-RECEIVED zeigt an, ob das remote TP das Verb REQUEST-TO-SEND abgesetzt hat. REQUEST-TO-SEND-RECEIVED kann entweder den Wert YES oder NO annehmen.

+ YES bedeutet, daß das remote TP ein REQUEST-TO-SEND geschickt hat, um beim lokalen TP um Sende-Erlaubnis zu bitten. Das lokale TP sollte in den Empfangs-Status wechseln.

+ NO bedeutet, daß das remote TP kein REQUEST-TO-SEND abgesetzt hat.

Anmerkungen

+ Die Mapped Conversation Protocol Boundary stellt das Senden und den Empfang von Datensätzen (Data Record) sicher. Im Gegensatz zu den logischen Datensätzen (Logical Records), die für die Basic Conversation Protocol Boundary definiert sind, beinhalten Datensätze nur Daten und nicht das Längenfeld.

+ Die LU puffert die zu sendenden Daten in ihrem Sende-Puffer, bis entweder genügend Daten kumuliert sind, so daß sich der Sende-Puffer automatisch leert, oder bis das lokale TP ein Verb absetzt, welches das Entleeren des Sende-Puffers zur Folge hat (z.B. MC_CONFIRM).

+ Wenn der Indikator REQUEST-TO-SEND-RECEIVED empfangen wurde, ist das lokale TP dazu angehalten, sich in den Empfangszustand zu begeben, um dem remote TP das Senden von Datensätzen zu ermöglichen. Ein Programm kann sich mittels der Verbs MC_PREPARE-TO-RECEIVE oder MC_RECEIVE-AND-WAIT in den Empfangszustand versetzen.

9.4.8   MC_SEND-ERROR

Übergabeparameter

```
RESOURCE-ID    ( Variable )
```

Rückgabeparameter

```
RETURN-CODE        ( Variable )

REQUEST-TO-SEND-RECEIVED ( Variable )
```

MC_SEND-ERROR informiert das remote TP darüber, daß das lokale TP einen Fehler auf der Anwendungsebene entdeckt hat. Befindet sich das lokale TP im Sendezustand, sendet die LU zunächst die im Sendepuffer anstehenden Daten.

Nach erfolgreichem Ausführen des Verbs befindet sich das lokale TP im Sende-Status und das remote TP im Empfangs-Status. Weiterführende Schritte werden durch die Logik des TPs eingeleitet.

Übergabeparameter

RESOURCE-ID ist der Parameter, in den die LU 6.2 nach der Ausführung des MC_ALLOCATE-Verbs die Resource-ID der Conversation stellt. Die Resource-ID ist das eindeutige Kennzeichen, über das ein TP auf eine bestimmte Conversation zugreifen kann. Die Resource-ID hat für die Dauer einer Mapped Conversation Gültigkeit und ist in jedem Verb, das dem ALLOCATE folgt, anzugeben.

Rückgabeparameter

RETURN-CODE ist der Parameter, in welchem die lokale LU dem Transaktionsprogramm das Ergebnis der Ausführung des Verbs anzeigt. Sind keine Fehler aufgetreten, so ist der Status OK. Unterschiedliche Fehlerbilder werden dem TP durch unterschiedliche Fehler-Codes angezeigt.

REQUEST-TO-SEND-RECEIVED zeigt an, ob das remote TP das Verb REQUEST-TO-SEND abgesetzt hat. REQUEST-TO-SEND-RECEIVED kann entweder den Wert YES oder NO annehmen.

- ♦ YES bedeutet, daß das remote TP ein REQUEST-TO-SEND geschickt hat, um beim lokalen TP um Sende-Erlaubnis zu bitten.

- ♦ NO bedeutet, daß das remote TP kein REQUEST-TO-SEND abgesetzt hat.

9.5 Conversation-Beispiele

Anhand einiger Mapped Conversation-Beispiele sollen einerseits die logische Kommunikation zwischen zwei Transaktionsprogrammen auf Conversation-Level und andererseits die Abbildung einer Conversation auf den SNA-Session-Level näher betrachtet werden.

Es werden die von den Transaktionsprogrammen spezifizierten Verb-Sequenzen dargestellt. Aktivitäten auf SNA-Session-Level werden durch Pfeile dargestellt. Eine durchgezogene Linie bedeutet, daß eine SNA-Request Unit gesendet wird, eine gestrichelte Linie verweist auf eine SNA-Response Unit.

Voraussetzung für die nachfolgenden Beispiele ist, daß eine LU-LU-Session bereits besteht und für die Conversation genutzt werden kann. Wäre dies nicht der Fall, so müßte nach Erhalt des ALLOCATE-Verbs die lokale LU zuerst noch eine Session aufbauen (sofern möglich).

9.5.1   Kommunikation auf Conversation-Level

Beispiel 1

In diesem Beispiel wird eine einfache Conversation in eine Richtung beschrieben. Der Synchronisations-Level der Conversation ist NONE.

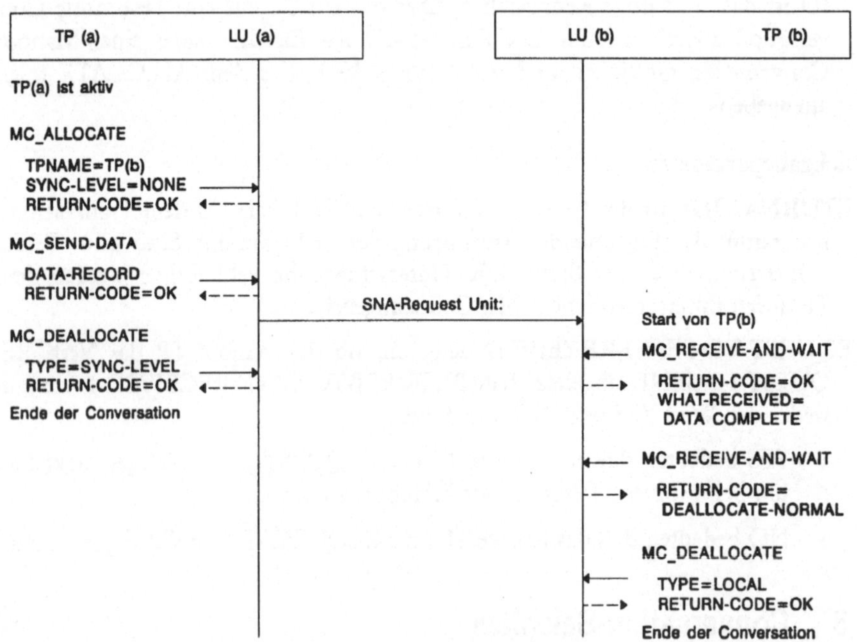

Bild 9.14 Einfache Conversation (SYNC-LEVEL=NONE)

Das TP(a) definiert im MC_ALLOCATE den Synchronisations-Level vom Typ NONE. Die Verbs MC_ALLOCATE und MC_SEND-DATA werden von der LU entgegengenommen, interpretiert und in den Sendepuffer gestellt. Erst das Verb MC_DEALLOCATE bewirkt, daß die im Sendepuffer der LU akkumulierten Daten auch tatsächlich auf Session-Level gesendet werden. Aufgrund des vereinbarten

Synchronisations-Levels wird TP(a) nach der Rückgabe des MC_DEALLOCATE sofort von der Conversation getrennt und kann beendet werden.

Nachdem die Partner-LU die SNA-Request Unit empfangen und interpretiert hat, wird das TP(b) gestartet. Für das TP(b) ist die Conversation im Empfangszustand und das Verb MC_RECEIVE-AND-WAIT wird abgesetzt, um die im Empfangs-puffer der LU vorliegenden Daten zu übernehmen. Das zweite Verb MC_RECEIVE-AND-WAIT wird mit dem RETURN-CODE=DEALLOCATE-NORMAL zurückgegeben, was dem TP(b) das Ende der Conversation anzeigt. Da-nach kann TP(b) ein MC_DEALLOCATE vom Typ LOCAL absetzen und sich beenden.

Beispiel 2

In diesem Beispiel wird eine einfache Conversation mit dem Synchronisations-Level CONFIRM beschrieben.

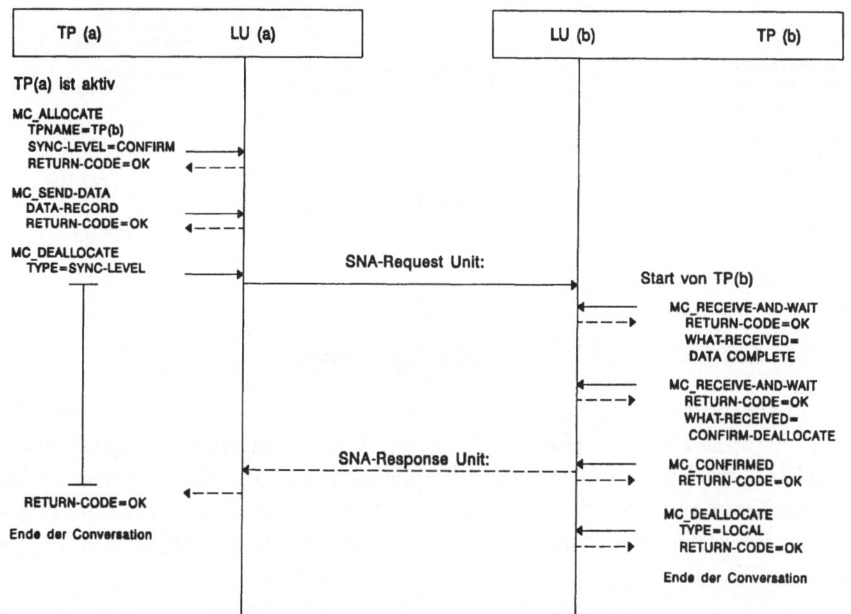

Bild 9.15 Einfache Conversation (SYNC-LEVEL=CONFIRM)

Im Gegensatz zu Beispiel 1 wird beim Anfordern der Conversation von TP(a) der Synchronisations-Level CONFIRM vereinbart. Der MC_DEALLOCATE ist vom Typ SYNC-LEVEL, was einer impliziten Confirmation-Aufforderung gleichkommt. Das TP(a) ist nach der Abgabe des MC_DEALLOCATE solange suspendiert, bis die Confirmation-Bestätigung gegeben wird.

Beispiel 3

In diesem Beispiel wird eine Conversation beschrieben, die mit dem Synchronisations-Level CONFIRM aufgebaut wurde. Daten werden in beide Richtungen der Conversation ausgetauscht.

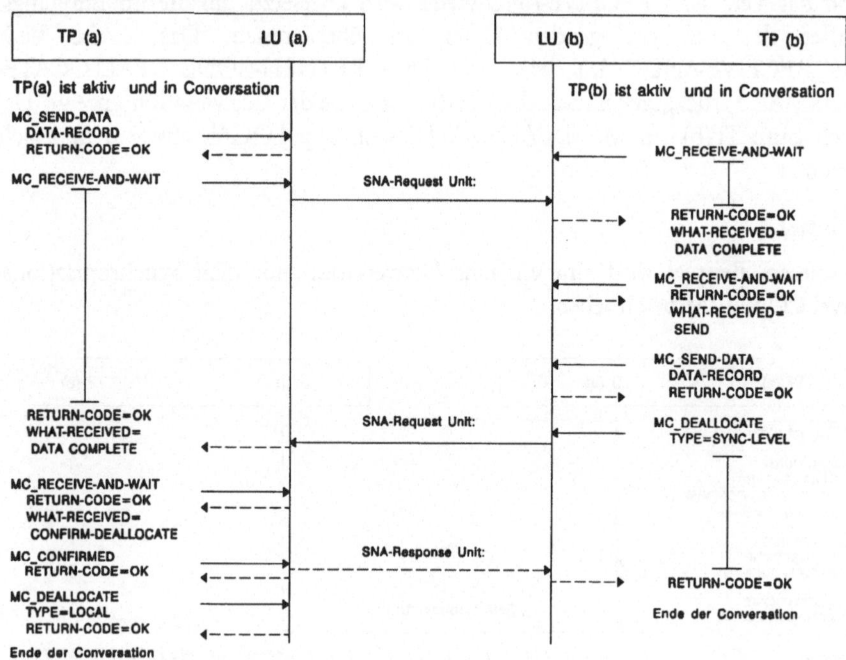

Bild 9.16 Conversation mit Sende- und Empfangsvorgängen

Es wird angenommen, daß die Conversation schon aufgebaut wurde und sich das TP(a) im Sendezustand befindet. Nach der Abgabe des ersten MC_RECEIVE-AND-WAIT wechselt das TP(a) in den Empfangszustand und die LU sendet die im Sendepuffer kumulierten Daten. Nachdem TP(b) ebenfalls einen Datensatz gesendet hat, beendet es die Conversation mit einem MC_DEALLOCATE vom Typ SYNC-LEVEL.

Beispiel 4

In diesem Beispiel wird der Confirmation-Prozeß innerhalb einer Conversation dargestellt.

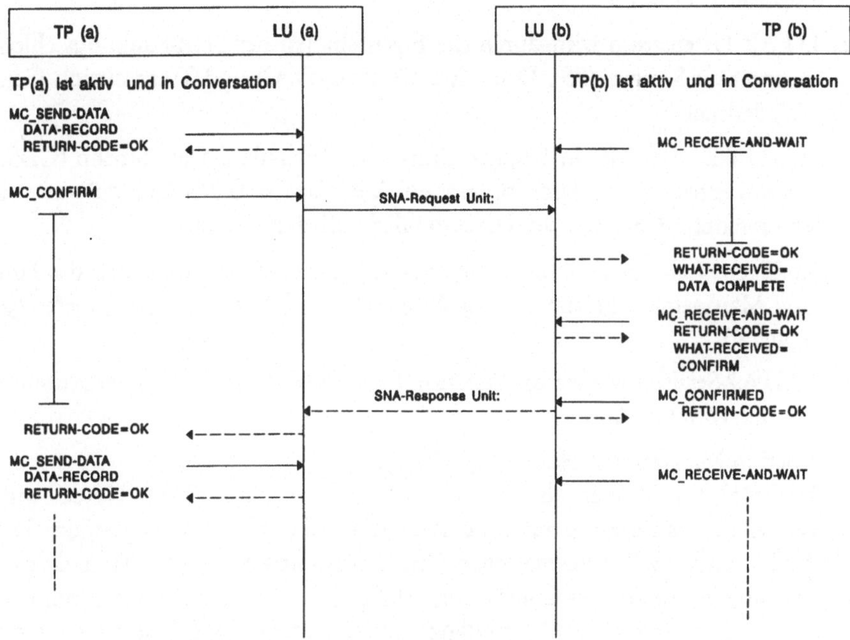

Bild 9.17 Conversation mit Confirmation-Prozeß

Dieses Beispiel zeigt die Verwendung der Verbs MC_CONFIRM und MC_CONFIRMED innerhalb einer Conversation. Das MC_CONFIRM erzwingt SNA-Session-Aktivitäten und bewirkt, daß die lokale LU ihren Sendepuffer und Zusatzinformationen an die Partner-LU sendet. Sobald TP(a) das Verb MC_CONFIRM an die LU abgegeben hat, ist es solange suspendiert, bis die Confirmation-Bestätigung eingetroffen ist. Das TP(a) verbleibt über den gesamten Prozeß im Sendezustand.

9.5.2 Kommunikation auf SNA-Session-Level

In den folgenden Beispielen wird aufgezeigt, wie eine Conversation auf eine SNA-Session abgebildet wird. Verbs, die ein TP an die LU 6.2 absetzt, werden nicht unmittelbar auf der Session zur Partner-LU gesendet, sondern von der LU auf SNA-Protokolle (Bracketing, Response Modes, Function Management Header etc.) abgebildet. Die SNA-Protokolle des Session-Level sind für Transaktionsprogramme vollkommen transparent. Aus der Sicht der TPs ist nur die Conversation existent.

SNA-Session-Protokolle

Der LU 6.2 Datenstrom wird durch die Eigenschaften der SNA-Funktionsschichten Presentation Services (PS), Data Flow Control (DFC) und Transmission Control (TC) definiert.

- Die LU 6.2 verwendet in Request Units den Generalized Data Stream (GDS). Die von einem Transaktionsprogramm übergebenen Datensätze müssen von den Presentation Services der LU zum GDS aufbereitet werden.

- Die Eigenschaft der Funktionsschicht Data Flow Control wird durch das Function Management Profile mit der Nummer 19 (FM-Profile 19) definiert (vgl. Kapitel 6).

- In LU 6.2-Sessions werden die Function Management Header mit der Nummer 5, 7 und 12 verwendet.

- Function Management Header 5 (FMH 5):
Der FMH 5 wird auch als ATTACH-Header bezeichnet. Dieser Header wird von der LU als Reaktion auf ein empfangenes ALLOCATE-Verb gesendet. Der FMH 5 enthält z.B. Informationen über den Namen des remote Transaktionsprogrammes, die Art der Conversation (Mapped oder Basic Conversation) und den Synchronisations-Level. Empfängt eine LU einen FMH 5, so muß sie die Verbindung zum gewünschten TP herstellen (und eventuell das TP zuerst noch starten). Der FMH 5 wird zusammen mit dem gesetzten Begin Bracket Indicator (BBI) und Begin Chain Indicator (BCI) im Request Header gesendet. Dadurch wird die Session für diese Conversation reserviert.

Wird über das DEALLOCATE-Verb die Conversation aufgehoben, so muß die LU die Session wieder freigeben. Dies wird auf Session-Level durch das Senden des Conditional End Bracket Indicators (CEBI) im Request Header bewirkt. Der normale End Bracket Indicator (EBI) kann bei der LU 6.2 nicht verwendet werden. Der End Bracket Indicator muß gemäß SNA in der ersten Request Unit (RU) eines Chains gesetzt sein, also zusammen mit dem Begin Chain Indicator (BCI) im Request Header des ersten Kettengliedes stehen. Dies kann beim logischen Ablauf einer Conversation jedoch nicht immer realisiert werden, wie aus den folgenden Beispielen leicht zu ersehen ist. Deswegen wurde für LU 6.2-Sessions der Conditional End Bracket Indicator (CEBI) definiert, um das Ende einer Bracket anzuzeigen. CEBI darf nur in der letzten RU einer Chain gesetzt sein.

- Function Management Header 7 (FMH 7):
Der FMH 7 wird auch als ERROR-FMH bezeichnet und befördert Fehlermeldungen bezüglich der Conversation oder Session. Wird dieser FMH gesendet, so wird innerhalb der aktuellen Chain (Kette) eine Fehlersituation angezeigt

und die gerade aktive Chain terminiert. Im FMH 7 werden vier Byte Sense Data transportiert.
Der FMH 7 wird der Partner-LU angekündigt, indem zuvor eine negative SNA-Response mit dem Sense Code X'0846' (Error-Recovery-Procedure Message Forthcoming) gesendet wird.

◆ Function Management Header 12:
Dieser Header wird auch als SECURITY Header bezeichnet. Er wird verwendet, um verschlüsselte Daten für die Password-Verifizierung zu transportieren. Der FMH 12 ist in einer LU 6.2-Session optional. Wird er verwendet, so folgt er sofort nach einem erfolgreichen Session-Aufbau (also nach Austausch von BIND SESSION Request und der BIND SESSION Response).

◆ Die Eigenschaft der Funktionsschicht Transmission Control wird durch das Transmission Services Profile mit der Nummer 7 (TS-Profile 7) definiert.

Beispiel 1

In diesem Beispiel wird (analog zum Beispiel 1 aus 9.5.1) eine einfache Conversation in eine Richtung beschrieben. Der Synchronisations-Level der Conversation ist NONE.

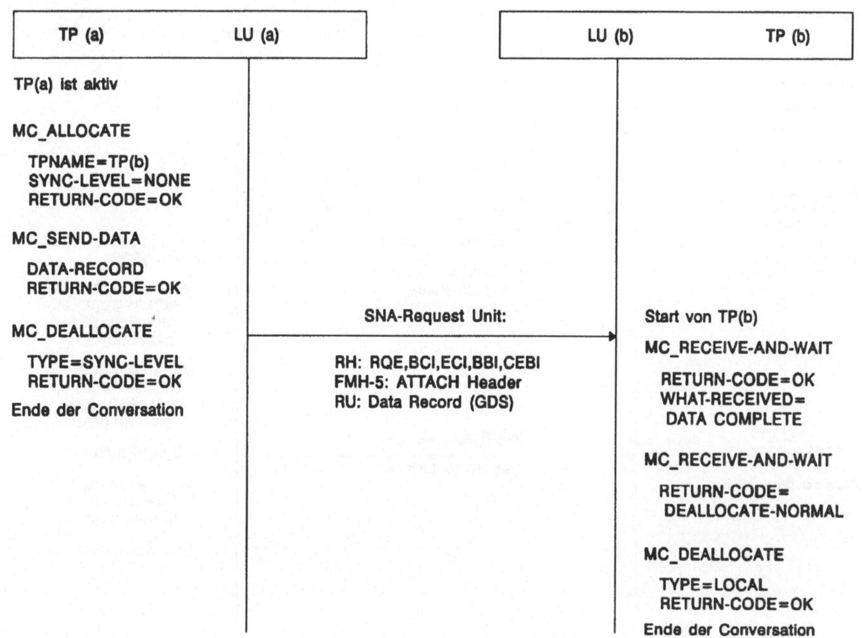

Bild 9.18 Einfache Conversation (SYNC-LEVEL=NONE)

Der MC_DEALLOCATE bewirkt, daß die im Sendepuffer der LU akkumulierten Informationen gesendet werden. Im Request Header sind die Indikatoren für den Anfang und das Ende der Conversation, nämlich der Begin Bracket Indicator (BBI) und der Conditional End Bracket Indicator (CEBI) gesetzt. Da nur ein Datensatz in nur eine Richtung gesendet wird, sind im Request Header ebenfalls der Begin Chain Indicator (BCI) und der End Chain Indicator (ECI) gesetzt. Aufgrund des Synchronisations-Levels (NONE) wird nur eine SNA-Response im Fehlerfall verlangt (Exception Response Requested; RQE). Der Exception Response Indicator (ERI) ist im Request Header gesetzt

Nach dem Request Header folgt im SNA-Datenstrom der ATTACH-Header (FMH-5) mit Informationen, die das TP(a) in den Parametern des MC_ALLOCATE der LU übergeben hat. In der Request Unit (RU) befindet sich eine GDS-Variable mit dem Datensatz, der im Verb MC_SEND-DATA von dem TP(a) an die LU übergeben wurde.

Beispiel 2

In diesem Beispiel wird (analog zum Beispiel 2 aus 9.5.1) eine einfache Conversation mit dem Synchronisations-Level CONFIRM beschrieben.

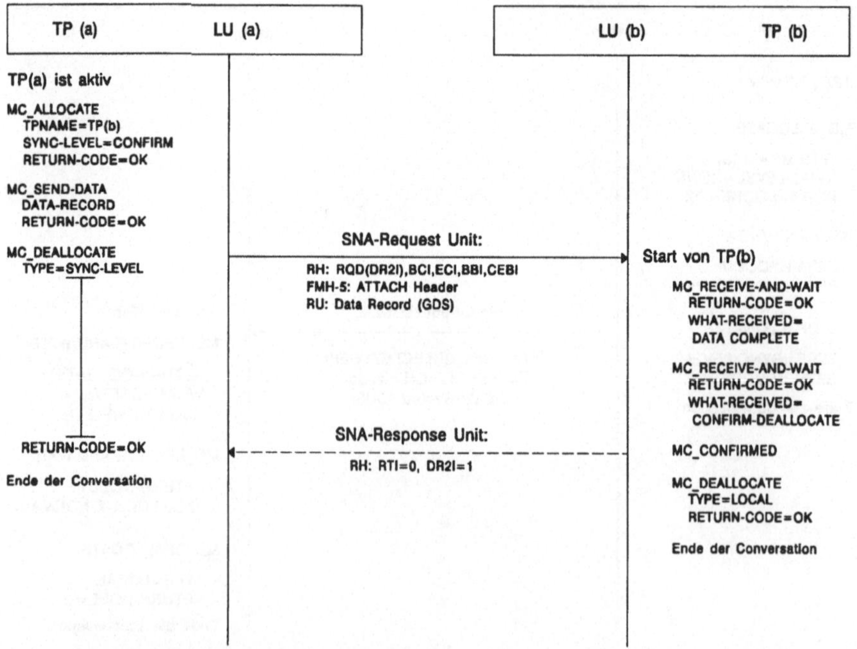

Bild 9.19 Einfache Conversation (SYNC-LEVEL=CONFIRM)

Die Conversation ist vom Synchronisations-Level CONFIRM. Deswegen wird mit dem MC_DEALLOCATE (Type SYNC-LEVEL) implizit eine Confirmation-Aufforderung spezifiziert.

Die Confirmation-Aufforderung wird auf Session-Level auf die Anforderung einer Definite Response (Definite Response Requested; RQD) abgebildet. Im Request Header muß der Definite Response 2 Indicator (DR2I) gesetzt werden, der Exception Response Indicator (ERI) darf nicht gesetzt sein.

Setzt das TP(b) das Verb MC_CONFIRMED an seine LU ab, so wird dieser Vorgang auf das Senden einer positiven SNA-Response Unit abgebildet. Erst wenn diese Response bei der für TP(a) zuständigen Logical Unit eingetroffen ist, wird das Verb MC_DEALLOCATE mit RETURN-CODE=OK an das TP(a) zurückgegeben.

Beispiel 3

In diesem Beispiel wird (analog zum Beispiel 3 aus 9.5.1) eine Conversation beschrieben, die mit dem Synchronisations-Level CONFIRM aufgebaut wurde. Daten werden in beide Richtungen der Conversation ausgetauscht.

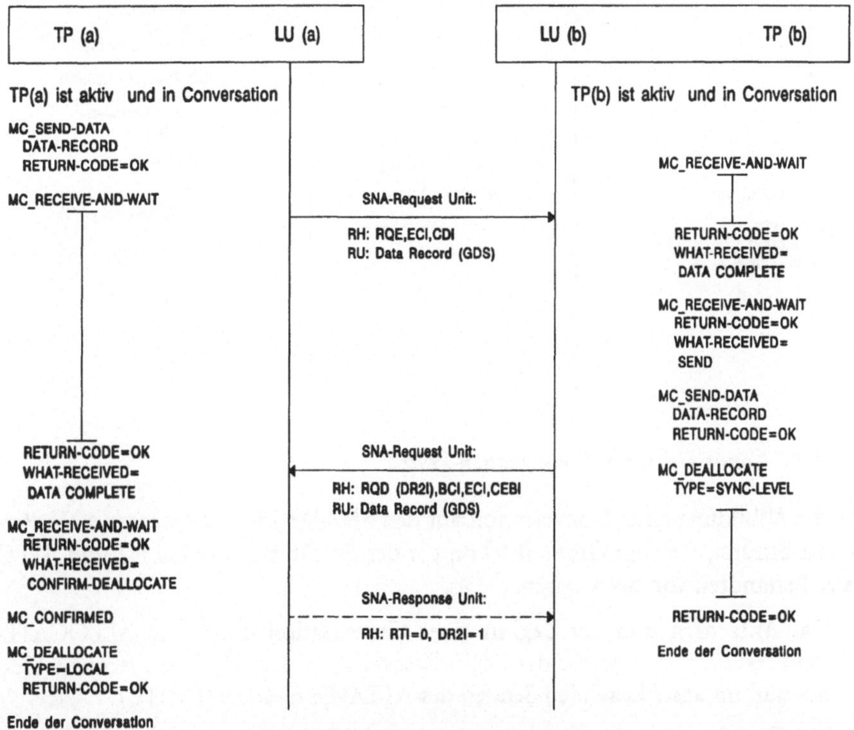

Bild 9.20 Conversation mit Sende- und Empfangsvorgängen

Das erste MC_RECEIVE-AND-WAIT von TP(a) bewirkt, daß die LU ihren Sendepuffer leert. Damit wird auch das Senderecht von TP(a) an das TP(b) abgegeben.
Dies wird von der LU auf den Session-Level abgebildet, indem im Request Header
der End Chain Indicator (ECI) und der Change Direction Indicator (CDI) gesetzt
sind.

Beispiel 4

In diesem Beispiel wird (analog zum Beispiel 4 aus 9.5.1) der Confirmation-Prozeß
innerhalb einer Conversation dargestellt.

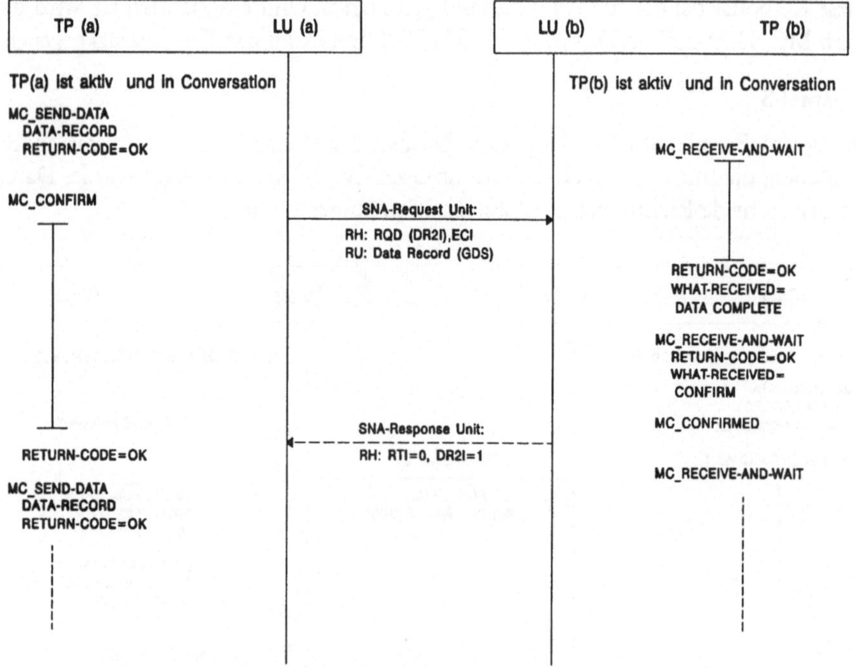

Bild 9.21 Conversation mit Confirmation-Prozeß

Für die Abbildung einer Conversation auf den SNA-Session-Level werden SNA-Protokolle benutzt, die zum Großteil schon vor der Einführung der LU 6.2 und APPC
fester Bestandteil von SNA waren:

- Das Anfordern und der Beginn einer Conversation durch das ALLOCATE-
  Verb resultiert im Senden des Begin Bracket Indicators (BBI) im Request Header und im anschließenden Senden des ATTACH-Headers (FMH 5)

- Das Beenden einer Conversation durch das DEALLOCATE-Verb resultiert im
  Senden des Conditional End Bracket Indicators (CEBI) im Request Header.

♦ Das Anfordern einer Confirmation vom Partner-TP (z.B. durch das CON-FIRM-Verb) bewirkt eine sofortige Aktivität auf der Session. Die Confirmation-Anforderung resultiert im Anfordern einer Definite Response. Dazu werden im Request Header der Definite Response 2 Indicator (DR2I) gesetzt, der Exception Response Indicator (ERI) jedoch nicht.

♦ Eine positive Confirmation-Bestätigung wird von einem Transaktionsprogramm durch das CONFIRMED-Verb gegeben. Auf SNA-Session-Level wird daraus eine positive SNA-Response Unit, in deren Response Header der Definite Response 2 Indicator (DR2I) gesetzt ist. Der Response Type Indicator (RTI) ist nicht gesetzt, wodurch eine positive SNA-Response angezeigt wird.

♦ Wechselt ein Transaktionsprogramm vom Sende- in den Empfangszustand, so resultiert dies in einem gesetzten Change Direction Indicator (CDI) im Request Header. Zusätzlich wird die aktuelle Chain (Kette) geschlossen, indem der End Chain Indicator (ECI) im Request Header gesetzt ist.

9.6 Low Entry Networking (LEN) und APPN

Die ersten LU 6.2-Implementierungen residierten in klassischen Knoten vom PU-Typ 2.0.

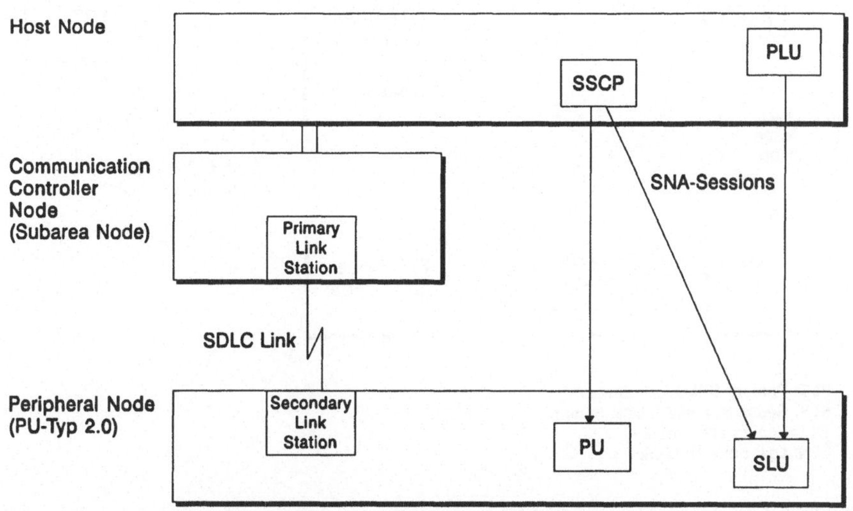

Bild 9.22 LU 6.2-Sessions und Knoten vom Typ 2.0

Natürlich schlugen hier die Restriktionen dieses Knotentyps voll zu Buche:

♦ Ein Knoten vom PU-Typ 2.0 unterhält nur einen Link, der in Richtung Host Node geht.

♦ Secondary LUs peripherer Knoten von PU-Typ 2.0 halten zu einer Zeit nur eine Session zu einer PLU des Host Nodes.

Periphere Knoten vom Typ 2.1 wurden entwickelt, um unabhängig vom Host Node sowohl Links als auch Sessions aktiv zu anderen Knoten aufbauen zu können. Gleichberechtigte Kommunikation zwischen gleichberechtigten Knoten (Peer-to-Peer Communication) war das Ziel.

In Knoten vom Typ 2.1 residieren Logical Units vom Typ 6.2. Erst der Knoten vom Typ 2.1 erlaubt es, daß die LU eines peripheren Knoten als Primary Logical Unit agiert, aktiv den BIND SESSION Request sendet und Multiple Sessions unterhält. Ohne Steuerung und Kontrolle durch den zentralen Host Node können jetzt Sessions zu anderen, direkt über einen Link angeschlossenen, Knoten vom Typ 2.1 aufgebaut werden. Control Sessions zu VTAMs System Services Control Point sind nicht mehr Voraussetzung für das Etablieren von LU-LU-Sessions.

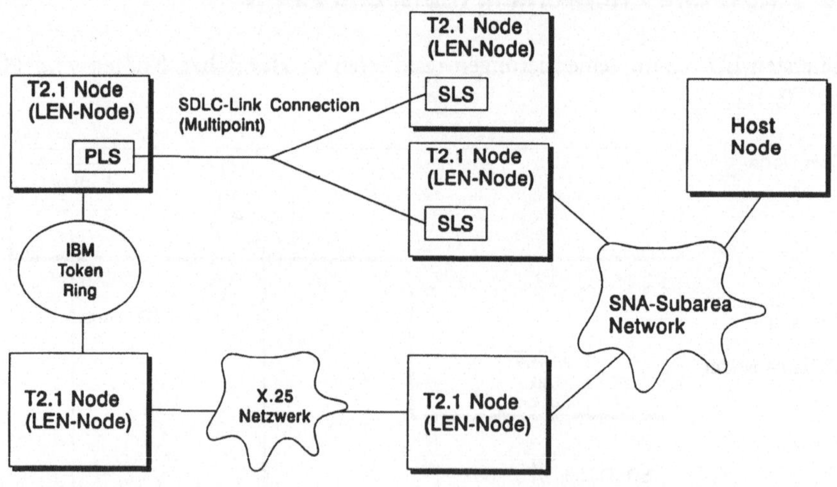

Bild 9.23 Low Entry Network (LEN)

Die direkt über einen Link miteinander verbundenen Knoten vom Typ 2.1 werden auch als Peer-Coupled T2.1 Nodes bezeichnet. Ein Knoten vom Typ 2.1 kann gleichzeitig mehrere Links zu unterschiedlichen anderen Knoten unterhalten und die verwendeten Links können unterschiedlicher Art sein:

♦ SDLC-Stand- und Wählverbindungen,

♦ X.25-Verbindungen,

♦ IBM Token Ring LAN.

Eine solche Konfiguration wird auch Low Entry Network (LEN) genannt und die miteinander paarweise verbundenen Knoten LEN-Nodes. Knoten vom Typ 2.1 können direkt oder über das SNA-Subarea Network (Communication Controller Nodes) miteinander kommunizieren. Frühere VTAM- und NCP-Releases haben Low Entry Networking nicht unterstützt. In diesem Fall mußte sich ein Knoten vom Typ 2.1 gegenüber dem Host Node wie ein alter peripherer Knoten vom PU-Typ 2.0 verhalten.

In einem Knoten vom Typ 2.1 residieren nur Logical Units vom Typ 6.2. Der Knoten selbst enthält keine Physical Unit, weswegen auch keine Control Sessions zum SSCP aufgebaut werden können. Aus diesem Grund ist es eigentlich nicht korrekt von der PU des Typs 2.1 oder PU 2.1 zu sprechen.

Als zentrale Steuerinstanz agiert in Knoten vom Typ 2.1 der Control Point (CP). Der CP ist keine Network Addressable Unit (NAU), kann also keine Sessions mit anderen NAUs eingehen.

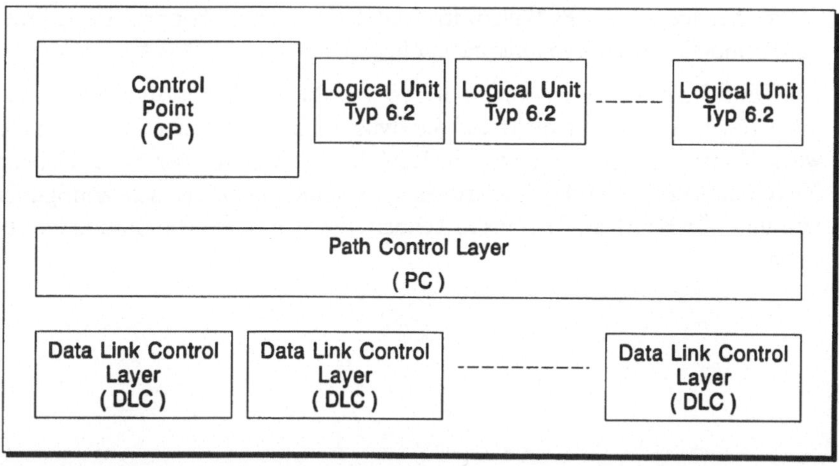

Bild 9.24 Architektur des Knoten vom Typ 2.1

Die Architektur des Low Entry Networking wurde 1991 erweitert zur Architektur „Advanced Peer-To-Peer Networking (APPN)". APPN erweitert die Architektur SNA um Features, die das dynamische Verwalten des Netzwerkes ermöglichen. Die logische und physische Struktur des Netzwerkes muß nicht mehr fest definiert sein.

Ein APPN-Netzwerk besteht aus APPN-Nodes. APPN-Nodes sind Knoten vom Typ 2.1 mit unterschiedlichen Fähigkeiten. Man unterscheidet End Nodes (EN) und Network Nodes (NN).

Network Nodes stellen die APPN-Network-Services zur Verfügung, die die dynamische Verwaltung des APPN-Netzwerkes ermöglichen.

Die Lokation von Systemen im Netzwerk, das Beschaffen von Routing-Informationen, die notwendig sind, um Systeme miteinander über das APPN-Netzwerk zu verbinden, und die Auswahl einer (besten) Route werden von APPN-Network Nodes dynamisch verwaltet. Die Netzwerk-Topologie kann sich dynamisch verändern, neue Knoten können im Netz installiert und alte Knoten können aus der Konfiguration herausgenommen werden.

Network Nodes sind über Links miteinander verbunden und realisieren das **Intermediate Routing Network** des APPN-Netzwerkes. Die von den Network Nodes angebotenen Services werden von End Nodes in Anspruch genommen.

End Nodes werden weiter in APPN-End Nodes (APPN-EN) und LEN-End Nodes unterschieden (LEN-EN). Jeder End Node ist einem APPN-Network Node zugewiesen.

- **APPN-End Nodes** unterstützen die APPN-Protokolle, die notwendig sind, um auf die Services eines APPN-Network Nodes zugreifen zu können. Diese Protokolle ermöglichen die dynamische Konfiguration eines APPN-EN.

- **LEN-End Nodes** sind Knoten vom Typ 2.1, die die APPN-Architektur nicht unterstützen und somit nicht auf die dynamischen Services eines APPN-Network Nodes zugreifen können. Ein LEN-EN kann zwar über einen Network Node am APPN-Netzwerk partizipieren, er muß jedoch statisch konfiguriert sein und alle Netzwerk-Ressourcen kennen, die er für die Kommunikation benötigt.

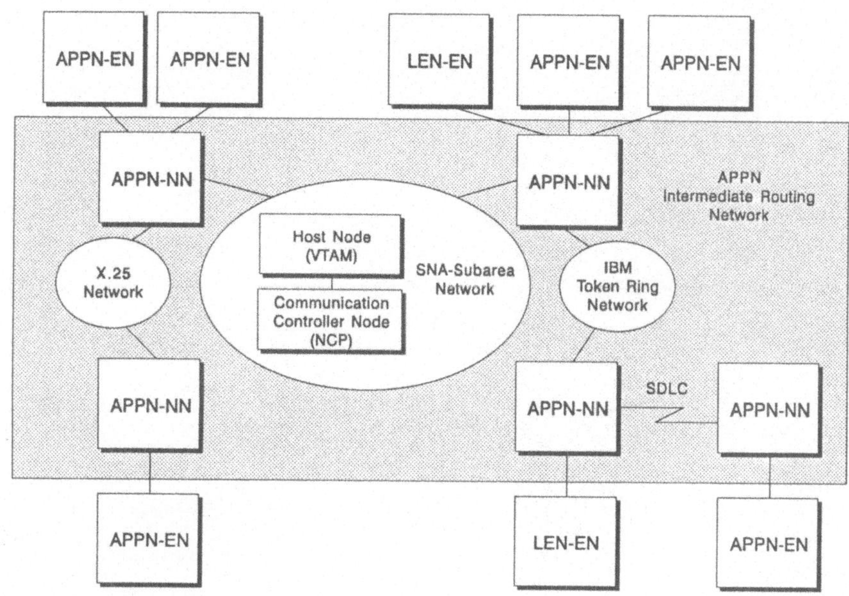

Bild 9.25 APPN-Netzwerk

Literaturverzeichnis

Peter Schmid: SAA, Die IBM-System-Anwendungsarchitektur
Vaterstetten: IWT-Verlag, ISBN 3-88322-285-2

Anton Meijer: Systems Network Architecture: a tutorial
Pitman Publishing, 128 Long Acre, London, ISBN 0-273-02842-1

Atul Kapoor: SNA: Architecture, protocols and implementation
McGraw-Hill, Inc., ISBN 0-07-033727-6

IBM-Literatur

Architectures for Object Interchange, GG24-3296

Data Security Through Cryptography, GC22-9062

Distributed Data Management Architecture: General Information Manual, GC21-9527

Document Interchange Architecture: Technical Reference, SC23-0781

Guide to SNA Publications, GC30-3438

IBM SDLC Concepts, GA27-3093

IBM 3270 Data Stream Programmer's Reference, GA23-0059

Information Processing Systems - Open Systems Interconnection - Basic Reference Model, ISO 7498

Non-SNA Interconnection General Information Manual, GC33-2023

Systems Application Architecture: An Overview, GC26-4341

Systems Application Architecture: Communications Reference, SC26-4399

Systems Network Architecture Concepts and Products, GC30-3072

Systems Network Architecture Distribution Services Reference, SC30-3098

Systems Network Architecture File Services Reference, SC31-6807

Systems Network Architecture Format and Protocol Reference Manual: Architectural Logic, SC30-3112

Systems Network Architecture Format and Protocol Reference Manual: Architecture Logic for LU Type 6.2, SC30-3269

Systems Network Architecture LU 6.2 Reference-Peer Protocols, SC31-6808

Systems Network Architecture Transaction Programmer's Reference Manual for LU Type 6.2, GC30-3084

Systems Network Architecture-Sessions Between Logical Units, GC20-1868

Systems Network Architecture Format and Protocol Reference Manual: SNA Network Interconnection, SC30-3339

Systems Network Architecture Formats, GA27-3136

Systems Network Architecture Network Product Formats, LY43-0081

Systems Network Architecture Management Services Reference, SC30-3346

Systems Network Architecture Type 2.1 Node Reference, SC30-3422

The X.25 Interface for Attaching Packet-Switched Data Networks General Information Manual, GA27-3345

X.25 1984/1988 Interface for Attaching SNA Nodes to PSDNs General Information, GA27-3761

X.25 1984/1988 Interface for Attaching SNA Nodes to PSDNs Architecture Reference, SC30-3409

Token-Ring Network Architecture Reference, SC30-3374

Schlagwortregister

Sonderzeichen

/370 Data Channel, 150

A

ACTIVATE CROSS-DOMAIN RESOURCE
      MANAGER, 245; 252
ACTIVATE LOGICAL UNIT, 245; 252
ACTIVATE PHYSICAL UNIT, 245; 252
Activity Logging, 319
Adaptive Session-Level Pacing, 195
Address Field, 157
Advanced Peer-To-Peer Networking, 7; 383
Advanced Program-To-Program
      Communication, 7
Advanced Systems Management, 314; 315
Änderungsmanagement, 329
API, 62; 337
APPC, 7; 335
Application Program Interface, 62; 340
Application Session, 113; 115
Application Subsystem, 17
Application Transaction Program, 339
Applications Major Node, 303
APPN, 7; 381; 383
   EN, 384
   End Node, 384
ATP, 339

B

Basic Conversation, 349
Basic Conversation Verb, 351
Basic Information Unit, 60; 172; 182; 184
Basic Link Unit, 60; 155
Basic Transmission Unit, 184
BBI, 90; 109; 211
BCI, 87; 107; 199
Begin Bracket Indicator, 90; 109; 211
Begin Chain Indicator, 87; 107; 199
Between Bracket-Status, 216
BID, 218
Bidder, 211

BIND, 115
BIND SESSION, 245; 252; 284
BIND SESSION Request, 126
BIS, 218
BIU, 60; 172; 182; 184
Blocking-Protokoll, 184
BLU, 60; 155
Boundary Function, 8; 42
BRACKET INITIATION STOPPED, 218
Bracketing-Protokoll, 89; 210
Broadcast Services, 319
BTAM, 15
BTU, 184
BUILD-Makro, 291

C

CANCEL, 203
CDI, 109; 220
CEBI, 90; 109; 216
Chain, 198
Chain Element, 199
Chain Response-Typ, 199
Chaining-Protokoll, 87; 198
Change Direction Indicator, 109; 220
Change Management, 327
Channel-Attached Non-SNA-Resources
      Major Node, 304
Channel-Attached SNA-Resources Major
      Node, 304
CHASE, 210
CICS, 17
Class of Service-Tabelle, 294
CLEAR, 188
Cluster Controller Node, 5; 6; 22; 36
CMI, 232
Code Selection Indicator, 109
Communication Controller Node,
      5; 6; 18; 36
Compaction Table, 238
Compaction-Protokoll, 72; 238
Compression Header, 234
Compression Indicator, 232
Compression-Protokoll, 72; 230

Conditional End Bracket Indicator,
    90; 109; 216
Conditional Termination, 217
Configuration Management, 327
Configuration Support Licensed Internal
    Code, 22
Connection Point Manager, 96; 99; 190; 196
Contention Loser, 221
Contention Winner, 221
Contention-Status, 223
Control Frame, 154
Control Operator Verb, 350; 351
Control Session, 44
Control Unit, 22
Conversation, 341; 346
Conversation-Status, 355
CPMGR, 96; 99
Cross Domain Networking, 39
Cross Domain Services, 319
Cross Domain Tabelle, 302
CRV, 198
CRYPTOGRAPHY VERIFICATION, 198
CSI, 109
CSMA/CD, 150
CUCN, 6

D

DAF, 140
Data Count Field, 184
Data Encryption Standard-Algorithmus, 196
Data Flow Control Layer, 54; 79
Data Link Control Layer, 53; 149
Data Record, 353
Datenaufbereitungsprotokoll, 180
Datenflußprotokoll, 179
Datenübertragungsmanagement, 317; 331
DCF, 184
DDM, 62; 63; 339
Definite Response Indicator, 85; 108
Definite Response Requested, 84; 88; 200
Delayed Request Mode, 90; 208
Delayed Response Mode, 91; 208
DES-Algorithmus, 196
Destination Address Field, 140
Device, 3; 6
DFC, 54; 79
DIA, 55; 62; 65; 339
DISC, 163

Disconnect, 163
Disconnect Mode, 163; 164
Distributed Data Management, 62; 63; 339
Distributed Transaction Processing, 337
DLC, 53; 150
DM, 163; 164
Document Interchange Architecture,
    62; 65; 339
Document Interchange Architecture Services,
    55
Domain-Tabellen, 302
Domäne, 20
DOS/VSE, 14
DR1I, 108
DR2I, 108
DRDS, 294
Duplicate Characters, 232
Dynamic Reconfiguration Data Set, 294

E

EBI, 90; 109; 211
ECI, 87; 107; 199
EDI, 109; 197
Edit Services, 319
EFI, 140
Einleitende Makros, 290
einstufiges Pacing, 192
EN, 384
Enciphered Data Indicator, 109; 197
Enciphering-Protokoll, 102; 196
End Bracket Indicator, 90; 109; 211
End Chain Indicator, 87; 107; 199
End Node, 384
End User, 3
Ende-zu-Ende-Kontrolle, 186
Endemakro, 302
Entry Point, 319
ER, 144
ER-Number, 144
ERI, 108
ESCON, 10
Establishment Controller, 23
Exception Response Indicator, 85; 108
Exception Response Requested, 84; 88; 200
Exchange Identification, 164
Expedited Flow, 101; 189
Expedited Flow Indicator, 140
Explicit Route, 144

explizite Route, 294
Extended SNA Network Address, 40
Extended Subarea Address, 40

F

F-Bit, 159
FCS, 160
FDX, 92; 219
FEP, 6
FI, 107; 125
FID, 137; 139
Final-Bit, 159
First Element of Chain, 88
First Receiver, 220
First Sender, 220
First Speaker, 211
Fixed Session-Level Pacing, 191
Flag, 156
FM-Profile, 56; 243; 252; 266
FM-Usage Field, 252
FMD, 60
FMD-Network Service, 73
FMD-Services, 54
FMDS, 65
FMH, 59; 66; 70; 267
FMH-1 SCB Compression, 230
Focal Point, 319
Format Identification, 137; 139
Format Indicator, 107; 125
Formatted LOGON Request, 124
Frame, 151
Frame Check Sequence, 160
Frame Reject, 163
FRMR, 163
Front End Processor, 18
Front-End-Prozessor, 6
Full Duplex, 92; 219
Function Management Data, 60
Function Management Data Network
     Services, 73
Function Management Data Presentation
     Services, 66
Function Management Data Services, 65
Function Management Data Services Layer,
     54
Function Management Header,
     59; 66; 70; 267; 376

Function Management Profile,
     56; 243; 252; 266; 376
funktionelles Bit, 179
Funktionsschicht, 51; 179

G

GDS, 353
GDS-Variable, 353
Generalized Data Stream, 353
GROUP-Makro, 296

H

Halb-Session, 49
Half Duplex, 92; 220
Half Duplex Contention, 223
Half Duplex Flip Flop, 220
Half Session, 49
Half Session Layer, 344
HDLC/LAP_B, 150
HDX, 92; 220
HDX-CONT, 223
HDX-FF, 220
HOST Makro, 292
Host Node, 5; 36
Host-System, 1

I

I-Frame, 154
IBM Token Passing, 150
Immediate Request Mode, 90; 207
Immediate Response Mode, 91; 207
IMS, 17
In Bracket-Status, 222
INFO/MASTER, 315; 327
Information Field, 160
Information Frame, 154
Informationsmanagement, 317
Intermediate Routing Network, 384
IPM, 195
IPR, 191
Isolated Pacing Messages, 195
Isolated Pacing Response, 191

J

JES, 17

K

Knoten
   vom Typ 1, 6
   vom Typ 2.0, 6
   vom Typ 2.1, 7; 336; 382
Konfigurationsmakro, 295
Konfigurationsmanagement, 328

L

LAN-Management, 323
Last Element of Chain, 88
Layer Structure, 51
LCC, 234
LCCI, 108; 234
Lempel-Ziv-Algorithmus, 235
LEN, 381
   EN, 384
   End Node, 384
Length-Checked Compression, 234
Length-Checked Compression Indicator, 108; 234
LH, 60; 61; 155
LINE-Makro, 297
Link, 9
Link Connection, 9; 151
Link Header, 60; 61; 152; 155
Link Station, 9; 151
Link Trailer, 60; 61; 152; 155
Local Address, 174
Logical Record, 353
Logical Unit, 31
Logical Unit 6.2, 335
Logical Unit Dynamic Reconfiguration Pool, 294
Logical Unit Session-Typ, 243; 266
logische Kommunikation, 27; 179
LOGON-Mechanismus, 124
lokale Adresse (Local Address), 39; 41
lokale Verbindung, 10
Low Entry Networking, 381
LT, 60; 61; 155
LU, 31
LU 6.2, 337
LU 6.2-API, 341
LU 6.2-Datenstrom, 353
LU 6.2-Protocol Boundary, 341
LU 6.2-Verb, 340
LU-LU Session, 45; 113

LU-LU Session-Typ, 32; 243; 266
LU-Makro, 300
LU-Session-Typ, 243; 266
LU-Typ, 32; 243; 266
LUDRPOOL, 294
LUDRPOOL-Makro, 293
LZ-Algorithmus, 235

M

Mainframe, 1
Mapped Conversation, 349
Mapped Conversation Verb, 350
Mapping Field, 139; 182
Master Character, 231; 238
Middle Element of Chain, 88; 199
MPF, 139; 182
Multi Domain Network, 21
Multiple Element Chain, 87; 199
Multiple Ownership, 37
Multiple Virtual Storage, 15
Multipoint-Verbindung, 157
MVS, 15

N

NAU, 28; 185
NAU Function, 53
NC, 96
NCL, 318
NCP, 19; 289
NCP-Generierung, 289
NCP-Lademodul, 289
NCP-Major Node, 303
NCP-Makros, 289
negotiable, 342
negotiable BIND, 127
NET/MASTER, 315; 321
Network Address, 173
Network Addressable Unit, 26; 28; 39
Network Addressable Unit Function, 53
Network Control, 96; 133
Network Control Language, 318
Network Control Program, 19; 289
Network Layer, 51
Network Link, 151
Network Management Vector Transport, 76
Network Name, 39
Network Node, 384
Network Performance Analyzer, 298

Network Services, 66
Netzwerkadresse, 39; 137
Netzwerkarchitektur, 2; 51
Netzwerkautomatisierung, 321
Netzwerkknoten, 2; 29
Netzwerkmanagement, 313; 316
Netzwerkname, 39
NN, 384
No Response Requested, 84; 88; 199
Node, 2
Nonextended SNA Network Address, 40
nonnegotiable BIND, 127
Nonprime Character Compression, 231
Normal Flow, 100; 186
Normal Response Mode, 164
normaler Datenfluß, 186
NPA, 298
NRM, 164
NS, 66
Nulleneinfügung, 156

O

OAF, 140
obligatorische Verschlüsselung, 196
OCS, 317
ODAI, 140
One-Stage Session-Level Pacing, 192
Only Element of Chain, 88
Operator Control Services, 317
Origin Address Field, 140
Origin/Destination Address Assignor
    Indicator, 140

P

P-Bit, 159
Pacing Indicator, 108; 191
Pacing Request, 190; 191
Pacing Response, 190; 191
Pacing Window, 191
Pacing Window Size, 190
Pacing-Fenstergröße, 190
Pacing-Protokoll, 101; 190
Pacing-Zyklus, 191
Pad Bytes, 197
Padded Data Indicator, 109; 198
Panels, 319
Parallel-Link, 11
Path Control Layer, 54; 133

Path Control Network, 26; 53; 136; 172; 344
Path Information Unit, 60; 182; 184; 298
Path Information Units, 137
PATH-Makro, 146; 294
PC, 54
PCCU-Makro, 290
PCN, 172; 344
PDI, 109; 198
Peer-Coupled, 382
Peer-to-Peer, 382
Peripheral Node, 5; 6; 22
Peripheral Node Type 2.1, 36
Physical Link Control Layer, 53; 176
Physical Unit, 35
Physical Unit Dynamic Reconfiguration
    Pool, 294
physische Kommunikation, 27
physisches SNA-Netzwerk, 5
PI, 108; 191
PIU, 60; 137; 182; 184; 298
PL, 53
PLU, 31; 45
PLU-SLU Session, 113
Poll-Bit, 159
POWER, 17
Presentation Services, 66; 345
Presentation Services Profile, 243; 266
Presentation Services Profile (PS-Profile), 56
Primary Half Session, 49; 185
Primary Link Station, 153
Primary Logical Unit, 31; 45
Primary NAU, 113
Primary Network Adressable Unit, 185
Primary SDLC, 153
Prime Character Compression, 231
Private Cryptography, 196
private Verschlüsselung, 196
Problem Management, 327
Problemmanagement, 328
Programmschnittstelle, 340
PS, 66; 345
PS-Profile, 243; 266
    - 0, 68
    - 1, 69
    - 2, 69
    - 3, 69
    - 6.2, 69
PU, 35
PU-Adresse, 157

PU-Makro, 299
PU/LU-Aktivierung, 167
PUDRPOOL, 294
PUDRPOOL-Makro, 293

Q

QC, 226
QEC, 227
QRI, 109; 194
QTAM, 15
Queued Response Indicator, 109; 194
QUIESCE AT END OF CHAIN, 227
QUIESCE COMPLETE, 226
Quiesce-Protokoll, 93; 224

R

R/R Indicator, 107
RACF, 318; 333
READY TO RECEIVE, 218
Receive Mode-Protokoll, 91; 219
Receive Not Ready, 164
Receive Ready, 163
RELEASE QUIESCE, 227; 229
RELQ, 227; 229
Remote Access Control Facility, 318; 333
Remote Verbindung, 11
Request Code, 58
Request Correlation, 86
Request Header, 59; 83; 99; 125
Request Indicator, 85
Request Larger Window Indicator, 108
Request Mode, 206
Request Mode-Protokoll, 90; 206
REQUEST RECOVERY, 189
Request Unit, 57
Reset Acknowledgement Isolated Pacing
        Message, 195
Response Correlation, 86
Response Header, 59; 83; 99; 125
Response Indicator, 85
Response Mode, 206
Response Mode-Protokoll, 90; 206
Response Request Correlation, 186
Response Time Monitor, 322
Response Type Indicator, 86; 108
Response Unit, 57
Response-Anforderung, 84
Response-Typ, 199

RH, 59; 99; 125
RJE, 17
RLE-Algorithmus, 231
RLWI, 108
RNR, 164
Routing, 172
RQD, 84
RQE, 84
RQN, 84
RQR, 189
RR, 163
RRI, 85; 107
RTAM, 15
RTI, 86; 108
RTR, 218
RU, 57
RU-Category, 107
Run-Length Encoding-Algorithmus, 231

S

S-Frame, 154
SBI, 218
SC, 96; 110
SCB, 230; 239
SDI, 86; 107
SDLC, 11; 150; 152
    Command, 161
    Response, 161
SDLC-Adresse, 157
SDLC-Header, 152
SDLC-Quittungsmechanismen, 160
SDLC-Trailer, 152
SDT, 188
Secondary Half Session, 49; 185
Secondary Link Station, 153
Secondary Logical Unit, 32; 46
Secondary NAU, 113
Secondary Network Adressable Unit, 185
Secondary SDLC, 153
Segment, 181
Segmenting-Protokoll, 181
selektive Verschlüsselung, 196
Send Mode-Protokoll, 91; 219
Sense Data Indicator, 86; 107
Sequence Number Field, 141; 187
Sequencing-Protokoll, 103; 185
Sequenznummer, 186
Service Point, 319

Service Transaction Program, 339
SERVICE-Makro, 299
Session Control, 96; 110
Session Network Services, 65
Session Presentation Services, 65
Session-Aufbaukommando, 113
Session-Fehlerdiagnose, 321
Session-Level Mandatory Cryptography, 196
Session-Level Pacing, 190
Session-Level Selective Cryptography, 196
Session-Protokolle, 376
Session-Typ, 111
SET AND TEST SEQUENCE NUMBER, 188
Set Normal Response Mode, 162
SHUTC, 229
SHUTD, 229
SHUTDOWN, 229
SHUTDOWN COMPLETE, 229
Shutdown-Protokoll, 93; 227
Sicherheitsmanagement, 317; 329
SIG, 224
SIGNAL, 224
Single Domain Network, 21
Single Element Chain, 199
SLU, 32; 46
SNA Befehl, 179
SNA Datenstrom, 32
SNA Datenstruktur, 57
SNA Distribution Services, 55; 62; 63; 339
SNA Endbenutzer, 3; 30
SNA Enduser, 25
SNA File Services, 62; 64
SNA Funktionsschicht, 53
SNA Layer, 53
SNA Network Link, 9
SNA Network Name, 39
SNA Netzwerkadresse (SNA Network Address), 39
SNA Netzwerkmanagement-Architekturmodell, 319
SNA Netzwerkname (SNA Network Name), 42
SNA Netzwerkstruktur, 2
SNA Profile, 56; 243
SNA Protokoll, 179
SNA Service Transaction Program, 54; 339
SNA Session, 29; 341
SNA Software, 29

SNA/DS, 55; 62; 63
SNA/FS, 62; 64
SNADS, 339
SNF, 141; 187
SNRM, 162
SNS, 65
Solicited Isolated Pacing Message, 195
SPS, 65
SSCP, 37; 111
SSCP-Control Session, 111
SSCP-dependent, 46
SSCP-independent, 46
SSCP-LU Control Session, 45
SSCP-LU Session, 112
SSCP-PU Control Session, 45
SSCP-PU Session, 112
SSCP-Session, 44
SSCP-SSCP Control Session, 45
SSCP-SSCP Session, 111
START DATA TRAFFIC, 188
Statusüberwachung, 321
STOP BRACKET INITIATION, 218
STP, 54; 339
String Control Byte, 230; 239
STSN, 188
Subarea, 8; 20
Subarea Node, 8
Supervisory Frames, 154
Switched Major Node, 305
Synchronisations-Level, 354
Synchronous Data Link Control, 11; 152
SYS/MASTER, 315; 324
System Services Control Point, 37; 111
Systemmanagement, 313; 316
SystemView, 314

T

T 2.1 Node, 5; 336
TC, 54
TCAM, 15
Teleprocessing Access Method, 15
Teleprocessing Monitor, 17
Terminal Node, 5; 6; 36
TG, 11; 136; 142
TH, 60; 98; 136
TP, 339; 346
TP-Monitor, 17
Transaction Program, 339

Transaction Services, 339; 345
Transaction Services Layer, 54; 62
Transaktionsverarbeitung, 337
Transmission Control Layer, 54; 95
Transmission Group, 11; 19; 136; 142
Transmission Header, 60; 98; 136; 137
Transmission Services Profile, 56; 243
Transmission Subsystem Profile, 245; 266
Transportprotokoll, 179
TS-Profile, 56; 243; 245; 266
TS-Usage Field, 245
TSO, 17
Two-Stage Session-Level Pacing, 193
Type Independent Verb, 349; 351

U

U-Frame, 154
UA, 163
UAMS, 318
Übertragung
    bitparallel, 176
    bitseriell, 176
unbalanced Procedure, 153
Unconditional Termination, 218
Unformatted LOGON Request, 124
Unnumbered Frame, 154
Unnumbered-Acknowledgement, 163
Unsolicited Isolated Pacing Message, 195
User Access Maintenance System, 318

V

Verb, 346
Verbs, 337
Virtual Machine, 15
Virtual Routes, 148
Virtual Storage Extended, 14
Virtual Telecommunications Access Method,
    15
virtuelle Route, 294
VM, 15
vorrangiger Datenfluß, 189
VR, 148
VTAM, 15
VTAM-Generierung, 302
VTAM-Konfigurationsliste, 305
VTAM-Major Node, 303
VTAM-Makro, 302
VTAM-Minor Node, 303

VTAM-Start, 306
VTAM-Startliste, 305
VTAM-Systembibliothek, 289; 305
VTAM-Tabelle, 302

X

XID, 164

Z

Zugangsmanagement, 317; 329
zweistufiges Pacing, 193

Objektorientierte Anwendungsentwicklung

Konzepte, Strategien, Erfahrungen

von Klaus Kilberth, Guido Gryczan und Heinz Züllighoven

Unter Mitarbeit von Dirk Bäumer, Reinhard Budde, Klaus Hasbron-Blume, Karl-Heinz Sylla und Volker Weimer

1993. X, 222 Seiten. Gebunden.
ISBN 3-528-05346-1

Aus dem Inhalt: Die objektorientierte Methode – objektorientierter Systementwurf – der objektorientierte Entwicklungsprozeß, Objektorientierung und Softwarequalität – Einführungsstrategie, Chancen und Risiken – Wirtschaftlichkeitsbetrachtungen.

Auf der Basis einer praxisnahen Darstellung der Grundkonzepte objektorientierter Modellierung wird erläutert, daß für eine tragfähige Anwendungsentwicklung in der Zukunft eine neue Sichtweise notwendig ist. Der objektorientierte Entwicklungsprozeß wird in seinen fachlichen und technischen Dimensionen ausgeleuchtet. Ein verständliches Leitbild für die Systementwicklung, die Metapher von Werkzeugen und Materialien, wird vorgestellt. Objektorientierung beeinflußt aber nicht nur die Programmierung und die Projektstrategie, sie hat auch Auswirkungen auf die Entwicklerorganisation. Diese Überlegungen werden durch Einschätzungen über die kurz- und langfristige Wirtschaftlichkeit einer objektorientierten Vorgehensweise ergänzt. In einem eigenen Kapitel werden detaillierte Vorschläge für eine an den Bedürfnissen der kommerziellen Datenverarbeitung ausgerichtete Einführungsstrategie vorgestellt.

Über die Autoren: Dr. Kilberth ist Leiter der Abteilung „Beratung Methoden & Tools" bei der ALLDATA Unternehmensberatung in Düsseldorf. Dipl.-Inform. Guido Gryczan ist wissenschaftlicher Mitarbeiter am Fachbereich Informatik, Arbeitsbereich Softwaretechnik der Universität Hamburg. Dr.-Ing. Heinz Züllighoven ist Professor am Arbeitsbereich Softwaretechnik im Fachbereich Informatik der Universität Hamburg.

Verlag Vieweg · Postfach 58 29 · 65048 Wiesbaden

Offene Systeme

Ein grundlegendes Handbuch für das praktische DV-Management

von Tom Wheeler

*Aus dem Amerikanischen übersetzt und bearbeitet von Heinz Knoth.
1993. XIV, 379 Seiten. Gebunden.
ISBN 3-528-05309-7*

Aus dem Inhalt: Merkmale und Grundlagen offener Systeme – Hard- und Software für die Komponenten offener Systeme (Clients, Server, Netzwerke), Anwendungen für offene Systeme – Die Verknüpfung offener Systeme mit vorhandenen Systemen (Interoperabilität und Integration) – Die schrittweise Einbindung offener Systeme in ein Unternehmen (Lebenszyklus, Transformation der Organisation, Übergangsszenarios, Planung für kontinuierlichen Wandel).

Das Buch gibt eine umfassende Einführung in offene Systeme, die in den Unternehmen immer häufiger herstellerspezifische Systeme von Großrechnern ersetzen. Offene Systeme sind Netzwerke von Clients und Servern, in denen alle Komponenten zu definierten Standards konform sind. Die Darstellung hat sowohl in der Breite der behandelten Themen wie in der Tiefe der dargestellten Einzelheiten Handbuchcharakter. Dabei ist sie durchgängig nichttechnisch gehalten, Fachausdrücke werden durch ein zusätzliches Glossar erschlossen.

Über den Autor und den Übersetzer: Tom Wheeler ist ein anerkannter Spezialist im Bereich Informationstechnik und derzeit als Berater für Workstations, Informationssysteme, offene Systeme und MPP-Prozessoren tätig. Heinz Knoth ist als Softwareentwickler im Handel tätig.

Verlag Vieweg · Postfach 58 29 · 65048 Wiesbaden